EUL
VERLAG

STEUER, WIRTSCHAFT UND RECHT

Herausgegeben von vBP StB Prof. Dr. Johannes Georg Bischoff, Wuppertal, Dr. Alfred Kellermann, Vorsitzender Richter am BGH (a. D.), Karlsruhe, Prof. (em.) Dr. Günter Sieben, Köln, und WP StB Prof. Dr. Dr. h. c. Norbert Herzig, Köln

Band 341
Sebastian Johannes Paul Schröder
Unternehmensbewertung für Zwecke der Erbschaft- und Schenkungsteuer – Analyse der Steuerbemessungsfunktion der Unternehmensbewertung und ökonomische Rechtskritik am Gesetz zur Reform des Erbschaftsteuer- und Bewertungsrechts
Lohmar – Köln 2014 • 548 S. • € 75,- (D) • ISBN 978-3-8441-0328-1

Band 342
Andreas Pfuhl
Steuerorientierte Rechtsformplanung mittels Thesaurierungsbegünstigung und Abgeltungsteuer – Steuerwirkung, Steuerplanung, Steuergestaltung
Lohmar – Köln 2014 • 508 S. • € 73,- (D) • ISBN 978-3-8441-0334-2

Band 343
Alina Hoppe
Die Besteuerung der Kommanditgesellschaft auf Aktien zwischen Trennungs- und Transparenzprinzip
Lohmar – Köln 2014 • 228 S. • € 55,- (D) • ISBN 978-3-8441-0340-3

Band 344
Stefan Trencsik
Besteuerung deutscher Immobilienanlagevehikel bei grenzüberschreitenden Investitionen in der Europäischen Union
Lohmar – Köln 2014 • 300 S. • € 59,- (D) • ISBN 978-3-8441-0344-1

Band 345
Manuel Koch
Schaffung und Nutzung immaterieller Vermögenswerte im multinationalen Unternehmen
Lohmar – Köln 2014 • 440 S. • € 68,- (D) • ISBN 978-3-8441-0346-5

Band 346
Gabriele Daisenberger
Der Einfluss der Besteuerung auf die Unternehmensnachfolgeplanung von international tätigen Unternehmern
Lohmar – Köln 2014 • 332 S. • € 63,- (D) • ISBN 978-3-8441-0359-5

JOSEF EUL VERLAG

Der Einfluss der Besteuerung auf die Unternehmensnachfolgeplanung von international tätigen Unternehmern

Inaugural-Dissertation
zur Erlangung des Grades Doctor oeconomiae publicae (Dr. oec. publ.)
an der Ludwig-Maximilians-Universität München

Dipl.-Kffr. Gabriele Daisenberger, MBR

Referent:	Korreferent:
Univ.-Prof. Dr. Dr. Manuel René Theisen	Prof. Dr. Martin Wenz

Promotionsabschlussberatung: 7. November 2012

Reihe: Steuer, Wirtschaft und Recht · Band 346
Herausgegeben von vBP StB Prof. Dr. Johannes Georg Bischoff, Wuppertal, Dr. Alfred Kellermann, Vorsitzender Richter (a. D.) am BGH, Karlsruhe, Prof. (em.) Dr. Günter Sieben, Köln, und WP StB Prof. Dr. Dr. h. c. Norbert Herzig, Köln

Dr. Gabriele Daisenberger

Der Einfluss der Besteuerung auf die Unternehmensnachfolgeplanung von international tätigen Unternehmern

Mit einem Geleitwort von Univ.-Prof. Dr. Dr. Manuel René Theisen, Ludwig-Maximilians-Universität München, und Univ.-Prof. Dr. Martin Wenz, Universität Liechtenstein, Vaduz

Bibliografische Information der Deutschen Nationalbibliothek

Die Deutsche Nationalbibliothek verzeichnet diese Publikation in der Deutschen Nationalbibliografie; detaillierte bibliografische Daten sind im Internet über <http://dnb.d-nb.de> abrufbar.

Dissertation, Ludwig-Maximilians-Universität München, 2012

D 19

ISBN 978-3-8441-0359-5
1. Auflage Oktober 2014

JOSEF EUL VERLAG GmbH
Brandsberg 6
53797 Lohmar
Tel.: 0 22 05 / 90 10 6-6
Fax: 0 22 05 / 90 10 6-88
E-Mail: info@eul-verlag.de
http://www.eul-verlag.de

Bei der Herstellung unserer Bücher möchten wir die Umwelt schonen. Dieses Buch ist daher auf säurefreiem, 100% chlorfrei gebleichtem, alterungsbeständigem Papier nach DIN 6738 gedruckt.

Geleitwort

Die Unternehmensnachfolge ist ausweislich verschiedener empirischer Untersuchungen ein aktuelles Thema, wie Untersuchungen des Deutschen Instituts für Mittelstandsforschung in Bonn belegen. Danach wird allein für den Zeitraum 2010-2014 von rund 110.000 Unternehmensübertragungen in Deutschland ausgegangen. Neben einer rein nationalen und direkten Übertragung von Unternehmen auf die nachfolgende Generation spielen in diesem Zusammenhang zunehmend grenzüberschreitende Frage- und Problemstellungen sowie verschiedene familieninterne und -externe Nachfolgeinstrumente eine immer größer werdende Rolle. Aus steuerrechtlicher und steuerbetriebswirtschaftlicher Sicht von besonderer Bedeutung sind die damit verbundenen, teilweise sehr komplexen Steuerfolgen und Steuerwirkungen, die sowohl mehrere Rechtsinstitute und Vermögensarten als auch die simultane Anwendung von Steuerrechtssystemen mehrerer Steuerrechtsordnungen in Bezug auf verschiedene Steuerarten umfassen können.

Vor diesem Hintergrund hat sich Frau Gabriele Daisenberger die Aufgabe gestellt, die Steuerwirkungen, die mit der internationalen Unternehmensnachfolge durch verschiedene Nachfolgevarianten verbunden sind, interdisziplinär für einen grenzüberschreitenden Modellfall zu analysieren. Im Gegensatz zu bisher veröffentlichten betriebswirtschaftlichen sowie rechtswissenschaftlichen Abhandlungen unterlegt sie ihrer Untersuchung nicht nur einen internationalen Ansatz mit den (alternativen) Standorten Schweiz, Liechtenstein, Österreich und Deutschland, sondern bezieht in ihre Analyse auch die Langzeitwirkungen der steuerlich unterschiedlichen Konsequenzen der ausgewählten Alternativen mit ein.

Der Zugang zu diesem Thema ist überzeugend aufbereitet, indem die Steuerwirkungen nach den verschiedenen Instrumenten einer Stiftung und Holdinggesellschaft im Abgleich zur direkten Nachfolge durchgängig aufgegliedert werden und nach der aperiodischen Besteuerung auch die periodische Besteuerung der ausgewählten Alternativen dargestellt und analysiert wird. Anschließend wird eine Quantifizierung der Ertrags- und Verkehrsteuerbelastungen und eine Sensitivitätsanalyse unter der Variation verschiedener Modellprämissen vorgenommen.

Die von der Verfasserin thematisch selbst gewählte Untersuchung ist mit großem Fleiß und einer beachtlichen thematischen Akribie erstellt und bis ins Detail unter Berücksichtigung der verschiedenen Steuerrechtsordnungen und ihrer unmittelbaren steuerlichen Konsequenzen für die ausgewählten Varianten umgesetzt worden. Damit liefert die Verfasserin auf Basis der aktuellen Gesetzgebung in den ausgewählten Ländern eine hervorragende Analyse für den Standortvergleich im Fall einer Nachfolgelösung in Form einer Stiftung, Holdinggesellschaft und der direkten Nachfolge.

Insgesamt ist die von Frau Gabriele Daisenberger vorgelegte Untersuchung auf einem hohen Stand der Kenntnis und einem umfassenden internationalen steuerrechtlichen Wissen der Verfasserin aufgebaut und überzeugt sowohl in der Breite als auch in der Intensität des Ansatzes. Wir wünschen der Arbeit die verdiente hohe Aufmerksamkeit in Wissenschaft und Praxis.

München/Vaduz, im September 2014

Univ.-Prof. Dr. Dr. Manuel René Theisen

Univ.-Prof. Dr. Martin Wenz

Vorwort

Die vorliegende Arbeit entstand während meiner externen Promotion am Lehrstuhl für Allgemeine Betriebswirtschaftslehre, Betriebswirtschaftliche Steuerlehre und Steuerrecht der Ludwig-Maximilians-Universität München. Sie wurde im Wintersemester 2012/2013 von der Fakultät für Betriebswirtschaft als Dissertation angenommen. Die Druckfassung beruht auf dem Rechtstand Juli 2012. Auch die in der Druckfassung berücksichtige und eingearbeitet Literatur entspricht dem Stand Juli 2012.

Mein besonders herzlicher Dank gilt meinem akademischen Lehrer und Doktorvater, Herrn Prof. Dr. Dr. *Manuel René Theisen* für das in mich gesetzte Vertrauen und die Möglichkeit der Promotion an seinem Lehrstuhl. Sein wissenschaftlicher Rat und seine stets konstruktive Kritik haben wesentlich zum Gelingen der Arbeit beigetragen. Ebenso darf ich mich bei Herrn Prof. Dr. *Martin Wenz* für die bereitwillige Übernahme des Korreferats sowie die hilfreichen Hinweise und wissenschaftlichen Anregungen sehr herzlich bedanken.

Ganz herzlich bedanken möchte ich mich bei Frau Dr. *Sybille Wünsche*, MBR, Herrn DDr. *Patrick Knörzer,* Herrn Dr. *Martin Rasshofer*, MBR, und Herrn Dipl.-Kfm. *Nikolaus Kunze*, die trotz zahlreicher eigener Verpflichtungen mit zahlreichen Anregungen und einer inhaltlichen Überprüfung des Manuskripts zum Gelingen der Arbeit beigetragen haben. Für die Unterstützung bei der Recherche und der Durchsicht des Manuskripts möchte ich mich bei Frau *Martina Benedetter*, BBA, Frau Dipl.-Betriebsw. (FH) *Susanne Gebhardt* und Frau *Kyra Hacker* herzlich bedanken.

Während meiner Promotion und bereits während meines Studiums habe ich im privaten Umfeld sehr viel Unterstützung und Rückhalt erhalten. Allen, die dadurch zum Gelingen der Arbeit beigetragen haben, danke ich besonders herzlich, allen voran meinen Eltern *Eva-Maria* und *Moritz Daisenberger*.

Weihermühle, im September 2014 Gabriele Daisenberger

Inhaltsübersicht

Inhaltsverzeichnis

Abbildungsverzeichnis

Tabellenverzeichnis

Abkürzungsverzeichnis

AbgÄG ....Abgabenänderungsgesetz
ABl. ....Amtsblatt
AEUV ....Vertrag über die Arbeitsweise der Europäischen Union
AG ....Kanton Aargau
AGS ....Aargauische Gesetzessammlung
AGVE ....Aargauische Gerichts- und Verwaltungsentscheidungen
AI ....Kanton Appenzell-Innerrhoden
AO ....Abgabenordnung
AR ....Kanton Appenzell-Außerrhoden
Art. ....Artikel
AS ....Amtliche Sammlung des Bundesrechts (Schweiz)
ASA ....Archiv für Schweizerisches Abgabenrecht (Zeitschrift)
ASF ....Amtliche Sammlung des Kantons Freiburg
AStG ....Außensteuergesetz
AT ....Österreich

BAG ....Bernische Amtliche Gesetzessammlung
BAO ....Bundesabgabenordnung
BayOLG ....Bayerisches Oberstes Landgericht
BB ....Betriebs-Berater (Zeitschrift)
BBG ....Budgetbegleitgesetz
BBl. ....Bundesblatt (Schweiz)
BE ....Kanton Bern
BeitrRLUmsG ....Beitreibungsrichtlinie-Umsetzungsgesetz
Bearb. ....Bearbeiter bzw. bearbeitet
ber. ....berichtigt
BFH ....Bundesfinanzhof
BFH/NV ....Sammlung der Entscheidungen des Bundesfinanzhofs
BG ....Bundesgesetz
BGer ....Bundesgericht
BL ....Kanton Basel-Landschaft
BReg. ....Beschwerderegister
BS ....Kanton Basel-Stadt / Betriebstätte
BStBl. ....Bundessteuerblatt

BT ....Bundestag
BuA ....Bericht und Antrag
Buchst. ....Buchstabe

CH ....Schweiz

D ....Deutschland
DB ....Der Betrieb (Zeitschrift)
DBA ....Doppelbesteuerungsabkommen
DBA-VO ....Verordnung zur DBA-Entlastung
DBG ....Bundesgesetz über die direkte Bundessteuer (Schweiz)
dBGBl. ....deutsches Bundesgesetzblatt
dBMF ....deutsches Bundesministerium der Finanzen
dBewG ....deutsches Bewertungsgesetz
dEStG ....deutsches Einkommensteuergesetz
dGrEStG ....deutsches Grunderwerbsteuergesetz
dKESt ....deutsche Kapitalertragsteuer
dKSt ....deutsche Körperschaftsteuer
dKStG ....deutsches Körperschaftsteuergesetz
Dr. oec. publ. ....Doctor oeconomiae publicae (Doktor der Staatswissenschaften, lat.)
Drs. ....Drucksache
DStG ....Gesetz über die direkten Kantonssteuern
DStR ....Deutsches Steuerrecht (Zeitschrift)
DStRE ....Deutsches Steuerrecht – Entscheidungsdienst (Zeitschrift)
DStZ ....Deutsche Steuerzeitung
DSWR ....Datenverarbeitung Steuer Wirtschaft Recht (Zeitschrift)
Dt. ....deutsch(er)
DUV ....Deutscher Universitäts Verlag

EAS ....Express Antwort Service
EFD ....Eidgenössisches Finanzdepartement
EFG ....Entscheidungen der Finanzgerichte
EFTAGH ....Gerichtshof der EFTA-Staaten
EG ....Einführungsgesetz
EGV ....Vertrag zur Gründung der Europäischen Gemeinschaft
endg. ....endgültig

ErbSt-DBA ....Abkommen zur Vermeidung der Doppelbesteuerung auf dem Gebiet der Nachlass- und Erbschaftsteuern

ErbStB ....Der Erbschaftsteuer-Berater (Zeitschrift)

ErbStG ....Erbschaft- und Schenkungsteuergesetz

ErbStR ....Erbschaftsteuerrichtlinien

ErbStRG ....Erbschaftsteuerreformgesetz

erg. ....ergänzt

erw. ....erweitert(e)

ESchG ....Gesetz über die Erbschafts- und die Schenkungssteuer

EStG ....Einkommensteuergesetz

ESTV ....Eidgenössische Steuerverwaltung

EuGH ....Europäischer Gerichtshof

EURLUmsG ....Richtlinien-Umsetzungsgesetz

EWR ....Europäischer Wirtschaftsraum

EWRA ....Abkommen über den Europäischen Wirtschaftsraum

FB ....Freibetrag

FG ....Finanzgericht

FL ....Fürstentum Liechtenstein

Fn. ....Fußnote

FR ....Finanz-Rundschau (Zeitschrift) / Kanton Freiburg

franz. ....französisch

FusG ....Fusionsgesetz

GewSt ....Gewerbesteuer

GewStG ....Gewerbesteuergesetz

GKStG ....Gesetz über die Gemeinde- und Kirchensteuern

GL ....Kanton Glarus

GmbHR ....GmbH-Rundschau (Zeitschrift)

GR ....Kanton Graubünden

grds. ....grundsätzlich

GrdSt ....Grundstück

GS ....Gesetzessammlung

H ....Hinweis / Hebesatz

HÄStG ....Gesetz über die Handänderungsteuer

HB ....Handelsblatt (Zeitung)

Hs. ....Halbsatz

IDW ....Institut der Wirtschaftsprüfer e. V.

IFF ....Institut für Finanzwissenschaft und Finanzrecht

IfM ....Institut für Mittelstandsforschung

INF ....Die Information über Steuer und Wirtschaft (Zeitschrift)

IPO ....Initial Public Offering

i. S. d. ....im Sinne des

IStR ....Internationales Steuerrecht (Zeitschrift)

ital. ....italienisch

i. V. m. ....in Verbindung mit

IWB ....Internationale Wirtschaftsbriefe / NWB internationales Steuer- und Wirtschaftsrecht (Zeitschrift)

JG ....Justizgesetz

KapG ....Kapitalgesellschaft

KESt ....Kapitalertragsteuer

KESt-VO ....Verordnung zur KESt-Erstattung Mutter-Tochtergesellschaften

KOM ....Kommission der Europäischen Gemeinschaften/Europäische Kommission

KST ....Körperschaftsteuer

KStG ....Körperschaftsteuergesetz

KW ....Kapitalwert

lat. ....lateinisch

LBu ....Loi établissant le budget administratif de l'Etat (Budgetgesetz, franz.)

LCD ....Loi sur les contributions directes (Gesetz über die direkten Steuern, franz.)

LCdir ....Loi sur les contributions directes (Gesetz über die direkten Steuern, franz.)

LCP ....Loi générale sur les contributions publiques (Steuergesetz, franz.)

LDE ....Loi sur les droits d'enregistrement (Gesetz über die Einregistrierungsgebühr, franz.)

Lfg. ....Lieferung

LGBl. ....Landesgesetzblatt

LI ....Loi sur les impôts directs cantonaux (Gesetz über die direkten Steuern im Kanton, franz.) / Loi d'impôt (Steuergesetz, franz.)

LICom ....Loi sur les impôts communaux (Gesetz über die Gemeindesteuern, franz.)

LIPM ....Loi sur l´imposition des personnes morales (Gesetz über die Besteuerung von juristischen Personen, franz.)

LIPP ....Loi sur l´imposition des personnes physiques (Gesetz über die Besteuerung von natürlichen Personen, franz.)

LISD ....Loi sur l'impôt de succession et de donation (Erbschaft- und Schenkungsteuersteuergesetz, franz.)

lit. ....litera (Buchstabe, lat.)

LJZ ....Liechtensteinische Juristen-Zeitung

LMSD ....concernant le droit de mutation sur les transferts immobiliers et l'impôt sur les successions et donations (Gesetz über Handänderungsgebühren und Erbschafts- und Schenkungssteuern, franz.)

LSucc ....Loi instituant un impôt sur les successions et sur les donations entre vifs (Erbschaft- und Schenkungssteuergesetz, franz.)

LT ....Legge tributaria (Steuergesetz, ital.)

m. ....mit

max. ....maximal

MBI ....Management-Buy-In

MBO ....Management-Buy-Out

MBR ....Master of Business Research

mind. ....mindestens

MTRL ....Mutter-Tochter-Richtlinie

neubearb. ....neubearbeitet(e)

NF ....Neue Folge

NFI ....Nachfolgeinstrument

nGS ....Gesetzessammlung der Neuen Reihe

NJW ....Neue Juristische Wochenschrift

n. rkr. ....nicht rechtskräftig

NV ....nicht veröffentlicht

NW ....Kanton Nidwalden

NWB ....Neue Wirtschaftsbriefe

NZG ....Neue Zeitschrift für Gesellschaftsrecht

o. ....ohne

öBGBl. ....österreichisches Bundesgesetzblatt

öBMF ....österreichisches Bundesministerium für Finanzen

öBewG ....österreichisches Bewertungsgesetz

OECD-MA ....OECD-Musterabkommen zur Vermeidung der Doppelbesteuerung auf dem Gebiet der Steuern vom Einkommen und vom Vermögen

OECD-MK ....OECD-Musterkommentar

öEStG ....österreichisches Einkommensteuergesetz

öKESt ....österreichische Kapitalertragsteuer

öKSt ....österreichische Körperschaftsteuer

öKStG ....österreichisches Körperschaftsteuergesetz

OS ....Offizielle Sammlung

OW ....Kanton Obwalden

PiStB ....Praxis internationale Steuerberatung (Zeitschrift)

PSG ....Privatstiftungsgesetz

PSR ....Die Privatstiftung (Zeitschrift)

PVS ....Privatvermögensstruktur

qual. ....qualifiziert(er)

R ....Richtlinie

R E ....Richtlinie zum Erbschaft- und Schenkungsteuergesetz

rer. pol. ....rerum politicarum (Staatswissenschaften, lat.)

RFH ....Reichsfinanzhof

rkr. ....rechtskräftig

Rs. ....Rechtsache

RStBl. ....Reichssteuerblatt

Rz. ....Randziffer

SA ....Schlussantrag

SAM ....Steueranwaltsmagazin

SBE ....Sammlung der behördlichen Erlasse

SchenkMG ....Schenkungsmeldegesetz

SEStEG ....Gesetz über steuerliche Begleitmaßnahmen zur Einführung der Europäischen Gesellschaft und zur Änderung weiterer steuerrechtlicher Vorschriften

SG ....Kanton St. Gallen

SH ....Kanton Schaffhausen

Slg. ....Sammlung

SO ....Kanton Solothurn

SR ....stille Reserven

StabG ....Stabilitätsgesetz

StB ....Der Steuerberater (Zeitschrift)

StBg ....Die Steuerberatung (Zeitschrift)

SteG ....Gesetz über die Landes- und Gemeindesteuern (Steuergesetz)

Steuerentlastungs-VO ...Verordnung über die Steuerentlastung schweizerischer Dividenden aus wesentlichen Beteiligungen ausländischer Gesellschaften

SteuerStud ....Steuer und Studium (Zeitschrift)

SteV ....Steuerverordnung

StG ....Steuergesetz

StHG ....Bundesgesetz über die Harmonisierung der direkten Steuern der Kantone und Gemeinden

StiftEG ....Bundesgesetz über die Stiftungseingangssteuer

StiftR ....Stiftungsrichtlinien

STR ....Steuer Revue (Zeitschrift)

StRG ....Steuerrekursgericht

StVO ....Steuerverordnung

SWK ....Steuer- und Wirtschaftskartei (Zeitschrift)

TEV ....Teileinkünfteverfahren

TG ....Kanton Thurgau

TIEA ....Tax Information Exchange Agreement

Ubg ....Die Unternehmensbesteuerung (Zeitschrift)

überarb. ....überarbeitet

UmgrStG ....Umgründungssteuergesetz

Univ. ....Universität

UR ....Kanton Uri

Urt. ....Urteil

Verl. ....Verlag

VfGH ....österreichischer Verfassungsgerichtshof

VKP ....Verordnung über die kalte Progression

VO zum DBA D/CH ....Verordnung zum schweizerisch-deutschen Doppelbesteuerungsabkommen

VS ....Kanton Wallis

VStG ....Verrechnungssteuergesetz

VStV ....Verrechnungssteuerverordnung

VwGH ....österreichischer Verwaltungsgerichtshof

VwSlg. ....Erkenntnisse und Beschlüsse des Verwaltungsgerichtshofes (Zeitschrift)

WiSt ....Wirtschaftswissenschaftliches Studium (Zeitschrift)

WPg ....Die Wirtschaftsprüfung (Zeitschrift)

Z ....Ziffer

Zerb ....Zeitschrift für die Steuer- und Erbrechtspraxis

ZEV ....Zeitschrift für Erbrecht und Vermögensnachfolge

ZfB ....Zeitschrift für Betriebswirtschaft

ZfS ....Zeitschrift für Stiftungswesen

ZGB ....Zivilgesetzbuch (Schweiz)

ZG ....Kanton Zug

ZH ....Kanton Zürich

ZPO ....Zivilprozessordnung

zugl. ....zugleich

Symbolverzeichnis

a .... Besitzdauer
C_0 .... Kapitalwert
H .... Gewerbesteuer-Hebesatz
i .... Zinssatz vor Steuern
i_s .... Zinssatz nach Steuern
r .... Rendite
s .... Steuersatz
$s_{AT-Stiftung}$ .... Steuersatz einer österreichischen Stiftung
$s_{D-Stiftung}$ .... Steuersatz einer deutschen Stiftung
$s_{FL-Stiftung}$ .... Steuersatz einer liechtensteinischen Stiftung
s_{ErbSt} .... Erbschaftsteuersatz
$s_{ErbSt\ (D)}$ .... deutscher Erbschaftsteuersatz
$s_{ErbSt\ (CH)}$ .... schweizerischer Erbschaftsteuersatz
$s_{ESt\ (AT)}$ .... Einkommensteuersatz in Österreich
$s_{ESt\ (CH)}$ .... kumulierter Einkommensteuersatz in der Schweiz
$s_{ESt(D)}$ .... Einkommensteuersatz in Deutschland
$s_{ESt\ (FL)}$ .... Erwerbsteuersatz Liechtenstein
s_{GewSt} .... Gewerbesteuersatz
s_{GrESt} .... Steuersatz Grunderwerbsteuer
$s_{GrESt(AT)}$ .... österreichischer Gewerbesteuersatz
$s_{GrESt(D)}$ .... deutscher Gewerbesteuersatz
$s_{GrdstGSt\ (FL)}$ .... Steuersatz Grundstücksgewinnsteuer Liechtenstein
$s_{GrdstGSt\ (CH)}$ .... Steuersatz Grundstücksgewinnsteuer Schweiz
$s_{GSt\ (CH)}$ .... kumulierter Steuersatz Gewinnsteuern in der Schweiz
$s_{HÄSt}$ .... Steuersatz Handänderungsteuer
$s_{Holding}$ .... Steuersatz einer Holding
s_{KapG} .... Steuerbelastung einer Kapitalgesellschaft
$s_{KESt\ (AT)}$ .... Steuersatz österreichische Kapitalertragsteuer
$s_{KESt\ (D)}$ .... Steuersatz deutsche Kapitalertragsteuer
s_{NFI} .... Steuersatz Ebene Nachfolgeinstrument
s_{nP} .... Steuersatz für natürliche Personen

s_{QSt} .... Quellensteuersatz

$s_{StiftESt}$ .... Steuersatz Stiftungseingangsteuer

$s_{WidSt\,(FL)}$ .... Steuersatz Widmungsteuer Liechtenstein

S_t .... Steuerbelastung im Zeitpunkt t

$S_{t\,(lfd)}$ .... laufende Steuerbelastung im Zeitpunkt t

s_u .... Steuersatz Unternehmensebene

$S_{übern}$ .... Betrag der vom Stifter übernommenen Verkehrsteuern in t = 0

$S_{VÜ,t}$ .... Steuerbelastung bei Vermögensübertragung im Zeitpunkt t

$S_{VÜ,t(VS)}$ .... Verkehrsteuerbelastung bei Vermögensübertragung im Zeitpunkt t

$S_{VÜ,0}$ .... Steuerbelastung bei Vermögensübertragung in t = 0

$S_{VÜ,0(Ertrag)}$ .... Ertragsteuerbelastung bei Vermögensübertragung in t = 0

$S_{VÜ,0(VS)}$ .... Verkehrsteuerbelastung bei Vermögensübertragung in t = 0

$S_{VÜ,30}$ .... Steuerbelastung bei Vermögensübertragung in t = 30

$S_{VÜ,60}$ .... Steuerbelastung bei Vermögensübertragung in t = 60

$S_{VÜ,90}$ .... Steuerbelastung bei Vermögensübertragung in t = 90

$s_{WidSt\,(FL)}$ .... Steuersatz liechtensteinische Widmungsteuer

$S_t^{Grdst/KG}$ .... Ertragsteuerbelastung bei Grundstücken und Kommanditanteilen

S_t^{KapG} .... Ertragsteuerbelastung Kapitalgesellschaft

$S_{VÜ\,(ErbSt)}$ .... Schenkungsteuerbelastung bei Vermögensübertragung

$S_{VÜ\,(Ertrag)}^{AT-BV}$ .... Ertragsteuerbelastung bei Vermögensübertragung von österreichischem Betriebsvermögen

$S_{VÜ\,(Ertrag)}^{CH-BV}$ .... Ertragsteuerbelastung bei Vermögensübertragung von schweizerischem Betriebsvermögen

$S_{VÜ\,(Ertrag)}^{D-BV}$ .... Ertragsteuerbelastung bei Vermögensübertragung von deutschem Betriebsvermögen

$S_{VÜ\,(Ertrag)}^{FL-BV}$ .... Ertragsteuerbelastung bei Vermögensübertragung von liechtensteinischem Betriebsvermögen

$S_{VÜ\,(Ertrag)}^{Grdst\,(AT)}$ .... Ertragsteuerbelastung bei Vermögensübertragung von österreichischen Grundstücken

$S_{VÜ\,(Ertrag)}^{Grdst\,(CH)}$ .... Ertragsteuerbelastung bei Vermögensübertragung von schweizerischen Grundstücken

$S_{VÜ\,(Ertrag)}^{Grdst\,(D)}$ .... Ertragsteuerbelastung bei Vermögensübertragung von deutschen Grundstücken

$S_{VÜ\,(Ertrag)}^{Grdst\,(FL)}$ .... Ertragsteuerbelastung bei Vermögensübertragung von liechtensteinischen Grundstücken

$S_{VÜ\,(Ertrag)}^{KapG}$ .... Ertragsteuerbelastung bei Vermögensübertragung von Beteiligungen an Kapitalgesellschaften

$S_{VÜ\,(Ertrag)}^{KG}$ .... Ertragsteuerbelastung bei Vermögensübertragung von Kommanditbeteiligungen

$S_{VÜ\,(Ertrag)}^{PV}$ .... Ertragsteuerbelastung bei Vermögensübertragung von Privatvermögen

SR .... stille Resereven

SR_0 .... stille Reserven in t = 0

SR_{AT} .... in Österreich belegene stille Reserven

SR_{CH} .... in der Schweiz belegene stille Reserven

SR_D .... in Deutschland belegene stille Reserven

SR_{FL} .... in Liechtenstein belegene stille Reserven

V_0 .... Vermögenswert in t = 0

V_{90} .... Vermögenswert in t = 90

$V_{0\,stpfl}$ .... steuerpflichtiges Vermögen in t = 0

V_t .... Wert des Vermögens im Zeitpunkt t

$V_{30\,stpfl}$ .... Wert des steuerpflichtigen Vermögens in t = 30

$V_{60\,stpfl}$ .... Wert des steuerpflichtigen Vermögens in t = 60

$V_{90\,stpfl}$ .... Wert des steuerpflichtigen Vermögens in t = 90

t .... Zeitpunkt

x .... GewSt-Anrechnungsfaktor

A. Internationale Unternehmensnachfolge als Untersuchungsgegenstand

I. Unternehmensnachfolge als betriebswirtschaftliches Problem

In Deutschland existieren erhebliche, durch die Nachkriegsgeneration geschaffene und in Unternehmen gebundene Vermögenswerte, für die die Übertragung auf die nachfolgende Generation bevorsteht.[1] Da in Deutschland nach Schätzungen des Instituts für Mittelstandsforschung (IfM) Bonn im Zeitraum 2010 bis 2014 insgesamt rund 110.000 Unternehmensübertragungen anstehen und in Deutschland mehr als 90 % aller Unternehmen durch Familien kontrolliert und überwiegend auch von ihren Eigentümern geführt werden,[2] ist die Thematik der Unternehmensnachfolge nicht nur in der Praxis von Relevanz, sondern sie nimmt auch in der Wissenschaft an Beachtung zu.[3]

Unter dem Begriff der Unternehmensnachfolge soll im Folgenden in Anlehnung an *Norbert Herzig/Ralf Heyeres/Christoph Watrin* „ein Vorgang verstanden [werden], durch den die Eigentumsrechte des Unternehmers an seinem Unternehmensvermögen auf einen oder mehrere Nachfolger übergehen, wobei das Unternehmen fortgeführt werden soll und der Vermögensübergang der Erbfolgeregelung des ausscheidenden Unternehmers dient.“[4]

Für eine erfolgreiche Unternehmensfortführung bedarf es sowohl für den Fall des plötzlichen Todes des Unternehmers als auch für den Fall der Unternehmensübertragung unter Lebenden einer frühzeitigen und umfassenden Planung der Unternehmensnachfolge.[5] Eine unzureichende Nachfolgeplanung kann zu einer Gefährdung des Fortbestands des Unternehmens führen. Nach einer Studie der EU-Kommission sind etwa 10 % aller Insolvenzen auf eine unzureichende Nachfolgeplanung zurückzuführen.[6] Damit ist es

---

1 Vgl. *Turner, N./Doppstadt, J.*, Stiftung, 1996, S. 1448; *Schmitt, J./Götz, H.*, Familienstiftung, 1997, S. 11; *Klein-Blenkers, F.*, Zahlen, 2001, S. 329; *Schwarz, G. C.*, Stiftung, 2001, S. 2381; *Kußmaul, H./Meyering, S.*, Stiftung, 2004, S. 6 f.; *Spiegelberger, S.*, Unternehmensnachfolge, 2007, S. 349.

2 Vgl. *Hauser, H.-E./Kay, R.*, IfM-Materialien Nr. 198, 2010, S. 20; *Stiftung Familienunternehmen*, Bedeutung, 2011, S. 14.

3 Vgl. *Hering, T./Olbrich, M.*, Unternehmensnachfolgeplanung, 2006, S. 25.

4 *Herzig, N./Heyeres, R./Watrin, C.*, Unternehmenskontinuität, 1994, S. 2.

5 Vgl. auch *Sommer, M./Godron, A.*, Unternehmensnachfolge, 2005, S. 221; *Möller, J.*, Unternehmensnachfolge, 2007, S. 1.

6 Vgl. *Kommission der Europäischen Gemeinschaften*, Mitteilung, 1994, S. 22; *Möller, J.*, Unternehmensnachfolge, 2007, S. 2.

Hauptaufgabe der Unternehmensnachfolgeplanung, die Unternehmenskontinuität in personeller, organisatorischer, strategischer und finanzieller Hinsicht zu sichern,[1] um zu verhindern, dass ein wettbewerbsfähiges Unternehmen vom Markt verschwindet und dadurch Arbeitsplätze verloren gehen, Kapital vernichtet und das Wachstum geschwächt wird.[2] Die Unternehmensnachfolgeplanung ist damit „neben der Absatz-, Investitions- und Finanzplanung ... die vierte Säule zukunftsorientierter Unternehmenspolitik."[3]

Die Unternehmensnachfolge kann als ein mehrstufiger Prozess verstanden werden, der sich im Wesentlichen in drei Phasen untergliedert.[4] Die folgende Abbildung 1 veranschaulicht den Prozess der Unternehmensnachfolge:

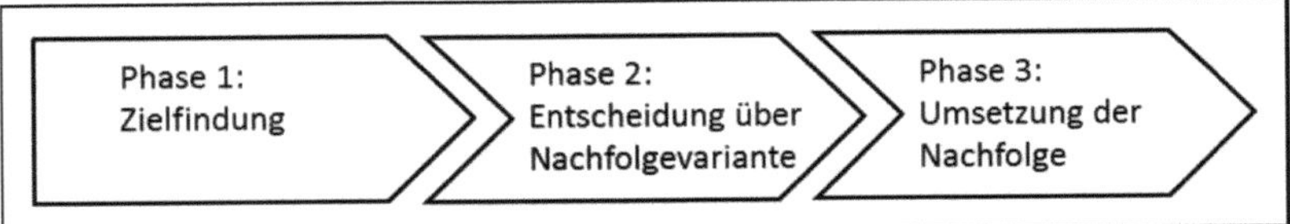

Abbildung 1: Phasen des Unternehmensnachfolgeprozesses

In der ersten Phase sind die Motive und Ziele, die der übergebende Unternehmer mit seiner Nachfolge verbindet, zu identifizieren,[5] wobei sich das Zielsystem des übergebenden Unternehmers aus einer Kombination von ökonomischen und emotionalen Zielen zusammensetzt.[6] Zu den ökonomischen Zielen zählen sowohl die Sicherung der Unternehmenskontinuität, der von einer Vielzahl von Unternehmern die höchste Priorität beigemessen wird,[7] als auch die Minimierung der Steuerbelastung sowie andere monetäre Ziele, wie beispielsweise die Erlösmaximierung und die finanzielle Versorgung des Unternehmers und seiner Familie.[8] Als emotionale Ziele lassen sich die Erhaltung des Familieneinflusses, die Perpetuierung der Unternehmerideale und die Gerechtigkeit der

---

1 Vgl. *Albach, H./Freund, W.*, Generationswechsel, 1989, S. 28 f.; *Herzig, N./Heyeres, R./Watrin, C.*, Unternehmenskontinuität, 1994, S. 1.
2 Vgl. *Kommission der Europäischen Gemeinschaften*, Kontinuität, 2006, S. 4.
3 *Flick, H.*, Unternehmernachfolge, 1991, S. 7; vgl. auch *Bieler, S.*, Unternehmernachfolge, 1996, S. 19.
4 Vgl. *Hering, T./Olbrich, M.*, Unternehmensnachfolge, 2003, S. 17; *Hering, T./Olbrich, M.*, Unternehmensnachfolgeplanung, 2006, S. 26.
5 Vgl. *Hering, T./Olbrich, M.*, Unternehmensnachfolge, 2003, S. 17; *Hering, T./Olbrich, M.*, Unternehmensnachfolgeplanung, 2006, S. 26.
6 Vgl. *Koropp, C./Grichnik, D.*, Nachfolgeentscheidung, 2007, S. 296.
7 Vgl. *Klein-Blenkers, F.*, Zahlen, 2001, S. 331; *Balz, U./Bernau-Henkel, D.*, Mittelstand, 2006, S. 60 f.; *Koropp, C./Grichnik, D.*, Nachfolgeentscheidung, 2007, S. 296.
8 Vgl. dazu näher *Koropp, C./Grichnik, D.*, Nachfolgeentscheidung, 2007, S. 296-300.

Nachfolgeregelung nennen.[1] Neben den Zielen des Unternehmers selbst sind im Rahmen einer Unternehmensnachfolgeplanung auch die Ziele potenzieller Nachfolger zu ermitteln, um ein Scheitern der Nachfolge aufgrund konträrer Zielsetzungen zwischen dem Unternehmer und seinen Nachkommen zu vermeiden.[2] Konträre Zielsetzungen können beispielsweise dann vorliegen, wenn die Nachkommen nur an finanziellen Werten interessiert sind und der Erhaltung des Unternehmens selbst keine oder nur eine geringe Bedeutung beimessen.[3] Damit ist die Unternehmensnachfolgeplanung nicht nur ein Entscheidungsproblem des ausscheidenden Unternehmers, sondern seiner ganzen Familie. Deshalb umfasst der Begriff des „Unternehmers“ im Folgenden sowohl den Unternehmer selbst als auch seine Nachkommen. Ausgehend von diesen Zielen sowie den familiären und wirtschaftlichen Rahmenbedingungen ist in der zweiten Phase über die geeignete Nachfolgevariante zu entscheiden und in der daran anschließenden dritten Phase erfolgt dann die Umsetzung der Nachfolgeentscheidung.[4]

Dem Unternehmer stehen alternativ verschiedene familieninterne und -externe Nachfolgeinstrumente zur Verfügung. Als familieninterne Nachfolgeinstrumente sind neben der unmittelbaren Vermögensübertragung auf die Nachfolger durch vorweggenommene Erbfolge in ihren unterschiedlichsten Ausprägungen oder durch letztwillige Verfügung die Betriebsaufspaltung und der Einsatz einer Familien-Holding zu nennen.[5] Als familienexterne Nachfolgeinstrumente gelten die Fremdgeschäftsführung, der Management-Buy-Out (MBO), der Management-Buy-In (MBI), der Unternehmensverkauf, der Börsengang (Initial Public Offering bzw. IPO) und Stiftungslösungen.[6] Studien zur Unternehmensnachfolge zufolge gewinnt die familienexterne Unternehmensnachfolge vermehrt an Bedeutung, da die Fälle, in denen keine bzw. keine geeigneten Nachfolger aus der Familie vorhanden sind oder die potenziellen familieninternen Nachfolger aufgrund anderer Zielsetzungen kein Interesse an dem zu übertragenden Unternehmen haben, zunehmen werden.[7]

---

1 Vgl. dazu näher *Koropp, C./Grichnik, D.*, Nachfolgeentscheidung, 2007, S. 300-302.
2 Vgl. auch *Kempert, W.*, Praxishandbuch, 2008, S. 57 f.
3 Vgl. *Kempert, W.*, Praxishandbuch, 2008, S. 57.
4 Vgl. *Hering, T./Olbrich, M.*, Unternehmensnachfolgeplanung, 2006, S. 26 f.
5 Vgl. dazu näher *Gesmann-Nuissl, D.*, Unternehmensnachfolge, 2006, S. 3-5.
6 Vgl. dazu näher *Koop, F.*, Überblick, 2004, S. 35-40; *Ehrenhöfer, R./Schneider, C.*, Wege, 2007, S. 258-270.
7 Vgl. *Europäische Kommission*, Abschlussbericht, 2002, S. 50; *Freund, W.*, Unternehmensnachfolgen, 2004, S. 74; *Kommission der Europäischen Gemeinschaften*, Kontinuität, 2006, S. 4; *Gesmann-Nuissl, D.*, Unternehmensnachfolge, 2006, S. 2.

Ausländische Direktinvestitionen werden längst nicht mehr nur von Großunternehmen, sondern zunehmend auch von mittelständischen und kleinen Unternehmen getätigt, um dem internationalen Wettbewerb standhalten zu können.[1] Das zunehmende ausländische Engagement deutscher Unternehmen bewirkt, dass von diesen geschaffene Vermögenswerte auch an ausländischen Standorten investiert werden und somit eine internationale Verteilung des Unternehmensvermögens vorzufinden ist.[2] Damit sind neben den inländischen Nachfolgeinstrumenten auch ausländische Nachfolgeinstrumente als alternative Nachfolgeformen in die Nachfolgeplanung einzubeziehen. Sowohl die zunehmend ausländischen Aktivitäten von deutschen kleinen und mittelständischen Unternehmen als auch die gestiegene Mobilität der Wirtschaftssubjekte können die Nachfolge in erbrechtlicher sowie erbschaft- bzw. schenkungsteuerlicher (im Folgenden kurz schenkungsteuerliche) Hinsicht erschweren. Bei internationalen Vermögensübertragungen sind aufgrund des grenzüberschreitenden Bezugs mehrere, möglicherweise kollidierende Zivil- sowie sich gegebenenfalls überlagernde Steuerrechtsordnungen betroffen.

Da mit der Unternehmensnachfolge erhebliche Steuerbelastungen verbunden sein können und die Minimierung der Steuerbelastung ein wichtiges Ziel im Rahmen der Nachfolgeplanung darstellt, ist das Thema der Unternehmensnachfolge auch in der betriebswirtschaftlichen Steuerforschung von Relevanz. In Abhängigkeit von dem Nachfolgeinstrument und dessen Standort können sich unterschiedliche Steuerwirkungen ergeben, die die Entscheidung für eine bestimmte Nachfolgevariante unter Berücksichtigung der Zielsetzung der Minimierung der Steuerbelastung beeinflussen können.

II. Zielsetzung

Da die familienexterne Unternehmensnachfolge an Bedeutung gewinnt, stellt die Rechtsform der Stiftung ein geeignetes Instrument zur Sicherung der Unternehmenskontinuität dar, mit der sowohl die Versorgung der Familienangehörigen als auch eine dauerhafte Verselbstständigung des Vermögens erreicht werden können. Bei einer Stiftung handelt es sich um eine eigenständige Vermögensmasse ohne Personenverband,

---

[1] Vgl. auch *Watrin, C.*, Erbschaftsteuerplanung, 1997, S. 1-3; *Beschorner, D./Stehr, C.*, Internationalisierungsstrategien, 2007, S. 315.

[2] Vgl. auch *Watrin, C.*, Erbschaftsteuerplanung, 1997, S. 2 f.; *Deininger, R./Götzenberger, A.-R.*, Vermögensnachfolgeplanung, 2006, Rz. 2.

die die Aufgabe hat, den vom Stifter festgelegten Zweck dauerhaft zu verfolgen.[1] Alternativ kann zur Wahrung der Unternehmenskontinuität auch eine Kapitalgesellschaft mit Holdingfunktion als Nachfolgeinstrument eingesetzt werden, mit der im Gegensatz zu einer Stiftung oftmals flexibler auf Umweltveränderungen reagiert werden kann.

Im Rahmen der folgenden Untersuchung sollen die Steuerwirkungen bei Einschaltung einer in- oder ausländischen Stiftung alternativ zu einer in- oder ausländischen Kapitalgesellschaft mit Holdingfunktion (im Folgenden kurz Holding oder Holdinggesellschaft genannt) analysiert werden und der direkten Nachfolge auf zwei Kinder mittels vorweggenommener Erbfolge gegenübergestellt werden.

Zur Abgrenzung des Untersuchungsgegenstands wird angenommen, dass sich das Vermögen des übertragenden Unternehmers aus Beteiligungen an Kapitalgesellschaften und aus Kommanditbeteiligungen an Kommanditgesellschaften jeweils mit Sitz in Deutschland, Österreich, Liechtenstein und der Schweiz sowie aus in diesen Staaten belegenen Grundstücken zusammensetzt. Des Weiteren wird angenommen, dass sowohl der übertragende Unternehmer als auch seine Kinder und die Nachkommen in Deutschland steuerlich ansässig und damit unbeschränkt einkommensteuerpflichtig sind.

Als Stiftungsstandorte werden Deutschland, Österreich und Liechtenstein näher betrachtet. Da in der Schweiz eine Familienstiftung nur unter sehr restriktiven Voraussetzungen möglich ist,[2] ist eine Stiftung nach schweizerischem Recht als Nachfolgeinstrument nicht geeignet und wird deshalb nicht in die Untersuchung einbezogen. Als Standorte für Holdinggesellschaften werden dem Standort Deutschland die Holdingstandorte Österreich und Liechtenstein sowie die Schweiz als typischer Holdingstandort gegenübergestellt.

Damit eine Aussage über die Vorteilhaftigkeit von ausgewählten Nachfolgeinstrumenten an verschiedenen Standorten aus steuerlicher Sicht getroffen werden kann, ist eine

---

[1] Vgl. BayOLG, Beschluß v. 25. 10. 1972, BReg. 2 Z 56/72, NJW (26) 1973, S. 249; *Schwarz, G. C./Backert, W.*, § 80, 2007, Rz. 3; *Campenhausen, A. v.*, Grundlagen, 2009, Rz. 6; *Berndt, H./Götz, H.*, Stiftung, 2009, Rz. 16.

[2] Gemäß Art. 335 Abs. 1 ZGB ist die Errichtung einer Familienstiftung nur erlaubt, wenn deren Zweck in der Bestreitung der Kosten der Erziehung, Ausstattung oder Unterstützung von Familienangehörigen oder in ähnlichen Zwecken liegt, wobei diese Aufzählung abschließend ist; vgl. dazu *Hamm, M./Peters, S.*, Auslaufmodell, 2008, S. 248. Eine (Familien-)Unterhaltsstiftung ist damit nach schweizerischem Recht nicht möglich; vgl. *Jakob, D.*, Stiftungsrecht, 2009, S. 166.

periodenübergreifende Analyse erforderlich, die sowohl die periodisch anfallenden Ertrag- als auch die aperiodisch anfallenden Schenkungsteuern, sowie die Grunderwerbsteuer erfasst. Die isolierte Betrachtung der durch eine Unternehmensnachfolge ausgelösten Ertrag- oder Schenkungsteuern und der Grunderwerbsteuer kann dazu führen, dass eine aus gesamtsteuerlicher Sicht unvorteilhafte Nachfolgevariante einer vorteilhaften Variante vorgezogen wird. Beim Einsatz von in- und ausländischen Stiftungen oder Holdinggesellschaften als Nachfolgeinstrument sind neben den mit der Unternehmensübertragung direkt verbundenen Ertrag- und Schenkungsteuerwirkungen auch die laufenden Ertragsteuerwirkungen und die Ertrag- und Schenkungsteuerwirkungen bei Auflösung des Nachfolgeinstruments zu analysieren, um eine Rangfolge der einzelnen Nachfolgeinstrumente aus steuerlicher Sicht gewinnen zu können.

Zielsetzung dieser Untersuchung ist es somit, einen Ansatz zur periodenübergreifenden Analyse von ertrag-, schenkung- und grunderwerbsteuerlichen Gesamtwirkungen bei der Unternehmensnachfolge zu entwickeln, aus welchem sich im Rahmen der internationalen Nachfolgeplanung Anhaltspunkte dafür ableiten lassen, welches Nachfolgeinstrument an welchem Standort die niedrigste Gesamtsteuerbelastung aufweist. Mit der Untersuchung sollen folgende Fragen beantwortet werden:

(1) Welche einzel- und gesamtsteuerlichen Wirkungen ergeben sich jeweils beim Einsatz von Stiftungen, Holdinggesellschaften und bei der vorweggenommenen Erbfolge als Instrument der Unternehmensnachfolge?

(2) An welchem Standort sind bei den einzelnen Nachfolgeinstrumenten jeweils die Steuerbelastungen am geringsten?

(3) Bei welchem Nachfolgeinstrument und welchem Standort sind die Steuerbelastungen bei Gesamtbetrachtung minimal?

III. Abgrenzung von bestehenden Untersuchungen

Die bisherigen Untersuchungen zur Besteuerung der Unternehmensnachfolge beschränken sich weitgehend auf nationale Sachverhalte, wobei den Untersuchungen meist eine juristische oder eine qualitativ betriebswirtschaftliche Betrachtungsweise zugrunde liegt.[1] Da für die Nachfolgeplanung eine gleichzeitige Betrachtung sowohl der Ertragsteuern als auch der Schenkungsteuern notwendig ist, um die durch die Vermögensübertragung verursachten ertragsteuerlichen Folge- und Wechselwirkungen erfassen zu können,[2] existieren neben den einzelsteuerlichen Analysen[3] für nationale Sachverhalte auch einzelne Forschungsansätze, welche die Unternehmensnachfolge sowohl aus ertrag- als auch aus schenkungsteuerlicher Sicht untersuchen; der Schwerpunkt dieser Untersuchungen liegt auf einer überwiegend deskriptiven Darstellung der direkt mit der Vermögensübertragung verbundenen Steuerwirkungen bei familieninternen Nachfolgegestaltungen.[4] Eine simultane Analyse von Ertrag- und Schenkungsteuerwirkungen in einem Mehrperiodenmodell wurde bisher nur auf die Fragestellung des Rechtsformvergleichs zwischen Personenunternehmen und Kapitalgesellschaften angewendet.[5]

Im Rahmen der internationalen betriebswirtschaftlichen Steuerforschung spielt die Thematik der Unternehmensnachfolge im Gegensatz zur laufenden Unternehmensbesteuerung bisher eine untergeordnete Rolle.[6] Die bestehenden Untersuchungen zu Fragestellungen der internationalen Unternehmens- bzw. Vermögensnachfolge beschränken sich auf die Darstellung der erbschaft- und schenkungsteuerlichen Wirkungen und sind überwiegend qualitativ.[7] Ein erster Ansatz zur Integration der Erbschaft- bzw. Schenkungsteuer in die internationale Steuerplanung findet sich zu der Fragestellung, ob die Aufnahme eines Auslandsengagements mittels einer ausländischen Kapitalgesellschaft durch unmittelbare Beteiligung des Unternehmers oder durch mittelbare Beteiligung über eine inländische Kapitalgesellschaft vorteilhaft ist.[8]

Der Einsatz von in- und ausländischen, insbesondere österreichischen oder auch liechtensteinischen Stiftungen als Nachfolgeinstrument für einen deutschen Unternehmer

---

1 Vgl. z. B. *Heyeres, R.*, Zusammenwirken, 1996; *Rautenstrauch, G.*, Unternehmensnachfolge, 2002; *Gebel, D.*, Betriebsvermögensnachfolge, 2002; *Spiegelberger, S.*, Unternehmensnachfolge, 2009.

2 Vgl. auch *Trompeter, F.*, Erbschaftsteuerplanung, 2003, S. 1522; *Guldan, A.*, Unternehmensnachfolge, 2004, S. 3.

3 Vgl. m. w. N. und kritisch *Heyeres, R.*, Zusammenwirken, 1996, S. 12 f.

4 Vgl. z. B. *Heyeres, R.*, Zusammenwirken, 1996; *Rautenstrauch, G.*, Unternehmensnachfolge, 2002. Eine formale Analyse findet sich bei *Neininger, M.*, Steuerplanung, 2003.

5 Vgl. *Vituschek, M.*, Steuerbelastung, 2004.

6 Vgl. dazu z. B. auch *Bachmann, C.*, Steuerplanung, 2008, S. 94.

7 Vgl. z. B. *Watrin, C.*, Erbschaftsteuerplanung, 1997; *Trompeter, F.*, Erbschaftsteuerplanung, 2003, S. 1522-1549; *Deininger, R./Götzenberger A.-R.*, Vermögensnachfolgeplanung, 2006; *Flick, H./Piltz, D.*, Erbfall, 2008; *Schmidt, C.*, Gestaltung, 2008, S. 255-280;*Trompeter, F.*, Kapitalanlageformen, 2011, S. 1903-1930.

8 Vgl. *Bachmann, C.*, Steuerplanung, 2008, S. 94-122.

wird in der Literatur mehrfach analysiert, wobei den Analysen überwiegend eine juristische Betrachtungsweise zugrunde liegt.[1] Speziell zu Holdinggesellschaften als Nachfolgeinstrument sind in der Literatur kaum Forschungsansätze zu finden.[2] Holdinggesellschaften werden zwar als ein mögliches Nachfolgeinstrument in der Literatur erwähnt, aber im Zusammenhang mit der Unternehmensnachfolge meist nicht detailliert untersucht.[3] In Bezug auf Stiftungen und Holdinggesellschaften als Nachfolgeinstrument gibt es zu der seit dem 1. 1. 2009 in Deutschland in Kraft getretenen Erbschafsteuerreform[4] noch keine nennenswerten Analysen.[5]

Bezogen auf die Fragestellung des Einflusses der Besteuerung auf die Nachfolge eines international tätigen Unternehmers durch Stiftungen und Holdinggesellschaften gibt es eine Analyse zum Standort Österreich, in der verschiedene Szenarien der Übertragung einer 20%igen Beteiligung an einer Kapitalgesellschaft über einen Betrachtungszeitraum von 10 Jahren analysiert werden.[6] Die nachfolgende Untersuchung geht über diese Analyse hinaus, indem neben dem Standort Österreich auch die Standorte Liechtenstein und Schweiz betrachtet werden und davon ausgegangen wird, dass der Unternehmer verschiedene Vermögensarten in seine Nachfolgeplanung einbezieht. Weiterhin wird mit nachfolgender Untersuchung eine generationenübergreifende Analyse durchgeführt, indem der Betrachtungszeitraum auf einen Zeitraum von 90 Jahren ausgedehnt wird, so

---

[1] Zu deutschen Stiftungen vgl. z. B. *Schmitt, J./Götz, H.*, Familienstiftung, 1997, S. 14-16; *Kußmaul, H./Meyering, S.*, Besteuerung, 2004, S. 57-60; *Kußmaul, H./Meyering, S.*, Familienstiftung, 2004, S. 135-140; *Seer, R./Versin, V.*, Familienstiftung, 2006, S. 283-290; zu österreichischen Stiftungen vgl. z. B. *Wachter, T.*, Nachlassplanung, 2000, S. 1037-1047; *Busch, M./Heuer, C.-H.*, Familienstiftung, 2003, S. 4-9; *Löwe, C. v.*, Privatstiftung, 2005, S. 577-584; *Söffing, M.*, Privatstiftung (Teil 1), 2007, S. 141-143; *Söffing, M.*, Privatstiftung (Teil 2), 2007, S. 181-183; zu liechtensteinischen Stiftungen vgl. z. B. *Bremer, S.*, Erhaltung, 2003, S. 1586-1601; *Busch, M./Heuer, C.-H.*, Familienstiftung, 2003, S. 4-9; *Schütz, R.*, Familienstiftungen, 2008, S. 603-607; zu einer rechtsvergleichenden und deskriptiven Analyse zu Besteuerung deutscher, österreichischer, schweizerischer und liechtensteinischer Stiftungen vgl. *Löwe, C. v.*, Familienstiftung, 1999.

[2] Den Einsatz von Familienkapitalgesellschaften als Nachfolgeinstrument bzw. als Instrument zur Vermögensverwaltung analysieren z. B. *Bornheim, W.*, Kapitalgesellschaft, 2001, S. 1950-1956; *Bornheim, W.*, Vermögensverwaltung, 2001, S. 1990-1996; *Lommer, S.*, Familien-Kapitalgesellschaft, 2003, S. 1909-1916; *Slabon, G./Lappe, A.*, Familiengesellschaft, 2006, S. 74-82.

[3] Vgl. z. B. *Gesmann-Nuissl, D.*, Unternehmensnachfolge, 2006, S. 4; *Friedrich, K./Steidle, B./Gunzelmann, U.*, Aspekte, 2006, S. 21.

[4] Erbschaftsteuerreformgesetz (ErbStRG) vom 24. 12. 2008, dBGBl. I 2008, S. 3018.

[5] Einen Überblick über die Änderungen durch das Erbschaftsteuerreformgesetz geben z. B. *Lüdicke, J./Fürwentsches, A.*, Erbschaftsteuerrecht, 2009, S. 12-18; *Hölzerköpf, F./Bauer, D.*, Erbschaftsteuerreform, 2009, S. 20-26; *Wiese, G. T./Lukas, P.*, Erbschaftsteuerreform, 2009, S. 57-65; *Landsittel, R.*, Auswirkungen, 2009, S. 11-21; *Onderka, W.*, Gestaltung, 2009, S. 521-526. Erste rechtliche Analysen finden sich bei *Corsten, M.*, Nachfolgeplanung; 2010; *Birnbaum, R.*, Begünstigung, 2010. Eine quantitative Analyse der Änderungen durch das Erbschaftsteuerreformgesetz aus nationaler Sicht findet sich bei *Langenmayr, D.*, Steuerbelastungsanalyse, 2009, 1387-1394.

[6] Vgl. *Iffland-Zinser, B.*, Nachfolgeplanung, 2007.

dass mehrere Vermögensübertragungen auf die jeweils nachfolgende Generation in der Analyse berücksichtigt werden.

IV. Vorgehensweise und Gang der Untersuchung

Die Untersuchung beginnt mit einer qualitativen Darstellung der Einzelsteuerwirkungen getrennt nach aperiodischen und periodischen Steuertatbeständen. Dazu werden in Kapitel B die Ertrag- und Schenkungsteuerwirkungen sowie die Steuerwirkungen aufgrund der Grunderwerbsteuer beim Einsatz von Stiftungen in Deutschland, Österreich und Liechtenstein und beim Einsatz von Holdinggesellschaften in Deutschland, Österreich, Liechtenstein und der Schweiz sowie bei der vorweggenommenen Erbfolge analysiert. Die qualitative Analyse der Steuerwirkungen unterteilt sich in drei Bereiche. Als erstes werden die Steuerwirkungen bei der erstmaligen Vermögensübertragung dargestellt. Daran anschließend werden die laufenden Steuerwirkungen beim Einsatz der verschiedenen Nachfolgeinstrumente untersucht. Als letztes erfolgt in Kapitel B eine Analyse der Steuerwirkungen bei der Auflösung der Nachfolgeinstrumente. Neben der qualitativen Untersuchung der Einzelsteuerwirkungen erfolgt in Kapitel B eine formale Darstellung der Steuerwirkungen.

Aus der formalen Darstellung der Einzelsteuerwirkungen werden in Kapitel C zuerst die Gesamtsteuerwirkungen formal dargestellt. Für die periodenübergreifende formale Darstellung der Gesamtsteuerwirkungen wird dabei auf die Kapitalmethode zurückgegriffen, da mit dieser über das Kriterium der Rendite gleichzeitig ertrag- und substanzsteuerliche Effekte abgebildet werden können.[1] Bei dem Einsatz einer österreichischen und liechtensteinischen Stiftungen wird davon ausgegangen, dass diese für steuerliche Zwecke als intransparent anzusehen sind. Bei transparenten Stiftungen müssten bei der Quantifizierung der Steuerwirkungen genaue Annahmen über den Todeszeitpunkt getroffen werden, was das Modell um eine zusätzliche Unsicherheitskomponente erweitern würde. Im Anschluss an die formale Darstellung werden die Steuerwirkungen anhand eines Musterfalls quantifiziert, indem die Ertrag- und Verkehrsteuerbarwerte für den Zeitpunkt der erstmaligen Vermögensübertragung, für den Zeitraum während des Bestehens der Nachfolgeinstrumente und für den Zeitpunkt der Auflösung der Nachfolgeinstrumente jeweils getrennt ermittelt werden. Ausgehend von den einzelnen Steuer-

---

[1] Vgl. auch *Bachmann, C.*, Steuerplanung, 2008, S. 94.

barwarten werden anschließend die sich für den gesamten Betrachtungszeitraum ergebenden Steuerbarwerte ermittelt, aus denen die Kapitalwerte abgeleitet werden.

Zur Erhöhung des Erkenntniswerts wird im Anschluss an die quantitative Analyse der für den Musterfall geltenden Gesamtsteuerwirkungen in Kapitel D eine Sensitivitätsanalyse durchgeführt. Hier werden insbesondere Steuerwirkungen bei Veränderung der Thesaurierungsquote, der Rendite und des Vermögenswerts analysiert. In Kapitel E werden die Ergebnisse zusammengefasst.

B. Qualitative und formale Darstellung der Ertrag- und Verkehrsteuerwirkungen

I. Besteuerung der Vermögensübertragung

Bei der Vermögensübertragung ergeben sich in Abhängigkeit von den Nachfolgeinstrumenten unterschiedliche Steuerwirkungen. Im Folgenden werden diese nacheinander beim Einsatz einer Stiftung und einer Holdinggesellschaft sowie zuletzt bei der direkten Nachfolge durch Übertragung auf die nachfolgende Generation analysiert.

1. Vermögensübertragung auf eine Stiftung

Die Vermögensübertragung auf eine Stiftung kann sowohl ertragsteuerliche als auch verkehrsteuerliche Wirkungen haben. Im Folgenden werden zuerst die ertragsteuerlichen Wirkungen der Vermögensübertragung auf eine Stiftung untersucht, bevor anschließend die verkehrsteuerlichen Wirkungen analysiert werden.

a) Ertragsbesteuerung

Bei der Ertragsbesteuerung der Vermögensübertragung auf eine Stiftung ist zwischen einer Stiftung mit Sitz in Deutschland und einer ausländischen Stiftung mit Sitz in Österreich oder Liechtenstein zu unterscheiden. Im Folgenden wird zuerst die Vermögensübertragung auf eine deutsche Stiftung und daran anschließend die Vermögensübertragung auf eine ausländische Stiftung untersucht.

aa) Stiftung mit Sitz in Deutschland

(1) Ertragsteuerliche Behandlung beim Stifter

Auf Ebene des Stifters ist danach zu unterscheiden, ob das auf die Stiftung übertragene Vermögen dem Privat- oder Betriebsvermögen zuzurechnen war. Als Privatvermögen werden im Folgenden Grundstücke und Beteiligungen an Kapitalgesellschaften näher betrachtet. Beim Betriebsvermögen ist danach zu unterscheiden, ob einzelne Wirtschaftsgüter eines Betriebsvermögens oder eine Beteiligung an einer Kommanditgesellschaft auf eine Stiftung übertragen werden.

(a) Privatvermögen (Grundstücke und Beteiligungen an Kapitalgesellschaften)

Die unentgeltliche Übertragung von Privatvermögen auf eine deutsche Stiftung löst beim Stifter keine Einkommensbesteuerung aus. Auch die unentgeltliche Übertragung von im Privatvermögen gehaltenen Beteiligungen an in- oder ausländischen Kapitalgesellschaften auf eine inländische Stiftung ist unabhängig von der Haltedauer und der Beteiligungsquote nicht einkommensteuerpflichtig, da die §§ 17 und 20 dEStG nur für den Veräußerungsfall gelten und die Übertragung auf eine inländische Stiftung mangels Entgeltlichkeit und Gegenleistung keine Veräußerung darstellt.[1] Dasselbe gilt auch für die Übertragung von in Deutschland belegenem Grundbesitz des Privatvermögens innerhalb der zehnjährigen Spekulationsfrist nach § 22 Nr. 2 i. V. m. § 23 dEStG.[2]

Bei der Übertragung von Beteiligungen an österreichischen, schweizerischen und seit dem 1. 1. 2013[3] auch liechtensteinischen Kapitalgesellschaften findet im Sitzstaat keine Einkommensbesteuerung statt, da das Beteuerungsrecht für Übertragungsgewinne Deutschland als Ansässigkeitsstaat des Stifters mit Freistellung im Ausland zugewiesen wird.[4] Bis zum 31. 12. 2012 ergeben sich bei der Übertragung von Beteiligungen an einer liechtensteinischen Kapitalgesellschaft in Liechtenstein keine Steuerbelastungen, da Kapitalgewinne nach Art. 48 Abs. 1 lit. f SteG steuerfrei sind.

Die Übertragung von in Österreich belegenen Grundstücken löst in Deutschland und in Österreich unabhängig von der Haltedauer jeweils keine Einkommensteuerbelastungen aus, da das Besteuerungsrecht für Veräußerungsgewinne aus Grundstücken nach Art. 13 Abs. 1 i. V. m. Art. 23 Abs. 1 DBA D/AT Österreich unter Anwendung der Freistellungsmethode in Deutschland zugewiesen wird und in Österreich mangels Entgeltlichkeit kein Veräußerungstatbestand gegeben ist.[5]

Auch die Übertragung von in der Schweiz belegenen Grundstücken führt in Deutschland und in der Schweiz unabhängig von der Haltedauer zu keiner Besteuerung eines

---

1 RFH, Urt. v. 14. 12. 1938, VI 722/38, RStBl. 1939, S. 212; vgl. *Freundl, F.*, Die Stiftung, 2004, S. 1512; *Brandmüller, G./Lindner, R.*, Gewerbliche Stiftungen, 2005, S. 53; *Seer, R./Versin, V.*, Familienstiftung, 2006, S. 288; *Schindhelm, M./Stein, K.*, Stiftung, 2010, Rz. 67.

2 Vgl. *Freundl, F.*, Die Stiftung, 2004, S. 1512; *Seer, R./Versin, V.*, Familienstiftung, 2006, S. 288.

3 Das DBA D/FL ist am 19. 12. 2012 in Kraft getreten und seit dem 1. 1. 2013 anwendbar; vgl. Bekanntmachung über das Inkrafttreten des deutsch-liechtensteinischen Abkommens zur Vermeidung der Doppelbesteuerung und der Steuerverkürzung auf dem Gebiet der Steuern vom Einkommen und vom Vermögen vom 12. Februar 2013, dBGBl. II 2013, S. 332; zur erstmaligen Anwendung s. Art. 33 Abs. 2 DBA D/FL.

4 S. Art. 13 Abs. 5 DBA D/AT; Art. 13 Abs. 3 DBA D/CH; Art. 13 Abs. 5 DBA D/FL. Abkommensrechtlich wird der Begriff Veräußerung weit ausgelegt und umfasst u. a. auch unentgeltliche Übertragungen; vgl. dazu *Staringer, C.*, Veräußerungsgewinne, 2003, S. 522; *Wassermeyer, F.*, Art. 13 MA, 2012, Rz. 128 i. V. m. Rz. 26-28.

5 Vgl. *Wachter, T.*, Nachlassplanung, 2000, S. 1038; *Lang, M./Stefaner, M. C.*, Art. 13 Österreich, 2012, Rz. 1; *Hammerl, C./Mayr, G.*, Grundstücksbesteuerung, 2012, S. XVI.

Übertragungsgewinns. Nach Art. 13 Abs. 1 i. V. m. Art. 24 Abs. 1 Nr. 2 DBA D/CH haben sowohl die Schweiz als auch Deutschland ein Besteuerungsrecht für Übertragungsgewinne aus schweizerischen Grundstücken, wobei eine Doppelbesteuerung in Deutschland durch Anrechnung der in der Schweiz erhobenen und nicht zu erstattenden Steuer vermieden wird.[1] Diese abkommensrechtliche Zuweisung der Besteuerungsrechte entfaltet aber keine Wirkung, da die unentgeltliche Übertragung von schweizerischen Grundstücken des Privatvermögens nach den Vorschriften beider Steuerrechtsordnungen keine Besteuerung auslöst. In der Schweiz sind Kapitalgewinne aus der Veräußerung von Privatvermögen auf Bundesebene nach Art. 16 Abs. 3 DBG steuerfrei und auf Kantons- und Gemeindeebene wird die spezielle Grundstückgewinnsteuer nach Art. 12 Abs. 3 lit. a StHG bis zu einer späteren tatsächlichen Veräußerung aufgeschoben.[2] In Deutschland stellt die unentgeltliche Übertragung eines schweizerischen Grundstücks mangels Entgeltlichkeit und Gegenleistung keinen steuerbaren Vorgang dar.

Bis zum 31. 12. 2012 richten sich die Steuerfolgen der unentgeltlichen Übertragung von liechtensteinischen Grundstücken auf eine deutsche Stiftung aufgrund des Fehlens eines DBA nach dem nationalen Steuerrecht Liechtensteins und Deutschlands. In Liechtenstein löst die unentgeltliche Übertragung von liechtensteinischen Grundstücken im Übertragungszeitpunkt keine Grundstücksgewinnsteuer aus, da nach Art. 36 Abs. 2 lit. a SteG bei Schenkungen ein Steueraufschub gewährt wird.[3] In Deutschland stellt die unentgeltliche Übertragung eines liechtensteinischen Grundstücks mangels Entgeltlichkeit und Gegenleistung keinen steuerbaren Vorgang dar. Seit dem 1. 1. 2013 wird das Besteuerungsrecht für Veräußerungsgewinne aus Grundvermögen nach Art. 13 Abs. 1 i. V. m. Art. 23 Abs. 1 lit. a DBA D/FL Liechtenstein zugewiesen und in Deutschland unter Progressionsvorbehalt freigestellt.[4]

(b) Einzelne Wirtschaftsgüter des Betriebsvermögens

Die unentgeltliche Übertragung von einzelnen, einem inländischen Betriebsvermögen zugeordneten Wirtschaftsgütern auf eine deutsche Stiftung gilt nach § 4 Abs. 1 S. 2 dEStG als Entnahme, die gemäß § 6 Abs. 1 Nr. 4 S. 1 1. Hs. dEStG zum Teilwert zu

---

[1] Vgl. *Scherer, T. B.*, Art. 13 Schweiz, 2012, Rz. 51 f.
[2] Vgl. dazu näher *Mäusli-Allenspach, P./Oertli, M.*, Steuerrecht, 2010, S. 80, 131, 270; *Reich, M.*, Steuerrecht, 2012, S. 336.
[3] Vgl. auch *Hosp, T./Langer, M.*, Steuerstandort, 2011, S. 82.
[4] Vgl. auch *Hosp, T./Langer, M.*, DBA Liechtenstein, 2011, S. 882.

bewerten ist.[1] Damit unterliegt der Stifter bei der Übertragung von einem inländischem Betriebsvermögen zugeordneten Kapitalgesellschaftsbeteiligungen und inländischen Betriebsgrundstücken mit den stillen Reserven der Einkommen- und Gewerbesteuer. Bei Beteiligungen an Kapitalgesellschaften ist das Teileinkünfteverfahren anzuwenden, wonach 60 % der stillen Reserven der Einkommen- und Gewerbesteuer unterliegen.[2]

Überträgt der deutsche Stifter einzelne, einem österreichischen Betriebsvermögen zugeordnete Wirtschaftsgüter auf eine inländische Stiftung, wird das Besteuerungsrecht nach Art. 13 Abs. 1 und 3 i. V. m. Art. 23 Abs. 1 DBA D/AT Österreich als Belegenheitsstaat zugewiesen und in Deutschland unter Progressionsvorbehalt freigestellt.[3] Die Übertragung von einzelnen, einem österreichischen Betriebsvermögen zugeordneten Wirtschaftsgütern auf eine deutsche Stiftung stellt nach § 4 Abs. 1 S. 3 öEStG eine Entnahme dar, die nach § 6 Z 4 öEStG zum Teilwert zu bewerten ist,[4] so dass der deutsche Stifter mit den stillen Reserven in Österreich beschränkt einkommensteuerpflichtig ist.

Werden einzelne, einem schweizerischen Betriebsvermögen des deutschen Stifters zugeordnete Wirtschaftsgüter auf eine deutsche Stiftung übertragen, wird das Besteuerungsrecht für die Entnahmegewinne nach Art. 13 Abs. 1 und 2 i. V. m. Art. 24 Abs. 1 S. 1 Nr. 1 lit. a und S. 2 DBA D/CH der Schweiz als Belegenheitsstaat zugewiesen und in Deutschland unter Progressionsvorbehalt freigestellt.[5] Die Übertragung von einzelnen, einem schweizerischen Betriebsvermögen zugeordneten Wirtschaftsgütern auf eine deutsche Stiftung gilt in der Schweiz sowohl auf Bundesebene (Art. 18 Abs. 2 S. 2

---

[1] Vgl. *Götz, H.*, Familienstiftung, 2005, S. 8803; *Seer, R./Versin, V.*, Familienstiftung, 2006, S. 288.

[2] S. § 3 Nr. 40 i. V. m. § 3c Abs. 2 dEStG. Die Hinzurechnungsvorschrift des § 8 Nr. 5 GewStG und die Kürzungsvorschriften des § 9 Nr. 2a und Nr. 7 GewStG sind nur bei laufenden Gewinnen, nicht aber bei Veräußerungen oder Entnahmen anzuwenden, so dass sich das Teileinkünfteverfahren bei der Übertragung von Beteiligungen an Kapitalgesellschaften auch gewerbesteuerlich auswirkt; vgl. auch *Brähler, G.*, Steuerrecht, 2012, S. 259.

[3] Vgl. dazu auch *Lang, M./Stefaner, M. C.*, Art. 13 Österreich, 2012, Rz. 1. Abkommensrechtlich gelten auch Entnahmen als Veräußerung; vgl. dazu *Wassermeyer, F.*, Art. 13 MA, 2012, Rz. 30. Die Ermittlung und Ertragsbesteuerung des Entnahmegewinns richten sich nach den nationalen Vorschriften der beteiligten Staaten; vgl. dazu *Wassermeyer, F.*, Art. 13 MA, 2012, Rz. 44-51, 86 f. Gewinne und Verluste aus österreichischen Betriebstätten wirken sich nach § 32b dEStG auf den Progressionsvorbehalt nur aus, wenn in der österreichischen Betriebstätte aktive Tätigkeiten i. S. d. § 2a Abs. 2 S. 1 dEStG ausgeübt werden; vgl. dazu auch *Scheffler, W.*, Steuerlehre, 2009, S. 217 f.; *Grotherr, S.* et al., Internationales Steuerrecht, 2010, S. 60 f.

[4] Vgl. Tz. 194 StiftR 2009; *Bruckner, K. E./Fries, R.*, Privatstiftung, 2007, S. 191 f.; *Althuber, F./Kirchmayr, S./Toifl, G.*, Österreich, 2007, Rz. 135.; zur Einkommensbesteuerung von Entnahmen in Österreich vgl. auch *Doralt, W.*, Einkommensteuer, 2012, Rz. 192 f. und 379.

[5] Vgl. *Scherer, T. B.*, Art. 13 Schweiz, 2012, Rz. 51 f. und Rz. 82 f. Die Freistellung in Deutschland ist an die Voraussetzung geknüpft, dass mit der schweizerischen Betriebstätte Erträge aus aktiven Tätigkeiten i. S. d. Art. 24 Abs. 1 S. Nr. 1 lit. a DBA D/CH erwirtschaftet werden.

DBG) als auch auf kantonaler und kommunaler Ebene (Art. 8 Abs. 1 S. 1 StHG) als Entnahme, die zum Verkehrswert zu bewerten ist,[1] so dass die in den übertragenen Wirtschaftsgütern ruhenden stillen Reserven im Rahmen der beschränkten Steuerpflicht des deutschen Stifters in der Schweiz der Einkommensteuer unterliegen.

Mangels DBA richtete sich die Ertragsbesteuerung der Übertragung von einzelnen, einem liechtensteinischen Betriebsvermögen zugeordneten Wirtschaftsgütern bis zum 31. 12. 2012 jeweils nach den nationalen Steuerrechtsordnungen. In Liechtenstein ist die unentgeltliche Übertragung von einzelnen, einem liechtensteinischen Betriebsvermögen zuzuordnenden, Wirtschaftsgütern als Entnahme zu qualifizieren,[2] die nach Art. 16 Abs. 1 lit. b SteG mit dem Verkehrswert zu bewerten ist, so dass die stillen Reserven grundsätzlich der Erwerbsteuer[3] unterliegen. Bei Beteiligungen an Kapitalgesellschaften ergeben sich in Liechtenstein jedoch aufgrund der Steuerbefreiung von Kapitalgewinnen aus Beteiligungen an Kapitalgesellschaften nach Art. 15 Abs. 2 lit. o SteG keine Steuerwirkungen. Wird ein liechtensteinisches Betriebsgrundstück übertragen, resultieren in Liechtenstein keine ertragsteuerlichen Folgen. Grundstücksgewinne, die der speziellen Grundstücksgewinnsteuer unterliegen, sind nach Art. 15 Abs. 2 lit. l SteG von der Erwerbsteuer befreit. Die Privatentnahme selbst führt mangels separater wirtschaftlicher Handänderung[4] noch nicht zu einer Besteuerung mit Grundstücksgewinnsteuer,[5] wohingegen die unentgeltliche Übertragung eine wirtschaftliche Handänderung darstellt, die jedoch aufgrund des Steueraufschubs nach Art. 36 Abs. 2 lit. a SteG keine sofortige Besteuerung mit Grundstücksgewinnsteuer auslöst.[6] In Deutschland wird die unentgeltliche Übertragung von einzelnen Wirtschaftsgütern aus einem liechtensteinischen Betriebsvermögen des deutschen Stifters nach § 4 Abs. 1 S. 2 dEStG als Entnah-

---

[1] Vgl. *Mäusli-Allenspach, P.*, Widmung, 1996, S. 123 f.; *Opel, A.*, Steuerliche Behandlung, 2009, S. 90 f.; *Wenz, M./Knörzer, P.*, Steuerrecht, 2009, Rz. 71.

[2] Vgl. zur steuersystematischen Gewinnrealisierung in Liechtenstein *Krapf, R.*, Liechtensteiner Steuerrecht, 2008, S. 614.

[3] Steuergegenstand der Erwerbsteuer sind die Einkünfte von natürlichen Personen (Art. 6 und Art. 14 SteG). Die Erwerbsteuer ist somit die „Einkommensteuer" natürlicher Personen in Liechtenstein.

[4] Als Handänderung wird in Liechtenstein und der Schweiz allgemein die Übertragung von Gegenständen bezeichnet. Es wird dabei zwischen der zivilrechtlichen Eigentumsübertragung auf einen neuen Rechtsträger (zivilrechtliche Handänderung), der Übertragung der wirtschaftlichen Verfügungsmacht (wirtschaftliche Handänderung) und Tatbeständen mit ähnlicher Wirkung unterschieden; vgl. zum Begriff der Handänderung *Höhn, E./Waldburger, R.*, Steuerrecht Bd. I, 2001, § 28 Rz. 7.

[5] Die Grundstücksgewinnsteuer wird erst im Zeitpunkt der Realisierung des Gewinns erhoben, umfasst aber auch den Anteil am Gewinn, der während der Zugehörigkeit zu dem liechtensteinischen Betriebsvermögen entstanden ist.

[6] Vgl. auch *Hosp, T./Langer, M.*, Steuerstandort, 2011, S. 82.

me qualifiziert, die nach § 6 Abs. 1 Nr. 4 S. 1 dEStG zum Teilwert bewertet wird. Seit dem 1. 1. 2013 wird das Besteuerungsrecht für Veräußerungsgewinne aus einzelnen, einem liechtensteinischen Betriebsvermögen zugeordneten Wirtschaftsgütern nach Art. 13 Abs. 1 und 3 i. V. m. Art. 23 Abs. 1 lit. a DBA D/FL Liechtenstein als Betriebstättenstaat zugewiesen und in Deutschland unter Progressionsvorbehalt freigestellt.[1]

(c) Beteiligungen an Kommanditgesellschaften

Kommanditgesellschaften werden sowohl in Deutschland als auch in Österreich, in der Schweiz und in Liechtenstein nach dem Transparenzprinzip besteuert.[2] Aus Sicht des deutschen Steuerrechts entsprechen eine österreichische, schweizerische und liechtensteinische Kommanditgesellschaft nach dem Typenvergleich einer deutschen Kommanditgesellschaft,[3] so dass in allen Fällen die Gesellschafter in Deutschland nach dem Transparenzprinzip besteuert werden. Damit können sich bei der unentgeltlichen Übertragung von deutschen, österreichischen, schweizerischen und liechtensteinischen Kommanditbeteiligungen auf eine deutsche Stiftung sowohl in Deutschland als auch in den Staaten, in denen die jeweilige Kommanditgesellschaft über Betriebstätten bzw. Grundstücke verfügt, Steuerfolgen nach den jeweils nationalen Regelungen ergeben.

Werden Anteile an einer deutschen Kommanditgesellschaft auf eine deutsche Stiftung übertragen, kommt es gemäß § 6 Abs. 3 S. 1 dEStG zu keiner Realisierung und Ertragsbesteuerung der in dem anteiligen Betriebsvermögen ruhenden stillen Reserven, sofern neben der Beteiligung am Gesamthandsvermögen auch die wesentlichen Betriebsgrundlagen des Sonderbetriebsvermögens auf die Stiftung übertragen werden.[4] Behält sich der Stifter jedoch wesentliche Betriebsgrundlagen des Sonderbetriebsvermögens zurück und überführt diese in das Privatvermögen, liegt für den Mitunternehmeranteil im Ganzen

---

1 Für die Freistellung unter Progressionsvorbehalt in Deutschland ist es erforderlich, dass der Aktivitätsvorbehalt i. S. d. Art. 23 Abs. 1 lit. c DBA D/FL erfüllt ist; vgl. dazu auch *Hosp, T./Langer, M.*, DBA Liechtenstein, 2011, S. 882.

2 Zur Besteuerung von Personengesellschaften in Österreich und der Schweiz vgl. *Hey, J./Bauersfeld, H.*, Personen(handels)gesellschaften, 2005, S. 655 f.; für Liechtenstein s. Art. 9 Abs. 2 und Art. 14 Abs. 4 SteG.

3 Vgl. für eine österreichische und schweizerische Kommanditgesellschaft auch *dBMF*, Betriebsstätten-Verwaltungsgrundsätze, 1999, Tabelle 1.

4 Vgl. *Berndt, H./Götz, H.*, Stiftung, 2009, Rz. 666; *Pöllath, R./Richter, A.*, Errichtung, 2009, Rz. 47. Ein Mitunternehmeranteil setzt sich aus der Beteiligung am Gesamthandvermögen einer Personengesellschaft und dem Sonderbetriebsvermögen des Gesellschafters zusammen, wobei die beiden Vermögensebenen als eine Einheit zu betrachten sind; vgl. dazu auch *Kulosa, E.*, § 6 EStG, 2012, Rz. 648.

eine Betriebsaufgabe i. S. d. § 16 Abs. 3 dEStG vor,[1] so dass es zur Aufdeckung und Ertragsbesteuerung der in dem Mitunternehmeranteil ruhenden stillen Reserven kommt.[2] Behält der Stifter ausschließlich nicht wesentliche Betriebsgrundlagen zurück, kommt es nur für diese Wirtschaftsgüter zu einer Aufdeckung der stillen Reserven, die der Einkommen- und Gewerbesteuer unterliegen.[3]

Bei der Übertragung einer österreichischen und schweizerischen Kommanditbeteiligung wird das Besteuerungsrecht für die anteiligen Übertragungsgewinne der Wirtschaftsgüter des Betriebs- und Sonderbetriebsvermögens analog zu Art. 13 Abs. 1 und 2 i. V. m. Art. 23 OECD-MA regelmäßig dem Belegenheitsstaat der Betriebstätte bzw. des Grundstücks zugewiesen und in Deutschland unter Progressionsvorbehalt freigestellt.[4] Für die in einem österreichischen Betriebsvermögen der Kommanditgesellschaft gebundenen stillen Reserven wird durch die Buchwertfortführung gemäß § 6 S. 1 Z 9 lit. a öEStG eine Aufdeckung und Einkommensbesteuerung der stillen Reserven vermieden.[5] Die Buchwertfortführung nach § 6 S. 1 Z 9 lit. a öEStG ist ebenso wie in Deutschland an die Voraussetzung geknüpft, dass alle wesentlichen Betriebsgrundlagen an die Stiftung übertragen werden müssen.[6] Bei in einem schweizerischen Betriebsvermögen der Kommanditgesellschaft ruhenden stillen Reserven kommt es zu keiner Besteuerung der stillen Reserven, da die deutsche Stiftung mit dem anteiligen Betriebsvermögen in der Schweiz weiterhin beschränkt steuerpflichtig ist.[7]

---

1 Vgl. *Brandmüller, G./Lindner, R.*, Gewerbliche Stiftungen, 2005, S. 53; *Berndt, H./Götz, H.*, Stiftung, 2009, Rz. 667.

2 Der Stifter kann den Freibetrag nach § 16 Abs. 4 dEStG und die Steuerermäßigung nach § 34 Abs. 3 dEStG beanspruchen, soweit die Voraussetzungen dafür vorliegen.

3 BFH, Urt. v. 19. 2. 1981, IV R 116/77, BStBl. II 1981, S. 566; vgl. auch *Pöllath, R./Richter, A.*, Errichtung, 2009, Rz. 47.

4 Vgl. *Schmidt, C.*, Personengesellschaften, 2002, S. 1239. Eine österreichische Kommanditgesellschaft ist selbst nicht abkommensberechtigt, da sie in Österreich nach dem Transparenzprinzip besteuert wird und somit mangels eigener Steuersubjekteigenschaft nicht das Kriterium der Ansässigkeit i. S. d. Art. 4 DBA D/AT erfüllt. Eine schweizerische Kommanditgesellschaft ist nach Art. 3 Abs. 1 lit. d und e DBA D/CH keine abkommensberechtigte Person; vgl. dazu auch *Hardt, C.*, Art. 3 Schweiz, 2012, Rz. 16, 19. Die Besteuerungsrechte werden gemäß den Vorschriften der deutschen DBA mit den einzelnen Belegenheitsstaaten zugewiesen; vgl. dazu auch *Kahle, H.*, Ertragsbesteuerung, 2005, S. 669; *Jacobs, O. H.*, Internationale Unternehmensbesteuerung, 2011, S. 496.

5 Vgl. *Heinhold, M.*, Privatstiftung, 1999, S. 1558; *Wachter, T.*, Nachlassplanung, 2000, S. 1038; *Doralt, W.*, Einkommensteuer, 2012, Rz. 392.

6 Vgl. dazu *Kofler, H./Urnik, S.*, Begriffsbestimmungen, 2010, S. 355 f.

7 Vgl. *Wenz, M./Knörzer, P.*, Steuerrecht, 2009, Rz. 70; *Ah, J. v.*, Besteuerung, 2011, S. 187. Zu einer sofortigen Besteuerung der stillen Reserven kommt es aber, wenn eine spätere Besteuerung der stillen Reserven in der Schweiz nicht mehr möglich ist. Dies kann beispielsweise bei der Zurückbehaltung von einzelnen Wirtschaftsgütern der Fall sein, da insoweit eine Privatentnahme vorliegt.

Wird eine liechtensteinische Kommanditbeteiligung auf eine deutsche Stiftung unentgeltlich übertragen, können sich bis zum 31. 12. 2012 mangels DBA mit Liechtenstein sowohl in Deutschland als auch in Liechtenstein und in anderen Staaten, in denen die Kommanditgesellschaft über Betriebstätten oder Grundstücke verfügt, Steuerfolgen ergeben. In Deutschland ist die Übertragung der Kommanditbeteiligung gemäß § 6 Abs. 3 dEStG steuerneutral zum Buchwert möglich, sofern neben der Beteiligung am Gesamthandsvermögen auch die wesentlichen Betriebsgrundlagen des Sonderbetriebsvermögens auf die Stiftung übertragen werden.[1] Auch in Liechtenstein ist ein auf liechtensteinische Betriebstätten und Grundstücke entfallender Übertragungsgewinn weder erwerbs- noch grundstücksgewinnsteuerpflichtig, denn die deutsche Stiftung ist nach der unentgeltlichen Übertragung in Liechtenstein in gleichem Umfang beschränkt steuerpflichtig wie der deutsche Stifter, so dass kein steuersystematischer Realisationstatbestand gegeben ist. Seit dem 1. 1. 2013 wird das Besteuerungsrecht für die anteiligen Übertragungsgewinne der Wirtschaftsgüter des Betriebs- und Sonderbetriebsvermögens in Anlehnung an Art. 13 Abs. 1 und 2 i. V. m. Art. 23 OECD-MA regelmäßig dem Belegenheitsstaat der Betriebstätte bzw. des Grundstücks zugewiesen und in Deutschland unter Progressionsvorbehalt freigestellt.[2] Damit entfallen mit dem DBA D/FL bei einem liechtensteinischem Betriebsvermögen zugeordneten Wirtschaftsgüter mögliche inländische Steuerfolgen.

Sofern eine deutsche, österreichische, schweizerische oder liechtensteinische Kommanditgesellschaft über Betriebstätten oder Grundstücke in einem dritten Staat verfügt, kann in dem jeweiligen Belegenheitsstaat eine anteilige Besteuerung der dort steuerverhafteten stillen Reserven nach den jeweiligen nationalen Vorschriften erfolgen.[3] Im DBA-Fall werden ausländische Übertragungsgewinne analog zu Art. 13 Abs. 1 und 2 i. V. m. Art. 23 OECD-MA regelmäßig in Deutschland unter Progressionsvorbehalt freigestellt und im Nicht-DBA-Fall kommt es im Inland wegen des Buchwertansatzes nach § 6 Abs. 3 S. 1 dEStG zu keiner Realisierung der stillen Reserven von in dem Mitunter-

---

1 Vgl. dazu die Ausführungen zu der Übertragung einer deutschen KG-Beteiligung oben, S. 16 f.

2 Vgl. *Schmidt, C.*, Personengesellschaften, 2002, S. 1239. Eine liechtensteinische Kommanditgesellschaft ist nach Art. 3 Abs. 1 lit. d und e DBA D/FL keine abkommensberechtigte Person; vgl. auch *Niehaves, D./Beil, A.*, DBA, 2012, S. 211. Die Besteuerungsrechte werden somit nach den Vorschriften der deutschen DBA mit den einzelnen Belegenheitsstaaten zugewiesen; vgl. dazu auch *Kahle, H.*, Ertragsbesteuerung, 2005, S. 669.

3 Vgl. zur internationalen Besteuerung der Veräußerung von Beteiligungen an ausländischen Personengesellschaften im DBA- und Nicht-DBA-Fall *Fischer, L./Kleineidam, H.-J./Warneke, P.*, Steuerlehre, 2005, S. 386-393.

nehmeranteil enthaltenen, in einem Drittstaat belegenen Betriebstättenvermögen, falls alle wesentlichen Betriebsgrundlagen des Sonderbetriebsvermögens auf die deutsche Stiftung übertragen wurden. Werden nicht alle wesentlichen Betriebsgrundlagen auf die Stiftung übertragen, wird der anteilige Übertragungsgewinn im DBA-Fall im Inland regelmäßig unter Progressionsvorbehalt freigestellt[1] und im Nicht-DBA-Fall ist der anteilige Übertragungsgewinn beim Stifter einkommensteuerpflichtig, wobei eine ausländische Steuer auf die deutsche Einkommensteuer nach § 34c dEStG anzurechnen ist.[2]

(2) Ertragsteuerliche Behandlung der Stiftung

Die unentgeltliche Übertragung des Vermögens löst auf Ebene der Stiftung keine körperschaftsteuerlichen Folgen aus, da die Vermögensübertragung in den Bereich der Vermögenssphäre fällt.[3] Beim Erwerb von Privatvermögen hat die Stiftung die historischen Anschaffungs- bzw. Herstellungskosten fortzuführen.[4] Erwirbt die Stiftung Betriebsvermögen, sind beim Erwerb von Kommanditbeteiligungen die Buchwerte fortzuführen und bei anderen betrieblichen Vermögenswerten ist eine Bewertung zum Teilwert vorzunehmen.[5]

ab) Stiftung mit Sitz in Österreich oder Liechtenstein

(1) Ertragsteuerliche Behandlung des Stifters

(a) Privatvermögen (Grundstücke und Beteiligungen an Kapitalgesellschaften)

Die unentgeltliche Übertragung von im Privatvermögen des Stifters gehaltenen Beteiligungen an in- und ausländischen Kapitalgesellschaften sowie in Deutschland belegenen Grundstücken auf eine österreichische Privatstiftung oder liechtensteinische Stiftung führt beim inländischen Stifter mangels Entgeltlichkeit grundsätzlich nicht zu einer Aufdeckung und inländischen Einkommensbesteuerung der stillen Reserven.[6] Werden jedoch wesentliche in- und ausländische Beteiligungen i. S. d. § 17 dEStG auf eine österreichische Privatstiftung oder liechtensteinische Stiftung unentgeltlich übertragen,

---

1 Vgl. dazu auch die Übersicht von *Vogel, K.*, Art. 23, 2008, Rz. 16.

2 Vgl. zur Anrechnung ausländischer Steuern näher *Grotherr, S.* et. al., Internationales Steuerrecht, 2010, S. 112-127; *Schaumburg, H.*, Internationales Steuerrecht, 2011, Rz. 15.56-15.121.

3 Vgl. *Götz, H.*, Familienstiftung, 2005, S. 8804; *Berndt, H./Götz, H.*, Stiftung, 2009, Rz. 733.

4 Vgl. *Pöllath, R./Richter, A.*, Errichtung, 2009, Rz. 46.

5 Zur Buchwertfortführung s. § 6 Abs. 3 S. 2 dEStG, § 6 Abs. 1 Z 9 lit. a öEStG; zur Bewertung von anderen betrieblichen Vermögenswerten s. § 6 Abs. 1 Nr. 5 S. 1 dEStG; vgl. auch *Brandmüller, G./Lindner, R.*, Gewerbliche Stiftungen, 2005, S. 56 f.; *Berndt, H./Götz, H.*, Stiftung, 2009, Rz. 733.

6 Vgl. dazu oben, S. 11 f.; vgl. auch *Piltz, J. D.*, Privatstiftung, 2000, S. 379; *Bremer, S.*, Erhaltung, 2003, S. 1595.

kommt es nach § 6 Abs. 1 S. 2 Nr. 1 AStG zur Aufdeckung der in den Beteiligungen ruhenden stillen Reserven zum gemeinen Wert und zur Einkommensbesteuerung der stillen Reserven.[1] Nach dem Wortlaut des § 6 Abs. 5 S. 3 Nr. 1 i. V. m. S. 1 und 2 AStG ist eine zinslose Stundung bis zu einer späteren Veräußerung der Beteiligungen i. S. d. § 17 dEStG bei der unentgeltlichen Übertragung auf eine in einem anderen EU- oder EWR-Mitgliedstaat ansässige Körperschaft ausgeschlossen.[2] Da Körperschaften genauso wie natürliche Personen durch eine Schenkung bedacht werden können und für den Ausschluss von Körperschaften keine gesetzgeberische Intention erkennbar ist, ist diese Regelungslücke durch einen Analogieschluss zu schließen.[3] Nach § 6 Abs. 5 S. 2 AStG ist die zinslose Stundung an die Voraussetzung geknüpft, dass die Amtshilfe und die gegenseitige Unterstützung bei der Beitreibung von Steuerforderungen zwischen Deutschland und dem Sitzstaat der Stiftung gewährleistet sind. Damit ist die zinslose Stundung bei der unentgeltlichen Übertragung auf eine österreichische Privatstiftung aufgrund der Amtshilferichtlinie und der Beitreibungsrichtlinie[4] analog zu § 6 Abs. 5 S. 3 Nr. 1 i. V. m. S. 1 und 2 AStG zu gewähren.[5] Die zinslose Stundung wird für unentgeltliche Übertragungen auf eine liechtensteinische Stiftung bis zum 31. 12. 2012 trotz des Abkommens zum Informationsaustausch[6] mangels einer Vereinbarung zur gegenseitigen Unterstützung bei der Beitreibung von Steuerforderungen nicht gewährt. Eine Versagung der zinslosen Stundung und eine Sofortbesteuerung der stillen Reserven wären auch aus europarechtlicher Sicht kritisch zu beurteilen.[7] Eine Sofortbesteuerung der Wertsteigerungen könnte dazu geeignet sein, einen inländischen Stifter davon abzuhalten, eine ausländische Stiftung zu errichten und könnte damit einen Verstoß gegen die europarechtlich garantierte Kapitalverkehrsfreiheit i. S. d. Art. 63 AEUV bzw. des

---

1 Vgl. *Söffing, M.*, Privatstiftung, 2007, S. 221; *Grotherr, S.*, Wegzugsbesteuerung, 2007, S. 2154-2156; *Werner, R.*, Familienstiftung, 2010, S. 593; *Schindhelm, M./Stein, K.*, Stiftung, 2010, Rz. 132.

2 Vgl. *Wassermeyer, F.*, Merkwürdigkeiten, 2007, S. 835.

3 Vgl. *Baßler, J.*, Bedeutung, 2008, S. 853; *Schindhelm, M./Stein, K.*, Stiftung, 2010, Rz. 132; *Wassermeyer, F.*, § 6 AStG, 2011, Rz. 221; a. A. *Iffland-Zinser, B.*, Nachfolgeplanung, 2007, S. 182.

4 Richtlinie 2008/55/EG des Rates über die gegenseitige Unterstützung bei der Beitreibung von Forderungen in Bezug auf bestimmte Abgaben, Zölle, Steuern und sonstige Maßnahmen v. 26. 5. 2008, ABl. EU L 150 v. 10. 6. 2008, S. 28-38. Diese Richtlinie wird ab 1. 1. 2012 wieder aufgehoben und durch Richtlinie 2010/24/EU des Rates über die Amtshilfe bei der Beitreibung von Forderungen in Bezug auf bestimmte Steuern, Abgaben und sonstige Maßnahmen v. 16. 3. 2010, ABl. EU L 84 v. 31. 3. 2010, S. 1-12 ersetzt.

5 *Schindhelm, M./Stein, K.*, Stiftung, 2010, Rz. 132; a. A. *Iffland-Zinser, B.*, Nachfolgeplanung, 2007, S. 182.

6 TIEA D/FL v. 2. 9. 2009, dBGBl. II 2010, S. 951.

7 Vgl. auch *Baßler, J.*, Bedeutung, 2008, S. 853.

Art. 40 EWRA darstellen.[1] Als Rechtfertigungsgrund für diese Beschränkung könnte allerdings die Aufteilung der Besteuerungsbefugnisse dienen,[2] so dass eine Erfassung der stillen Reserven im Übertragungszeitpunkt prinzipiell gerechtfertigt ist, aber die Sofortbesteuerung über das zur Erreichung dieses Ziels Erforderliche hinausgeht und somit insgesamt nicht zu rechtfertigen wäre.[3] Der EuGH hat für den Wegzugsfall bereits entschieden, dass wegen der Gültigkeit der Amtshilferichtlinie und der Beitreibungsrichtlinie in der EU eine Feststellung der Steuer im Wegzugszeitpunkt und eine Stundung ohne Sicherheitsleistung bis zur tatsächlichen Veräußerung ein milderes Mittel zur Erreichung des Ziels darstellt.[4] Diese Grundsätze sind auf die unentgeltliche Übertragung von wesentlichen Beteiligungen entsprechend anzuwenden, so dass eine Sofortbesteuerung bei der Übertragung von wesentlichen Beteiligungen auf eine österreichische Privatstiftung nicht mit der Kapitalverkehrsfreiheit im Einklang steht. Da der EuGH eine Stundung ohne Sicherheitsleistung von der Gültigkeit der Amtshilferichtlinie und der Beitreibungsrichtlinie abhängig macht, konnte eine zinslose Stundung bei der Errichtung einer liechtensteinischen Stiftung mangels Vereinbarung zur gegenseitigen Unterstützung bei der Beitreibung von Steuerforderungen bisher nicht aus der Kapitalverkehrsfreiheit abgeleitet werden. Seit dem 1. 1. 2013 liegen auch im Verhältnis zu Liechtenstein Vereinbarungen zur gegenseitigen Unterstützung bei der Beitreibung von Steuerforderungen vor,[5] so dass eine zinslose Stundung auch im Verhältnis zu Liechtenstein gefordert werden kann.

Bei der Übertragung von Beteiligungen an österreichischen, schweizerischen und seit dem 1. 1. 2013 auch liechtensteinischen Kapitalgesellschaften findet in dem jeweiligen

---

[1] Die im AEUV und EWRA geregelten Grundfreiheiten sind nach ständiger Rechtsprechung des EuGH und des EFTAGH einheitlich auszulegen; EuGH, Urt. v. 23. 9. 2003, C-452/01 (Margarethe Ospelt und Schlössle Weißenberg Familienstiftung), Slg. 2003, S. I-9799; EFTAGH, Urt. v. 23. 11. 2004, E-1/04 (Fokus Bank), IStR 2005, S. 56; vgl. auch *Cordewener, A.*, Abkommen, 2005, S. 240 f. Für den Begriff „Kapitalverkehr" finden sich im AEUV und im EWRA keine Definitionen und auch der EuGH hat den Begriff „Kapitalverkehr" bisher nicht definiert. Für die Interpretation des Begriffs „Kapitalverkehr" wird auf die nicht abschließende Aufzählung in Anhang I zur Kapitalverkehrsrichtlinie zurückgegriffen; vgl. auch *Haratsch, A./Koenig C./Pechstein, M.*, Europarecht, 2010, Rz. 990. In Anhang I Abschnitt XI sind Schenkungen und Stiftungen sowie Erbschaften explizit als Kapitalverkehr genannt. Damit fällt die Errichtung einer österreichischen Privatstiftung bzw. einer liechtensteinischen Stiftung in den Schutzbereich der Kapitalverkehrsfreiheit; vgl. auch *Thömmes, O./Stockmann, F.*, Familienstiftung, 1999, S. 266; *Kellersmann, D./Schnitger, A.*, Besteuerung, 2007, Rz. 76.

[2] EuGH, Urt. v. 13. 12. 2005, C-446/03 (Marks & Spencer), Slg. 2005, S. I-10881 f.; EuGH, Urt. v. 7. 9. 2006, C-470/04 (N), Slg. 2006, S. I-7461.

[3] Ebenso *Richter, A./Escher, J.*, Wegzugsbesteuerung, 2007, S. 680.

[4] EuGH, Urt. v. 11. 3. 2004, C-9/02 (Hughes de Lasteyrie du Saillant), Slg. 2004, I-2453, I-2459; EuGH, Urt. v. 7. 9. 2006, C-470/04 (N), Slg. 2006, S. I-7463 f.

[5] S. Art. 28 DBA D/FL.

Sitzstaat keine Einkommensbesteuerung statt, da das Beteuerungsrecht für Übertragungsgewinne Deutschland als Ansässigkeitsstaat des Stifters mit Freistellung im Sitzstaat der Kapitalgesellschaft zugewiesen wird.[1] Bis zum 31. 12. 2012 löst die Übertragung von Beteiligungen an einer liechtensteinischen Kapitalgesellschaft in Liechtenstein mangels beschränkter Steuerpflicht keine Steuerbelastung aus.[2]

Überträgt der deutsche Stifter in Österreich, Liechtenstein oder in der Schweiz belegene Grundstücke des Privatvermögens auf eine österreichische Privatstiftung oder liechtensteinische Stiftung, so führt die Übertragung in Deutschland weder im Freistellungsfall für Zwecke des Progressionsvorbehalts noch im Anrechnungsfall zu einkommensteuerlichen Folgen.[3] Auch in Österreich, Liechtenstein und der Schweiz als Belegenheitsstaaten löst die unentgeltliche Übertragung von Grundvermögen auf eine österreichische Privatstiftung oder liechtensteinische Stiftung keine ertragsteuerlichen Folgen aus.[4]

(b) Einzelne Wirtschaftsgüter des Betriebsvermögens

Die Übertragung von einzelnen, einem inländischen Betriebsvermögen zugeordneten Wirtschaftsgütern auf eine österreichische Privatstiftung oder liechtensteinische Stiftung stellt ebenso wie bei der Übertragung auf eine deutsche Stiftung eine Entnahme für betriebsfremde Zwecke i. S. d. § 4 Abs. 1 S. 2 dEStG dar, die nach § 6 Abs. 1 Nr. 4 S.1 1. Hs. dEStG mit dem Teilwert zu bewerten ist.[5] Die Entnahmefiktion nach § 4 Abs. 1 S. 3 dEStG entfaltet bei der unentgeltlichen Übertragung auf eine ausländische Stiftung keine Wirkung, da die Vermögensübertragung bereits eine Entnahme darstellt und somit für eine Entnahmefiktion kein Anwendungsbereich verbleibt.[6] Damit unterliegt der Stifter bei der Übertragung von einem inländischem Betriebsvermögen zugeordneten Kapitalgesellschaftsbeteiligungen und inländischen Betriebsgrundstücken mit den stillen Reserven der Einkommen- und Gewerbesteuer. Bei Beteiligungen an Kapitalgesell-

---

1 S. Art. 13 Abs. 5 DBA D/AT; Art. 13 Abs. 3 DBA D/CH; Art. 13 Abs. 5 DBA D/FL.

2 Veräußerungsgewinne – oder diesen gleichgestellte Gewinne – aus Beteiligungen an Kapitalgesellschaften sind in Liechtenstein nicht von der beschränkten Erwerb- und Vermögensteuerpflicht erfasst; s. Art. 6 Abs. 2, 4 und 4 SteG.

3 Vgl. dazu oben, S. 11-13.

4 Vgl. dazu oben, S. 11-13.

5 A. A. *Söffing, M.*, Privatstiftung (Teil 1), 2007, S. 143, der die Übertragung auf eine ausländische Stiftung als fiktive Entnahme i. S. d. § 4 Abs. 1 S. 3 dEStG einstuft.

6 Entnahmen nach § 4 Abs. 1 S. 2 dEStG gehen der Entnahmefiktion nach § 4 Abs. 1 S. 3 dEStG vor; vgl. dazu auch *Benecke, A.*, Entstrickung, 2007, S. 14744 f.; *Wassermeyer, F.*, Entstrickung, 2008, S. 177; *Birkenfeld, W.* et al., Entstrickungsbesteuerung, 2010, S. 1782.

schaften ist das Teileinkünfteverfahren anzuwenden, wonach 60 % der stillen Reserven der Einkommen- und Gewerbesteuer unterliegen.[1]

Werden einzelne, einem österreichischen oder schweizerischen Betriebsvermögen zugeordnete Wirtschaftsgüter auf eine österreichische Privatstiftung oder liechtensteinische Stiftung unentgeltlich übertragen, wird das Besteuerungsrecht dem jeweiligen Belegenheitsstaat unter Anwendung der Freistellungsmethode in Deutschland zugewiesen.[2] Die Übertragung löst in Österreich bzw. in der Schweiz eine Ertragsbesteuerung der stillen Reserven aus.[3]

Übertragt der deutsche Stifter bis zum 31. 12. 2012 einzelne, einem liechtensteinischen Betriebsvermögen zugeordnete Wirtschaftsgüter auf eine österreichische Privatstiftung oder liechtensteinische Stiftung, unterliegen die in den übertragenen Wirtschaftsgütern ruhenden stillen Reserven der Einkommensteuer in Deutschland.[4] In Liechtenstein ergeben sich bei der Übertragung von einem liechtensteinischen Betriebsvermögen zugeordneten Beteiligungen an Kapitalgesellschaften und liechtensteinischen Betriebsgrundstücken wie bei der Übertragung auf eine deutsche Stiftung keine erwerbsteuerlichen Folgen.[5] Seit dem 1. 1. 2013 wird das Besteuerungsrecht für Veräußerungsgewinne aus einzelnen, einem liechtensteinischen Betriebsvermögen zugeordneten Wirtschaftsgütern nach Art. 13 Abs. 1 und 3 i. V. m. Art. 23 Abs. 1 lit. a DBA D/FL Liechtenstein als Betriebstättenstaat zugewiesen und in Deutschland unter Progressionsvorbehalt freigestellt, soweit der Aktivitätsvorbehalt nach Art. 23 Abs. 1 lit. c DBA D/FL erfüllt ist.

(c) Beteiligungen an Kommanditgesellschaften

Die unentgeltliche Übertragung einer Kommanditbeteiligung an einer deutschen Kommanditgesellschaft auf eine österreichische Privatstiftung oder liechtensteinische Stiftung führt in Deutschland nach § 6 Abs. 3 dEStG grundsätzlich nicht zur Aufdeckung

---

1 S. § 3 Nr. 40 i. V. m. § 3c Abs. 2 dEStG. Die Hinzurechnungsvorschrift des § 8 Nr. 5 GewStG und die Kürzungsvorschriften des § 9 Nr. 2a und Nr. 7 GewStG sind nur bei laufenden Gewinnen, nicht aber bei Veräußerungen oder Entnahmen anzuwenden, so dass sich das Teileinkünfteverfahren bei der Übertragung von Beteiligungen an Kapitalgesellschaften auch gewerbesteuerlich auswirkt; vgl. auch *Brähler, G.*, Steuerrecht, 2012, S. 259.

2 S. Art. 13 Abs. 1 und 3 i. V. m. Art. 23 Abs. 1 DBA D/AT; Art. 13 Abs. 1 und 2 i. V. m. Art. 24 Abs. 1 S. 1 Nr. 1 lit. a und S. 2 DBA D/CH.

3 Vgl. dazu näher oben, S. 14 f.

4 Vgl. dazu näher oben, S. 15 f. Bei einer ausländischen Betriebstätte zugeordneten Wirtschaftsgütern fällt nach § 9 Nr. 3 GewStG keine Gewerbesteuer an.

5 Vgl. dazu oben, S. 15.

der stillen Reserven.[1] Durch die unentgeltliche Übertragung einer inländischen Kommanditbeteiligung wird das Besteuerungsrecht Deutschlands nicht eingeschränkt oder ausgeschlossen, wenn die Kommanditgesellschaft weiterhin über eine inländische Betriebstätte verfügt, so dass eine ausländische Stiftung mit ihrem Gewinnanteil an der inländischen Betriebstätte im Rahmen der beschränkten Steuerpflicht der Körperschaftsteuer unterliegt. Verfügt die Kommanditgesellschaft über ausländische Betriebstätten, die in einem DBA-Staat belegen sind, mit dem Deutschland die Freistellungsmethode vereinbart hat, können sich in Deutschland nur im Rahmen des Progressionsvorbehalts einkommensteuerliche Folgen für den Stifter ergeben, da die Gewinnermittlung für Zwecke des Progressionsvorbehalts nach deutschem Recht zu erfolgen hat.[2] Unterhält die Kommanditgesellschaft in einem Nicht-DBA-Staat oder in einem DBA-Staat, mit dem Deutschland die Anrechnungsmethode vereinbart hat, eine Betriebstätte, verliert Deutschland das Besteuerungsrecht für die anteiligen in der ausländischen Betriebstätte enthaltenen stillen Reserven, so dass die Übertragung eine fiktive Totalentnahme i. S. d. § 4 Abs. 1 S. 3 dEStG darstellt, die nach § 6 Abs. 1 Nr. 4 S. 1 2. Hs. dEStG mit dem gemeinen Wert zu bewerten ist. Da aber § 6 Abs. 3 dEStG als lex speciales der allgemeinen Bewertungsregel in § 6 Abs. 1 Nr. 4 S. 1 dEStG vorgeht und § 6 Abs. 3 dEStG keine dem § 6 Abs. 5 S. 1 dEStG vergleichbare Bestimmung, nach der die Besteuerung der stillen Reserven im Inland sichergestellt sein muss, enthält,[3] ist diese fiktive Entnahme nach der Aufgabe der „finalen Entnahmetheorie" und der „Theorie der finalen Betriebsaufgabe" durch den BFH[4] mit dem Buchwert zu bewerten.[5] Im Belegenheitsstaat einer ausländischen Betriebstätte der Kommanditgesellschaft kann nach den nationalen Vorschriften zusätzlich eine Ertragsbesteuerung der anteiligen in dem ausländischen Betriebsvermögen steuerverhafteten stillen Reserven ausgelöst werden.

Bei der unentgeltlichen Übertragung von österreichischen Kommanditbeteiligungen auf eine österreichische Privatstiftung oder liechtensteinische Stiftung ergeben sich für das

---

[1] Vgl. auch *Brandmüller, G./Lindner, R.*, Gewerbliche Stiftungen, 2005, S. 55; *Söffing, M.*, Privatstiftung (Teil 1), 2007, S. 143; *Schindhelm, M./Stein, K.*, Stiftung, 2010, Rz. 133.

[2] Vgl. *Heinicke, W.*, § 32b EStG, 2012, Rz. 2.

[3] Vgl. auch *Ehmcke, T.*, § 6 EStG, 2012, Rz. 1231.

[4] BFH, Urt. v. 17. 7. 2008, I R 77/06, BStBl. II 2009, S. 464-471; BFH, Urt. v. 28. 10. 2009, I R 99/08, BStBl. II 2011, S. 1019-1024. Die Finanzverwaltung hat auf diese Rechtsprechung jeweils mit einem Nichtanwendungserlass reagiert. *dBMF*, Schreiben v. 20. 5. 2009, BStBl. I 2009, S. 671 f.; *dBMF*, Schreiben v. 18. 11. 2011, BStBl. I 2011, S. 1278.

[5] Im Ergebnis wohl auch *Berger, H./Kleinert, J.*, Ausländische Familienstiftung, 2011, S. 1509, die jedoch auf die Thematik der Entstrickung nicht eingehen.

anteilige in Österreich belegene Betriebsvermögen nach § 6 S. 1 Z. 9 lit. a öEStG keine einkommensteuerlichen Folgen.[1]

Überträgt der Stifter schweizerische Kommanditbeteiligungen unentgeltlich auf eine österreichische Privatstiftung oder liechtensteinische Stiftung, führt die Übertragung für die anteiligen in einer schweizerischen Betriebstätte ruhenden stillen Reserven zu keinen einkommensteuerlichen Folgen, da die Schweiz ihr Besteuerungsrecht durch die unentgeltliche Übertragung nicht verliert.[2]

Die Errichtung einer österreichischen Privatstiftung oder liechtensteinischen Stiftung durch unentgeltliche Übertragung einer liechtensteinischen Kommanditbeteiligung führt in Liechtenstein für die anteiligen, in einem liechtensteinischen Betriebsvermögen oder liechtensteinischen Grundvermögen ruhenden stillen Reserven zu keinen erwerbs- und grundstücksgewinnsteuerlichen Folgen. Bis zum 31. 12. 2012 führt die Vermögensübertragung einer liechtensteinischen Kommanditgesellschaft auf eine österreichische oder liechtensteinische Stiftung im Inland aufgrund § 6 Abs. 3 dEStG zu keinen ertragsteuerlichen Folgen.[3] Seit dem 1. 1. 2013 wird das Besteuerungsrecht für Übertragungsgewinne nach Art. 13 Abs. 1 und 3 i. V. m. Art. 23 Abs. 1 lit. a DBA D/FL Liechtenstein unter Anwendung der Freistellungsmethode in Deutschland zugewiesen.

(2) Ertragsteuerliche Behandlung der Stiftung

Auf Ebene einer österreichischen Privatstiftung löst die Vermögensübertragung keine Besteuerung mit Körperschaftsteuer aus.[4] Die österreichische Privatstiftung hat nach § 15 Abs. 3 Z 1 öEStG die steuerlichen Werte des Stifters fortzuführen.[5] Werden der Privatstiftung Kommanditbeteiligungen zugewendet, sind die Buchwerte gemäß § 6 Z 9 lit. a öEStG bzw. § 6 Abs. 3 S. 2 dEStG fortzuführen. Bei der Zuwendung einzelner Wirtschaftsgüter des Betriebsvermögens ist bei der Privatstiftung eine Bewertung zum Teilwert vorzunehmen.[6]

---

[1] Vgl. *Arnold, N./Stangl, C./Tanzer, M.*, Privatstiftungs-Steuerrecht, 2010, Rz. II 216; Vgl. allgemein zur unentgeltlichen Übertragung in Österreich *Kofler, H./Urnik, S./Rohn, E.*, Unentgeltliche Übertragung, 2010, S. 463-465 und S. 468 f.

[2] Vgl. *Wenz, M./Knörzer, P.*, Steuerrecht, 2009, Rz. 70; *Ah, J. v.*, Besteuerung, 2011, S. 187.

[3] Vgl. dazu näher oben, S. 23 f.

[4] Vgl. *Wachter, T.*, Nachlassplanung, 2000, S. 1039; *Althuber, F./Kirchmayr, S./Toifl, G.*, Österreich, 2007, Rz. 137.

[5] Vgl. *Kofler, H./Kanduth-Kristen, S./Kofler, G.*, Körperschaftsteuer, 2010, S. 466.

[6] Vgl. *Arnold, N./Stangl, C./Tanzer, M.*, Privatstiftungs-Steuerrecht, 2010, Rz. II 2111.

Auf Ebene einer liechtensteinischen Stiftung kommt es durch die Vermögensübertragung zu keiner Ertragsbesteuerung. Bei der Errichtung einer liechtensteinischen Stiftung ist nach Art. 66 Abs. 3 i. V. m. Abs. 1 S. 3 SteG eine Gründungsabgabe zu entrichten, die 2 ‰ des statutarisch festgelegten Kapitals der Stiftung, mindestens aber 200 CHF beträgt.

ac) Tabellarische Zusammenfassung und formale Darstellung

Die ertragsteuerlichen Wirkungen bei der Errichtung einer inländischen, österreichischen oder liechtensteinischen Stiftung lassen sich für Privatvermögen wie folgt zusammenfassen:

Vermögensart	Staat	D-Stiftung	AT-Stiftung	FL-Stiftung
Privatvermögen				
D-KapG	D	steuerfrei	§ 6 AStG Stundung	§ 6 AStG mit DBA D/FL: Stundung
AT-KapG	D	steuerfrei	§ 6 AStG Stundung	§ 6 AStG mit DBA D/FL: Stundung
	AT	steuerfrei (DBA)	steuerfrei (DBA)	steuerfrei (DBA)
FL-KapG	D	steuerfrei	§ 6 AStG Stundung	§ 6 AStG mit DBA D/FL: Stundung
	FL	steuerfrei	steuerfrei	steuerfrei
CH-KapG	D	steuerfrei	§ 6 AStG Stundung	§ 6 AStG mit DBA D/FL: Stundung
	CH	steuerfrei (DBA)	steuerfrei (DBA)	steuerfrei (DBA)
D-GrdSt	D	steuerfrei	steuerfrei	steuerfrei
AT-GrdSt	D	steuerfrei (DBA)	steuerfrei (DBA)	steuerfrei (DBA)
	AT	steuerfrei	steuerfrei	steuerfrei
FL-GrdSt	D o. DBA	steuerfrei	steuerfrei	steuerfrei
	D m. DBA	steuerfrei (DBA)	steuerfrei (DBA)	steuerfrei (DBA)
	FL	steuerfrei	steuerfrei	steuerfrei
CH-GrdSt	D	steuerfrei	steuerfrei	steuerfrei
	CH	steuerfrei	steuerfrei	steuerfrei

Tabelle 1: Ertragsteuerliche Wirkungen bei Errichtung einer Stiftung mit Privatvermögen

Im Ergebnis kommt es bei der Errichtung einer inländischen, österreichischen und liechtensteinischen Stiftung durch die Übertragung von Wirtschaftsgütern des Privatvermögens zu keinen ertragsteuerlichen Wirkungen:

(1) $S_{VÜ\,(Ertrag)}^{PV} = 0$

Bis zum 31. 12. 2012 ergibt sich bei der Übertragung von Beteiligungen an in- oder ausländischen Kapitalgesellschaften auf eine liechtensteinische Stiftung noch folgende Ertragsteuerbelastung der stillen Reserven (SR):

$$(2)\ S_{VÜ\ (Ertrag)}^{KapG} = SR\ s_{ESt(D)}$$

Die ertragsteuerlichen Wirkungen bei der Errichtung einer inländischen, österreichischen oder liechtensteinischen Stiftung lassen sich für Betriebsvermögen wie folgt zusammenfassen:

Vermögensart	**Staat**	**D-Stiftung**	**AT-Stiftung**	**FL-Stiftung**
Betriebsvermögen				
einzelne WG D-BV	D	steuerpflichtig	steuerpflichtig	steuerpflichtig
einzelne WG AT-BV	D	steuerfrei (DBA)	steuerfrei (DBA)	steuerfrei (DBA)
	AT	steuerpflichtig	steuerpflichtig	steuerpflichtig
einzelne WG FL-BV	D o. DBA	steuerpflichtig	steuerpflichtig	steuerpflichtig
	D m. DBA	steuerfrei (DBA)	steuerfrei (DBA)	steuerfrei (DBA)
	FL	grds. steuerpflichtig bei Beteiligung an KapG und GrdSt steuerfrei	grds. steuerpflichtig bei Beteiligung an KapG und GrdSt steuerfrei	grds. steuerpflichtig bei Beteiligung an KapG und GrdSt steuerfrei
einzelne WG CH-BV	D	steuerfrei (DBA)	steuerfrei (DBA)	steuerfrei (DBA)
	CH	steuerpflichtig	steuerpflichtig	steuerpflichtig
KG mit D-BS	D	steuerfrei § 6 Abs. 3 dEStG	steuerfrei § 6 Abs. 3 dEStG	steuerfrei § 6 Abs. 3 dEStG
KG mit AT-BS	D	steuerfrei (DBA)	steuerfrei (DBA)	steuerfrei (DBA)
	AT	steuerfrei § 6 Abs. 1 Z 9 öEStG	steuerfrei § 6 Abs. 1 Z 9 öEStG	steuerfrei § 6 Abs. 1 Z 9 öEStG
KG mit FL-BS	D o. DBA	steuerfrei § 6 Abs. 3 dEStG	steuerfrei § 6 Abs. 3 dEStG	steuerfrei § 6 Abs. 3 dEStG
	D m. DBA	steuerfrei (DBA)	steuerfrei (DBA)	steuerfrei (DBA)
	FL	steuerfrei	steuerfrei	steuerfrei
KG mit CH-BS	D	steuerfrei (DBA)	steuerfrei (DBA)	steuerfrei (DBA)
	CH	steuerfrei	steuerfrei	steuerfrei

Tabelle 2: Ertragsteuerliche Wirkungen bei Errichtung einer Stiftung mit Betriebsvermögen

Die unentgeltliche Übertragung von einzelnen Wirtschaftsgütern eines in- oder ausländischen Betriebsvermögens führt zur Aufdeckung und Ertragsbesteuerung der stillen Reserven (SR). Die Ertragsteuerbelastung bei der unentgeltlichen Übertragung von einzelnen, einem inländischen Betriebsvermögen zugeordneten Wirtschaftsgütern stellt sich wie folgt dar:

$$(3)\ S_{VÜ\ (Ertrag)}^{D-BV} = SR_D\left(s_{ESt(D)} + s_{GewSt} - x\ s_{GewSt}\right)\quad mit \begin{cases} x = 1 & für\ H \leq 380\% \\ x = \frac{3{,}8}{H} & für\ H > 380\% \end{cases}$$

Bei einem deutschen Betriebsvermögen zugeordneten Beteiligungen an Kapitalgesellschaften ergibt sich aufgrund des Teileinkünfteverfahrens folgende Ertragsteuerbelastung:

(4) $S_{VÜ\,(Ertrag)}^{D-BV} = 0{,}6\, SR_D \left(s_{ESt(D)} + s_{GewSt} - x\, s_{GewSt}\right) mit \begin{cases} x = 1 & für\ H \leq 380\% \\ x = \frac{3{,}8}{H} & für\ H > 380\% \end{cases}$

Die Ertragsteuerbelastung von stillen Reserven, die bei der unentgeltlichen Übertragung von einzelnen, einem österreichischen Betriebsvermögen zugeordneten Wirtschaftsgüter aufzudecken sind, lässt sich wie folgt abbilden:

(5) $S_{VÜ\,(Ertrag)}^{AT-BV} = SR_{AT}\, s_{ESt(AT)}$

Bei einzelnen, einem schweizerischen Betriebsvermögen zugeordneten Wirtschaftsgütern ergibt sich folgende Ertragsteuerbelastung der stillen Reserven:

(6) $S_{VÜ\,(Ertrag)}^{CH-BV} = SR_{CH}\, s_{ESt(CH)}$

Für die stillen Reserven von einzelnen, einem liechtensteinischen Betriebsvermögen zugeordneten Wirtschaftsgütern ergibt sich bei der unentgeltlichen Übertragung auf eine inländische, österreichische oder liechtensteinische Stiftung folgende Ertragsteuerbelastung:

(7) $S_{VÜ\,(Ertrag)}^{FL-BV} = SR_{FL}\, s_{ESt(D)}$ bzw.

(8) $S_{VÜ\,(Ertrag)}^{FL-BV} = 0{,}6\, SR_{FL}\, s_{ESt(D)}$

Gleichung (7) zeigt die Steuerwirkungen bei liechtensteinischen Betriebsgrundstücken und Gleichung (8) die Steuerwirkungen aufgrund des Teileinkünfteverfahrens bei Beteiligungen an Kapitalgesellschaften. Mit dem Inkrafttreten des DBA D/FL am 1. 1. 2013 verändert sich die Steuerbelastung bei einem liechtensteinischen Betriebsvermögen zugeordneten Grundstücken und Beteiligungen:

(9) $S_{VÜ\,(Ertrag)}^{FL-BV} = 0$

Bei der unentgeltlichen Übertragung von Kommanditanteilen ergeben sich grundsätzlich keine ertragsteuerlichen Wirkungen. Unter der Annahme, dass alle wesentlichen Betriebsgrundlagen auf die Stiftung unentgeltlich übertragen werden, gilt für die auf eine deutsche, österreichische, schweizerische und liechtensteinische Betriebstätte entfallenden stillen Reserven:

(10) $S_{VÜ\,(Ertrag)}^{KG} = 0$

Werden dagegen nicht alle wesentlichen Betriebsgrundlagen auf die Stiftung übertragen, stellen sich die Steuerwirkungen dar:

(11) $S_{VÜ\,(Ertrag)}^{KG} = (SR_D + SR_{FL})s_{ESt(D)} + SR_{AT}\, s_{ESt(AT)}$

Mit dem DBA D/FL verändert sich Gleichung (11) ab dem 1. 1. 2013:

(12) $S_{VÜ\,(Ertrag)}^{KG} = SR_D s_{ESt(D)} + SR_{AT}\, s_{ESt(AT)}$

b) Besteuerung mit Verkehrsteuern

Neben den ertragsteuerlichen Wirkungen können sich bei der Vermögensübertragung auf eine Stiftung auch verkehrsteuerliche Wirkungen ergeben. Als Verkehrsteuern werden im Folgenden die Schenkungsteuer, die österreichische Stiftungseingangsteuer und die liechtensteinische Widmungsteuer sowie die Grunderwerbsteuer und die liechtensteinische oder schweizerische Handänderungsteuer betrachtet.[1]

ba) Schenkungsteuer/Stiftungseingangsteuer/Widmungsteuer

Die schenkungsteuerlichen Folgen der Vermögensübertragung auf eine Stiftung sind in Abhängigkeit von dem Sitz der Stiftung unterschiedlich. Deshalb wird im Folgenden zuerst die Vermögensübertragung auf eine deutsche Stiftung analysiert, bevor anschließend die Vermögensübertragung auf eine ausländische Stiftung untersucht wird.

(1) Stiftung mit Sitz in Deutschland

Bei der Errichtung einer Stiftung mit Sitz in Deutschland sind neben der deutschen Schenkungsteuer je nach Belegenheit des Vermögens auch die österreichische Stiftungseingangsteuer, die liechtensteinische Widmungsteuer und die schweizerische Schenkungsteuer in die Untersuchung einzubeziehen.

---

[1] Die Übertragung von Betriebsvermögen kann einen umsatzsteuerpflichtigen Tatbestand darstellen. Die Umsatzsteuer ist nicht Teil des Untersuchungsgegenstands, so dass auf eine Analyse dieser Steuerwirkungen hier verzichtet wird.

(a) Schenkungsteuer in Deutschland

(aa) Steuerpflicht

Die Übertragung von in- und ausländischen Vermögenswerten auf eine deutsche Stiftung ist bei einem Rechtsgeschäft unter Lebenden gemäß § 1 Abs. 1 Nr. 2 i. V. m. § 7 Abs. 1 Nr. 8 ErbStG in Deutschland unbeschränkt schenkungsteuerpflichtig, da annahmegemäß sowohl der Stifter als auch die Stiftung Inländer i. S. d. § 2 Abs. 1 Nr. 1 ErbStG sind. Die unbeschränkte Steuerpflicht umfasst nach § 2 Abs. 1 S. 1 ErbStG das gesamte in- und ausländische Vermögen, das auf die inländische Stiftung übergeht.

(ab) Bewertung

Das auf eine deutsche Stiftung übertragene Vermögen ist nach § 12 ErbStG i. V. m. dem ersten Teil des dBewG mit dem gemeinen Wert zu bewerten. Bewertungsstichtag ist nach § 11 i. V. m. § 9 Abs. 1 Nr. 1 lit. c und Nr. 2 ErbStG der Zeitpunkt der Anerkennung der Stiftung (Stiftungserrichtung von Todes wegen) bzw. der Zeitpunkt der Zuwendung (Stiftungserrichtung unter Lebenden).[1] Je nach Vermögensart gelten für die Bewertung des Vermögens unterschiedliche Bewertungsgrundsätze.

Bei Anteilen an einer in- oder ausländischen Kapitalgesellschaft, die zum Handel an einer inländischen Börse zugelassen ist, gilt nach § 12 Abs. 1 ErbStG i. V. m. § 11 Abs. 1 dBewG als gemeiner Wert der niedrigste notierte Kurs am Bewertungsstichtag. Bei nicht notierten Anteilen an einer inländischen Kapitalgesellschaft ist der gemeine Wert nach § 12 Abs. 2 ErbStG i. V. m. § 9 und § 11 Abs. 2 S. 2 dBewG vorrangig aus Verkäufen unter Dritten, die weniger als ein Jahr zurückliegen, abzuleiten.[2] Lässt sich der gemeine Wert nicht aus zeitnahen Veräußerungen ableiten, ist dieser nach § 11 Abs. 2 S. 2 1. Hs. dBewG unter Berücksichtigung der Ertragsaussichten oder einem anderen anerkannten, auch im gewöhnlichen Geschäftsverkehr für nichtsteuerliche Zwecke üblichen Unternehmensbewertungsverfahren zu ermitteln.[3] Für nicht notierte

---

[1] Vgl. auch *Berndt, H./Götz, H.*, Stiftung, 2009, Rz. 803.

[2] Grundsätzlich kommt dem Veräußerungspreis eine Indizwirkung für den gemeinen Wert zu. Im Einzelfall kann es aber vorkommen, dass zwar eine zeitnahe Veräußerung vorliegt, aber der gemeine Wert nicht aus dem Verkaufspreis abgeleitet werden kann. In solchen Fällen muss eine Bewertung nach einem Unternehmensbewertungsverfahren möglich sein; vgl. auch *Möllmann, P.*, Unternehmensbewertung, 2010, S. 410; a. A. *Viskorf, H.-U.*, Rechtsstaatsprinzip, 2009, S. 593; *Schiffers, J.*, Unternehmensvermögen, 2009, S. 550, die bei Vorliegen von zeitnahen Verkäufen eine Ableitung des gemeinen Werts als zwingend ansehen und eine alternative Bewertung nach einem Schätzverfahren ablehnen.

[3] Vgl. zu den einzelnen Bewertungsverfahren *Neufang, B.*, Bewertung, 2009, S. 2006; *Schiffers, J.*, Unternehmensvermögen, 2009, S. 549 f.; *Götzenberger, A.-R.*, Vermögensübertragung, 2010, Rz. 134.

Anteile an einer ausländischen Kapitalgesellschaft gelten nach § 12 Abs. 1 ErbStG i. V. m. § 9 und § 11 Abs. 2 dBewG dieselben Bewertungsgrundsätze wie für nicht notierte Anteile an einer inländischen Kapitalgesellschaft, da § 11 Abs. 2 dBewG allgemein von Kapitalgesellschaften spricht und nicht danach unterscheidet, ob eine Kapitalgesellschaft ihren Sitz im In- oder Ausland hat.[1] Der Substanzwert ist nach § 11 Abs. 2 S. 3 dBewG bei der Ermittlung des gemeinen Werts als Untergrenze zu beachten.

Gemäß § 12 Abs. 5 ErbStG i. V. m. § 9, § 109 Abs. 2 und § 11 Abs. 2 dBewG gelten auch für die Bewertung einer Beteiligung an einer inländischen Kommanditgesellschaft dieselben Bewertungsgrundsätze wie für nicht notierte Anteile an einer Kapitalgesellschaft. Beteiligungen an ausländischen Kommanditgesellschaften sind nach § 12 Abs. 7 ErbStG i. V. m. § 31 Abs. 1 und § 9 dBewG mit dem gemeinen Wert zu bewerten. Wie bei ausländischem Betriebsvermögen einer inländischen Kommanditgesellschaft sind auch bei der Bewertung von Beteiligungen an ausländischen Kommanditgesellschaften die Bewertungsgrundsätze des § 11 Abs. 2 dBewG analog anzuwenden.[2]

Inländisches Grundvermögen ist mit dem gemeinen Wert i. S. d. § 9 dBewG zu bewerten,[3] wobei je nach der Art des Grundvermögens gemäß den §§ 176-198 dBewG unterschiedliche Bewertungsverfahren anzuwenden sind.[4] Ausländisches Grundvermögen ist mit dem gemeinen Wert zu bewerten,[5] wobei die Bewertungsvorschriften der §§ 176-198 dBewG nicht anwendbar sind, so dass der gemeine Wert von ausländischem Grundvermögen nur durch ein entsprechendes Gutachten ermittelt werden kann.[6]

(ac) Sachliche Steuerbefreiungen

Begünstigtes Betriebsvermögen i. S. d. § 13b Abs. 1 ErbStG ist nach § 13a Abs. 1 S. 1 i. V. m. § 13b Abs. 4 ErbStG in der Regel zu 85 % von der Schenkungsteuer befreit (Verschonungsabschlag). Als begünstigtes Betriebsvermögen gilt nach § 13b Abs. 1 Nr. 2 i. V. m. Abs. 2 ErbStG sowohl das inländische als auch das in einem anderen EU- oder EWR-Mitgliedstaat belegene ausländische Betriebsvermögen eines Gewerbebetriebs oder einer Personengesellschaft, sofern das entsprechende Betriebsvermögen ma-

---

1 Vgl. *Gottschalk, P. R.*, Qualifikation, 2009, S. 161 f., 164; *Sothen, U. v.*, Steuerrecht, 2010, Rz. 38.
2 Vgl. dazu auch *Horn, H.-J.*, § 12 Bewertung, 2012, Rz. 625, 629.
3 S. § 12 Abs. 3 ErbStG i. V. m. § 151 Abs. 1 S. 1 Nr. 1, § 157 Abs. 3, § 159 und § 177 dBewG.
4 Vgl. zu den verschiedenen Bewertungsverfahren der Grundstücksbewertung *Horschitz, H./Groß, W./Schnur, P.*, Bewertungsrecht, 2010, S. 235-252.
5 S. § 12 Abs. 7 ErbStG i. V. m. § 31 und § 9 dBewG.
6 Vgl. *Hecht, S./Cölln, T. v.*, Auswirkungen, 2009, S. 1216 f.

ximal 50 % Verwaltungsvermögen umfasst. Damit stellen Beteiligungen an einer inländischen, an einer österreichischen und an einer liechtensteinischen Kommanditgesellschaft insoweit begünstigtes Betriebsvermögen dar, als das Betriebsvermögen der jeweiligen Kommanditgesellschaften einer inländischen oder einer in einem anderen EU- oder EWR-Mitgliedstaat belegenen Betriebstätte dient.[1] Für die Beteiligung an einer schweizerischen Kommanditgesellschaft kann der Verschonungsabschlag von 85 % dagegen grundsätzlich nicht beansprucht werden.[2] Nur wenn die schweizerische Kommanditgesellschaft über eine inländische oder in einem anderen EU- bzw. EWR-Mitgliedstaat belegene Betriebstätte verfügt, stellt das anteilige inländische oder in einem EU- bzw. EWR-Staat belegene Betriebstättenvermögen begünstigtes Betriebsvermögen dar.[3] Ebenfalls begünstigt sind nach § 13b Abs. 1 Nr. 3 i. V. m. Abs. 2 ErbStG Anteile an einer Kapitalgesellschaft, sofern die Kapitalgesellschaft ihren Sitz oder den Ort der Geschäftsleitung im Inland oder in einem EU- bzw. EWR-Mitgliedstaat hat, der Stifter an der Kapitalgesellschaft zu mehr als 25 % unmittelbar beteiligt ist und das Betriebsvermögen der Kapitalgesellschaft maximal zu 50 % aus Verwaltungsvermögen besteht. Auf die Belegenheit des Betriebsvermögens kommt es bei Kapitalgesellschaften nicht an.[4] Anteile an einer Kapitalgesellschaft mit inländischem Sitz und inländischem Ort der Geschäftsleitung gelten unabhängig davon, in welchen Staaten die Kapitalgesellschaft über Betriebstätten verfügt und ob Beteiligungen an Personengesellschaften in einem Drittland gehalten werden, vollständig als begünstigtes Betriebsvermögen.[5] Im Umkehrschluss sind Anteile an einer Kapitalgesellschaft mit Sitz und Ort der Geschäftsleitung in einem Drittland, die über eine inländische Betriebstätte verfügt, in vollem Umfang nicht begünstigtes Betriebsvermögen.[6] Da § 13b Abs. 1 Nr. 3 ErbStG für die Bestimmung von begünstigtem Betriebsvermögen entweder an den Sitz oder an den Ort der Geschäftsleitung anknüpft, können z. B. auch Anteile an einer Kapitalgesellschaft mit Sitz in der Schweiz und Ort der Geschäftsleitung in Deutschland begünstigtes Betriebsvermögen darstellen. Die Versagung der Steuervergünstigungen bei in einem Drittland belegenem Betriebsvermögen bzw. bei Beteiligungen an einer in einem Dritt-

---

1 Verfügen die jeweiligen Kommanditgesellschaften über Betriebstätten in einem Drittstaat, handelt es sich bei dem ausländischen Betriebstättenvermögen nicht um begünstigtes Vermögen i. S. d. § 13b ErbStG; vgl. dazu auch *Hannes, F./Stalleiken, J.*, Drittlandsgesellschaften, 2010, S. 575, Beispiel 11.

2 Vgl. dazu auch *Hannes, F./Stalleiken, J.*, Drittlandsgesellschaften, 2010, S. 573, Beispiel 1.

3 Vgl. dazu auch *Hannes, F./Stalleiken, J.*, Drittlandsgesellschaften, 2010, S. 574, Beispiel 9.

4 S. dazu auch H E 13b.6 ErbStR.

5 Vgl. dazu auch *Hannes, F./Stalleiken, J.*, Drittlandsgesellschaften, 2010, S. 574, Beispiel 10.

6 Vgl. dazu auch *Hannes, F./Stalleiken, J.*, Drittlandsgesellschaften, 2010, S. 574, Beispiel 8.

staat ansässigen Kapitalgesellschaft könnte einen Verstoß gegen die Kapitalverkehrsfreiheit i. S. d. Art. 63 AEUV bzw. des Art. 40 EWRA darstellen.[1] Aus diesem Grund hat der BFH dem EuGH die Frage vorgelegt, inwiefern die Ablehnung der steuerlichen Vergünstigungen bei einer 100%igen Beteiligung an einer kanadischen Investmentkapitalgesellschaft gegen die Kapitalverkehrsfreiheit verstößt, wenn die Steuervergünstigungen bei einer vergleichbaren Beteiligung an einer deutschen Kapitalgesellschaft gewährt werden.[2] Nach den Schlussanträgen der Generalanwältin *Trstenjak* in der Rs. C-31/11 berühren die Regelungen über die Versagung der Steuervergünstigungen bei Drittlandsvermögen bei einer 100%igen Beteiligung an einer Kapitalgesellschaft sowohl die (nur gegenüber EU- bzw. EWR-Staaten geltende) Niederlassungsfreiheit als auch die Kapitalverkehrsfreiheit, wobei die Niederlassungsfreiheit vorrangig anzuwenden ist, so dass die Nichtanwendung der Steuervergünstigungen bei Drittlandsvermögen nicht gegen die Kapitalverkehrsfreiheit verstößt.[3]

Als Verwaltungsvermögen gelten nach § 13b Abs. 2 S. 2 Nr. 1 ErbStG Dritten zur Nutzung überlassene Grundstücke, Grundstücksteile, grundstücksgleiche Rechte und Bauten, wobei die Betriebsaufspaltung, die Überlassung von Grundstücken des Sonderbetriebsvermögens an eine Personengesellschaft, die Nutzungsüberlassung innerhalb eines Konzerns und die Vermietung von Wohnungen durch ein Unternehmen, dessen Hauptzweck in der Vermietung von Wohnungen liegt, nicht als Nutzungsüberlassung an Dritte gelten.[4] Als Verwaltungsvermögen gelten zudem Anteile an Kapitalgesellschaften, an denen der Stifter zu 25 % oder weniger beteiligt ist (§ 13b Abs. 2 S. 2 Nr. 2 ErbStG), Beteiligungen an Personengesellschaften oder Anteile an Kapitalgesellschaften, sofern diese Gesellschaften über ein Verwaltungsvermögen von mehr als 50 % verfügen (§ 13b Abs. 2 S. 2 Nr. 3 ErbStG), Wertpapiere und vergleichbare Forderungen (§ 13b Abs. 2 S. 2 Nr. 4 ErbStG), sowie Kunstgegenstände, Kunstsammlungen, wissenschaftliche Sammlungen, Bibliotheken, Archive, Münzen, Edelmetalle und Edelsteine, sofern der Handel mit diesen Gegenständen bzw. deren Verarbeitung nicht Hauptzweck des Ge-

---

1 Vgl. *Hey, J.*, Europa, 2011, S. 1150-1155.

2 BFH, Beschluss v. 15. 12. 2010, II R 63/09, BStBl. II 2011, S. 221.

3 Generalanwältin *Trstenjak*, SA v. 20. 3. 2012, C-31/11 (Marianne Scheunemann), Tz. 58-66. Der EuGH ist mit Urteil vom 19. 7. 2012, C-31/11 (Marianne Scheunemann) im Ergebnis dem Schlussantrag der Generalanwältin gefolgt.

4 Auch die Betriebsverpachtung gilt nicht als Nutzungsüberlassung an Dritte, falls entweder der Pächter als Erbe eingesetzt wird oder eine Betriebsverpachtung zeitlich befristet an einen Dritten erfolgt, bis der Beschenkte den Betrieb selbst führen kann. (§ 13b Abs. 2 S. 2 Nr. 1 lit. b ErbStG). Bei der Übertragung auf eine Stiftung wird eine Betriebsverpachtung regelmäßig nicht vorliegen.

werbebetriebs ist (§ 13b Abs. 2 S. 2 Nr. 5 ErbStG). Als Wertpapiere und vergleichbare Forderungen gelten z. B. Pfandbriefe, Schuldbuchforderungen, Geldmarkt- und Festgeldfonds.[1] Geld, Sichteinlagen, Spareinlagen, Festgeldkonten, Forderungen aus Lieferungen und Leistungen, sowie Forderungen an verbundene Unternehmen stellen dagegen keine Wertpapiere oder vergleichbare Forderungen dar.[2] Junges Verwaltungsvermögen, das dem Betrieb vor dem Übertagungsstichtag weniger als zwei Jahre zuzurechnen war, gilt nach § 13b Abs. 2 S. 4 ErbStG als nicht begünstigtes Vermögen. Junges Verwaltungsvermögen liegt ebenfalls bei der Einlage von gewillkürtem Verwaltungsvermögen innerhalb des Zweijahreszeitraums vor. Nach Ansicht der Finanzverwaltung zählt auch die Anschaffung von Verwaltungsvermögen durch Betriebsmittel innerhalb des Zweijahreszeitraums zum jungen Verwaltungsvermögen.[3] Die Ansicht der Finanzverwaltung wird zu Recht von der Literatur abgelehnt, denn damit würden über die vom Gesetzgeber gewollte Vermeidung des Gestaltungsmissbrauchs hinaus sämtliche Umschichtungen in einem Betriebsvermögen (z. B. Umschichtung eines Wertpapierdepots) zu jungem Verwaltungsvermögen führen, mit der Folge, dass dieses Vermögen stets nicht begünstigt ist.[4]

Für das pauschal nicht begünstigte Vermögen in Höhe von 15 % nach § 13b Abs. 4 ErbStG gilt gemäß § 13a Abs. 2 ErbStG eine Freigrenze von 150.000 Euro (Abzugsbetrag). Der Abzugsbetrag verringert sich ab einem nicht begünstigten Vermögen von mehr als 150.000 Euro um die Hälfte des die Freigrenze übersteigenden Betrags, so dass dieser ab einem nicht begünstigten Vermögen von mehr als 450.000 Euro bzw. einem Gesamtvermögen von mehr als 3.000.000 Euro vollständig entfällt.[5]

Damit der Verschonungsabschlag und der Abzugsbetrag (Regelverschonung) zur Anwendung kommen können, müssen neben dem Verwaltungsvermögenstest sowohl die Lohnsummenregelung i. S. d. § 13a Abs. 1 S. 2 bis 4 ErbStG als auch die Behaltensregelungen i. S. d. § 13a Abs. 5 ErbStG erfüllt sein. Nach der Lohnsummenregelung müssen die maßgebenden jährlichen Lohnsummen i. S. d. § 13a Abs. 4 ErbStG innerhalb

---

1 S. H E 13b.17 ErbStR.
2 S. H E 13b.17 ErbStR.
3 S. R E 13b.19Abs. 1 S. 2 ErbStR.
4 Vgl. dazu auch *Viskorf, S.*, § 13b ErbStG, 2009, Rz. 253; *Wählholz, E.*, Vererbung, 2009, S. 1611; *Söffing, M./Thonemann, S.*, Begünstigung, 2009, S. 1842; *Jülicher, M.*, § 13b ErbStG, 2012, Rz. 326.
5 Vgl. auch *Scholten, G./Korezkij, L.*, Nachversteuerung, 2009, S. 991; *Sothen, U. v.*, Steuerrecht, 2010, Rz. 160; *Geck, R.*, § 13a ErbStG, 2012, Rz. 47.

der Lohnsummenfrist von fünf Jahren nach dem Übertragungsstichtag insgesamt mindestens 400 % der Ausgangslohnsumme betragen, wobei die Ausgangslohnsumme nach § 13a Abs. 1 S. 3 ErbStG dem Durchschnitt der Lohnsummen der letzten Fünf vor dem Übertragungsstichtag endenden Wirtschaftsjahre entspricht.[1] Bei der Ermittlung der Lohnsummen sind nach § 13a Abs. 4 S. 5 ErbStG auch die anteiligen Lohnsummen aus unmittelbaren und mittelbaren Beteiligungen über 25 % an Personen- und Kapitalgesellschaften mit Sitz oder Ort der Geschäftsleitung im Inland, in einem anderen EU- und EWR-Mitgliedstaat einzubeziehen.[2] Die Lohnsummenregelung ist nach § 13a Abs. 1 S. 4 ErbStG unbeachtlich, falls die Ausgangslohnsumme null Euro beträgt oder in dem Betrieb weniger als 20 Mitarbeiter beschäftigt sind.[3] Nach den Behaltensregelungen dürfen zum einen weder erworbene Kommanditbeteiligungen und erworbene Anteile an Kapitalgesellschaften innerhalb der fünfjährigen Behaltensfrist veräußert oder aufgelöst bzw. liquidiert werden, noch dürfen die entsprechenden Gesellschaften innerhalb der Behaltensfrist wesentliche Betriebsgrundlagen veräußern (§ 13a Abs. 5 S. 1 Nr. 1 und 4 ErbStG).[4] Eine Veräußerung von Beteiligungen ist nach der Reinvestitionsklausel des § 13a Abs. 5 S. 3 und 4 ErbStG unschädlich, sofern der erzielte Veräußerungserlös innerhalb von sechs Monaten in ein entsprechendes Vermögen, das nicht Verwaltungs-

---

1 Vgl. zur Lohnsummenregelung näher *Philipp, C.*, § 13a ErbStG, 2009, Rz. 36-64; *Götzenbeger, A.*, Vermögensübertragung, 2010, Rz. 628-638.

2 Vgl. *Söffing, M./Thonemann, S.*, Begünstigung, 2009, S. 1837; *Götzenbeger, A.*, Vermögensübertragung, 2010, Rz. 636. Ob die Beteiligungsgrenze von mehr als 25 % nur auf Beteiligungen an Kapitalgesellschaften anzuwenden ist oder auch für Personengesellschaften gilt, ist aufgrund der unpräzisen Formulierung in § 13a Abs. 4 S. 5 ErbStG unklar. Die Finanzverwaltung vertritt die Ansicht, dass die Beteiligungsgrenze von mehr als 25 % nur auf nachgeordnete Kapitalgesellschaften anzuwenden ist und Beteiligungen an Personengesellschaften bei der Ermittlung der Lohnsumme unabhängig von einer Beteiligungsquote stets zu berücksichtigen sind, da sich im ErbStG ansonsten nur für Kapitalgesellschaften Beteiligungsgrenzen finden; s. R E 13a.4 Abs. 6 und 7 ErbStR; kritisch *Wachter, T.*, § 13a Steuerbefreiung, 2012, Rz. 74; *Geck, R.*, § 13a ErbStG, 2012, Rz. 28. Nach der Gesetzesbegründung soll § 13a Abs. 4 S. 5 ErbStG einem Gestaltungsmissbrauch in Form der Verlagerung eines Stellenabbaus auf Tochtergesellschaften entgegenwirken; vgl. BT-Drs. 16/7918, v. 28. 1. 2008, S. 34. Ist ein Mutterunternehmen nur geringfügig an einer Tochtergesellschaft beteiligt, ist ein Einfluss auf die Personalpolitik der Tochtergesellschaft regelmäßig nicht möglich, so dass bei geringen Beteiligungsquoten eine Berücksichtigung der Beteiligungen bei der Lohnsummenermittlung nicht überzeugend ist. Damit ist die Beteiligungsgrenze bei der Lohnsummenermittlung auch auf nachgelagerte Personengesellschaften anzuwenden.

3 Nach Ansicht der Finanzverwaltung sind auch nachgelagerte Gesellschaften bei der Prüfung der Mitarbeiterzahl einzubeziehen; s. R E 13a.4 Abs. 2 S. 8 ErbStR. Diese Auslegung widerspricht dem Wortlaut des Gesetzes, da § 13a Abs. 1 S. 4 ErbStG ausdrücklich von dem Betrieb spricht. Eine analoge Anwendung des § 13a Abs. 4 S. 5 ErbStG auf die Prüfung der Mitarbeiterzahl ist mit dem Wortlaut des Gesetzes nicht zu vereinbaren, auch wenn die Analogie dem Sinn und Zweck der Vorschrift, nämlich der Vermeidung der Umgehung der Lohnsummenregelung durch Einschaltung einer Holding, entspricht; vgl. dazu auch *Philipp, C.*, § 13a ErbStG, 2009, Rz. 38; zur analogen Anwendung kritisch *Rohde, A./Gemeinhardt, G.*, Betriebsvermögen, 2009, S. 710; *Söffing, M./Thonemann, S.*, Anwendung, 2009, S. 330.

4 Vgl. dazu näher *Gräfe, M.*, Auswirkungen, 2010, S. 603-606.

vermögen i. S. d. § 13b Abs. 2 ErbStG ist, investiert wird.[1] Zum anderen dürfen nach § 13a Abs. 5 S. 1 Nr. 3 S. 1 ErbStG innerhalb der fünfjährigen Behaltensfrist keine Entnahmen von mehr als 150.000 Euro getätigt werden („Überentnahmen“).[2] Überentnahmen liegen vor, wenn die getätigten Entnahmen die Summe aus den Einlagen und den Gewinnanteilen seit dem Erwerb um mehr als 150.000 Euro übersteigen, wobei Verluste nach § 13 Abs. 5 S. 1 Nr. 3 S. 1 2. Hs. ErbStG unberücksichtigt bleiben. Die Regelung zu den Überentnahmen ist sinngemäß auch auf Anteile an einer Kapitalgesellschaft anzuwenden (§ 13a Abs. 5 S. 1 Nr. 3 S. 3 ErbStG), so dass die Gewinnausschüttungen innerhalb der Behaltensfrist die dem Anteilseigner zustehenden Gewinne und Kapitalzuführungen maximal um 150.000 Euro übersteigen dürfen.[3]

Alternativ zur Regelverschonung kann die inländische Stiftung unwiderruflich eine 100%ige Steuerbefreiung nach § 13 Abs. 8 ErbStG beantragen (Optionsverschonung), wobei die Anwendungsvoraussetzungen im Vergleich zur Regelverschonung verschärft sind:[4] Die Grenze für das unschädliche Verwaltungsvermögen reduziert sich bei der Optionsverschonung auf maximal 10 % des gesamten Betriebsvermögens und die maßgebenden jährlichen Lohnsummen müssen in Summe mindestens 700 % der Ausgangslohnsumme betragen. Daneben erhöhen sich bei der Optionsverschonung sowohl die Lohnsummen- als auch die Behaltensfrist jeweils auf sieben Jahre. Die Überentnahmeregelung ist bei der Optionsverschonung unverändert. Der Antrag auf Optionsverschonung ist nach Auffassung der Finanzverwaltung nur einheitlich für alle Arten des erworbenen begünstigten Vermögens zu stellen,[5] wobei die Verwaltungsvermögensgrenze von 10 % für jede wirtschaftliche Einheit getrennt zu prüfen ist.[6] Folgende schenkungsteuerliche Wirkungen ergeben sich je nach Zusammensetzung des erworbenen Vermögens nach Auffassung der Finanzverwaltung:[7]

- Umfasst das erworbene begünstigte Vermögen wirtschaftliche Einheiten mit einem Verwaltungsvermögen von jeweils maximal 10 %, ist auf das gesamte erworbene begünstigte Vermögen die Optionsverschonung anwendbar.

---

[1] Vgl. dazu näher *Korezkij, L.*, Reinvestitionsklausel, 2009, S. 2412-2415.
[2] Vgl. dazu näher *Gräfe, M.*, Auswirkungen, 2010, S. 606 f.
[3] Vgl. *Horschitz, H./Groß, W./Schnur, P.*, Bewertungsrecht, 2010, Rz. 487.
[4] Vgl. dazu *Geck, R.*, § 13a ErbStG, 2012, Rz. 135 f.; *Jülicher, M.*, § 13a ErbStG, 2012, Rz. 417-423.
[5] S. R E 13a.13Abs. 1 ErbStR.
[6] S. R E 13a.13 Abs. 3 S. 1 ErbStR.
[7] S. R E 13a.13 Abs. 3 S. 2-4 ErbStR.

- Beträgt das Verwaltungsvermögen in jeder einzelnen wirtschaftlichen Einheit mehr als 10 % und maximal 50 %, geht der Antrag auf Optionsverschonung ins Leere, so dass die Regelverschonung für das gesamte begünstigte Vermögen gilt.

- Setzt sich das erworbene begünstigte Vermögen aus wirtschaftlichen Einheiten mit einem Verwaltungsvermögen von maximal 10 % und aus wirtschaftlichen Einheiten mit einem Verwaltungsvermögen von mehr als 10 % und maximal 50 % zusammen, ist die Optionsverschonung nur auf die wirtschaftlichen Einheiten anzuwenden, deren Verwaltungsvermögen die Grenze von 10 % nicht übersteigt. Für wirtschaftliche Einheiten mit einem Verwaltungsvermögen von mehr als 10 % und maximal 50 % gilt weder die Optionsverschonung noch die Regelverschonung, so dass dieses begünstigte Vermögen vollständig der Schenkungsteuer unterliegt.

Die Auffassung der Finanzverwaltung widerspricht dem im ErbStG und dBewG vorherrschenden Grundsatz der Einzelbetrachtung.[1] Da die Betriebsvermögensverschonung sozialpolitischen Zielen, wie dem Erhalt von Arbeitsplätzen, dienen soll,[2] ist es nicht nachvollziehbar, dass der Antrag auf Optionsverschonung einheitlich für das gesamte begünstigte Vermögen zu stellen ist, so dass bei der Übertragung von mehreren wirtschaftlichen Einheiten für einzelne Einheiten keine Betriebsvermögensverschonung greift. Da sich das Erfordernis eines einheitlichen Antrags auf Optionsverschonung auch nicht aus dem Gesetz ableiten lässt, ist der Finanzverwaltung nicht zu folgen.[3]

Wird gegen die Voraussetzungen für die Regel- bzw. Optionsverschonung innerhalb der entsprechenden Lohnsummen- bzw. Behaltensfrist verstoßen, kommt es zu einer Nachversteuerung, deren Rechtsfolgen von der Art des Verstoßes abhängen. Wird gegen die Lohnsummenregelung verstoßen, reduziert sich nach § 13a Abs. 1 S. 5 ErbStG der Verschonungsabschlag anteilig in dem Verhältnis, in dem die tatsächliche Lohnsumme die Mindestlohnsumme unterschreitet.[4] Auf den Abzugsbetrag i. S. d. § 13a Abs. 2 ErbStG wirkt sich ein Verstoß gegen die Lohnsummenregelung nicht aus.[5] Wird das erworbene begünstigte Vermögen innerhalb der jeweiligen Behaltensfrist veräußert, reduziert sich

---

1 Vgl. *Philipp, C.*, § 13a ErbStG, 2009, Rz. 169.
2 Vgl. BT-Drs. 16/7918 v. 28. 1. 2008, S. 33.
3 Ebenso *Hannes, F./Onderka, W.*, Bewertung, 2009, S. 425; *Söffing, M./Thonemann, S.*, Anwendung, 2009, S. 329; *Philipp, C.*, § 13a ErbStG, 2009, Rz. 169, 171; *Geck, R.*, § 13a ErbStG, 2012, Rz. 137.
4 S. R E 13a.4 Abs. 1 S. 1 und 2 ErbStR Vgl. auch *Götzenbeger, A.*, Vermögensübertragung, 2010, Rz. 653; *Jülicher, M.*, § 13a ErbStG, 2012, Rz. 28.
5 Vgl. auch *Geck, R.*, § 13a ErbStG, 2012, Rz. 43; *Jülicher, M.* § 13a ErbStG, 2012, Rz. 29.

nach § 13a Abs. 5 S. 1 und 2 ErbStG der Verschonungsabschlag nur zeitanteilig für jedes verbleibende Jahr der Behaltensfrist einschließlich des Jahres der Veräußerung, der Abzugsbetrag entfällt vollständig.[1] Liegen innerhalb der jeweiligen Behaltensfrist Überentnahmen von mehr als 150.000 Euro vor, werden diese Überentnahmen dem nicht begünstigten Vermögen zugerechnet, so dass der auf den Wert der Überentnahmen entfallende Verschonungsabschlag und Abzugsbetrag rückwirkend vollständig entfallen.[2] Bei einem gleichzeitigen Verstoß gegen die Behaltensregelungen (Veräußerung und Überentnahme) ist die Übernahmeregelung subsidiär, so dass sich die Nachversteuerung bereits aufgrund der Veräußerung innerhalb der jeweiligen Behaltensfrist ergibt.[3] Wird sowohl gegen die Lohnsummenregelung als auch gegen eine Behaltensregelung verstoßen, ist der bei getrennter Ermittlung nach den einzelnen Nachsteuertatbeständen sich ergebende höhere Kürzungsbetrag zu berücksichtigen.[4]

Für Grundstücke, die in Deutschland, Österreich oder Liechtenstein belegen und zu Wohnzwecken vermietet sind und nicht zu einem begünstigten Betriebsvermögen gehören, ist nach § 13c ErbStG eine Steuerbefreiung in Höhe von 10 % vorgesehen.[5] Für schweizerische Grundstücke, die zu Wohnzwecken vermietet sind, kann die 10%ige Steuerbefreiung mangels EU- bzw. EWR-Zughörigkeit nicht beansprucht werden.

(ad) Steuerberechnung

Auf die erstmalige Vermögensausstattung einer Stiftung mit inländischem Sitz und/oder inländischem Ort der Geschäftsleitung ist nach § 15 Abs. 1 ErbStG grundsätzlich die Steuerklasse III anzuwenden.[6] Mit der Steuerklasse III ist nach § 16 Abs. 1 Nr. 7 ErbStG ein persönlicher Freibetrag von 20.000 Euro verbunden und der anzuwendende Steuersatz beträgt nach § 19 Abs. 1 ErbStG bis zu einem steuerpflichtigen Erwerb von sechs Mio. Euro 30 % und bei einem höheren steuerpflichtigen Erwerb 50 %.

---

[1] S. R E 13a.12 Abs. 1 S. 5 ErbStR; vgl. auch *Philipp, C.*, § 13a ErbStG, 2009, Rz. 139, 141; *Geck, R.*, § 13a ErbStG, 2012, Rz. 110-113.

[2] S. H E 13a.8 ErbStR; vgl. auch *Scholten, G./Korezkij, L.*, Nachversteuerung, 2009, S. 997 f.; *Philipp, C.*, § 13a ErbStG, 2009, Rz. 140.

[3] S. R E 13a.8 Abs. 1 S. 6 ErbStR; vgl. auch *Geck, R.*, § 13a ErbStG, 2012, Rz. 115; *Jülicher, M.*, § 13a ErbStG, 2012, Rz. 287.

[4] S. R E 13a.12 Abs. 3 ErbStR; vgl. auch *Philipp, C.*, § 13a ErbStG, 2009, Rz. 142-144; *Geck, R.*, § 13a ErbStG, 2012, Rz. 117.

[5] Vgl. auch *Hölzerkopf, F./Bauer, D.*, Erbschaftsteuerreform, 2009, S. 24.

[6] Vgl. *Pöllath, R./Richter, A.*, Errichtung, 2009, Rz. 30; *Schindhelm, M./Stein, K.*, Stiftung, 2010, Rz. 73.

Bei der erstmaligen Vermögensausstattung einer Stiftung, die im wesentlichen Interesse einer Familie oder bestimmter Familien errichtet wird (Familienstiftung)[1], hängt die Steuerklasse vom Verwandtschaftsverhältnis des Stifters zu dem entferntest Berechtigten ab (§ 15 Abs. 2 S. 1 ErbStG).[2] Berechtigter ist jede Person, die aufgrund der Satzung – auch ohne einen klagbaren Anspruch[3] – Vermögensvorteile aus der Stiftung erlangen kann, auch wenn diese im Zeitpunkt der Stiftungserrichtung noch nicht unmittelbar bezugsberechtigt ist, sondern dies erst im Laufe der Generationenfolge wird.[4] Damit können sich zukünftige Ereignisse, deren Eintreten im Zeitpunkt der Steuerentstehung noch völlig unklar ist, bereits auf die Steuerklasse und damit auch auf den Steuersatz und den persönlichen Freibetrag auswirken, was dem im ErbStG und dBewG verankerten Grundsatz der Nichtberücksichtigung aufschiebend bedingter Ereignisse widerspricht.[5] Sind in der Satzung nur der Stifter selbst, der Ehegatte, die Kinder, Stiefkinder und deren Abkömmlinge als Berechtigte genannt, kommt die Steuerklasse I, und gemäß § 16 Abs. 1 ErbStG, ein höherer Freibetrag zur Anwendung.[6] Der Steuersatz variiert in diesem Fall nach § 19 Abs. 1 ErbStG zwischen 7 % und 30 %. Wird die Stiftung dagegen allgemein zugunsten der Familie und ihrer Angehörigen errichtet, ist die Steuerklasse III anzuwenden.[7] Das sogenannte „Steuerklassenprivileg" gilt nur bei der Erstdotation einer inländischen Stiftung und ist bei späteren Zustiftungen nicht anwendbar,[8] so dass Zustiftungen nach der Steuerklasse III mit Steuersätzen von 30 % oder 50 % schenkungsteuerlich belastet werden.[9] Nur wenn spätere Zustiftungen bereits im Stiftungsgeschäft verbindlich festgelegt werden, ist das „Steuerklassenprivileg" auch auf diese Zustiftun-

---

1 Das deutsche ErbStG verwendet den Begriff „Familienstiftung" nicht und konkretisiert auch nicht, wann ein wesentliches Interesse von Familien vorliegt. Nach Ansicht der Finanzverwaltung gilt die Definition des Begriffs „Familienstiftung" nach § 15 Abs. 2 AStG auch für erbschaft- und schenkungsteuerliche Zwecke. Darüber hinaus liegt eine Familienstiftung auch bei einer Bezugs- oder Anfallsberechtigung von mehr 25 % vor, wenn zusätzliche Merkmale ein wesentliches Familieninteresse belegen; s. dazu näher R E 1.2 ErbStR; vgl. zur Definition einer Familienstiftung aus steuerrechtlicher Sicht näher *Pöllath, R./Richter, A.*, Familienstiftung, 2009, Rz. 43-99.

2 Vgl. *Schindhelm, M./Stein, K.*, Stiftung, 2010, Rz. 73; *Jülicher, M.*, § 15 ErbStG, 2012, Rz. 101.

3 RFH, Urt. v. 13. 12. 1926, V e A 141/25, RStBl. 1927, S. 101 f.; RFH, Urt. v. 23. 1. 1930, I A 890/28, RStBl. 1930, S. 115.

4 S. R E 15.2 Abs. 1 S. 2 und 3 ErbStR.

5 Vgl. *Seer, R./Versin, V.*, Familienstiftung, 2006, S. 285; *Berndt, H./Götz, H.*, Stiftung, 2009, Rz. 764; *Jülicher, M.*, § 15 ErbStG, 2012, Rz. 106.

6 Vgl. auch *Freundl, F.*, Die Stiftung, 2004, S. 1513; *Werner, R.*, Stiftungen, 2006, S. 541.

7 Vgl. auch *Seer, R./Versin, V.*, Familienstiftung, 2006, S. 284.

8 RFH, Urt. v. 12. 5. 1931, I e A 164/30, RStBl. 1931, S. 539; BFH, Urt. v. 9. 12. 2009, II R 22/08, BStBl. II 2010, S. 363; vgl. auch *Geck, R.*, § 15 ErbStG, 2012, Rz. 62.

9 Vgl. *Brandmüller, G./Lindner, R.*, Gewerbliche Stiftungen, 2005, S. 59; *Pöllath, R./Richter, A.*, Errichtung, 2009, Rz. 31.

gen anwendbar.[1] Die Tarifbegrenzung nach § 19a ErbStG kann von Stiftungen nicht beansprucht werden, da diese nur für natürliche Personen gilt.[2]

Werden ausländisches Grundvermögen, Anteile an in- oder ausländischen Kommanditgesellschaften mit Betriebstätten im Ausland und Beteiligungen an ausländischen Kapitalgesellschaften unentgeltlich auf eine deutsche Stiftung übertragen, kann die Vermögensübertragung im Belegenheitsstaat zusätzlich eine Besteuerung auslösen. Die auf unentgeltliche Übertragung von ausländischem Vermögen entfallende festgesetzte, gezahlte und keinem Ermäßigungsanspruch unterliegende ausländische Steuer kann sowohl im DBA-Fall aus auch im Nicht-DBA-Fall nach § 21 ErbStG auf die auf den ausländischen Erwerb entfallende deutsche Schenkungsteuer angerechnet werden, sofern die ausländische Steuer mit der deutschen Schenkungsteuer vergleichbar ist.[3] Eine Vergleichbarkeit der ausländischen Steuer ist immer dann gegeben, wenn die ausländische Steuer auf eine freigebige unentgeltliche Vermögensübertragung erhoben wird und die Vermögenssubstanz als Bemessungsgrundlage dient.[4] Die Schenkungsteuern der schweizerischen Kantone und Gemeinden sind mit der deutschen Schenkungsteuer vergleichbar und somit auf die deutsche Schenkungsteuer anrechenbar.[5] Auch die österreichische Stiftungseingangsteuer ist mit der deutschen Schenkungsteuer systematisch vergleichbar, denn die Stiftungseingangsteuer wird bei der Errichtung einer Stiftung auf die unentgeltliche Übertragung des Vermögens erhoben.[6] Da die österreichische Grunderwerbsteuer bei der Errichtung einer deutschen Stiftung durch eine freigebige unentgeltliche Vermögensübertragung ausgelöst wird und die Vermögenssubstanz des österreichischen Grundstücks als Bemessungsgrundlage dient, müsste auch die österreichische Grunderwerbsteuer auf die deutsche Schenkungsteuer anrechenbar sein.[7] Aus den glei-

---

[1] Vgl. *Brandmüller, G./Lindner, R.*, Gewerbliche Stiftungen, 2005, S. 59; *Seer, R./Versin, V.*, Familienstiftung, 2006, S. 285; *Richter, A.*, Deutschland, 2007, Rz. 160.

[2] Vgl. *Götz, H.*, Familienstiftung, 2005, S. 8803.

[3] Vgl. zu den Voraussetzungen der Anrechnung näher *Eisele, D.*, § 21 ErbStG, 2012, Rz. 4-14.1; *Jülicher, M.*, § 21 ErbStG, 2012, Rz. 11-74. Alle deutschen ErbSt-DBA sehen zur Vermeidung der Doppelbesteuerung die Anrechnungsmethode vor. Nur im Fall, dass ein Erblasser mit schweizerischer Staatsangehörigkeit in Deutschland seinen Wohnsitz hat, wird schweizerisches unbewegliches Vermögen nach Art. 10 Abs. 1 lit. a S. 1 ErbSt-DBA D/CH von der deutschen ErbSt ausgenommen; vgl. auch *Geuenich, M.*, Kündigung, 2007, S. 718; *Wassermeyer, F.*, Vermeidung, 2008, Rz. 1350 f.

[4] Vgl. *Schaumburg, H.*, Internationales Steuerrecht, 2011, Rz. 15.249; *Eisele, D.*, § 21 ErbStG, 2012, Rz. 6.

[5] BFH, Urt. v. 15. 5. 1964, II 177/61 U, BStBl. III 1964, S. 410; vgl. auch *Richter, A.*, § 21 ErbStG, 2009, Rz. 17; *Eisele, D.*, § 21 ErbStG, 2012, Rz. 6; *Jülicher, M.*, § 21 ErbStG, 2012, Rz. 17.

[6] Vgl. auch *Steiner, A.*, Auswirkungen, 2008, S. 249; *Ludwig, C./Jorde, T.*, Überlegungen, 2009, S. 19.

[7] Vgl. auch *Steiner, A.*, Auswirkungen, 2008, S. 248.

chen Gründen müsste auch die schweizerische Handänderungsteuer auf die deutsche Schenkungsteuer anrechenbar sein. Auch wenn die liechtensteinische Widmungsbesteuerung in die Erwerb- und Vermögensteuer integriert ist, müsste die durch die Widmungsbesteuerung ausgelöste Steuer auf die deutsche Schenkungsteuer anrechenbar sein, da diese Steuer bei der Errichtung einer deutschen Stiftung an einen freigebigen unentgeltlichen Übertragungsvorgang anknüpft und die Vermögenssubstanz als Bemessungsgrundlage dient. Steuersubjektidentität ist bei der Anrechnung ausländischer Steuern auf die deutsche Schenkungsteuer nicht erforderlich.[1] Nachdem die Vergleichbarkeit mit der deutschen Schenkungsteuer bei ausländischen Wertzuwachssteuern und Registrierungsgebühren zum Teil negiert wird,[2] ist die Möglichkeit der Anrechnung der österreichischen Grunderwerbsteuer, der schweizerischen Handänderungsteuer und der liechtensteinischen Widmungsteuer noch nicht endgültig geklärt.

(b) Stiftungseingangsteuer in Österreich

Die Steuerpflicht für die österreichische Stiftungseingangsteuer knüpft nach § 1 Abs. 2 StiftEG im Zeitpunkt der Zuwendung an einen Wohnsitz oder gewöhnlichen Aufenthalt des Stifters oder an einen österreichischen Sitz oder Ort der Geschäftsleitung der Stiftung an.[3] Damit löst die Errichtung einer deutschen Stiftung durch die unentgeltliche Übertragung von in Österreich belegenem Grundvermögen, von österreichischem Betriebsvermögen einer Kommanditgesellschaft und von Beteiligungen an österreichischen Kapitalgesellschaften keine Stiftungseingangsteuerbelastung aus.

(c) Widmungsteuer in Liechtenstein

Werden liechtensteinische Grundstücke oder liechtensteinisches Betriebsvermögen einer Kommanditgesellschaft auf eine deutsche Stiftung unentgeltlich übertragen, kommt es in Liechtenstein nach Art. 13 Abs. 1 SteG zur Widmungsbesteuerung, da mit der Übertragung von liechtensteinischen Grundstücken und liechtensteinischem Betriebsvermögen einer Kommanditgesellschaft die beschränkte Vermögensteuerpflicht des Stifters i. S. d. Art. 6 Abs. 2 i. V. m. Abs. 4 SteG endet.[4] Andere liechtensteinische Vermögenswerte (z. B. Beteiligung an einer liechtensteinischen Kapitalgesellschaft) sind nicht beschränkt vermögensteuerpflichtig, so dass die Widmungsbesteuerung nicht

---

[1] Vgl. *Schaumburg, H.*, Internationales Steuerrecht, 2011, Rz. 15.249.
[2] S. H E 21 ErbStR; vgl. dazu auch *Jülicher, M.*, § 21 ErbStG, 2012, Rz. 19-25.
[3] Vgl. auch *Schuchter, Y.*, Stiftungseingangssteuer, 2010, S. 24.
[4] Vgl. dazu auch *Steuerverwaltung Fürstentum Liechtenstein*, Merkblatt Stiftungen, 2012, S. 2.

greift. Die Widmungsteuer beträgt nach Art. 13 Abs. 1 i. V. m. Art. 75 Abs. 1 und 3 SteG 2,5 % des vermögensteuerlichen Wertes von liechtensteinischem Grund- und anteiligem Betriebsvermögen zuzüglich eines Gemeindezuschlags, der zwischen 150 % und 250 % liegen muss, so dass die Steuerbelastung mindestens 6,25 % und höchstens 8,75 % beträgt.[1] Der vermögensteuerliche Wert ermittelt sich bei liechtensteinischem Grundvermögen gemäß Art. 12 Abs. 2 SteG nach dem Ertragswert, wobei der Steuerschätzwert[2] als Untergrenze zu beachten ist. Betriebsvermögen ist nach Art. 12 Abs. 1 und 3 SteG mit den Anschaffungs- oder Herstellungskosten abzüglich Abschreibungen, Wertberichtigungen und Schulden zu bewerten.[3]

Zur Vermeidung der Widmungsbesteuerung könnte die Option zur Vermögensteuer nach Art. 9 Abs. 3 SteG ausgeübt werden. Bei Ausübung der Option muss die deutsche Stiftung in Liechtenstein jährlich die Vermögensteuer für das in Liechtenstein beschränkt steuerpflichtige Vermögen abführen, wobei die Stiftung nur die Abgabepflicht der Destinatäre erfüllt und nicht selbstständig vermögensteuerpflichtig wird. Die Vermögensteuer wird als Sollertragsteuer erhoben,[4] wobei der Sollertrag für das Jahr 2012 nach Art. 3 FinG 4 % des vermögensteuerpflichtigen Werts beträgt. Die Vermögensteuer beträgt bei beschränkter Steuerpflicht nach Art. 23 Abs. 1 lit. a i. V. m. Abs. 5 lit. a SteG auf Landesebene einheitlich 4 % des Sollertrags zuzüglich des Gemeindezuschlags[5] der Gemeinde, in dem das Grund- oder Betriebsvermögen belegen ist. Damit liegt die Vermögensteuer je nach Belegenheit des beschränkt steuerpflichtigen Vermögens zwischen 10 % und 14 %. Eine Option zur Vermögensteuer ist langfristig gesehen nicht vorteilhaft, da die Summe der jährlich anfallenden Vermögensteuer nach einem Zeitraum von ca. 16 Jahren die Widmungsbesteuerung überschritten hat.[6] Zudem ist eine Anrechnung der liechtensteinischen Vermögensteuer auf die Körperschaftsteuer

---

1 Vgl. *Hosp, T./Langer, M.*, Steuerstandort, 2011, S. 63.
2 Der amtliche Steuerschätzwert wird von den Gemeinden festgelegt; vgl. dazu *Steuerverwaltung Fürstentum Liechtenstein*, Wegleitung, 2011, S. 11.
3 Vgl. dazu *Steuerverwaltung Fürstentum Liechtenstein*, Wegleitung, 2011, S. 11; *Steuerverwaltung Fürstentum Liechtenstein*, Buchführungspflicht, 2011, S. 4.
4 S. Art. 14 Abs. 2 lit. l i. V. m. Art. 5 SteG.
5 Nach Art. 75 Abs. 3 SteG können die Gemeindezuschläge zwischen 150 % und 250 % liegen.
6 Bei einem Gemeindezuschlag von 150 % beträgt die Widmungsteuer 6,25 % und die Vermögensteuer 0,4 % des Vermögens (0,04 · 0,04 · 2,5). Bei einem Gemeindezuschlag von 250 % beträgt die Widmungsteuer 8,75 % und die Vermögensteuer 0,56 % des Vermögens (0,04 · 0,4 · 3,5). Damit kommt es nach 15,625 Jahren zu einem Ausgleich der Widmungsbesteuerung durch die Vermögensteuer.

der deutschen Stiftung mangels Steuersubjektidentität ausgeschlossen.[1] Auf Ebene der Destinatäre ist eine Anrechnung der liechtensteinischen Vermögensteuer auch nicht möglich, da die Stiftungszuwendungen an die Destinatäre als deutsche Einkünfte gelten und somit keine auf ausländische Einkünfte entfallende deutsche Einkommensteuer anfällt, auf die die liechtensteinische Vermögensteuer angerechnet werden könnte.[2]

(d) Schenkungsteuer in der Schweiz

Die Schenkungsteuer wird in der Schweiz nur auf kantonaler Ebene und zum Teil auch von den Gemeinden erhoben, wobei die Regelungen zur Schenkungsteuer nicht harmonisiert sind.[3] Die Kantone Schwyz und Luzern erheben keine Schenkungsteuer.[4]

Wird im Rahmen der Stiftungserrichtung schweizerisches Vermögen auf eine deutsche Stiftung unentgeltlich übertragen, können sich in der Schweiz nach den kantonalen Steuergesetzen schenkungsteuerliche Folgen im Rahmen der beschränkten Schenkungsteuerpflicht ergeben,[5] da die Errichtung einer Stiftung in allen Kantonen, die eine Schenkungsteuer erheben, einen schenkungsteuerpflichtigen Vorgang darstellt.[6] Für die Errichtung einer Familienstiftung sind in den Kantonen Graubünden und Solothurn folgende Besonderheiten zu beachten: Im Kanton Graubünden ist die Vermögenszuwendung an eine Stiftung mit unwiderruflicher Begünstigung des Stifters, seines überlebenden Ehegatten und seiner Nachkommen der direkten Zuwendung an diese Begünstigten gleichgestellt.[7] Da die Vermögensübertragung auf den überlebenden Ehegatten und die

---

1 Vgl. zur Anrechnung ausländischer Steuern auf die Körperschaftsteuer näher *Schaumburg, H.*, Internationales Steuerrecht, 2011, Rz. 15.194-15.210.

2 Vgl. zur Anrechnung ausländischer Steuern auf die Einkommensteuer näher *Grotherr, S.* et. al., Internationales Steuerrecht, 2010, S. 112-127; *Schaumburg, H.*, Internationales Steuerrecht, 2011, Rz. 15.56-15.121.

3 Vgl. *Mäusli-Allenspach, P./Oertli, M.*, Steuerrecht, 2010, S. 505 f.; *Bur Bürgin F.* et al., Erbschaft-/Schenkungsteuern, 2009, S. 49.

4 Vgl. *Mäusli-Allenspach, P./Oertli, M.*, Steuerrecht, 2010, S. 505.

5 Vgl. zur beschränkten Erbschaft- und Schenkungsteuerpflicht in der Schweiz näher *Richner, F.*, Erbschaftsteuerrecht, 2000, S. 141-144.

6 S. § 142 Abs. 1 StG-AG; Art. 95 Abs. 2 StG-AI; Art. 136 Abs. 1 und 2 StG-AR; § 2 Abs. 1 ESchG-BL; § 122 Abs. 1 und 2 StG-BS; Art. 8 Abs. 1 ESchG-BE; Art. 5 Abs. 2 ESchG-FR; Art. 11 Abs. 1 LDE-GE; Art. 117 Abs. 1 und 2 StG-GL; Art. 106a Abs. 1 StG-GR; Art. 3 Abs. 1 LISD-JU; Art. 8 Abs. 2 LSucc-NE; Art. 154 Abs. 1 und 2 StG-NW; Art. 130 Abs. 2 und 3 StG-OW; Art. 6 Abs. 1 und 2 lit. a ESchG-SH; § 233 Abs. 1 StG-SO; Art. 143 Abs. 1 und 2 StG-SG; § 4 Abs. 1 und 2 ESchG-TG; Art. 142 Abs. 2 lit. b LT-TI; Art. 152 Abs. 1 und 2 StG-UR; Art. 12 Abs. 2 lit. a LMSD-VD; Art. 111 Abs. 1 StG-VS; § 4 Abs. 1 und 2 ESchG-ZH; § 174 Abs. 1 und 2 StG-ZG. Für den Kanton Wallis ist es umstritten, inwiefern die Stiftungserrichtung einen schenkungsteuerpflichtigen Vorgang darstellt; vgl. zur ablehnenden Haltung *Opel, A.*, Steuerliche Behandlung, 2009, S. 106; *Landolf, U.*, Unternehmensstiftung, 1987, S 106 f; a. A. *ESTV*, Erbschafts- und Schenkungssteuern, 2009, Tz. 424-424.2.

7 S. Art. 107 Abs. 3 i. V. m. Abs. 2 StG-GR.

Nachkommen nach Art. 107 Abs. 2 StG-GR von der Schenkungsteuer befreit ist, ist die Errichtung einer deutschen Familienstiftung, bei der nur der Stifter selbst, der überlebende Ehegatte und die Nachkommen begünstigt sind, aufgrund der Gleichstellung ebenfalls schenkungsteuerfrei. Im Kanton Solothurn ist die Errichtung einer Familienstiftung von der Schenkungsteuer befreit, falls der Kreis der Destinatäre ausschließlich Nachkommen, Adoptivkinder und deren Nachkommen umfasst.[1] Der überlebende Ehegatte ist in § 236 Abs. 1 lit. c StG-SO nicht genannt, so dass die Stiftung von der Steuerfreiheit nicht profitieren kann, falls auch der überlebende Ehegatte bezugsberechtigt ist.

Die unentgeltliche Übertragung von in der Schweiz belegenem Grundvermögen unterlieget in allen, eine Schenkungsteuer erhebenden Kantonen der beschränkten Schenkungsteuerpflicht.[2] Bei der unentgeltlichen Übertragung von beweglichem Vermögen ergeben sich in Abhängigkeit von den kantonalen Steuergesetzen unterschiedliche Steuerfolgen, wobei sich vier Gruppen unterscheiden lassen:

- Gruppe 1:
  Bewegliches Vermögen ist im internationalen Verhältnis nur dann in dem jeweiligen Kanton schenkungsteuerpflichtig, wenn dem Kanton, in dem das bewegliche Vermögen belegen ist, durch Staatsvertrag (DBA) das Besteuerungsrecht als Betriebstätten- oder Belegenheitsstaat zugewiesen wird.[3] Diese Regelung findet sich in den Kantonen Basel-Stadt, Bern, Freiburg, Genf, Graubünden, Uri, Zürich und Zug.[4] Das ErbSt-DBA D/CH gilt nur für Erbschaften, nicht aber für Schenkungen,[5] so dass die Schenkung von beweglichem Betriebstättenvermögen, das in einem dieser Kantone belegen ist, mangels abkommensrechtlicher Zuweisung nicht schenkungsteuerpflichtig wäre. Deutschland und die Schweiz haben aber vereinbart, dass die für Erbschaften geltenden abkommensrechtlichen Regelungen auf Schenkungen von

---

1 S. § 236 Abs. 1 lit. c StG-SO.

2 S. § 144 Abs. 2 StG-AG; Art. 96 Abs. 1 lit. c StG-AI; Art. 140 Abs. 1 lit. c StG-AR; § 3 Abs. 1 ESchG-BL; § 118 Abs. 1 lit. c StG-BS; Art. 2 lit. c ESchG-BE; Art. 3 Abs. 1 lit. c ESchG-FR; Art. 12 Abs. 1 LDE-GE; Art. 121 Abs. 1 Nr. 3 StG-GL; Art. 107 Abs. 1 lit. e StG-GR; Art. 1 Abs. 1 lit. c LISD-JU; Art. 3 Abs. 1 lit. c LSucc-NE; Art. 158 Nr. 3 StG-NW; Art. 131 Abs. 1 StG-OW; Art. 4 Abs. 1 ESchG-SH; § 235 Abs. 2 lit. b StG-SO; Art. 147 Abs. 1 lit. c StG-SG; § 2 Abs. 1 lit. c ESchG-TG; Art. 148 lit. b LT-TI; Art. 155 Abs. 1 lit. c StG-UR; Art. 12 Abs. 1 lit. a LMSD-VD; Art. 113 Abs. 2 StG-VS; § 2 Abs. 1 lit. c ESchG-ZH; § 172 Abs. 1 lit. c StG-ZG; vgl. *Richner, F.*, Erbschaftsteuerrecht, 2000, S. 142.

3 Vgl. *Richner, F.*, Erbschaftsteuerrecht, 2000; S. 143.

4 S. § 118 Abs. 2 StG-BS; Art. 3 Abs. 1 ESchG-BE; Art. 3 Abs. 3 ESchG-FR; Art. 12 Abs. 3 LDE-GE; Art. 107 Abs. 1 lit. f StG-GR; Art. 155 Abs. 2 StG-UR; § 2 Abs. 2 ESchG-ZH; § 172 Abs. 2 StG-ZG.

5 S. Art. 1 i. V. m. Art. 2 ErbSt-DBA-D/CH.

Geschäftsbetrieben entsprechend anwendbar sind.[1] Für bewegliches, in einem dieser Kantone belegenes, Betriebstättenvermögen einer Kommanditgesellschaft wird das Besteuerungsrecht damit nach Art. 6 Abs. 1 i. V. m. Abs. 9 ErbSt-DBA D/CH der Schweiz als Betriebstättenstaat zugewiesen: Damit ist die Übertragung von Anteilen an einer in- oder ausländischen Kommanditgesellschaft mit einer schweizerischen Betriebstätte auf eine deutsche Stiftung in den genannten Kantonen aufgrund der Verständigungsvereinbarung beschränkt schenkungsteuerpflichtig.

- Gruppe 2:
  Eine beschränkte Schenkungsteuerpflicht ist auch ohne abkommensrechtliche Zuweisung gegeben, sofern bewegliches Vermögen in dem jeweiligen Kanton belegen ist.[2] Diese Variante der beschränkten Schenkungsteuerpflicht wird in den Kantonen Solothurn und Thurgau angewendet.[3]

- Gruppe 3:
  Die beschränkte Schenkungsteuerpflicht knüpft an die beschränkte Vermögensteuerpflicht an.[4] Diese Form der beschränkten Schenkungsteuerpflicht findet sich in den Kantonen Appenzell-Innerrhoden, Appenzell-Ausserrhoden, Glarus, Obwalden und St. Gallen.[5] Die beschränkte Vermögensteuerpflicht umfasst das bewegliche Vermögen von schweizerischen Betriebstätten und Geschäftsbetrieben.[6]

- Gruppe 4:
  Bei der unentgeltlichen Übertragung von beweglichem Vermögen wird auf eine beschränkte Schenkungsteuerpflicht verzichtet. In den Kantonen Basel-Landschaft, Jura, Neuenburg, Nidwalden, Schaffhausen, Waadt und Wallis ist die Schenkung von beweglichem Vermögen nur schenkungsteuerpflichtig, falls der Schenker seinen Wohnsitz oder gewöhnlichen Aufenthalt in dem jeweiligen Kanton hat.[7] Damit ist die unentgeltliche Übertragung von Anteilen an einer in- oder ausländischen Kom-

---

1 Vgl. *dBMF*, Schreiben v. 7. 4. 1988, DB 1988, S. 938; *Weigell, J.*, Vor Art. 1, 2012, Rz. 4; *Bisle, M.*, Erbschaftsteuerreform, 2009, S. 2043.

2 Vgl. *Richner, F.*, Erbschaftsteuerrecht, 2000, S. 143.

3 S. § 235 Abs. 3 StG-SO; § 2 Abs. 2 ESchG-TG.

4 Vgl. *Richner, F.*, Erbschaftsteuerrecht, 2000, S. 143.

5 S. Art. 96 Abs. 2 StG-AI; Art. 140 Abs. 2 StG-AR; Art. 121 Abs. 2 StG-GL; Art. 131 Abs. 1 StG-OW; Art. 147 Abs. 2 StG-SG.

6 Vgl. *Richner, F.*, Erbschaftsteuerrecht, 2000, S. 143.

7 S. § 3 Abs. 2 EschG-BL; Art. 1 Abs. 1 LISD-JU; Art. 3 Abs. 1LSucc-NE; Art. 158 StG-NW; Art. 4 ESchG-SH; Art. 12 Abs. 1 lit. b LMSD-VD; Art. 113 Abs. 1 StG-VS.

manditgesellschaft, die in diesen Kantonen über eine Betriebstätte verfügt, nicht schenkungsteuerpflichtig.

Eine von den Fallvarianten abweichende Bestimmung zur beschränkten Schenkungsteuerpflicht findet sich in den Steuergesetzen der Kantone Aargau und Tessin. Nach Art. 144 StG-AG bzw. Art. 148 lit. d LT-TI kommt es in den Kantonen zu einer beschränkten Schenkungsteuerpflicht, falls in dem Kanton belegenes Betriebstättenvermögen unentgeltlich übertragen wird. Diese Regelungen der Kantone Aargau und Tessin könnten sowohl in die zweite Gruppe (beschränkte Schenkungsteuerpflicht aufgrund der Belegenheit des Vermögens) als auch in die dritte Gruppe (Schenkungsteuerpflicht aufgrund beschränkter Vermögensteuerpflicht) eingeordnet werden. Im Ergebnis ergeben sich für den Fall der Errichtung einer deutschen Stiftung in den Kantonen der Gruppen 1 bis 3 sowie in den Kantonen Aargau und Tessin die gleichen schenkungsteuerlichen Folgen: Zu einer Schenkungsteuer kommt es immer dann, wenn Anteile an einer in- oder ausländischen Kommanditgesellschaft, die in diesen Kantonen eine Betriebstätte hat, auf eine deutsche Stiftung unentgeltlich übertragen werden.

Soweit eine beschränkte Schenkungsteuerpflicht in der Schweiz gegeben ist, ist das übertragene schweizerische Grund- und Betriebstättenvermögen grundsätzlich mit dem Verkehrswert zu bewerten.[1] Für die Bewertung von Grundvermögen sind in den kantonalen Steuergesetzen jedoch überwiegend spezielle Bewertungsvorschriften vorgesehen, die regelmäßig zu einem unter dem Verkehrswert liegenden Wert führen.[2] Bewegliches Betriebsvermögen einer schweizerischen Betriebstätte ist in den meisten Kantonen abweichend vom Verkehrswert mit den ertragsteuerlichen Buchwerten zu bewerten.[3]

---

[1] S. § 145 Abs. 1 i. V. m. § 47 StG-AG; Art. 98 Abs. 1 S. 1 StG-AI; Art. 143Abs. 1 StG-AR; § 15 ESchG-BL; § 127 Abs. 1 StG-BS; Art. 11 ESchG-BE; Art. 11 ESchG-FR; Art. 14 Abs. 1 LDE-GE; Art. 124 Abs. 1 StG-GL; Art. 110 Abs. 1 StG-GR; Art. 13 Abs. 1 LISD-JU; Art. 13 Abs. 1 LSucc-NE; Art. 161 S. 1 StG-NW; Art. 135 Abs. 1 S. 2 i. V. m. Art. 44 Abs. 1 StG-OW; Art. 9 Abs. 1 ESchG-SH; § 238 Abs. 2 i. V. m. § 220 Abs. 1 StG-SO; Art. 150 Abs. 1 StG-SG; § 10 Abs. 2 ESchG-TG i. V. m. § 43 Abs. 1 StG-TG; Art. 157 LT-TI; Art. 159 S. 1 StG-UR; Art. 114 Abs. 1 StG-VS; § 13 Abs. 1 ESchG-ZH; § 178 Abs. 2 i. V. m. § 38 Abs. 1 StG-ZG. Art. 21 LMSD-VD.

[2] Vgl. *Safarik, F. J.*, Schenkungen, 2012, S. 86.

[3] S. § 145 Abs. 1 i. V. m. Art. StG-AG; Art. 98 Abs. 1 S. 2 i. V. m. Art. 42 Abs. 2 StG-AI; Art. 143Abs. 2 i. V. m. Art. 44 StG-AR; Art. 14 Abs. 1 ESchG-BE; Art. 13 und 15 ESchG-FR i. V. m. Art. 58 Abs. 2 StG-FR; Art. 124 Abs. 2 i. V. m. Art. 38 Abs. 2 StG-GL; Art. 135 Abs. 1 S. 2 i. V. m. Art. 48 Abs. 1 StG-OW; Art. 150 Abs. 2 i. V. m. Art. 55 StG-SG; § 10 Abs. 2 ESchG-TG i. V. m. § 47 Abs. 2 StG-TG; Art. 159 S. 1 i. V. m. Art. 49 StG-UR; § 178 Abs. 2 i. V. m. § 40 StG-ZG; vgl. auch *Kubaile, H./Suter, R./Jakob, W.*, Investitionsstandort Schweiz, 2009, S. 259.

Bei der Ermittlung der Schenkungsteuer sind in einigen Kantonen Freibeträge abzugsfähig, die zwischen 2.000 CHF und 20.000 CHF liegen und in einigen Kantonen anteilig zu kürzen sind, sofern der Erwerb auch außerkantonales Vermögen umfasst.[1] Die in einigen Kantonen vorgesehenen Vergünstigungen bei der Unternehmensnachfolge sind bei der Errichtung einer deutschen Stiftung nicht anwendbar.[2]

Der auf das übertragene steuerpflichtige schweizerische Grund- und Betriebstättenvermögen anzuwendende Steuersatz richtet sich – mit Ausnahme des Kantons Graubünden[3] – nach dem Verwandtschaftsverhältnis des Erwerbers zum Schenker und bei einer progressiven Ausgestaltung des Tarifs zusätzlich nach der Höhe des steuerpflichtigen Erwerbs.[4] Zuwendungen an Stiftungen fallen in Ermangelung eines Verwandtschaftsverhältnisses grundsätzlich in die Steuerklasse mit den höchsten Steuersätzen.[5] Die kumulierten kantonalen und kommunalen Schenkungsteuersätze liegen zwischen 8,5 % und 54,6 % (Tabelle 3).

Abweichend von den Höchststeuersätzen wird in den Kantonen Aargau, Genf, Nidwalden und Zug bei der Errichtung einer Familienstiftung für die Ermittlung des Steuersatzes auf das Verwandtschaftsverhältnis des Stifters zu den Destinatären abgestellt, so dass in diesen Kantonen aufgrund der persönlichen Steuerbefreiungen[6] des überlebenden Ehegatten und der Nachkommen bei der Errichtung einer Familienstiftung keine

---

[1] Vgl. dazu die Übersicht der aktuellen Schenkungsteuerfreibeträge in den einzelnen Kantonen: *Credit Suisse*, Übersicht, 2012, S. 2.

[2] Voraussetzung für die steuerliche Begünstigung der Unternehmensnachfolge ist, dass das schweizerische Betriebsvermögen bei dem Empfänger zumindest vorwiegend der selbstständigen Erwerbstätigkeit dient. Bei schweizerischen Kapitalgesellschaften müssen für die Begünstigungen der Unternehmensnachfolge je nach Kanton unterschiedliche Mindestbeteiligungsquoten erfüllt sein und der Empfänger muss leitender Angestellter der Kapitalgesellschaft sein.

[3] Im Kanton Graubünden beträgt der Steuersatz für die Schenkungsteuer einheitlich 10 % auf Ebene des Kantons (Art. 114 Abs. 3 StG-GR). Zusätzlich können die Gemeinden bei der Übertragung von in der Gemeinde belegenen Grundstücken eine Schenkungsteuer erheben, wobei der Steuersatz auf maximal auf 25 % begrenzt ist (Art. 22 Abs. 4 und Abs. 5 lit. c GKStG-GR).

[4] Vgl. auch *Opel, A.*, Steuerliche Behandlung, 2009, S. 108; *Safarik, F. J.*, Schenkungen, 2012, S. 87 f.

[5] S. § 147 Abs. 2 lit. c i. V. m. Art. 149 Abs. 1 StG-AG; Art. 101 Abs. 1 lit. f StG-AI; Art. 147 Abs. 1 lit. c StG-AR; § 12 Abs. 1 lit. d ESchG-BL; § 130 Abs. 1 lit. g i. V. m. Art. 131 StG-BS; Art. 18 i. V. m. Art. 19 Abs. 1 lit. d ESchG-BE; Art. 25 Abs. 1 lit. c i. V. m. Art. 26 ESchG-FR; Art. 23 5[e] LDE-GE; Art. 127 Abs. 1 und 2 StG-GL; Art. 22LISD-JU; Art. 23LSucc-NE; Art. 164 Abs. 1 Nr. 4 StG-NW; Art. 137 lit. b StG-OW; Art. 12 Abs. 1 und 2 ESchG-SH; § 239 Abs. 1 i. V. m. § 230 und § 232 Abs. 1 StG-SO; Art. 154 Abs. 1 lit. c StG-SG; § 16 Abs. 1 lit. e i. V. m. § 17 ESchG-TG; Art. 164 LT-TI; Art. 161 Abs. 2 lit. c StG-UR; Anhang II Tabelle f zu Art. 34 LMSD-VD; Art. 116 Abs. 1 StG-VS; § 22 Abs. 1 und 2 i. V. m. § 23 Abs. 1 lit. f ESchG-ZH; § 180 Abs. 1 und 2 StG-ZG; vgl. auch *Peter, N.*, Stiftung, 2003, S. 167; *Opel, A.*, Steuerliche Behandlung, 2009, S. 108.

[6] S. Art. 142 Abs. 3 StG-AG; Art. 29 Abs. 3 LDE-GE; Art. 157 Nr. 1 StG-NW; § 175 Abs. 1 StG-ZG.

Schenkungsteuer anfällt, sofern als Begünstigte nur der Stifter, der überlebende Ehegatte und die Nachkommen in der Satzung genannt sind.[1]

Kanton	Steuersatz	Kanton	Steuersatz
AG	12 %-32 %	NW	15 %
AI	20 %	OW	20 %
AR	32 %	SH	10 %-40 %
BL	30 %	SO	12 %-30 %
BS	22,5 %-49,5 %	SG	30 %
BE	16 %-40 %	TI	17,85 %-41 %
FR	22 %-37,4 %[2]	TG	8,5 %-28 %
GE	50,4 %-54,6 %[3]	UR	24 %
GL	15 %-25 %	VD	15,24 %-50 %[4]
GR	10 %-35 %[5]	VS	25 %
JU	35 %	ZH	12 %-36 %
NE	45 %	ZG	10 %-20 %

Tabelle 3: Schenkungsteuersätze in den einzelnen Kantonen

(2) Stiftung mit Sitz in Österreich oder Liechtenstein

(a) Schenkungsteuer in Deutschland

Die Errichtung einer österreichischen oder liechtensteinischen Stiftung durch einen in Deutschland ansässigen Unternehmer, der über in- und ausländische Vermögenswerte verfügt, unterliegt nach § 1 Abs. 1 Nr. 2 i. V. m. § 7 Abs. 1 Nr. 8 ErbStG der unbeschränkten Schenkungsteuerpflicht in Deutschland, da der Stifter Inländer i. S. d. § 2 Abs. 1 Nr. 1 ErbStG ist.[6] Somit gelten die Ausführungen zur Bewertung und zu den sachlichen Steuerbefreiungen bei der Vermögensübertragung auf eine deutsche Stiftung entsprechend,[7] wohingegen sich bei der Steuerberechnung Unterschiede ergeben: Die

---

1 S. Art. 147 Abs. 3 StG-AG; Art. 164 Abs. 3 StG-NW i. V. m. § 72 StVO-NW; Art. 180 Abs. 3 StG-ZG; vgl. auch StRG-AG, Urt. v. 24. 1. 2007, Stiftung F.M., 3-RV.2006.14, AGVE 2007, S. 269, 271; vgl. auch *Hamm, M./Peters, S.*, Auslaufmodell, 2008, S. 252.

2 Auf Ebene des Kantons ist der Steuersatz linear bei 22 %. Die Gemeinden können eine Zusatzabgabe bis zu 70 % der Kantonsteuer erheben, so dass der maximale Steuersatz 37,4 % beträgt. S. Art. 25 Abs. 1 lit. c i. V. m. Art. 26 ESchG-FR.

3 Auf Kantonsebene beträgt der Steuersatz 24 % bzw. 26 %. S. Art. 23 5[e] LDE-GE. Zusätzlich wird ein Zuschlag von 110 % erhoben. S. Art. 289 LCP-GE i. V. m. Art. 5 LBu-2012.

4 Der Tarif bewegt sich auf Kantonsebene zwischen 15,24 % und 25 %. S. Anhang II Tabelle f zu Art. 34 LMSD-VD. Auf Gemeindeebene sind Zuschläge bis zu 100 % möglich. S. Art. 25 Abs. 1 LI-Com-VD.

5 Auf Ebene des Kantons liegt ein linearer Steuersatz von 10 % vor. Die Gemeinden können zusätzlich eine Schenkungsteuer erheben, wobei der Steuersatz auf maximal 25 % begrenzt ist. S. Art. 114 Abs. 3 StG-GR und Art. 22 Abs. 4 und 5 lit. c GKStG-GR.

6 Vgl. *Piltz, J. D.*, Privatstiftung, 2000, S. 379; *Busch, M./Heuer, C.-H.*, Familienstiftung, 2003, S. 4; *Söffing, M.*, Trusts, 2008, S. 312.

7 Vgl. dazu oben, S. 30-38.

Vermögensübertragung auf eine österreichische und liechtensteinische Stiftung fällt im Gegensatz zur Errichtung einer deutschen Stiftung stets in die Steuerklasse III, da das Steuerklassenprivileg für Familienstiftungen nach dem Wortlaut des § 15 Abs. 2 S. 1 ErbStG auf im Ausland errichtete Stiftungen nicht anwendbar ist.[1] Damit sind bei der Errichtung einer österreichischen und liechtensteinischen Stiftung nach § 19 Abs. 1 ErbStG Steuersätze von 30 % oder von 50 % bei einem höheren Erwerb anzuwenden.

Die schenkungsteuerliche Ungleichbehandlung bei der Errichtung von deutschen und österreichischen bzw. liechtensteinischen Stiftungen könnte dazu geeignet sein, gegen die europarechtlich garantierte Kapitalverkehrsfreiheit i. S. d. Art. 63 AEUV bzw. des Art. 40 EWRA zu verstoßen.[2] Bei der Errichtung einer ausländischen Stiftung durch einen deutschen Stifter sind sowohl eine Vergleichbarkeit zwischen der Errichtung einer deutschen und einer ausländischen Stiftung als auch ein grenzüberschreitender Kapitalverkehrsvorgang gegeben.[3] Für die schenkungsteuerliche Ungleichbehandlung der Errichtung von deutschen und österreichischen bzw. liechtensteinischen Stiftungen überzeugen weder zwingende Gründe des Allgemeininteresses noch andere Rechtfertigungsgründe, wie die Kohärenz des Steuersystems, der Vorteilsausgleich, das Territorialitätsprinzip, die Verteilung der Besteuerungsrechte und die Wahrung der Aufteilung der Besteuerungsbefugnisse.[4] Bei liechtensteinischen Stiftungen kann auch eine Rechtfertigung durch die mangelnde steuerliche Aufsicht seit dem Inkrafttreten des Abkommens zum Informationsaustausch[5] zwischen Deutschland und Liechtenstein nicht mehr greifen.[6]

Werden ausländisches Grundvermögen, Anteile an in- oder ausländischen Kommanditgesellschaften mit Betriebstätten im Ausland und Beteiligungen an ausländischen Kapi-

---

1 Vgl. *Richter, A.*, Deutschland, 2007, Rz. 201; *Jülicher, M.*, § 15 ErbStG, 2012, Rz. 110.

2 Vgl. *Thömmes, O./Stockmann, F.*, Familienstiftung, 1999, S. 266-268; *Kellersmann, D./Schnitger, A.*, Bedenken, 2005, S. 255-258; *Thömmes, O.*, Erbschaftsteuer, 2010, S. 112.

3 Vgl. *Thömmes, O./Stockmann, F.*, Familienstiftung, 1999, S. 266; *Kellersmann, D./Schnitger, A.*, Bedenken, 2005, S. 255 f.

4 Vgl. dazu ausführlich *Kellersmann, D./Schnitger, A.*, Besteuerung, 2007, Rz. 99-107; *Thömmes, O.*, Erbschaftsteuer, 2010, S. 113-115.

5 TIEA D/FL v. 2. 9. 2009, dBGBl. II 2010, S. 951.

6 Auch vor der Gültigkeit des TIEA D/FL wurde die mangelnde steuerliche Aufsicht als Rechtfertigungsgrund mit der Begründung der Unverhältnismäßigkeit abgelehnt. Auch wenn bis zum Inkrafttreten des TIEA D/FL keine der Amtshilferichtlinie vergleichbare zwischenstaatliche Vereinbarung zwischen Deutschland und Liechtenstein bestand, hätten die erforderlichen Auskünfte und Nachweise auch von der Stiftung oder den Destinatären erbracht werden können; vgl. auch *Kellersmann, D./Schnitger, A.*, Besteuerung, 2007, Rz. 109.

talgesellschaften auf eine österreichische oder liechtensteinische Stiftung unentgeltlich übertragen, kann die Vermögensübertragung im Belegenheitsstaat zusätzlich eine entsprechende Besteuerung auslösen, wobei die ausländische Steuer in Deutschland regelmäßig angerechnet werden kann.[1]

(b) Stiftungseingangsteuer in Österreich

In Österreich ist für die Besteuerung mit Stiftungseingangsteuer danach zu unterscheiden, wo die Stiftung errichtet wird. Die Errichtung einer liechtensteinischen Stiftung löst ebenso wie die Errichtung einer deutschen Stiftung nach § 1 Abs. 2 StiftEG keine Stiftungseingangsteuer aus, da der Stifter im Zeitpunkt der Zuwendung in Österreich weder über einen Wohnsitz noch über einen gewöhnlichen Aufenthalt verfügt und die liechtensteinische Stiftung in Österreich weder Sitz noch Ort der Geschäftsleitung hat.[2]

Die Errichtung einer österreichischen Stiftung löst nach § 1 Abs. 2 StiftEG aufgrund des österreichischen Sitzes der Stiftung eine Besteuerung mit Stiftungseingangsteuer aus. Die Steuerpflicht erstreckt sich nach § 1 Abs. 1 StiftEG auf das gesamte auf die österreichische Stiftung übertragene in- und ausländische Vermögen, wobei seit dem 1. 1. 2012 in- und ausländisches Grundvermögen nach § 1 Abs. 6 Z 5 StiftEG von der Stiftungseingangsteuer befreit ist.[3]

Für die Bewertung des übertragenen Vermögens sind nach § 1 Abs. 5 S. 3 StiftEG die Vorschriften des ersten Teils des öBewG anzuwenden, wobei für die Wertermittlung nach § 1 Abs. 5 S. 2 StiftEG der Zeitpunkt der Zuwendung maßgeblich ist.[4] Damit ist das übertragene Vermögen nach § 1 Abs. 5 S. 3 StiftEG i. V. m. § 10 öBewG im Zeitpunkt der Zuwendung grundsätzlich mit dem gemeinen Wert zu bewerten. Für Anteile an in- und ausländischen Kapitalgesellschaften, die über einen Kurswert in Österreich verfügen, ist nach § 1 Abs. 5 S. 3 StiftEG i. V. m. § 13 Abs. 1 öBewG der Kurswert maßgeblich.[5] Bei Beteiligungen an in- und ausländischen Kapitalgesellschaften, die in Österreich keinen Kurswert haben, ist nach § 1 Abs. 5 S. 3 StiftEG i. V. m. § 13 Abs. 2

---

[1] Vgl. dazu oben, S. 40 f.
[2] Vgl. auch *Schuchter, Y.*, Stiftungseingangssteuer, 2010, S. 24.
[3] Vgl. *Marschner, E.*, Budgetbegleitgesetz, 2011, S. 156. Die Steuerbefreiung für Grundstücke ist Folge der vom VfGH festgestellten Verfassungswidrigkeit der begünstigten Bewertung von Grundstücken; VfGH, Erkenntnis v. 2. 3. 2011, G 150/10, VfGH-Sammlung 19335.
[4] Vgl. auch *Arnold, N./Ludwig, C.*, Stiftungsbesteuerung, 2008, S. 271; *Ludwig, C./Jorde, T.*, Überlegungen, 2009, S. 20.
[5] Vgl. auch *Schuchter, Y.*, Stiftungseingangssteuer, 2010, S. 27.

öBewG der gemeine Wert i. S. d. § 10 öBewG vorrangig aus Verkäufen abzuleiten.[1] Lässt sich der gemeine Wert einer Beteiligung an einer in- oder ausländischen Kapitalgesellschaft nicht aus Verkäufen ableiten, ist dieser nach § 1 Abs. 5 S. 3 StiftEG i. V. m. § 13 Abs. 2 S. 2 öBewG unter Berücksichtigung des Gesamtvermögens und der Ertragsaussichten der Kapitalgesellschaft zu schätzen. Als Schätzverfahren für Beteiligungen an Kapitalgesellschaften ist in Österreich das Wiener Verfahren 1996 anerkannt, bei dem sich der gemeine Wert als Mittelwert vom Vermögens- und Ertragswert darstellt.[2] Bei Anteilen an in- und ausländischen Kommanditgesellschaften sind nach § 12 öBewG grundsätzlich die anteiligen Teilwerte der einzelnen Wirtschaftsgüter der Kommanditgesellschaft anzusetzen, wobei bei im Betriebsvermögen der Kommanditgesellschaft gehaltenen Beteiligungen an in- und ausländischen Kapitalgesellschaften die Regelungen zur Bewertung von Beteiligungen an Kapitalgesellschaften entsprechend gelten.[3]

Nach § 2 Abs. 1 S. 1 i. V. m. S. 2 lit. b StiftEG beträgt der auf das einer österreichischen Stiftung zugewendete Vermögen anzuwendende Steuersatz 2,5 %, sofern sämtliche Dokumente, die die innere Organisation der Stiftung, die Vermögensverwaltung oder die Vermögensverwendung betreffen, bis zur Fälligkeit der Stiftungseingangsteuer dem zuständigen Finanzamt offengelegt werden.[4] Erfolgt die Offenlegung der Dokumente nicht bis zur Fälligkeit der Stiftungseingangsteuer, erhöht sich der Steuersatz nach § 2 Abs. 1 S. 2 StiftEG auf 25 %.[5]

(c) Widmungsteuer in Liechtenstein

Die Errichtung einer österreichischen und liechtensteinischen Stiftung führt wie die Errichtung einer deutschen Stiftung nach Art. 13 SteG zu einer Widmungsbesteuerung.[6] Im Gegensatz zur österreichischen Stiftungseingangsteuer unterliegt der Widmungsbe-

---

[1] Vgl. näher *Arnold, N./Stangl, C./Tanzer, M.*, Privatstiftungs-Steuerrecht, 2010, Rz. II/129g i. V. m. Rz. II/77 f. Im Gegensatz zur Rechtslage in Deutschland ist in Österreich ein einzelner Verkauf für die Ableitung des gemeinen Werts nicht ausreichend; VwGH, Erkenntnis v. 6. 3. 1978, Zl. 1172/77, VwSlg. 1978 5237/F; VwGH, Erkenntnis v. 25. 3. 2004, 2001/16/0038, http://www.ris.bka.gv.at/Dokument.wxe?Abfrage=Vwgh&Dokumentnummer=JWT_2001160038_20040325X00 (2012-07-17); vgl. auch *Arnold, N./Stangl, C./Tanzer, M.*, Privatstiftungs-Steuerrecht, 2010, Rz. II/78.

[2] Vgl. näher *Arnold, N./Stangl, C./Tanzer, M.*, Privatstiftungs-Steuerrecht, 2010, Rz. II/129g i. V. m. Rz. II/79 f.

[3] Vgl. *Payer, A.*, Gestaltungsmöglichkeiten, 2004, S. W 108; *Arnold, N./Stangl, C./Tanzer, M.*, Privatstiftungs-Steuerrecht, 2010, Rz. II/129g i. V. m. Rz. II/81.

[4] Vgl. dazu näher *Arnold, N./Stangl, C./Tanzer, M.*, Privatstiftungs-Steuerrecht, 2010, Rz. II/129 f.; *Burgstaller, E./Huemer, E.*, Stiftungseingangssteuergesetz, 2011, S. 42-45.

[5] Vgl. dazu kritisch *Gahleitner, G./Fugger, R.*, Schenkungsmeldegesetz, 2008, S. 408.

[6] Vgl. dazu oben, S. 41-43.

steuerung nur in Liechtenstein beschränkt vermögensteuerpflichtiges Vermögen, für das die beschränkte Vermögensteuerpflicht durch die Stiftungserrichtung endet. Beschränkt vermögensteuerpflichtig sind nach Art. 6 Abs. 2 i. V. m. Abs. 4 SteG in Liechtenstein belegenes Grundvermögen und liechtensteinische Betriebstätten.

(d) Schenkungsteuer in der Schweiz

In der Schweiz ergeben sich bei der Errichtung einer österreichischen wie einer liechtensteinischen Stiftung die gleichen schenkungsteuerlichen Folgen wie bei der Errichtung einer deutschen Stiftung.[1]

bb) Grunderwerbsteuer/Handänderungsteuer

Die Errichtung einer in- oder ausländischen Stiftung löst in Deutschland bei der unentgeltlichen Übertragung von inländischen Grundstücken und Beteiligungen an in- und ausländischen Kapital- und Personengesellschaften, die über inländische Grundstücke verfügen, aufgrund der Steuerbefreiung nach § 3 Nr. 2 dGrEStG keine grunderwerbsteuerlichen Belastungen aus.[2]

Die unentgeltliche Übertragung von österreichischen Grundstücken auf eine in- oder ausländische Stiftung stellt nach § 1 Abs. 1 Z 1 öGrEStG einen grunderwerbsteuerpflichtigen Vorgang dar.[3] Daneben löst auch die unentgeltliche Übertragung von 100%igen Beteiligungen an in- und ausländischen Kapital- und Personengesellschaften,[4] in deren Betriebsvermögen sich ein österreichisches Grundstück befindet, nach § 1 Abs. 3 Z 3 öGrEStG in Österreich Grunderwerbsteuer aus.[5] Als Bemessungsgrundlage für die Grunderwerbsteuer dient nach § 4 Abs. 2 Nr. 1 i. V. m. § 6 Abs. 1 lit. b öGrEStG regelmäßig der dreifache Einheitswerts i. S. d. §§ 19-25 öBewG, sofern nicht ein niedrigerer gemeiner Wert nachgewiesen wird.[6] Der Steuersatz beträgt nach § 7 Abs. 1 Z 3 öGrEStG einheitlich 3,5 % und erhöht sich bei der Übertragung auf eine in- und auslän-

---

1 Vgl. dazu oben, S. 43-48.
2 Vgl. *Reiß, W.*, Verkehrsteuern, 2010, Rz. 31. Die Steuerbefreiung nach § 3 Nr. 2 GrEStG greift auch bei einem Gesellschafterwechsel i. S. d. § 1 Abs. 2a GrEStG; BFH, Urt. v. 12. 10. 2006, II R 79/05, BStBl. II 2007, S. 409; vgl. auch *Franz, W.*, § 3 GrEStG, 2010, Rz. 11, 167.
3 Vgl. *Arnold, N./Stangl, C./Tanzer, M.*, Privatstiftungs-Steuerrecht, 2010, Rz. II/137a; *Doralt, W.*, Steuerrecht, 2012, Rz. 462.
4 Eine 100%ige Beteiligung an einer Personengesellschaft liegt z. B. bei einer GmbH & Co. KG vor, falls die GmbH nur eine Haftungsvergütung erhält, nicht aber an der KG vermögensmäßig beteiligt ist.
5 Vgl. *Urnik, S./Rohn, E.*, Grunderwerbsteuergesetz, 2010, S. 121 f.; *Doralt, W.*, Steuerrecht, 2012, Rz. 462.
6 Vgl. *Urnik, S./Rohn, E.*, Grunderwerbsteuergesetz, 2010, S. 127; *Arnold, N./Stangl, C./Tanzer, M.*, Privatstiftungs-Steuerrecht, 2010, Rz. II/136 und II/138.

dische Stiftung nach § 7 Abs. 2 öGrEStG um das sog. Stiftungseingangsteueräquivalent in Höhe von 2,5 %, so dass bei der Übertragung von österreichischen Grundstücken eine Grunderwerbsteuerbelastung von 6 % anfällt.[1] Das Stiftungseingangsteueräquivalent fällt bei der Übertragung einer 100%igen Beteiligung an einer Grundstücksgesellschaft nicht an, so dass es hier bei einer Grunderwerbsteuerbelastung von 3,5 % bleit.[2]

In der Schweiz kann es bei der unentgeltlichen Übertragung von schweizerischen Grundstücken in den Kantonen und/oder Gemeinden, die eine Handänderungsteuer erheben,[3] zu einer Belastung mit der nicht harmonisierten Handänderungsteuer kommen.[4] Von der Handänderungsteuer wird allgemein jeder Eigentumsübergang von in den eine Handänderungsteuer erhebenden Kantonen bzw. Gemeinden belegenen Grundstücken erfasst.[5] Auch bei Rechtsgeschäften, die tatsächlich und wirtschaftlich wie eine Handänderung wirken, fällt eine Handänderungsteuer an.[6] Darunter ist auch die in einigen kantonalen Steuergesetzen explizit genannte Änderung des Personenbestands von Gesamthandsgemeinschaften zu verstehen.[7] Als Bemessungsgrundlage für die Handänderungsteuer dient in Ermangelung eines Kaufpreises der Verkehrswert oder der amtliche Steuer- bzw. Katasterwert des Grundstücks.[8] Der Steuersatz ist grundsätzlich proportional ausgestaltet und liegt zwischen 1 % und 3 %.[9] In einigen Kantonen ist der Tatbestand der Schenkung von der Handänderungsteuer befreit.[10]

---

1 Vgl. *Marschner, E.*, Budgetbegleitgesetz, 2011, S. 155.

2 Vgl. *Marschner, E.*, Budgetbegleitgesetz, 2011, S. 156; *Mooshammer, H.,/Tumpel, M.*, Budgetbegleitgesetz, 2011, S. T172.

3 Auf die Erhebung einer Handänderungsteuer verzichten die Kantone Aargau, Glarus, Schaffhausen, Schwyz, Zürich, Zug und Uri; vgl. dazu *Schweizerische Steuerkonferenz*, Steuersystem, 2011, S. 69.

4 Vgl. zur Handänderungsteuer *Höhn, E./Waldburger, R.*, Steuerrecht Bd. I, 2001, § 22 Rz. 1-20; *Mäusli-Allenspach, P./Oertli, M.*, Steuerrecht, 2010, S. 512 f.

5 Vgl. *Schweizerische Steuerkonferenz*, Steuersystem, 2011, S. 69.

6 Vgl. auch *Kubaile, H./Suter, R./Jakob, W.*, Investitionsstandort Schweiz, 2009, S. 58 f.

7 In Art. 36 Abs. 2 lit. a StG-NW wird die Änderung des Personenbestands von Gesamthandsverhältnissen als Beispiel für ein Rechtsgeschäft, das wirtschaftlich wie eine Veräußerung wirkt, genannt. Weiterhin wird die Änderung des Personenbestands von Gesamthandsverhältnissen in folgenden kantonalen Normen explizit genannt: Art. 5 Abs. 2 lit. a HÄStG-BE; Art. 4 lit. a HÄStG-FR; Art. 5 Abs. 1 lit. a HÄStG-JU; § 2 Nr. 2 HÄStG-LU; Art. 136 Abs. 2 lit. a StG-NW; § 206 Abs. 2 StG-SO.

8 Vgl. *Kubaile, H./Suter, R./Jakob, W.*, Investitionsstandort Schweiz, 2009, S. 64.

9 Vgl. auch *Schweizerische Steuerkonferenz*, Steuersystem, 2011, S. 69. Nur im Kanton Wallis, in dem die Handänderungsteuer als Wertstempelabgabe erhoben wird, ist der Tarif progressiv ausgestaltet und liegt zwischen 0,4 % und 1,2 %; vgl. dazu auch *Oesterhelt, S.*, Umsetzung, 2010, S. 542.

10 Eine explizite Befreiung von Schenkungen findet sich in den Steuergesetzen der Kantone Basel-Landschaft, Bern, Genf, Graubünden, Obwalden, Thurgau und Waadt; s. § 82 Abs. 1 lit. c StG-BL; Art. 12 lit. e HÄStG-BE; Art. 33 i. V. m. Art. 34 LDE-GE; Art. 9 lit. a GKStG-GR; Art. 159 Abs. 1 lit. b StG-OW; § 138 i. V. m. § 129 Nr. 1 StG-TG; Art. 3 LMSD-VD. Im Kantonen Freiburg knüpft die Steuerpflicht nur an entgeltliche Grundstücksübertragungen an; s. Art. 1 lit. a HÄStG-FR.

Eine Grunderwerbsteuer bzw. Handänderungsteuer wird in Liechtenstein nicht erhoben.

bc) Tabellarische Zusammenfassung und formale Darstellung

Die schenkungsteuerlichen und grunderwerbsteuerlichen Wirkungen der Errichtung einer inländischen, österreichischen oder liechtensteinischen Stiftung lassen sich wie folgt zusammenfassen:

Vermögensart	Staat	D-Stiftung	AT-Stiftung	FL-Stiftung
D-KapG	D	Beteiligung > 25 %: steuerfrei 85 % /100 % Beteiligung ≤ 25 %: steuerpflichtig	Beteiligung > 25 %: steuerfrei 85 % /100 % Beteiligung ≤ 25 %: steuerpflichtig	Beteiligung > 25 %: steuerfrei 85 % /100 % Beteiligung ≤ 25 %: steuerpflichtig
	AT	steuerfrei	StiftESt: 2,5 %	steuerfrei
AT-KapG	D	Beteiligung > 25 %: steuerfrei 85 % /100 % Beteiligung ≤ 25 %: steuerpflichtig	Beteiligung > 25 %: steuerfrei 85 % /100 % Beteiligung ≤ 25 %: steuerpflichtig	Beteiligung > 25 %: steuerfrei 85 % /100 % Beteiligung ≤ 25 %: steuerpflichtig
	AT	steuerfrei	StiftESt: 2,5 %	steuerfrei
FL-KapG	D	Beteiligung > 25 %: steuerfrei 85 % /100 % Beteiligung ≤ 25 %: steuerpflichtig	Beteiligung > 25 %: steuerfrei 85 % /100 % Beteiligung ≤ 25 %: steuerpflichtig	Beteiligung > 25 %: steuerfrei 85 % /100 % Beteiligung ≤ 25 %: steuerpflichtig
	AT	steuerfrei	StiftESt: 2,5 %	steuerfrei
	FL	steuerfrei	steuerfrei	steuerfrei
CH-KapG	D	steuerpflichtig	steuerpflichtig	steuerpflichtig
	AT	steuerfrei	StiftESt: 2,5 %	steuerfrei
	CH	steuerfrei	steuerfrei	steuerfrei
D-GrdSt	D	steuerpflichtig: 90 % / 100 %	steuerpflichtig: 90 % / 100 %	steuerpflichtig: 90 % / 100 %
AT-GrdSt	D	steuerpflichtig: 90 % / 100 %	steuerpflichtig: 90 % / 100 %	steuerpflichtig: 90 % / 100 %
	AT	GrESt: 6 %	GrESt: 6 %	GrESt: 6 %
FL-GrdSt	D	steuerpflichtig: 90 % / 100 %	steuerpflichtig: 90 % / 100 %	steuerpflichtig: 90 % / 100 %
	FL	Widmungsteuer	Widmungsteuer	Widmungsteuer
CH-GrdSt	D	steuerpflichtig	steuerpflichtig	steuerpflichtig
	CH	steuerpflichtig	steuerpflichtig	steuerpflichtig
KG mit D-BS	D	steuerfrei 85 % /100 %	steuerfrei 85 % /100 %	steuerfrei 85 % /100 %
	AT	steuerfrei	StiftESt: 2,5 %	steuerfrei
KG mit AT-BS	D	steuerfrei 85 % /100 %	steuerfrei 85 % /100 %	steuerfrei 85 % /100 %
	AT	steuerfrei	StiftESt: 2,5 %	steuerfrei
KG mit FL-BS	D	steuerfrei 85 % /100	steuerfrei 85 % /100 %	steuerfrei 85 % /100 %
	AT	steuerfrei	StiftESt: 2,5 %	steuerfrei
	FL	Widmungsteuer	Widmungsteuer	Widmungsteuer
KG mit CH-BS	D	steuerpflichtig	steuerpflichtig	steuerpflichtig
	CH	steuerpflichtig	steuerpflichtig	steuerpflichtig

Tabelle 4: Verkehrsteuerliche Rechtsfolgen bei Errichtung einer Stiftung

Wie Tabelle 4 verdeutlicht, unterliegen die verschiedenen Vermögensarten bei der Errichtung einer inländischen und einer liechtensteinischen Stiftung grundsätzlich in gleichem Umfang der Schenkungsteuerpflicht. Bei der Errichtung einer österreichischen Stiftung fällt bei Beteiligungen an Kapitalgesellschaften und bei Kommanditanteilen die Stiftungseingangsteuer und bei österreichischen Grundstücken die Grunderwerbsteuer an. Trotz des überwiegend gleichen Umfangs der Steuerpflicht ergeben sich bei der Errichtung einer ausländischen Stiftung im Vergleich zur Errichtung einer deutschen Stiftung aufgrund der Versagung des Steuerklassenprivilegs höhere Steuerbelastungen.

Die Schenkungsteuerbelastung bei der Übertragung auf eine deutsche, österreichische und liechtensteinische Stiftung ergibt sich aus dem Produkt des Werts des steuerpflichtigen Vermögens ($V_{0\,stpfl}$) und des anzuwendenden Steuersatzes (s_{ErbSt}):

$$(13)\quad S_{VÜ\,(ErbSt)} = V_{0\,stpfl}\, s_{ErbSt}$$

In Abhängigkeit von der Art und der Belegenheit des Vermögens ergeben sich für das schenkungsteuerpflichtige Vermögen $V_{0\,stpfl}$ unterschiedliche Werte, die in Tabelle 5 zusammengefasst sind:

Beteiligung an EU-/EWR-KapG > 25 % Beteiligung an EU-/EWR-KG	Verschonungsabschlag: 100 %	$V_{0\,stpfl} = 0$
	Verschonungsabschlag: 85 %	$V_{0\,stpfl} = 0{,}15\,V_0$
Beteiligung an EU-/EWR-KapG < 25 % Beteiligung an CH-KapG Beteiligung an CH-KG Verwaltungsvermögen > 50 %/10 % bei - Beteiligung an EU-/EWR-KapG > 25 % - Beteiligung an EU-/EWR-KG	kein Verschonungsabschlag	$V_{0\,stpfl} = V_0$
Grundstück		$V_{0\,stpfl} = V_0$
vermietetes Wohn-Grundstück EU-/EWR	Abschlag: 10 %	$V_{0\,stpfl} = 0{,}9\,V_0$

Tabelle 5: Schenkungsteuerpflichtiges Vermögen

Bei ausländischem Vermögen stellt sich der anzuwendende Steuersatz aufgrund der Anrechnung von ausländischen Steuern wie folgt dar:

$$(14)\quad s_{ErbSt} = \begin{cases} s_{ErbSt(D)} & falls \quad s_{ErbSt(D)} \geq s_{StiftESt/GrESt(AT)} \\ s_{ErbSt(D)} & falls \quad s_{ErbSt(D)} \geq s_{WidSt(FL)} \\ s_{ErbSt(D)} & falls \quad s_{ErbSt(D)} \geq s_{ErbSt(CH)} + s_{HÄSt} \\ s_{ErbSt(CH)} & falls \quad s_{ErbSt(CH)} \geq s_{ErbSt(D)} \end{cases}$$

Damit kommt es bei ausländischem Vermögen zu einer Hochschleusung auf das jeweils höchste Steuerniveau. Bei österreichischem und liechtensteinischem Vermögen verbleibt es insgesamt bei dem höheren deutschen Steuerniveau und bei schweizerischem Vermögen hängt das Steuerniveau wegen der unterschiedlichen kantonalen Steuersätze von der Belegenheit des Vermögens ab.

2. Vermögensübertragung auf eine Holdinggesellschaft

Die Errichtung einer in- oder ausländischen Holdinggesellschaft im Wege der Sachgründung durch die Sacheinlage von Anteilen an in- und ausländischen Personen- und Kapitalgesellschaften sowie von in- und ausländischem Grundvermögen kann je nach der Art des eingebrachten Vermögens ertragsteuerliche Belastungen beim errichtenden Gesellschafter auslösen. Daneben können bei der Gründung einer Holdinggesellschaft auch grunderwerbsteuerliche Tatbestände verwirklicht werden.

Die Errichtung einer Holding löst grundsätzlich keine schenkungsteuerlichen Folgen aus. Erst wenn der Gesellschafter die Beteiligung an der Holding auf die nachfolgende Generation unentgeltlich überträgt, wird ein schenkungsteuerlicher Tatbestand verwirklicht. Im Folgenden werden bei der Errichtung einer Holdinggesellschaft nur die ertrag- und grunderwerbsteuerlichen Folgen dargestellt. Hinsichtlich der schenkungsteuerlichen Folgen wird auf die Ausführungen zur direkten Vermögensnachfolge verwiesen.[1]

a) Ertragsbesteuerung

aa) Holdinggesellschaft mit Sitz in Deutschland

Die Gründung einer inländischen Holdinggesellschaft im Wege der Sachgründung stellt einen tauschähnlichen Veräußerungs- und Anschaffungsvorgang dar, der auf Ebene des errichtenden Gesellschafters grundsätzlich zu einer Realisierung der in dem eingebrachten Vermögen ruhenden stillen Reserven in Höhe der Differenz zwischen dem gemeinen Wert und dem Buchwert bzw. den Anschaffungskosten der eingebrachten Wirtschaftsgüter führt.[2] Auf Ebene der Holding ist das eingebrachte Vermögen grundsätz-

---

[1] Vgl. unten, S. 87 f.

[2] BFH, Urt. v. 5. 6. 2002, I R 6/01, DStRE 7 (2003), S. 37; BFH, Urt. v.19. 9. 2002, X R 51/98, BStBl. II 2003, S. 396; vgl. auch *Jacobs, O. H.*, Unternehmensbesteuerung, 2009, S. 429 f.; *Kußmaul, H.*, Betriebswirtschaftliche Steuerlehre, 2010, S. 433; *Wenz, M./Daisenberger, G.*, Schlussanhang, 2010, Rz. 129.

lich mit dem gemeinen Wert zu bewerten.[1] Abweichend davon kann die Sachgründung je nach steuerlicher Qualifikation der eingebrachten Wirtschaftsgüter auch erfolgsneutral sein, so dass die ertragsteuerlichen Wirkungen im Folgenden für die unterschiedlichen Vermögensarten getrennt dargestellt werden.

(1) Grundstücke des Privatvermögens

Wird Privatvermögen im Wege der Sachgründung in eine inländische Kapitalgesellschaft eingebracht, ergeben sich beim einbringenden Gesellschafter grundsätzlich keine ertragsteuerlichen Folgen, da Wertsteigerungen im Privatvermögen grundsätzlich nicht steuerbar sind.[2] Abweichend davon kann die Einbringung von im Privatvermögen gehaltenen inländischen Grundstücken nach § 22 Nr. 2 i. V. m. § 23 Abs. 1 S. 1 Nr. 1 i. V. m. Abs. 3 dEStG zu einer Realisierung und Einkommensbesteuerung der stillen Reserven führen, falls das Grundstück innerhalb der Spekulationsfrist von zehn Jahren in die inländische Kapitalgesellschaft eingebracht wird.[3]

Die Einbringung eines österreichischen Grundstücks in eine deutsche Kapitalgesellschaft löst in Deutschland, unabhängig von der Spekulationsfrist i. S. d. § 22 Nr. 2 i. V. m. § 23 Abs. 1 S. 1 Nr. 1 dEStG, keine Einkommensbesteuerung aus, da das Besteuerungsrecht für Veräußerungsgewinne aus Grundstücken nach Art. 13 Abs. 1 i. V. m. Art. 23 Abs. 1 DBA D/AT Österreich unter Anwendung der Freistellungsmethode unter Progressionsvorbehalt in Deutschland zugewiesen wird.[4] Da Gewinne aus der Veräußerung von in einem anderen EU-Mitgliedstaat belegenem unbeweglichen Vermögen nicht nach § 32b Abs. 1 S. 2 und 3 i. V. m. § 2a Abs. 2a dEStG vom Progressionsvorbehalt ausgenommen sind, sind die stillen Reserven allerdings im Rahmen des Progressionsvorbehalts zu berücksichtigen, sofern ein österreichisches Grundstück innerhalb der zehnjährigen Spekulationsfrist auf die deutsche Kapitalgesellschaft über-

---

[1] Vgl. *Schulte, W.*, § 8 KStG, 2010, Rz. 339; *Ehmcke, T.*, § 5 EStG, 2012, Rz. 136; *Rengers, J.*, § 8 KStG, 2012, Rz. 170; a. A. *Schmidt, L./Hageböke, J.*, Sacheinlagen, 2003, S. 1815 f.; *Jacobs, O. H.*, Unternehmensbesteuerung, 2009, S. 429, die auf Ebene der aufnehmenden Kapitalgesellschaft nicht einen Anschaffungsvorgang, sondern einen Einlagevorgang sehen und deshalb bei der Sacheinlage analog zu § 6 Abs. 1 Nr. 5 dEStG von einer Bewertung zum Teilwert ausgehen.

[2] Vgl. *Jacobs, O. H.*, Unternehmensbesteuerung, 2009, S. 430.

[3] Vgl. *Jacobs, O. H.*, Unternehmensbesteuerung, 2009, S. 430.

[4] Vgl. *Lang, M./Stefaner, M. C.*, Art. 13 Österreich, 2012, Rz. 1; *Schuch, J./Haslinger, K.*, Art. 23 Österreich, 2012, Rz. 22. Abkommensrechtlich wird der Begriff Veräußerung weit ausgelegt und umfasst u. a. auch den Tausch und die Einbringung in eine Gesellschaft gegen Gewährung von Gesellschaftsrechten; vgl. dazu näher *Staringer, C.*, Veräußerungsgewinne, 2003, S. 522; OECD-MK, Art. 13, 2010, Tz. 5; *Wassermeyer, F.*, Art. 13 MA, 2012, Rz. 26-30.

tragen wird.[1] In Österreich führt die Sacheinlage eines österreichischen Grundstücks in eine deutsche Kapitalgesellschaft nach § 98 Abs. 1 Z 7 i. V. m. § 29 Z 2 und § 30 Abs. 1 und 3 öEStG im Rahmen der beschränkten Einkommensteuerpflicht des errichtenden Gesellschafters seit der Abschaffung der zehnjährigen Spekulationsfrist ab dem 1. 4. 2012 stets zu einer Einkommensbesteuerung der stillen Reserven in Höhe der Differenz zwischen dem gemeinen Wert und den Anschaffungskosten.[2] Ab dem 11. Jahr nach dem Zeitpunkt der Anschaffung reduzieren sich die Einkünfte nach § 30 Abs. 3 öEStG jährlich um 2 %, insgesamt höchstens jedoch um 50 %.[3] Auf die Einkünfte ist nach § 98 Abs. 4 i. V. § 30a öEStG ein besonderer Steuersatz von 25 % anzuwenden, der Abgeltungswirkung hat.[4]

Da das Besteuerungsrecht für Gewinne aus der Veräußerung von in der Schweiz belegenen Grundstücken des Privatvermögens nach Art. 13 Abs. 1 i. V. m. Art. 24 Abs. 1 Nr. 2 DBA D/CH sowohl Deutschland unter Anwendung der Anrechnungsmethode als auch der Schweiz zusteht,[5] kann es in Deutschland nach § 22 Nr. 2 i. V. m. § 23 Abs. 1 S. 1 Nr. 1 i. V. m. Abs. 3 dEStG zu einer Realisierung und Einkommensbesteuerung der in dem schweizerischen Grundstück ruhenden stillen Reserven kommen, falls ein in der Schweiz belegenes Grundstück des Privatvermögens innerhalb der zehnjährigen Spekulationsfrist in eine inländische Kapitalgesellschaft eingebracht wird. In der Schweiz sind Kapitalgewinne aus der Veräußerung von Privatvermögen auf Bundesebene gemäß Art. 16 Abs. 3 DBG steuerfrei.[6] Dagegen unterliegen nach Art. 12 Abs. 1 und 2 lit. a StHG die in einem schweizerischen Grundstück des Privatvermögens ruhenden stillen Reserven bei der Einbringung in eine Kapitalgesellschaft auf kantonaler und kommunaler Ebene der speziellen Grundstückgewinnsteuer.[7] Der jeweils anwendbare Steuersatz

---

1 Die dem Progressionsvorbehalt unterliegenden Einkünfte sind nach deutschem Recht zu ermitteln; vgl. dazu auch *Wagner, K. J.*, § 32b EStG, 2012, Rz. 65; *Heinicke, W.*, § 32b EStG, 2012, Rz. 2.

2 Vgl. *Urnik, S./Rohn, E.*, Sonstige Einkünfte, 2010, S. 189-194; *Doralt*, W., Einkommensteuer, 2012, Rz. 314. Zur Änderung der Besteuerung von Grundstücksveräußerungen in Österreich ab dem 1. 4. 2012 vgl. *Hammerl, C./Mayr, G.*, Grundstücksbesteuerung, 2012, S. XV-XXVIII.

3 Vgl. dazu *Hammerl, C./Mayr, G.*, Grundstücksbesteuerung, 2012, S. XIX.

4 Der Steuerpflichtige kann nach § 30a Abs. 2 öEStG alternativ zur Regelbesteuerung optieren, wobei die Option nur für alle Einkünfte aus Grundstücksveräußerungen einheitlich ausgeübt werden kann; vgl. dazu auch *Hammerl, C./Mayr, G.*, Grundstücksbesteuerung, 2012, S. XXII.

5 Vgl. *Scherer, T. B.*, Art. 13 Schweiz, 2012, Rz. 51 f.

6 Vgl. *Kubaile, H./Suter, R./Jakob, W.*, Investitionsstandort Schweiz, 2009, S. 59; *Safarik, F. J.*, Kapitalvermögen, 2012, S. 62.

7 Vgl. *Höhn, E./Waldburger, R.*, Steuerrecht Bd. I, 2001, § 22 Rz. 21; *ESTV*, Grundstückgewinne, 2008, S. 17.

ist in den meisten Kantonen sowohl von der Höhe der stillen Reserven als auch von der Besitzdauer abhängig.[1]

Bei der Einbringung von im Privatvermögen gehaltenen liechtensteinischen Grundstücken in eine deutsche Kapitalgesellschaft können sich bis zum 31. 12. 2012 sowohl in Deutschland als auch in Liechtenstein Steuerfolgen ergeben. In Deutschland kann es nach § 22 Nr. 2 i. V. m. § 23 Abs. 1 S. 1 Nr. 1 i. V. m. Abs. 3 dEStG innerhalb der zehnjährigen Spekulationsfrist zu einer Realisierung und Einkommensbesteuerung der in dem liechtensteinischen Grundstück ruhenden stillen Reserven kommen. In Liechtenstein löst die Einbringung eines liechtensteinischen Grundstücks in eine deutsche Kapitalgesellschaft nach Art. 35 Abs. 1 SteG eine Besteuerung der stillen Reserven mit Grundstücksgewinnsteuer aus. Der Steuersatz beträgt nach Art. 42 i. V. m. Art. 43 und Art. 19 lit. a SteG für Gewinne über 15.000 CHF zwischen 1 % und 7 % zuzüglich eines Zuschlags von einheitlich 200 %, so dass die gesamte Grundstücksgewinnsteuerbelastung zwischen 3 % und 21 % liegt.[2] Sofern die Einbringung innerhalb der zehnjährigen Spekulationsfrist erfolgt, ist die Grundstücksgewinnsteuer in Deutschland nach § 34c dEStG auf die deutsche Einkommensteuer, die auf den liechtensteinischen Grundstücksgewinn entfällt, anzurechnen. Seit dem 1. 1. 2013 wird das Besteuerungsrecht für Veräußerungsgewinne aus liechtensteinischen Grundstücken nach Art. 13 Abs. 1 i. V. m. Art. 23 Abs. 1 lit. a DBA D/FL Liechtenstein als Belegenheitsstaat zugewiesen und in Deutschland unter Progressionsvorbehalt freigestellt.[3] Damit wirkt sich die Sacheinlage eines liechtensteinischen Grundstücks in Deutschland zukünftig innerhalb der zehnjährigen Spekulationsfrist nur im Rahmen des Progressionsvorbehalts aus.

(2) Beteiligungen an Kapitalgesellschaften

Die Sachgründung einer inländischen Holding durch die Einbringung von Beteiligungen an in- und ausländischen Kapitalgesellschaften[4] gegen Gewährung von Gesellschaftsrechten stellt unabhängig von der Beteiligungshöhe und der Zugehörigkeit zum Privat- oder Betriebsvermögen aus steuerlicher Sicht einen Anteilstausch i. S. d. § 21 UmwStG

---

[1] Vgl. *ESTV*, Grundstückgewinne, 2008, S. 33.

[2] Vgl. auch *Hosp, T./Langer, M.*, Steuerstandort, 2011, S. 83.

[3] Vgl. auch *Hosp, T./Langer, M.*, DBA Liechtenstein, 2011, S. 882.

[4] Bei ausländischen Kapitalgesellschaften kann es sich sowohl um Kapitalgesellschaften mit Sitz in der EU oder im EWR als auch um Kapitalgesellschaften mit Sitz in einem Drittstaat handeln; vgl. auch *Patt, J.*, § 21 UmwStG, 2012, Rz. 24.

dar,[1] wobei die Regelungen des § 21 UmwStG vorrangig vor den einkommensteuerlichen Gewinnrealisierungsvorschriften (§ 6 Abs. 6, § 17 und § 20 Abs. 2 dEStG) anzuwenden sind.[2] Die übernehmende inländische Kapitalgesellschaft hat nach § 21 Abs. 1 UmwStG die eingebrachten Beteiligungen grundsätzlich mit dem gemeinen Wert zu bewerten,[3] wobei der gemeine Wert aufgrund der Wertverknüpfung in § 21 Abs. 2 S. 1 UmwStG gleichzeitig als Veräußerungspreis für die eingebrachten Beteiligungen und als Anschaffungskosten der Beteiligung an der Holding dient,[4] so dass es zu einer Realisierung der in den Beteiligungen ruhenden stillen Reserven kommt. Je nach der Art der Zuordnung der eingebrachten Beteiligung ergeben sich bei dem Gründungsgesellschafter unterschiedliche Steuerwirkungen: War die eingebrachte Beteiligung einem inländischen Betriebsvermögen zugeordnet oder handelt es sich um eine im Privatvermögen gehaltene wesentliche Beteiligung i. S. d. § 17 dEStG, ist das Teileinkünfteverfahren nach § 3 Nr. 40 i. V. m. § 3c Abs. 2 dEStG anzuwenden, wonach 60 % der stillen Reserven der Einkommensteuer zum persönlichen Steuersatz des Gesellschafters unterliegen.[5] Bei einem inländischen Betriebsvermögen zugeordneten Beteiligungen fällt zusätzlich Gewerbesteuer an, wobei das Teileinkünfteverfahren auch auf die Gewerbesteuer durchschlägt.[6] Bei im Privatvermögen gehaltenen Beteiligungen mit einer Beteiligungsquote von weniger als 1 % kommt dagegen der gesonderte Tarif der Abgeltungsteuer gemäß § 32d dEStG in Höhe von 25 % zur Anwendung.[7] Abweichend vom gemeinen Wert kann die übernehmende inländische Holding nach § 21 Abs. 1 S. 2 i. V. m. Abs. 2 S. 5 UmwStG bei einem qualifizierten Anteilstausch einen Ansatz zum Buchwert bzw. zu den Anschaffungskosten oder zu einem Zwischenwert wählen, sofern sie nach dem Anteilstausch über eine unmittelbare Stimmrechtsmehrheit an der eingebrachten Kapitalgesellschaft verfügt.[8] Da das Besteuerungsrecht Deutschlands hinsichtlich der

---

1 Vgl. *Trossen, N.*, § 1 UmwStG, 2008, Rz. 236 f.; *Patt, J.*, § 21 UmwStG, 2012, Rz. 28.

2 Zum Verhältnis von § 21 UmwStG zu den § 6 Abs. 6, § 17 und § 20 Abs. 2 dEStG vgl. auch *Patt, J.*, Vor §§ 20-23 UmwStG, 2012, Rz. 55.

3 Vgl. auch *Nitzschke, D.*, § 21 UmwStG, 2012, Rz. 34.

4 Vgl. zur Wertverknüpfung auch *Rabback, D. E.*, § 21 UmwStG, 2008, Rz. 95-97; *Nitzschke, D.*, § 21 UmwStG, 2012, Rz. 43 f.

5 Vgl. *Rabback, D. E.*, § 21 UmwStG, 2008, Rz. 131; *Jacobs, O. H.*, Unternehmensbesteuerung, 2009, S. 479.

6 Vgl. *Rabback, D. E.*, § 21 UmwStG, 2008, Rz. 132. Sofern die Einbringung von einem inländischen Betriebsvermögen zugeordneten Beteiligungen an einer Kapitalgesellschaft mit einer Betriebsaufgabe in sachlichem und zeitlichem Zusammenhang steht, unterliegen die stillen Reserven als Teil des Aufgabegewinns nicht der Gewerbesteuer; vgl. auch *Patt, J.*, § 21 UmwStG, 2012, Rz. 85.

7 Vgl. *Jacobs, O. H.*, Unternehmensbesteuerung, 2009, S. 479.

8 Vgl. näher *Rabback, D. E.*, § 21 UmwStG, 2008, Rz. 61-90; *Patt, J.*, § 21 UmwStG, 2012, Rz. 45-53.

Besteuerung eines späteren Veräußerungsgewinns weder für die eingebrachten Anteile noch für die neuen Anteile ausgeschlossen oder beschränkt ist, gilt aufgrund der Wertverknüpfung in § 21 Abs. 2 UmwStG der Wertansatz bei der übernehmenden Kapitalgesellschaft (Buchwert bzw. Anschaffungskosten oder Zwischenwert) bei dem einbringenden Gesellschafter als Veräußerungspreis für die eingebrachten Anteile und als Anschaffungskosten für die neuen Anteile an der Holding, so dass ein qualifizierter Anteilstausch beim Buchwertansatz auf Ebene des Gesellschafters steuerneutral möglich ist.[1] Die Wertverknüpfung in § 21 Abs. 2 S. 1 UmwStG führt beim Buchwert- oder Zwischenwertansatz dazu, dass die stillen Reserven nach dem Anteilstausch sowohl in den hingegebenen als auch den erhaltenen Anteilen ruhen und somit doppelt steuerverhaftet sind.[2]

Bei Beteiligungen an ausländischen Kapitalgesellschaften kommt es im Sitzstaat der Kapitalgesellschaft im DBA-Fall regelmäßig zu keinen ertragsteuerlichen Folgen, da das Besteuerungsrecht für Gewinne aus der Veräußerung von im Privatvermögen gehaltenen Beteiligungen analog zu Art. 13 Abs. 5 OECD-MA Deutschland als Ansässigkeitsstaat des Gesellschafters mit Freistellung im Ausland zugewiesen wird.[3] Dagegen kann es bei im Privatvermögen gehaltenen Beteiligungen an ausländischen Kapitalgesellschaften, die ihren Sitz in einem Nicht-DBA-Staat oder in einem DBA-Staat haben, der Veräußerungsgewinne abweichend von Art. 13 Abs. 5 OECD-MA nicht von der Besteuerung ausnimmt, im Sitzstaat der Kapitalgesellschaft zu einer Einkommensbesteuerung eines Veräußerungsgewinns kommen,[4] wobei die ausländische Steuer nach § 34c dEStG auf die deutsche Einkommensteuer angerechnet wird.

(3) Einzelne Wirtschaftsgüter des Betriebsvermögens

Bringt der Gesellschafter einzelne, einem inländischen Betriebsvermögen zugeordnete Wirtschaftsgüter (mit Ausnahme von Beteiligungen an in- und ausländischen Kapitalgesellschaften) gegen Gewährung von Gesellschaftsrechten in eine deutsche Kapitalge-

---

[1] Vgl. näher *Rabback, D. E.*, § 21 UmwStG, 2008, Rz. 95-97; *Patt, J.*, § 21 UmwStG, 2012, Rz. 54-57.

[2] Vgl. näher *Rabback, D. E.*, § 21 UmwStG, 2008, Rz. 95; *Patt, J.*, Vor §§ 20-23 UmwStG, 2012, Rz. 40-42.

[3] Zur internationalen Besteuerung von Veräußerungsgewinnen im DBA-Fall vgl. auch *Brähler, G.*, Steuerrecht, 2012, S. 273. Abkommensrechtlich wird der Begriff Veräußerung weit ausgelegt und umfasst u. a. auch Veräußerungen aufgrund von tauschähnlichen Vorgängen; vgl. dazu *Staringer, C.*, Veräußerungsgewinne, 2003, S. 522; *Wassermeyer, F.*, Art. 13 MA, 2012, Rz. 128 i. V. m. Rz. 30.

[4] Zur internationalen Besteuerung von Veräußerungsgewinnen im Nicht-DBA-Fall vgl. *Brähler, G.*, Steuerrecht, 2012, S. 258.

sellschaft ein, sind die Tauschgrundsätze nach § 6 Abs. 6 dEStG anzuwenden, so dass es zu einem Ansatz des gemeinen Werts und damit zu einer Besteuerung der stillen Reserven mit Einkommen- und Gewerbesteuer kommt.[1] Steht die Sachgründung einer inländischen Kapitalgesellschaft in einem sachlichen und zeitlichen Zusammenhang mit einer Betriebsaufgabe, können der Freibetrag i. S. d. § 16 Abs. 4 dEStG und die Tarifermäßigung nach § 34 Abs. 1 und 3 dEStG von dem Gesellschafter in Anspruch genommen werden.[2]

Die Sacheinlage von einzelnen, einem österreichischen Betriebsvermögen zugeordneten Wirtschaftsgütern in eine deutsche Kapitalgesellschaft führt in Deutschland auf Ebene des errichtenden Gesellschafters zu keinen einkommensteuerlichen Folgen, da das Besteuerungsrecht für Gewinne aus der Veräußerung von Betriebsvermögen nach Art. 13 Abs. 1 und 3 i. V. m. Art. 23 Abs. 1 DBA D/AT Österreich als Belegenheitsstaat zugewiesen und in Deutschland unter Progressionsvorbehalt freigestellt wird.[3] In Österreich führt die Einbringung von einzelnen, einer österreichischen Betriebstätte zugeordneten Wirtschaftsgütern nach den Tauschgrundsätzen in § 6 Nr. 14 öEStG grundsätzlich zu einer Aufdeckung der in den Wirtschaftsgütern enthaltenen stillen Reserven zum gemeinen Wert und zu einer Einkommensbesteuerung der stillen Reserven.[4] Bei der Sacheinlage von einem österreichischen Betriebsvermögen zugeordneten qualifizierten Beteiligungen an in- oder ausländischen Kapitalgesellschaften kommen die Regelungen zur Einbringung nach den §§ 12-22 UmgrStG zur Anwendung,[5] falls die eingebrachte Beteiligung mindestens 25 % am Nennkapital umfasst oder falls die übernehmende Kapitalgesellschaft nach dem Anteilstausch unmittelbar über die Stimmrechtsmehrheit an der eingebrachten Kapitalgesellschaft verfügt.[6] Auch wenn Österreich das Besteuerungsrecht für die eingebrachte Beteiligung verliert und nach Art. 13 Abs. 5 DBA D/AT an der Beteiligung an der deutschen Holding kein Besteuerungsrecht hat, kann die Realisierung der stillen Reserven nach § 16 Abs. 2 Z 1 i. V. m. Abs. 1 und § 1 Abs. 2 UmgrStG auf Antrag durch den Buchwertansatz bis zu einer späteren tatsächlichen Rea-

---

[1] Vgl. auch *Herlinghaus, A.*, § 20 UmwStG, 2008, Rz. 24; *Jacobs, O. H.*, Unternehmensbesteuerung, 2009, S. 430; *Kulosa, E.*, § 6 EStG, 2012, Rz. 731 und 735.

[2] Vgl. dazu auch *Stuhrmann, G.*, § 16 EStG, 2012, Rz. 433.

[3] Vgl. dazu auch *Lang, M./Stefaner, M. C.*, Art. 13 Österreich, 2012, Rz. 1.

[4] Vgl. *Steckel, R./Partl, R.*, Einbringung, 2010, S. 181 f.; *Doralt, W.*, Einkommensteuer, 2012, Rz. 314.

[5] Zu den sachlichen Voraussetzungen für die Anwendung der §§12-22 UmgrStG vgl. *Steckel, R./Partl, R.*, Einbringung, 2010, S. 150-160.

[6] S. § 12 Abs. 2 Nr. 3 UmgrStG; vgl. auch *Steckel, R./Partl, R.*, Einbringung, 2010, S. 152 f.

lisierung aufgeschoben werden.[1] Die inländische Holding hat die aus einer österreichischen Betriebstätte stammenden Wirtschaftsgüter nach § 8 Abs. 1 dKStG i. V. m. § 4 Abs. 1 S. 8 2. Hs. und § 6 Abs. 1 Nr. 5a dEStG mit dem gemeinen Wert zu bewerten.[2]

Werden einzelne, einer schweizerischen Betriebstätte zugeordnete Wirtschaftsgüter in eine deutsche Holding eingebracht, kommt es in Deutschland zu keinen einkommensteuerlichen Folgen, da das Besteuerungsrecht für Veräußerungsgewinne nach Art. 13 Abs. 1 und 2 i. V. m. Art. 24 Abs. 1 S. 1 Nr. 1 lit. a und S. 2 DBA D/CH der Schweiz als Belegenheitsstaat zugewiesen und in Deutschland unter Progressionsvorbehalt freigestellt wird.[3] Da nach Art. 18 Abs. 2 DBG und Art. 8 Abs. 1 StHG Kapitalgewinne aus der Veräußerung[4] von Betriebsvermögen in der Schweiz sowohl auf Bundesebene als auch auf kantonaler und kommunaler Ebene einkommensteuerpflichtig sind,[5] führt die Sacheinlage von einzelnen, einer schweizerischen Betriebstätte zugeordneten Wirtschaftsgütern in eine deutsche Kapitalgesellschaft auf allen Ebenen zu einer Aufdeckung und Einkommensbesteuerung der in den eingebrachten Wirtschaftsgütern ruhenden stillen Reserven.[6] Bei betrieblichen Grundstücken fällt in den Kantonen, die nach Art. 12 Abs. 4 StHG das monistische System der Grundstückgewinnsteuer anwenden, anstelle der Einkommensteuer die spezielle Grundstückgewinnsteuer an.[7] Die deutsche

---

1 Vgl. *Hohenwarter, D.*, Internationale Einbringungen, 2006, S. 598; *Hirschler, K./Six, M.*, Internationale Umgründungen, 2010, S. 323 f.; *Mayr, G.*, Umgründungssteuergesetz, 2012, Rz. 1182 f.

2 Vgl. zur Steuerverstrickung näher *Ritzer, C.*, Anhang 6, 2008, Rz. 186-222; *Müller-Gattermann, G.*, SEStEG, 2009, S. 951 f.

3 Vgl. *Scherer, T. B.*, Art. 13 Schweiz, 2012, Rz. 51 f. und Rz. 82 f. Die Freistellung in Deutschland ist an die Voraussetzung geknüpft, dass mit der schweizerischen Betriebstätte Erträge aus aktiven Tätigkeiten i. S. d. Art. 24 Abs. 1 S. Nr. 1 lit. a DBA D/CH erwirtschaftet werden.

4 Einer Veräußerung sind der Tausch und die Sacheinlage in eine Kapitalgesellschaft gleichgestellt; vgl. dazu auch *Höhn, E./Waldburger, R.*, Steuerrecht Bd. I, 2001, § 22 Rz. 21; *Ah, J. von*, Besteuerung, 2011, S. 82; *Reich, M.*, Steuerrecht, 2012, S. 404.

5 Vgl. auch *Kubaile, H./Suter, R./Jakob, W.*, Investitionsstandort Schweiz, 2009, S. 88; *Ah, J. von*, Besteuerung, 2011, S. 81.

6 Die Regelungen zu Umstrukturierungen nach Art. 19 DBG und Art. 8 Abs. 3 und 4 StHG sind bei der Einbringung von einzelnen Wirtschaftsgütern des Betriebsvermögens in eine Kapitalgesellschaft nicht anwendbar; vgl. dazu auch *Reich, M.*, Steuerrecht, 2012, S. 471.

7 Die Grundstücksgewinnsteuer wird entweder nach dem monistischen oder dem dualistischen System erhoben. Beim monistischen System unterliegen Wertzuwachsgewinne aus Betriebsgrundstücken der speziellen Grundstücksgewinnsteuer und sind von der Einkommen- bzw. Gewinnsteuer befreit. In Höhe der vorgenommenen Abschreibungen sind Gewinne aus der Veräußerung von Betriebsgrundstücken einkommen- bzw. gewinnsteuerpflichtig; vgl. *Mäusli-Allenspach, P./Oertli, M.*, Steuerrecht, 2010, S. 266; *Reich, M.*, Steuerrecht, 2012, S. 174 f. Das monistische System wird in den Kantonen Bern, Basel-Landschaft, Basel-Stadt, Jura, Nidwalden, Schwyz, Tessin, Thurgau (nur bei Personenunternehmen), Uri und Zürich angewendet; vgl. *Mäusli-Allenspach, P./Oertli, M.*, Steuerrecht, 2010, S. 266. Beim dualistischen System unterliegen Gewinne aus der Veräußerung von Betriebsgrundstücken nur der Einkommen- bzw. Gewinnsteuer; vgl. *Mäusli-Allenspach, P./Oertli, M.*, Steuerrecht, 2010, S. 265 f.

Holding hat die aus einer schweizerischen Betriebstätte stammenden Wirtschaftsgüter nach § 8 Abs. 1 dKStG i. V. m. § 4 Abs. 1 S. 8 2. Hs. und § 6 Abs. 1 Nr. 5a dEStG mit dem gemeinen Wert zu bewerten.[1]

Bei einzelnen, einem liechtensteinischen Betriebsvermögen zugeordneten Wirtschaftsgütern kommt es in Deutschland durch die Sacheinlage in eine deutsche Kapitalgesellschaft bis zum 31. 12. 2012 wie bei der Sachgründung durch einzelne, einem inländischen Betriebsvermögen zugeordnete Wirtschaftsgüter nach § 6 Abs. 6 dEStG zu einer Aufdeckung der stillen Reserven zum gemeinen Wert und zur Einkommensbesteuerung.[2] Bei einer liechtensteinischen Betriebstätte zugeordneten Beteiligungen an Kapitalgesellschaften sind die Regelungen zum Anteilstausch i. S. d. § 21 UmwStG entsprechend anzuwenden,[3] wobei es in Deutschland zu einem Wechsel von der beschränkten zur unbeschränkten Steuerpflicht kommt. In Liechtenstein führt die Sachgründung einer deutschen Kapitalgesellschaft grundsätzlich zu einer Aufdeckung und Erwerbsbesteuerung der in den Wirtschaftsgütern enthaltenen stillen Reserven,[4] wobei die festgesetzte und gezahlte, keinem Ermäßigungsanspruch unterliegende liechtensteinische Erwerbsteuer nach § 34c dEStG auf die deutsche Einkommensteuer, die auf die stillen Reserven entfällt, anzurechnen ist. Bei betrieblichen liechtensteinischen Grundstücken fällt nach Art. 15 lit. l i. V. m. Art. 35 SteG anstelle der Erwerbsteuer die Grundstücksgewinnsteuer an,[5] die ebenso wie die Erwerbsteuer nach § 34c dEStG auf die deutsche Einkommensteuer anzurechnen ist.[6] Bei der Sacheinlage von Beteiligungen an in- und ausländischen Kapitalgesellschaften greift die Steuerbefreiung für Kapitalgewinne nach Art. 15 lit. o SteG,[7] so dass die Sachgründung durch Einbringung von Beteiligungen auf Ebene des Gesellschafters insgesamt steuerneutral erfolgen kann, falls ein qualifizierter

---

1 Vgl. zur Steuerverstrickung näher *Ritzer, C.*, Anhang 6, 2008, Rz. 186-222; *Müller-Gattermann, G.*, SEStEG, 2009, S. 951 f.

2 Vgl. dazu oben, S. 61 f. Auf ausländische Betriebstätten entfallende Gewinne sind nicht Gegenstand der Gewerbesteuer; s. § 9 Nr. 3 GewStG.

3 Vgl. dazu oben, S. 59-61.

4 In Liechtenstein kommt es zu einer Realisierung von stillen Reserven, falls ein Wirtschaftsgut aus einem liechtensteinischen Betriebsvermögen ausscheidet; vgl. dazu auch *Hosp, T./Langer, M.*, Steuerstandort, 2011, S. 80 f. Zudem normiert Art. 16 Abs. 1 lit. b SteG für Privatentnahmen eine Bewertung zum Verkehrswert.

5 Vgl. zur Grundstücksgewinnsteuer *Hosp, T./Langer, M.*, Steuerstandort, 2011, S. 80 f.

6 Es liegt sowohl eine Identität des Steuersubjekts als auch des Steuerobjekts vor und die Grundstücksgewinnsteuer ist eine das Einkommen aus Gewinnen aus der Veräußerung von Grundstücken erfassende Steuer, so dass die Grundstücksgewinnsteuer in Deutschland auf die Einkommensteuer anrechenbar ist.

7 Vgl. auch *Hosp, T./Langer, M.*, Steuerstandort, 2011, S. 69.

Anteilstausch i. S. d. § 21 UmwStG vorliegt. Seit dem 1. 1. 2013 wird das Besteuerungsrecht für Veräußerungsgewinne aus einzelnen, einem liechtensteinischen Betriebsvermögen zugeordneten Wirtschaftsgütern nach Art. 13 Abs. 1 und 3 i. V. m. Art. 23 Abs. 1 lit. a DBA D/FL Liechtenstein als Betriebstättenstaat zugewiesen und in Deutschland unter Progressionsvorbehalt freigestellt, soweit der Aktivitätsvorbehalt nach Art. 23 Abs. 1 lit. c DBA D/FL erfüllt ist.[1]

(4) Beteiligungen an Kommanditgesellschaften

Die Sacheinlage von Anteilen an einer in- oder ausländischen Kommanditgesellschaft stellt einen Einbringungsvorgang i. S. d. § 20 Abs. 1 UmwStG dar, da ein Mitunternehmeranteil[2] in eine Kapitalgesellschaft eingebracht wird und der Einbringende als Gegenleistung Anteile an der übernehmenden Gesellschaft erhält.[3] Die einer deutschen Kommanditbeteiligung zuzurechnenden Wirtschaftsgüter sind nach § 20 Abs. 2 S. 1 1. Hs. UmwStG auf Ebene der übernehmenden Holding grundsätzlich mit dem anteiligen gemeinen Wert zu bewerten,[4] der aufgrund der Wertverknüpfung in § 20 Abs. 3 S. 1 UmwStG auf Ebene des Gesellschafters gleichzeitig als Veräußerungspreis der übertragenen Kommanditbeteiligung und als Anschaffungskosten für die Beteiligung an der Holding dient.[5] Abweichend davon kann die Holding nach § 20 Abs. 2 S. 2 UmwStG auf Antrag die anteiligen Buchwerte der Wirtschaftsgüter der Kommanditgesellschaft übernehmen oder den Ansatz zu einem Zwischenwert wählen.[6] Bei der Errichtung einer deutschen Holding sind die Voraussetzungen der Körperschaftsteuerpflicht (§ 20 Abs. 2 S. 2 Nr. 1 UmwStG) und der Sicherstellung des deutschen Besteuerungsrechts für spätere Veräußerungsgewinne (§ 20 Abs. 2 S. 2 Nr. 3 UmwStG) erfüllt.[7] Für eine steuerneutrale Einbringung ist nach § 20 Abs. 2 S. 2 Nr. 2 UmwStG zudem erforderlich, dass das Passivvermögen ohne Eigenkapital das Aktivvermögen nicht übersteigt.[8] Damit der Ansatz zum Buchwert oder zu einem Zwischenwert möglich ist, müssen neben der Beteiligung am Gesamthandsvermögen alle wesentlichen Betriebsgrundlagen des Sonder-

---

1 Vgl. auch *Hosp, T./Langer, M.*, DBA Liechtenstein, 2011, S. 882.

2 Zum Begriff des Mitunternehmeranteils vgl. näher *Herlinghaus, A.*, § 20 UmwStG, 2008, Rz. 83-101.

3 Vgl. dazu auch *Trossen, N.*, § 1 UmwStG, 2008, Rz. 230; *Herlinghaus, A.*, § 20 UmwStG, 2008, Rz. 23 f.

4 Vgl. dazu näher *Herlinghaus, A.*, § 20 UmwStG, 2008, Rz. 138-143; *Nitzschke, D.*, § 20 UmwStG, 2012, Rz. 78.

5 Vgl. dazu näher *Herlinghaus, A.*, § 20 UmwStG, 2008, Rz. 186-192.

6 Vgl. auch *Patt, J.*, § 20 UmwStG, 2012, Rz. 190-193; *Nitzschke, D.*, § 20 UmwStG, 2012, Rz. 79.

7 Vgl. zu den Voraussetzungen für einen Buch- oder Zwischenwertansatz näher *Herlinghaus, A.*, § 20 UmwStG, 2008, Rz. 159 f. und Rz. 165-168.

8 Vgl. dazu näher *Herlinghaus, A.*, § 20 UmwStG, 2008, Rz. 162-164.

betriebsvermögens in die Kapitalgesellschaft eingebracht werden.[1] Behält sich der Gesellschafter wesentliche Betriebsgrundlagen des Sonderbetriebsvermögens zurück, ist eine steuerneutrale Einbringung nach § 20 Abs. 2 UmwStG insgesamt nicht möglich, so dass die Sacheinlage als Tauschvorgang nach § 6 Abs. 6 dEStG zu einer Auflösung und Einkommensbesteuerung der anteiligen in den auf den Mitunternehmeranteil entfallenden Wirtschaftsgütern ruhenden stillen Reserven führt.[2] Die Zurückbehaltung wesentlicher Betriebsgrundlagen des Sonderbetriebsvermögens und Überführung dieser ins Privatvermögen bewirkt, dass für den Mitunternehmeranteil im Ganzen eine Betriebsaufgabe i. S. d. § 16 Abs. 3 dEStG angenommen wird,[3] wobei der Gesellschafter den Freibetrag nach § 16 Abs. 4 dEStG und die Tarifermäßigung nach § 34 Abs. 1 bzw. Abs. 3 dEStG beanspruchen kann, sofern er die Voraussetzungen dazu erfüllt.[4] Behält sich der Gesellschafter ausschließlich nicht wesentliche Betriebsgrundlagen zurück, kann die Sacheinlage nach § 20 UmwStG steuerneutral erfolgen,[5] wobei die in den zurückbehaltenen Wirtschaftsgütern des Sonderbetriebsvermögens ruhenden stillen Reserven der Einkommensteuer unterliegen, ohne dass der Freibetrag nach § 16 Abs. 4 dEStG und die Tarifermäßigung nach § 34 Abs. 1 und 3 dEStG anwendbar sind.[6]

Bei der Sacheinlage einer österreichischen Kommanditbeteiligung wird nach dem Transparenzprinzip das Besteuerungsrecht für die anteiligen Veräußerungsgewinne der Wirtschaftsgüter des Betriebs- und Sonderbetriebsvermögens in Anlehnung an Art. 13 Abs. 1 und 2 i. V. m. Art. 23 OECD-MA regelmäßig dem Belegenheitsstaat der Betriebstätte bzw. des Geschäftsgrundstücks zugewiesen und in Deutschland unter Progressionsvorbehalt freigestellt.[7] In Österreich fällt die Sacheinlage einer Beteiligung an einer Kommanditgesellschaft mit einer österreichischen Betriebstätte nach § 12 Abs. 2 Z 2 UmgrStG in den Anwendungsbereich der Einbringung nach den §§ 12-22

---

[1] BFH, Urt. v. 16. 2. 1996, I R 183/94, BStBl. II 1996, S. 343; vgl. auch *Patt, J.*, § 20 UmwStG, 2012, Rz. 124.

[2] Vgl. *Nitzschke, D.*, § 20 UmwStG, 2012, Rz. 51. Die Einbringung eines ganzen Mitunternehmeranteils stellt gewerbesteuerlich eine Betriebsveräußerung dar, so dass der Einbringungsgewinn nicht der Gewerbesteuer unterliegt; vgl. auch *Patt, J.*, § 20 UmwStG, 2012, Rz. 284.

[3] BFH, Urt. v. 16. 2. 1996, I R 183/94, BStBl. II 1996, S. 344; vgl. auch *Wacker, R.*, § 16 EStG, 2012, Rz. 200.

[4] Vgl. zum Freibetrag i. S. d. § 16 Abs. 4 dEStG näher *Wacker, R.*, § 16 EStG, 2012, Rz. 577-588; zur Tarifermäßigung i. S. d. § 34 Abs. 3 dEStG vgl. näher *Wacker, R.*, § 34 EStG, 2012, Rz. 55-66.

[5] Vgl. *Patt, J.*, § 20 UmwStG, 2012, Rz. 124.

[6] Nur wenn die Einbringung des Mitunternehmeranteils zum gemeinen Wert erfolgt, können der Freibetrag i. S. d. § 16 Abs. 4 dEStG und die Tarifermäßigung nach § 34 Abs. 1 und 3 dEStG beansprucht werden; vgl. *Menner, S.*, § 20 UmwStG, 2010, Rz. 473; *Patt, J.*, § 20 UmwStG, 2012, Rz. 275.

[7] Vgl. *Schmidt, C.*, Personengesellschaften, 2002, S. 1239.

UmgrStG.[1] Auch wenn Österreich nach Art. 13 Abs. 5 DBA D/AT an der als Gegenleistung erhaltenen Beteiligung an der deutschen Holding kein Besteuerungsrecht hat, kommt es nach § 16 Abs. 2 Z 1 i. V. m. Abs. 1 UmgrStG durch den zwingenden Buchwertansatz nicht zu einer Realisierung und Besteuerung der anteiligen stillen Reserven.[2] Die deutsche Holding hat den auf die österreichische Betriebstätte entfallenden Anteil der Kommanditbeteiligung in Deutschland nach § 8 Abs. 1 dKStG i. V. m. § 4 Abs. 1 S. 8 2. Hs. und § 6 Abs. 1 Nr. 5a dEStG mit dem gemeinen Wert zu bewerten.[3]

Das Besteuerungsrecht für die anteiligen Veräußerungsgewinne der Wirtschaftsgüter des Betriebs- und Sonderbetriebsvermögens wird bei der Sacheinlage einer Beteiligung an einer schweizerischen Kommanditgesellschaft in Anlehnung an Art. 13 Abs. 1 und 2 i. V. m. Art. 23 OECD-MA regelmäßig dem Belegenheitsstaat der Betriebstätte bzw. des Grundstücks zugewiesen und in Deutschland unter Progressionsvorbehalt freigestellt.[4] In der Schweiz wird die Einbringung einer schweizerischen Kommanditbeteiligung im Wege der Sachgründung einer deutschen Kapitalgesellschaft zivilrechtlich als Austritt des übertragenden und als Eintritt des übernehmenden Gesellschafters angesehen.[5] Da der Tausch in der Schweiz einer Veräußerung entspricht,[6] kommt es beim Gründungsgesellschafter für schweizerische Betriebstätten der Kommanditgesellschaft zu einer Realisierung und Gewinnbesteuerung der anteiligen stillen Reserven im Rahmen der beschränkten Steuerpflicht.[7] Soweit sich im Vermögen der Kommanditgesellschaft Grundstücke befinden, fällt in den Kantonen, die nach Art. 12 Abs. 4 StHG das monistische System der Grundstückgewinnsteuer anwenden, anstelle der Gewinnsteuer

---

1 Zu den sachlichen Voraussetzungen für die Anwendung der §§12-22 UmgrStG vgl. *Steckel, R./Partl, R.*, Einbringung, 2010, S. 150-160.

2 Vgl. *Hirschler, K./Six, M.*, Internationale Umgründungen, 2010, S. 323 f.; *Beiser, R.*, Grenzüberschreitende Einbringungen, 2010, S. 364 f.

3 Vgl. zur Steuerverstrickung näher *Ritzer, C.*, Anhang 6, 2008, Rz. 186-222; *Müller-Gattermann, G.*, SEStEG, 2009, S. 951 f.

4 Vgl. *Schmidt, C.*, Personengesellschaften, 2002, S. 1239.

5 Vgl. *Höhn, E./Waldburger, R.*, Steuerrecht Bd. II, 2002, § 47 Rz. 115.

6 Vgl. *Höhn, E./Waldburger, R.*, Steuerrecht Bd. II, 2002, § 46 Rz. 35-41; *Ah, J. von*, Besteuerung, 2011, S. 82; *Reich, M.*, Steuerrecht, 2012, S. 404.

7 Vgl. zum Gesellschafterwechsel bei einer Personengesellschaft auch *Ah, J. von*, Besteuerung, 2011, S. 185 f. Bei aus schweizerischer Sicht ausländischen Gesellschaftern einer schweizerischen Personengesellschaft erfolgt die Besteuerung nach Art. 11 i. V. m. Art. 49 Abs. 3 DBG und Art. 20 Abs. 2 StHG nach dem Trennungsprinzip, so dass die schweizerische Personengesellschaft für die Gewinnanteile ausländischer Gesellschafter nach den Regeln für juristische Personen selbstständig gewinnsteuerpflichtig ist; vgl. dazu *Burki, N. H.*, Schweiz, 2010, Rz. 31.17-31.24 und Rz. 31.38-31.43; *Reich, M.*, Steuerrecht, 2012, S. 234 f.

die spezielle Grundstückgewinnsteuer an.[1] Die deutsche Holding hat den auf die schweizerische Betriebstätte entfallenden Anteil der Kommanditbeteiligung in Deutschland nach § 8 Abs. 1 dKStG i. V. m. § 4 Abs. 1 S. 8 2. Hs. und § 6 Abs. 1 Nr. 5a dEStG mit dem gemeinen Wert zu bewerten.[2]

Sofern eine deutsche, österreichische bzw. schweizerische Kommanditgesellschaft über ausländische Betriebstätten oder Grundstücke verfügt, kann in den jeweiligen Belegenheitsstaaten sowohl im DBA-Fall in Anlehnung an Art. 13 Abs. 1 und 2 i. V. m. Art. 23 OECD-MA als auch im Nicht-DBA-Fall eine anteilige Besteuerung der dort steuerverhafteten stillen Reserven nach den jeweiligen nationalen Vorschriften erfolgen.[3] Falls sich auch nach den Vorschriften des deutschen Steuerrechts ein Veräußerungsgewinn ergibt, wird dieser in Deutschland im DBA-Fall regelmäßig unter Progressionsvorbehalt freigestellt[4] und im Nicht-DBA-Fall ist der Gesellschafter mit dem anteiligen Veräußerungsgewinn einkommensteuerpflichtig, wobei eine ausländische Steuer auf die deutsche Einkommensteuer nach § 34c dEStG anzurechnen ist.

Die Sacheinlage einer liechtensteinischen Kommanditbeteiligung in eine deutsche Kapitalgesellschaft kann bis zum 31. 12. 2012 sowohl in Deutschland aufgrund des Fehlens eines DBA mit Liechtenstein als auch in Liechtenstein und in anderen Staaten, in denen die Kommanditgesellschaft über Betriebstätten verfügt, Steuerfolgen auslösen. Da der Gründungsgesellschafter und die Holding in Deutschland unbeschränkt einkommen- bzw. körperschaftsteuerpflichtig sind, ergeben sich hinsichtlich der liechtensteinischen Betriebstätte der Kommanditgesellschaft in Deutschland die gleichen Steuerfolgen wie bei der Sacheinlage einer deutschen Kommanditbeteiligung.[5] Das Besteuerungsrecht Deutschlands besteht hinsichtlich einer späteren Veräußerung des anteiligen liechtensteinischen Betriebsvermögens nach der Einbringung uneingeschränkt fort, so dass die Sachgründung nach § 20 Abs. 2 und 3 UmwStG steuerneutral zum Buchwertansatz

---

[1] Vgl. *Höhn, E./Waldburger, R.*, Steuerrecht Bd. II, 2002, § 47 Rz. 116 i. V. m. Rz. 106; *Ah, J. von*, Besteuerung, 2011, S. 185. Der Grundstücksgewinnsteuer unterliegen im monistischen System allerdings nur die Wertzuwachsgewinne. Die bisher vorgenommenen Abschreibungen unterliegen weiterhin als Buchgewinn der Einkommensteuer; vgl. dazu näher *Reich, M.*, Steuerrecht, 2012, S. 408 f.

[2] Vgl. zur Steuerverstrickung näher *Ritzer, C.*, Anhang 6, 2008, Rz. 186-222; *Müller-Gattermann, G.*, SEStEG, 2009, S. 951 f.

[3] Vgl. zur internationalen Besteuerung der Veräußerung von Beteiligungen an ausländischen Personengesellschaften im DBA- und Nicht-DBA-Fall *Fischer, L./Kleineidam, H.-J./Warneke, P.*, Steuerlehre, 2005, S. 386-393.

[4] Vgl. dazu auch die Übersicht von *Vogel, K.*, Art. 23, 2008, Rz. 16.

[5] Vgl. dazu oben, S. 65 f.

möglich ist.[1] In Liechtenstein führt die Sachgründung einer deutschen Kapitalgesellschaft durch die Einbringung einer liechtensteinischen Kommanditbeteiligung zur Erwerbsbesteuerung der anteiligen in der liechtensteinischen Betriebstätte ruhenden stillen Reserven.[2] Soweit sich im Vermögen der liechtensteinischen Kommanditgesellschaft liechtensteinische Grundstücke befinden, fällt nach Art. 15 lit. l i. V. m. Art. 35 SteG anstelle der Erwerbsteuer die Grundstücksgewinnsteuer an. Die liechtensteinische Erwerb- und Grundstücksgewinnsteuer ist in Deutschland nach § 34c dEStG auf die deutsche Einkommensteuer anzurechnen, wobei die Anrechnung in Deutschland bei der Wahl des Buchwertansatzes ins Leere läuft. Die deutsche Holding hat den auf die liechtensteinische Betriebstätte entfallenden Anteil der Kommanditbeteiligung in Deutschland nach § 8 Abs. 1 dKStG i. V. m. § 4 Abs. 1 S. 8 2. Hs. und § 6 Abs. 1 Nr. 5a dEStG mit dem gemeinen Wert zu bewerten.[3] Seit dem 1. 1 2013 wird das Besteuerungsrecht für die anteiligen in einer liechtensteinischen Betriebstätte einer Kommanditgesellschaft ruhenden stillen Reserven nach Art. 13 Abs. 1 und 3 i. V. m. Art. 23 Abs. 1 S. 1 lit. a und c DBA D/FL Liechtenstein mit Freistellung unter Progressionsvorbehalt in Deutschland zugewiesen.[4]

ab) Holdinggesellschaft mit Sitz in Österreich

(1) Grundstücke des Privatvermögens

Die Gründung einer österreichischen Holding durch Sacheinlage von deutschen, österreichischen, schweizerischen und liechtensteinischen Grundstücken des Privatvermögens führt in Deutschland, Österreich, der Schweiz und Liechtenstein zu denselben Steuerfolgen wie bei der Sachgründung einer deutschen Holding.[5]

---

[1] Vgl. dazu auch *Menner, S.*, § 20 UmwStG, 2010, Rz. 281; *Schaumburg, H.*, Internationales Steuerrecht, 2011, Rz. 17.52.

[2] Die Regelungen zu Umstrukturierungen nach Art. 16 Abs. 6 i. V. m. Art. 52 SteG sind auf Einbringung von Anteilen an einer liechtensteinischen Kommanditgesellschaft nicht anwendbar. Nach Art. 52 Abs. 1 lit. d SteG sind Einbringungen nur steuerneutral möglich, falls Einbringungsgegenstand ein Betrieb, Teilbetrieb oder eine Beteiligung an einer juristischen Person ist; Anteile an Personengesellschaften sind in Art. 52 Abs. 1 lit. d SteG nicht als Einbringungsgegenstand genannt.

[3] Vgl. zur Steuerverstrickung näher *Ritzer, C.*, Anhang 6, 2008, Rz. 186-222; *Müller-Gattermann, G.*, SEStEG, 2009, S. 951 f.

[4] Eine liechtensteinische Kommanditgesellschaft ist nach Art. 3 Abs. 1 lit. d und e DBA D/FL keine abkommensberechtigte Person. Die Besteuerungsrechte werden somit nach den Vorschriften der deutschen DBA mit den einzelnen Belegenheitsstaaten zugewiesen; vgl. dazu allgemein auch *Kahle, H.*, Ertragsbesteuerung, 2005, S. 669.

[5] Vgl. dazu oben, S. 57-59.

(2) Beteiligungen an Kapitalgesellschaften

Die Sachgründung einer österreichischen Holding durch Einbringung von Beteiligungen an in- und ausländischen Kapitalgesellschaften gegen Gewährung von Gesellschaftsrechten stellt unabhängig von der Beteiligungshöhe und der Zugehörigkeit zum Privat- oder Betriebsvermögen einen Anteilstausch i. S. d. § 21 UmwStG dar,[1] der nach § 21 Abs. 1 S. 1 und Abs. 2 S. 1 UmwStG grundsätzlich zu einer Besteuerung der stillen Reserven mit Einkommensteuer und bei Anteilen des Betriebsvermögens mit Gewerbesteuer führt.[2] Da das Besteuerungsrecht Deutschlands hinsichtlich der Gewinne aus einer später erfolgenden Veräußerung der eingebrachten Anteile durch den Anteilstausch erlischt, kommt es nach § 21 Abs. 2 S. 2 UmwStG auch bei einem qualifizierten Anteilstausch grundsätzlich zu einer Besteuerung der in den Anteilen ruhenden stillen Reserven mit Einkommensteuer und bei im Betriebsvermögen gehaltenen Anteilen zusätzlich zu einer Besteuerung mit Gewerbesteuer.[3] Da das Besteuerungsrecht Deutschlands hinsichtlich eines Gewinns aus einer späteren Veräußerung der erhaltenen Anteile an der österreichischen Kapitalgesellschaft nach Art. 13 Abs. 5 DBA D/AT nicht beschränkt oder ausgeschlossen ist, kann bei einem qualifizierten Anteilstausch auf Antrag der Buchwert oder ein Zwischenwert nach § 21 Abs. 2 S. 3 Nr. 1 UmwStG als Veräußerungspreis der eingebrachten Anteile und als Anschaffungskosten der erhaltenen Anteile gewählt werden,[4] so dass beim Buchwertansatz eine Ertragsbesteuerung der stillen Reserven unterbleibt. Die österreichische Kapitalgesellschaft hat die eingebrachten Anteile nach § 18 Abs. 1 Z 3 1. Teilstrich UmgrStG mit dem gemeinen Wert zu bewerten.[5]

Bei Beteiligungen an ausländischen Kapitalgesellschaften kommt es im Sitzstaat der Kapitalgesellschaft im DBA-Fall regelmäßig zu keinen ertragsteuerlichen Folgen, da das Besteuerungsrecht für Veräußerungsgewinne aus im Privatvermögen gehaltenen Beteiligungen analog zu Art. 13 Abs. 5 OECD-MA Deutschland als Ansässigkeitsstaat des Gesellschafters mit Freistellung im Ausland zugewiesen wird. Dagegen kann es bei im Privatvermögen gehaltenen Beteiligungen an ausländischen Kapitalgesellschaften, die ihren Sitz in einem Nicht-DBA-Staat oder in einem DBA-Staat haben, der Veräuße-

---

[1] Vgl. *Trossen, N.*, § 1 UmwStG, 2008, Rz. 236 f; *Patt, J.*, § 21 UmwStG, 2012, Rz. 6, 24, 28.
[2] Vgl. dazu oben, S. 59 f.
[3] Vgl. dazu näher *Rabback, D. E.*, § 21 UmwStG, 2008, Rz. 102 f. und Rz. 109; *Patt, J.*, § 21 UmwStG, 2012, Rz. 85.
[4] Vgl. dazu näher *Rabback, D. E.*, § 21 UmwStG, 2008, Rz. 111-114.
[5] Vgl. *Huber, C.*, Internationale Umgründungen, 2006, S. 213; *Hirschler, K./Six, M.*, Internationale Umgründungen, 2010, S. 344.

rungsgewinne abweichend von Art. 13 Abs. 5 OECD-MA nicht von der Besteuerung ausnimmt, im Sitzstaat der Kapitalgesellschaft möglicherweise zu einer Einkommensbesteuerung eines Veräußerungsgewinns kommen, wobei dann die ausländische Steuer nach § 34c dEStG auf die deutsche Einkommensteuer angerechnet wird.

(3) Einzelne Wirtschaftsgüter des Betriebsvermögens

Die Gründung einer österreichischen Kapitalgesellschaft durch Sacheinlage von einzelnen, einem deutschen Betriebsvermögen zugeordneten Wirtschaftsgütern (mit Ausnahme von Beteiligungen an in- und ausländischen Kapitalgesellschaften) führt auf Ebene des Gründungsgesellschafters ebenso wie die Sachgründung einer deutschen Holding nach den Tauschgrundsätzen des § 6 Abs. 6 dEStG zu einer Besteuerung der stillen Reserven mit Einkommen- und Gewerbesteuer.[1] Die österreichische Holding hat die erworbenen Wirtschaftsgüter nach § 6 Z 14 öEStG mit dem gemeinen Wert zu bewerten.[2]

Die Sacheinlage von einzelnen, einem österreichischen Betriebsvermögen zugeordneten Wirtschaftsgütern in eine österreichische Kapitalgesellschaft führt auf Ebene des errichtenden Gesellschafters in Deutschland und in Österreich zu den gleichen Steuerfolgen wie die Sachgründung einer deutschen Holding.[3] Auch wenn das Besteuerungsrecht Österreichs für die als Gegenleistung erhaltenen Anteile an der österreichischen Kapitalgesellschaft nach Art. 13 Abs. 5 DBA D/AT ausgeschlossen ist, ist der Anteilstausch nach § 16 Abs. 2 Z 1 i. V. m. § 16 Abs. 1 UmgrStG bei qualifizierten Beteiligungen an in- oder ausländischen Kapitalgesellschaften i. S. d. § 12 Abs. 2 Z 3 UmgrStG steuerneutral zu Buchwerten möglich, da das Besteuerungsrecht Österreichs hinsichtlich der eingebrachten Anteile durch den Anteilstausch nicht eingeschränkt wird.[4] In Österreich führt der Anteilstausch aufgrund des Wechsels von der beschränkten zur unbeschränkten Steuerpflicht für die eingebrachten Beteiligungen zu einer Verstärkung des Besteuerungsrechts. Die österreichische Holding hat die aus einer österreichischen Betriebstätte stammenden einzelnen Wirtschaftsgüter nach § 6 Z 14 öEStG grundsätzlich mit dem gemeinen Wert zu bewerten; bei der Sacheinlage einer qualifizierten Beteiligung an

---

[1] Vgl. dazu oben, S. 61 f.

[2] Vgl. auch *Kofler, H./Kanduth-Kristen, S./Kofler, G.*, Körperschaftsteuer, 2010, S. 411; *Doralt, W.*, Einkommensteuer, 2012, Rz. 314.

[3] Vgl. dazu oben, S. 62 f.

[4] Vgl. *Beiser, R.*, Grenzüberschreitende Einbringungen, 2010, S. 364 f.

einer in- oder ausländischen Kapitalgesellschaft i. S. d. § 12 Abs. 2 Z 3 UmgrStG ist der Buchwert der eingebrachten Beteiligung nach § 18 Abs. 1 Z 1 UmgrStG fortzuführen.[1]

Werden einzelne, einer schweizerischen oder liechtensteinischen Betriebstätte zugeordnete Wirtschaftsgüter im Wege der Sachgründung in eine österreichische Holding eingebracht, ergeben sich in Deutschland, der Schweiz und in Liechtenstein jeweils dieselben Steuerwirkungen wie bei der Sachgründung einer deutschen Kapitalgesellschaft.[2] Die österreichische Holding hat die erworbenen Wirtschaftsgüter nach § 6 Z 14 öEStG mit dem gemeinen Wert zu bewerten.[3]

(4) Beteiligungen an Kommanditgesellschaften

Die Sacheinlage von Anteilen an einer deutschen Kommanditgesellschaft in eine österreichische Kapitalgesellschaft führt in Deutschland grundsätzlich ebenso wie die Sachgründung einer deutschen Holding zu einer Ertragsbesteuerung der in den Anteilen ruhenden stillen Reserven.[4] Da die österreichische Holding in Österreich nach § 1 Abs. 1 und 2 öKStG unbeschränkt körperschaftsteuerpflichtig[5] ist und das Besteuerungsrecht hinsichtlich der Veräußerung des deutschen Betriebsvermögens der Kommanditgesellschaft nach Art. 13 Abs. 1 und 2 DBA D/AT regelmäßig nicht beschränkt oder ausgeschlossen wird,[6] ist bei der Sachgründung einer österreichischen Holding nach § 20 Abs. 2 und 3 UmwStG auf Antrag ein Ansatz zum Buchwert oder zu einem Zwischenwert möglich,[7] so dass beim Buchwertansatz eine Aufdeckung und Besteuerung mit Einkommensteuer und Gewerbesteuer auf Ebene des Gründungsgesellschafters unterbleibt. Verfügt die inländische Kommanditgesellschaft über Betriebstätten in einem Nicht-DBA oder in einem DBA-Staat, mit dem Deutschland die Anrechnungsmethode vereinbart hat, kommt es durch die Einbringung der Kommanditbeteiligung zu einem Ausschluss des deutschen Besteuerungsrechts hinsichtlich der anteiligen Gewinne aus einer späteren Veräußerung des ausländischen Betriebstättenvermögens, so dass nach

---

1 Vgl. *Mayr, G.*, Umgründungssteuergesetz, 2012, Rz. 1193; *Doralt, W.*, Steuerrecht, 2012, Rz. 260.
2 Vgl. dazu oben, S. 63-65.
3 Vgl. auch *Kofler, H./Kanduth-Kristen, S./Kofler, G.*, Körperschaftsteuer, 2010, S. 411; *Doralt, W.*, Einkommensteuer, 2012, Rz. 314.
4 Vgl. dazu oben, S. 65 f.
5 Vgl. zur Voraussetzung der Körperschaftsteuerpflicht des übernehmenden Rechtsträgers *Herlinghaus, A.*, § 20 UmwStG, 2008, Rz. 160; *Menner, S.*, § 20 UmwStG, 2010, Rz. 238-242.
6 Vgl. zum Ausschluss und zur Beschränkung des deutschen Besteuerungsrechts näher *Herlinghaus, A.*, § 20 UmwStG, 2008, Rz. 165-168.
7 Vgl. zur Einbringung von inländischem Betriebsvermögen in eine ausländische Kapitalgesellschaft *Herlinghaus, A.*, § 20 UmwStG, 2008, Rz. 168; *Menner, S.*, § 20 UmwStG, 2010, Rz. 275.

§ 20 Abs. 3 S. 2 UmwStG die in den ausländischen Betriebstätten ruhenden anteiligen stillen Reserven zum gemeinen Wert aufzudecken und zu besteuern sind.[1]

Bei der Sacheinlage einer österreichischen Kommanditbeteiligung in eine österreichische Holding wird nach dem Transparenzprinzip das Besteuerungsrecht für die anteiligen Veräußerungsgewinne der Wirtschaftsgüter des Betriebs- und Sonderbetriebsvermögens in Anlehnung an Art. 13 Abs. 1 und 2 i. V. m. Art. 23 OECD-MA regelmäßig dem Belegenheitsstaat der Betriebstätte bzw. des Geschäftsgrundstücks zugewiesen und in Deutschland unter Progressionsvorbehalt freigestellt.[2] Auch wenn das Besteuerungsrecht Österreichs für die als Gegenleistung erhaltenen Anteile an der österreichischen Holding nach Art. 13 Abs. 5 DBA D/AT ausgeschlossen ist, ist die Sacheinlage der Beteiligung an einer österreichischen Kommanditgesellschaft nach § 16 Abs. 2 Z 1 i. V. m. § 16 Abs. 1 UmgrStG steuerneutral zum Buchwertansatz möglich, da das Besteuerungsrecht Österreichs hinsichtlich der eingebrachten Anteile durch die Einbringung nicht eingeschränkt wird.[3] In Österreich führt die Einbringung aufgrund des Wechsels von der beschränkten zur unbeschränkten Steuerpflicht für die eingebrachten Beteiligungen zu einer Verstärkung des Besteuerungsrechts. Die österreichische Holding hat nach § 18 Abs. 1 Z 1 UmgrStG den Buchwert der eingebrachten Beteiligung fortzuführen.[4]

Die Sachgründung einer österreichischen Holding durch Sacheinlage einer schweizerischen Kommanditbeteiligung führt in Deutschland und der Schweiz zu den gleichen Steuerfolgen wie die Sachgründung einer deutschen Kapitalgesellschaft.[5]

Die Sacheinlage einer liechtensteinischen Kommanditbeteiligung in eine österreichische Kapitalgesellschaft führt in Deutschland bis zum 31. 12. 2012 nach § 20 Abs. 3 S. 2 UmwStG zwingend zu einer Aufdeckung und Einkommensbesteuerung der stillen Reserven, da das Besteuerungsrecht Deutschlands hinsichtlich des Gewinns aus einer später erfolgenden Veräußerung der liechtensteinischen Kommanditbeteiligung ausgeschlossen ist.[6] Seit dem 1. 1. 2013 kommt es in Deutschland aufgrund der abkommensrechtlichen Freistellung unter Progressionsvorbehalt bei Veräußerungsgewinnen von

---

1 Vgl. *Schmitt, J.*, § 20 UmwStG, 2009, Rz. 290; *Patt, J.*, § 20 UmwStG, 2012, Rz. 197, 226.
2 Vgl. *Schmidt, C.*, Personengesellschaften, 2002, S. 1239.
3 Vgl. *Beiser, R.*, Grenzüberschreitende Einbringungen, 2010, S. 364 f.
4 Vgl. *Mayr, G.*, Umgründungssteuergesetz, 2012, Rz. 1193; *Doralt, W.*, Steuerrecht, 2012, Rz. 260.
5 Vgl. dazu oben, S. 67 f.
6 Vgl. zur Einbringung von Betriebsvermögen aus einem Nicht-DBA-Staat in eine ausländische Kapitalgesellschaft *Herlinghaus, A.*, § 20 UmwStG, 2008, Rz. 168; *Menner, S.*, § 20 UmwStG, 2010, Rz. 282.

Betriebsvermögen nur noch zu Auswirkungen im Rahmen des Progressionsvorbehalts, sofern der Aktivitätsvorbehalt erfüllt ist.[1] In Liechtenstein ergeben sich bei der Sachgründung einer österreichischen Kapitalgesellschaft durch Sacheinlage einer liechtensteinischen Kommanditbeteiligung die gleichen Steuerfolgen wie bei der Sachgründung einer deutschen Holding.[2]

ac) Holdinggesellschaft mit Sitz in Schweiz

(1) Grundstücke des Privatvermögens

Die Gründung einer schweizerischen Holding durch Sacheinlage von in inländischen, österreichischen, schweizerischen und liechtensteinischen Grundstücken des Privatvermögens führt in Deutschland, Österreich, der Schweiz und Liechtenstein zu denselben Steuerfolgen wie bei der Sachgründung einer deutschen Holding.[3]

(2) Beteiligungen an Kapitalgesellschaften

Da die Regelungen zum Anteilstausch i. S. d. § 21 UmwStG bei der Sachgründung einer schweizerischen Kapitalgesellschaft nach § 1 Abs. 4 Nr. 1 i. V. m. Abs. 2 S. 1 Nr. 1 UmwStG mangels EU- bzw. EWR-Zugehörigkeit nicht anwendbar sind,[4] führt die Sacheinlage von Beteiligungen an in- und ausländischen Kapitalgesellschaften zu einer Realisierung und Einkommensbesteuerung der stillen Reserven. Bei wesentlichen Beteiligungen i. S. d. § 17 dEStG erfolgt die Einkommensbesteuerung nach dem Teileinkünfteverfahren (§ 3 Nr. 40 i. V. m. § 3c Abs. 2 dEStG), wonach 60 % der stillen Reserven der Einkommensteuer zum persönlichen Steuersatz des Gesellschafters unterliegen. Dagegen kommt bei im Privatvermögen gehaltenen Beteiligungen mit einer Beteiligungsquote von weniger als 1 % der spezielle Tarif der Abgeltungsteuer gemäß § 20 Abs. 2 i. V. m. § 32d dEStG in Höhe von 25 % zur Anwendung. Bei in einem inländischen Betriebsvermögen gehaltenen Beteiligungen an in- und ausländischen Kapitalgesellschaften kommt es aufgrund der Tauschgrundsätze des § 6 Abs. 6 dEStG zu einer Besteuerung der stillen Reserven mit Einkommen- und Gewerbesteuer nach dem Teileinkünfteverfahren (§ 3 Nr. 40 i. V. m. § 3c Abs. 2 dEStG).

---

[1] S. Art. 13 Abs. 1 und 3 i. V. m. Art. 23 Abs. 1 lit. a und c DBA D/FL.

[2] Vgl. dazu oben, S. 69.

[3] Vgl. dazu oben, S. 57-59.

[4] Vgl. dazu *Schönherr, F./Lemaitre, C.*, Grundzüge, 2007, S. 464; *Trossen, N.*, § 1 UmwStG, 2008, Rz. 241, 245.

Bei Beteiligungen an ausländischen Kapitalgesellschaften kommt es im Sitzstaat der Kapitalgesellschaft im DBA-Fall regelmäßig zu keinen ertragsteuerlichen Folgen, da das Besteuerungsrecht für Veräußerungsgewinne aus im Privatvermögen gehaltenen Beteiligungen analog zu Art. 13 Abs. 5 OECD-MA Deutschland als Ansässigkeitsstaat des Gesellschafters mit Freistellung im Ausland zugewiesen wird. Dagegen kann es bei im Privatvermögen gehaltenen Beteiligungen an ausländischen Kapitalgesellschaften, die ihren Sitz in einem Nicht-DBA-Staat oder in einem DBA-Staat haben, der Veräußerungsgewinne abweichend von Art. 13 Abs. 5 OECD-MA nicht von der Besteuerung ausnimmt, im Sitzstaat der Kapitalgesellschaft möglicherweise zu einer Einkommensbesteuerung eines Veräußerungsgewinns kommen, wobei die ausländische Steuer insoweit nach § 34c dEStG auf die deutsche Einkommensteuer angerechnet wird.

(3) Einzelne Wirtschaftsgüter des Betriebsvermögens

Auf die Gründung einer schweizerischen Kapitalgesellschaft durch Sacheinlage von einzelnen, einem deutschen Betriebsvermögen zugeordneten Wirtschaftsgütern (mit Ausnahme von Beteiligungen an in- und ausländischen Kapitalgesellschaften) gegen Gewährung von Gesellschaftsrechten sind die Tauschgrundsätze nach § 6 Abs. 6 dEStG anzuwenden, so dass es zu einer Besteuerung der stillen Reserven mit Einkommensteuer und Gewerbesteuer kommt.[1] Steht die Sachgründung einer schweizerischen Kapitalgesellschaft in einem sachlichen und zeitlichen Zusammenhang mit einer Betriebsaufgabe, können der Freibetrag i. S. d. § 16 Abs. 4 dEStG und die Tarifermäßigung nach § 34 Abs. 1 und 3 dEStG in Anspruch genommen werden.[2]

Die Sacheinlage von einzelnen, einem österreichischen und schweizerischen Betriebsvermögen zugeordneten Wirtschaftsgütern in eine schweizerische Holding führt in Deutschland, Österreich und in der Schweiz zu den gleichen Steuerfolgen wie die Sachgründung einer deutschen Holding.[3]

Die Sacheinlage von einzelnen, einem liechtensteinischen Betriebsvermögen zugeordneten Wirtschaftsgütern in eine schweizerische Holding führt bis zum 31. 12. 2012 in Deutschland ebenso wie die Sacheinlage einzelner, einem deutschen Betriebsvermögen zugeordneten Wirtschaftsgüter nach § 6 Abs. 6 dEStG zu einer Einkommensbesteue-

---

[1] Vgl. dazu auch *Herlinghaus, A.*, § 20 UmwStG, 2008, Rz. 24.
[2] Vgl. dazu auch *Stuhrmann, G.*, § 16 EStG, 2012, Rz. 433.
[3] Vgl. dazu oben, S. 62-64.

rung der stillen Reserven. Seit dem 1. 1. 2013 kommt es in Deutschland aufgrund der abkommensrechtlichen Freistellung unter Progressionsvorbehalt grundsätzlich nur noch zu Auswirkungen im Rahmen des Progressionsvorbehalts, sofern der Aktivitätsvorbehalt erfüllt ist.[1] In Liechtenstein ergeben sich durch die Sacheinlage in eine schweizerische Kapitalgesellschaft die gleichen Steuerwirkungen wie bei der Sacheinlage in eine deutschen Holding.[2]

(4) Beteiligungen an Kommanditgesellschaften

Da die Regelungen zur Einbringung i. S. d. § 20 UmwStG bei der Sachgründung einer schweizerischen Kapitalgesellschaft nicht anwendbar sind,[3] führt die Einbringung einer Beteiligung an einer inländischen Kommanditgesellschaft in eine schweizerische Kapitalgesellschaft nach den Tauschgrundsätzen gemäß § 6 Abs. 6 dEStG zur Realisierung und Besteuerung der anteiligen stillen Reserven mit Einkommen- und Gewerbesteuer.

Bei der Gründung einer schweizerischen Holding durch Sacheinlage von österreichischen oder schweizerischen Mitunternehmeranteilen ergeben sich die gleichen Steuerfolgen wie bei der Sachgründung einer deutschen Holding durch Sacheinlage von österreichischen oder schweizerischen Kommanditbeteiligungen.[4]

Wird eine liechtensteinische Kommanditbeteiligung in eine schweizerische Holding im Wege der Sachgründung eingebracht, kommt es bis zum 31. 12. 2012 wie bei der Sacheinlage einer deutschen Kommanditbeteiligung in eine schweizerische Holding in Deutschland nach § 6 Abs. 6 dEStG zu einer Aufdeckung und Einkommensbesteuerung der stillen Reserven. In Liechtenstein kommt es wie bei der Sacheinlage in eine deutsche, österreichische oder schweizerische Holding zu einer Realisierung und Besteuerung der stillen Reserven mit Erwerbsteuer bzw. Grundstücksgewinnsteuer,[5] wobei die liechtensteinische Erwerbs- bzw. Grundstücksgewinnsteuer auf die deutsche, auf den

---

1 S. Art. 13 Abs. 1 und 3 i. V. m. Art. 23 Abs. 1 lit. a und c DBA D/FL.

2 Vgl. dazu oben, S. 64 f.

3 Vgl. dazu *Schönherr, F./Lemaitre, C.*, Grundzüge, 2007, S. 461; *Trossen, N.*, § 1 UmwStG, 2008, Rz. 241, 245.

4 Vgl. dazu oben, S. 66 -68. An der Einbringung können nach § 12 Abs. 3 Z 2 UmgrStG auch Körperschaften aus einem Drittstaat als übernehmender Rechtsträger beteiligt sein. Einzige Voraussetzung ist, dass mit dem Ansässigkeitsstaat der übernehmenden Körperschaft ein DBA besteht; vgl. dazu auch *Steckel, R./Partl, R.*, Einbringung, 2010, S. 156. Da zwischen Österreich und der Schweiz ein DBA vorliegt (DBA AT/CH v. 4. 12. 1974), sind die Regelungen der §§ 12-22 UmgrStG auch auf die Einbringung in eine schweizerische Kapitalgesellschaft anwendbar.

5 Vgl. dazu oben, S. 69.

Veräußerungsgewinn entfallende Einkommensteuer nach § 34c dEStG anzurechnen ist. Seit dem 1. 1. 2013 kommt es in Deutschland aufgrund der abkommensrechtlichen Freistellung unter Progressionsvorbehalt nur noch zu Auswirkungen im Rahmen des Progressionsvorbehalts, sofern der Aktivitätsvorbehalt erfüllt ist.[1]

ad) Holdinggesellschaft mit Sitz in Liechtenstein

(1) Grundstücke des Privatvermögens

Die Gründung einer liechtensteinischen Holding durch Sacheinlage von in deutschen, österreichischen, schweizerischen und liechtensteinischen Grundstücken des Privatvermögens führt in Deutschland, Österreich, der Schweiz und Liechtenstein zu denselben Steuerfolgen wie bei der Sachgründung einer deutschen Holding.[2]

(2) Beteiligungen an Kapitalgesellschaften

Bei der Sachgründung einer liechtensteinischen Holding durch Einbringung von Beteiligungen an in- und ausländischen Kapitalgesellschaften gegen Gewährung von Gesellschaftsrechten kommt es zu den gleichen Steuerwirkungen wie bei der Sachgründung einer österreichischen Holding.[3] Auch wenn das DBA zwischen Deutschland und Liechtenstein bis zum 31. 12. 2012 noch nicht in Kraft ist, ist bei einem qualifizierten Anteilstausch auf Ebene des Gesellschafters der Ansatz zum Buchwert bzw. zu den Anschaffungskosten oder zu einem Zwischenwert nach § 21 Abs. 2 S. 3 Nr. 1 UmwStG möglich, da das Besteuerungsrecht Deutschlands hinsichtlich der Veräußerung der erhaltenen Anteile an der liechtensteinischen Holding nicht beschränkt ist,[4] weil der Gesellschafter mit einem späteren Veräußerungsgewinn aus der Beteiligung an der liechtensteinischen Holding in Deutschland unbeschränkt einkommensteuerpflichtig ist und in Liechtenstein mit den Einkünften aus der Beteiligung an der liechtensteinischen Holding nicht der beschränkten Vermögen- und Erwerbsteuerpflicht nach Art. 6 Abs. 2, 4

---

1 S. Art. 13 Abs. 1 und 3 i. V. m. Art. 23 Abs. 1 lit. a und c DBA D/FL.
2 Vgl. dazu oben, S. 57-59.
3 Vgl. dazu oben, S. 70 f.
4 Eine Beschränkung des Besteuerungsrechts Deutschlands liegt nur vor, wenn das Besteuerungsrecht Deutschlands im Veräußerungsfall tatsächlich beschränkt ist Eine mögliche Beschränkung aufgrund der Anrechnungsverpflichtung nach § 34c dEStG ist für das Vorliegen einer Beschränkung des deutschen Besteuerungsrechts nicht ausreichend; vgl. auch *Stadler, R./Elser, T.*, Regierungsentwurf, 2006, S. 19 f.; a. A. *Mutscher, A.*, Voraussetzungen, 2007, S. 802 und *Patt, J.*, § 20 UmwStG, 2012, Rz. 15, die aus Praktikabilitätsgründen davon ausgehen, dass es für die Beurteilung der Beschränkung des Besteuerungsrechts nur auf das nationale und internationale Steuerrecht Deutschlands ankommt.

und 5 SteG unterliegt.[1] Da somit keine anrechenbare liechtensteinische Erwerbsteuer anfallen kann, behält Deutschland trotz der Anrechnungsverpflichtung nach § 34c dEStG faktisch das uneingeschränkte Besteuerungsrecht für eine spätere Veräußerung der Beteiligung an der liechtensteinischen Holding. Bei einem Ansatz zum Buchwert bzw. zu den Anschaffungskosten unterbleibt eine Aufdeckung und Einkommensbesteuerung der stillen Reserven. Seit dem 1. 1. 2013 steht das Besteuerungsrecht für den Gewinn aus einer späteren Veräußerung der erhaltenen Anteile an der liechtensteinischen Holding nach Art. 13 Abs. 5 DBA D/FL ausschließlich Deutschland zu, so dass bei einem qualifizierten Anteilstausch eine Besteuerung der stillen Reserven durch die Wahl des Ansatzes zum Buchwert bzw. zu den Anschaffungskosten unterbleiben kann.

(3) Einzelne Wirtschaftsgüter des Betriebsvermögens

Die Sacheinlage von einzelnen Wirtschaftsgütern, die einem deutschen, österreichischen, schweizerischen oder liechtensteinischen Betriebsvermögen zugeordnet sind, führt bei der Sachgründung einer liechtensteinischen Holding zu den gleichen Steuerwirkungen wie die Sacheinlage dieser Wirtschaftsgüter in eine deutsche Holding.[2]

(4) Beteiligungen an Kommanditgesellschaften

Die Gründung einer liechtensteinischen Holding durch Einbringung von deutschen oder liechtensteinischen Kommanditbeteiligungen führt zu denselben Steuerfolgen wie die Sachgründung einer österreichischen Holding durch Einbringung einer deutschen oder liechtensteinischen Kommanditbeteiligung.[3] Bei der Gründung einer liechtensteinischen Holding durch Sacheinlage von österreichischen und schweizerischen Mitunternehmeranteilen ergeben sich die gleichen Steuerfolgen wie bei der Sachgründung einer deutschen Holding durch Sacheinlage von österreichischen und schweizerischen Kommanditbeteiligungen.[4]

---

[1] Die beschränkte Vermögens- und Erwerbsteuerpflicht knüpft in Liechtenstein nach Art. 6 Abs. 2, 4 und 5 SteG insbesondere an in Liechtenstein belegene Grundstücke und Betriebstätten an, wohingegen Beteiligungen an Kapitalgesellschaften nicht von der beschränkten Vermögens- und Erwerbsteuer erfasst werden; vgl. dazu auch *Hosp, T./Langer, M.*, Steuerstandort, 2011, S. 55. Zudem sind in Liechtenstein Gewinnanteile und Kapitalgewinne aus Beteiligungen an juristischen Personen nach Art. 15 Nr. 1 lit. n und o SteG von der Erwerbsteuer befreit.

[2] Vgl. dazu oben, S. 61-65.

[3] Vgl. dazu oben, S. 72 f. und S. 73 f.

[4] Vgl. dazu oben, S. 66-68.

ae) Tabellarische Zusammenfassung und formale Darstellung

Die ertragsteuerlichen Wirkungen bei der Errichtung einer inländischen, österreichischen, liechtensteinischen oder schweizerischen Holding durch die Sacheinlage von Grundvermögen des Privatvermögens lassen sich wie folgt zusammenfassen:

Vermögen	Staat	D-Holding	AT-Holding	FL-Holding	CH-Holding
D-GrdSt	D	Besitz ≤ 10 Jahre: steuerpflichtig Besitz > 10 Jahre: steuerfrei	Besitz ≤ 10 Jahre: steuerpflichtig Besitz > 10 Jahre: steuerfrei	Besitz ≤ 10 Jahre: steuerpflichtig Besitz > 10 Jahre: steuerfrei	Besitz ≤ 10 Jahre: steuerpflichtig Besitz > 10 Jahre: steuerfrei
AT-GrdSt	D	steuerfrei (DBA)	steuerfrei (DBA	steuerfrei (DBA)	steuerfrei (DBA)
	AT	steuerpflichtig Steuersatz: 25 %	steuerpflichtig Steuersatz: 25 %	steuerpflichtig Steuersatz: 25 %	steuerpflichtig Steuersatz: 25 %
FL-GrdSt	D o. DBA	Besitz ≤ 10 Jahre: steuerpflichtig Besitz > 10 Jahre: steuerfrei	Besitz ≤ 10 Jahre: steuerpflichtig Besitz > 10 Jahre: steuerfrei	Besitz ≤ 10 Jahre: steuerpflichtig Besitz > 10 Jahre: steuerfrei	Besitz ≤ 10 Jahre: steuerpflichtig Besitz > 10 Jahre: steuerfrei
	D m. DBA	steuerfrei (DBA)	steuerfrei (DBA)	steuerfrei (DBA)	steuerfrei (DBA)
	FL	Grundstücks-gewinnsteuer	Grundstücks-gewinnsteuer	Grundstücks-gewinnsteuer	Grundstücks-gewinnsteuer
CH-GrdSt	D	Besitz ≤ 10 Jahre: steuerpflichtig Besitz > 10 Jahre: steuerfrei	Besitz ≤ 10 Jahre: steuerpflichtig Besitz > 10 Jahre: steuerfrei	Besitz ≤ 10 Jahre: steuerpflichtig Besitz > 10 Jahre: steuerfrei	Besitz ≤ 10 Jahre: steuerpflichtig Besitz > 10 Jahre: steuerfrei
	CH	Bund: steuerfrei Kantone: Grundstücks-gewinnsteuer	Bund: steuerfrei Kantone: Grundstücks-gewinnsteuer	Bund: steuerfrei Kantone: Grundstücks-gewinnsteuer	Bund: steuerfrei Kantone: Grundstücks-gewinnsteuer

Tabelle 6: Ertragsteuerwirkungen bei Errichtung einer Holding mit Grundstücken

Wie Tabelle 6 veranschaulicht, kommt es bei der Sachgründung einer in- und ausländischen Holding mit deutschen Grundstücken des Privatvermögens nur innerhalb der zehnjährigen Spekulationsfrist zu einer Auflösung und Ertragsbesteuerung der stillen Reserven. Formal gilt für die Ertragsteuerbelastung bei deutschen Grundstücken:

$$(15)\quad S_{VÜ\,(Ertrag)}^{GrdSt\,(D)} = \begin{cases} SR\; s_{ESt\,(D)}, & falls\ Besitzdauer\ (a) \leq 10\,Jahre \\ 0, & falls\ Besitzdauer\ (a) > 10\,Jahre \end{cases}$$

Die Sacheinlage von österreichischen Grundstücken in eine in- oder ausländische Holding führt grundsätzlich zu einer Steuerbelastung von 25 % der stillen Reserven, wobei sich die Bemessungsgrundlage ab einer Besitzdauer (a) von mehr als zehn Jahren um einen jährlichen Abschlag von 2 % und maximal 50 % reduziert. Formal stellt sich die Ertragsteuerbelastung bei österreichischen Grundstücken wie folgt dar:

$$(16)\quad S_{VÜ\,(Ertrag)}^{GrdSt\,(AT)} = \begin{cases} 0{,}25\,SR, & falls\ a\ \leq 10\,Jahre \\ 0{,}25\,max\{(1-0{,}02(a-10))\,SR; 0{,}5\,SR\}, & falls\ a\ > 10\,Jahre \end{cases}$$

In Liechtenstein und in der Schweiz kommt es dagegen unabhängig von einer Spekulationsfrist zu einer Ertragsbesteuerung der stillen Reserven mit Grundstücksgewinnsteuer. Bei der Sacheinlage innerhalb der zehnjährigen Spekulationsfrist kommt es bis zum 31. 12. 2012 bei liechtensteinischen Grundstücken zu einer Hochschleusung auf das höhere deutsche Steuerniveau.[1]

$$(17)\quad S_{\text{VÜ}\,(Ertrag)}^{GrdSt\,(FL)} = \begin{cases} SR\ s_{ESt(D)}, & falls\ Besitzdauer \leq 10\,Jahre \\ SR\ s_{GrdStGSt(FL)}, & falls\ Besitzdauer > 10\,Jahre \end{cases}$$

Seit dem 1. 1. 2013 verbleibt es auch im Fall der zehnjährigen Spekulationsfrist bei dem liechtensteinischen Steuerniveau, so dass gilt:

$$(18)\quad S_{\text{VÜ}\,(Ertrag)}^{GrdSt\,(FL)} = SR\ s_{GrdStGSt(FL)}$$

Bei schweizerischen Grundstücken hängt der anzuwendende Steuersatz in der Schweiz von der Belegenheit des Grundstücks, der Höhe des Grundstücksgewinns und der Besitzdauer ab.[2] Bei einer Sacheinlage innerhalb der zehnjährigen Spekulationsfrist kommt bei schweizerischen Grundstücken das jeweils höhere deutsche oder schweizerische Steuerniveau zur Anwendung. Liegt das Grundstück beispielsweise im Kanton Zürich und geht man in Deutschland von dem Spitzensteuersatz von 45 % aus, verbleibt es bei dem im Kanton Zürich belegenen Grundstück bei einer Besitzdauer von weniger als zwei Jahren bei dem höheren schweizerischen Steuerniveau, wohingegen bei einer Besitzdauer von drei bis zu zehn Jahren eine Hochschleusung auf das deutsche Steuerniveau stattfindet. Formal stellen sich die Ertragsteuerwirkungen wie folgt dar:

$$(19)\quad S_{\text{VÜ}\,(Ertrag)}^{GrdSt\,(CH)} = \begin{cases} SR\ max\{s_{ESt(D)}; s_{GrdstGSt(CH)}\}, & falls\ Besitzdauer \leq 10\,Jahre \\ SR\ s_{GrdStGSt(CH)}, & falls\ Besitzdauer > 10\,Jahre \end{cases}$$

Die Steuerwirkungen bei der Gründung einer Holding mit Sitz im Inland, in Österreich, Liechtenstein bzw. der Schweiz durch Sacheinlage von Beteiligungen an Kapitalgesellschaften des Privatvermögens sind in Tabelle 7 zusammengefasst:

---

[1] Der Steuersatz der Grundstücksgewinnsteuer liegt in Liechtenstein zwischen 3 % und 21 % und ist auf jeder Progressionsstufe niedriger als der deutsche Einkommensteuersatz.

[2] Beispielsweise gilt im Kanton Zürich ein progressiver Tarif der Grundstücksgewinnsteuer mit Steuersätzen zwischen 10 % und 40 %. Bei einer Besitzdauer von weniger als einem Jahr erhöht sich die Grundstücksgewinnsteuer um 50 % und bei einer Besitzdauer von weniger als zwei Jahren um 25 %. Liegt die Besitzdauer über fünf Jahren, reduziert sich die Grundstücksgewinnsteuer um den für die jeweilige Besitzdauer geltenden Anteil; s. §§ 225, 226 StG-ZH.

Vermögen	Staat	D-Holding	AT-Holding	FL-Holding	CH-Holding
Beteiligung an D-KapG	D	Beteiligung ≤ 50 %: steuerpflichtig (TEV/KESt) Beteiligung > 50 %: steuerneutral	Beteiligung ≤ 50 %: steuerpflichtig (TEV/KESt) Beteiligung > 50 %: steuerneutral	Beteiligung ≤ 50 %: steuerpflichtig (TEV/KESt) Beteiligung > 50 %: steuerneutral	steuerpflichtig (TEV/KESt)
Beteiligung an AT-KapG	D	Beteiligung ≤ 50 %: steuerpflichtig (TEV/KESt) Beteiligung > 50 %: steuerneutral	Beteiligung ≤ 50 %: steuerpflichtig (TEV/KESt) Beteiligung > 50 %: steuerneutral	Beteiligung ≤ 50 %: steuerpflichtig (TEV/KESt) Beteiligung > 50 %: steuerneutral	steuerpflichtig (TEV/KESt)
	AT	steuerfrei (DBA)	steuerfrei (DBA)	steuerfrei (DBA)	steuerfrei (DBA)
Beteiligung an FL-KapG	D	Beteiligung ≤ 50 %: steuerpflichtig (TEV/KESt) Beteiligung > 50 %: steuerneutral	Beteiligung ≤ 50 %: steuerpflichtig (TEV/KESt) Beteiligung > 50 %: steuerneutral	Beteiligung ≤ 50 %: steuerpflichtig (TEV/KESt) Beteiligung > 50 %: steuerneutral	steuerpflichtig (TEV/KESt)
	FL	steuerfrei	steuerfrei	steuerfrei	steuerfrei
Beteiligung an CH-KapG	D	Beteiligung ≤ 50 %: steuerpflichtig (TEV/KESt) Beteiligung > 50 %: steuerneutral	Beteiligung ≤ 50 %: steuerpflichtig (TEV/KESt) Beteiligung > 50 %: steuerneutral	Beteiligung ≤ 50 %: steuerpflichtig (TEV/KESt) Beteiligung > 50 %: steuerneutral	steuerpflichtig (TEV/KESt)
	CH	steuerfrei (DBA)	steuerfrei (DBA)	steuerfrei (DBA)	steuerfrei (DBA)

Tabelle 7: Ertragsteuerliche Rechtsfolgen bei Errichtung einer Holding mit Beteiligungen

Wie aus Tabelle 7 ersichtlich ist, sind bei der Sachgründung einer in- oder ausländischen Holding die in den in- und ausländischen Beteiligungen ruhenden stillen Reserven stets aufzulösen, sofern kein qualifizierter Anteilstausch i. S. d. § 21 UmwStG gegeben ist. Formal stellen sich die Ertragsteuerwirkungen wie folgt dar:

(20) $S_{VÜ\,(Ertrag)}^{KapG} = 0{,}6\,SR\;s_{ESt(D)}$ bzw.

(21) $S_{VÜ\,(Ertrag)}^{KapG} = SR\;s_{KESt(D)}$

Gleichung (20) gilt bei Beteiligungen i. S. d. § 17 dEStG und bei einem inländischen Betriebsvermögen zugeordneten Beteiligungen. Gleichung (21) stellt die Wirkungen bei Beteiligungen des Privatvermögens mit einer Beteiligungsquote von weniger als 1 % dar. Bei einem qualifizierten Anteilstausch i. S. d. § 21 UmwStG ist die Sachgründung einer deutschen, österreichischen und liechtensteinischen Holding steuerneutral möglich. Formal stellt sich die Ertragsteuerbelastung wie folgt dar:

(22) $S_{VÜ\,(Ertrag)}^{KapG} = 0$

Die Steuerwirkungen für die Sachgründung einer Holding mit Sitz im Inland, in Österreich, Liechtenstein bzw. der Schweiz durch Sacheinlage von Betriebsvermögen sind in Tabelle 8: zusammengefasst:

Vermögensart	Staat	D-Holding	AT-Holding	FL-Holding	CH-Holding
einzelne WG D-BV	D	steuerpflichtig qual. Beteiligung: steuerneutral	steuerpflichtig qual. Beteiligung: steuerneutral	steuerpflichtig qual. Beteiligung: steuerneutral	steuerpflichtig
einzelne WG AT-BV	D	steuerfrei (DBA)	steuerfrei (DBA)	steuerfrei (DBA)	steuerfrei (DBA)
	AT	steuerpflichtig qual. Beteiligung: steuerneutral	steuerpflichtig qual. Beteiligung: steuerneutral	steuerpflichtig qual. Beteiligung: steuerneutral	steuerpflichtig qual. Beteiligung: steuerneutral
einzelne WG FL-BV	D o. DBA	steuerpflichtig qual. Beteiligung: steuerneutral	steuerpflichtig qual. Beteiligung: steuerneutral	steuerpflichtig qual. Beteiligung: steuerneutral	steuerpflichtig
	D m. DBA	steuerfrei (DBA)	steuerfrei (DBA)	steuerfrei (DBA)	steuerfrei (DBA)
	FL	steuerpflichtig KapG-Beteiligung steuerfrei	steuerpflichtig KapG-Beteiligung steuerfrei	steuerpflichtig KapG-Beteiligung steuerfrei	steuerpflichtig KapG-Beteiligung steuerfrei
einzelne WG CH-BV	D	steuerfrei (DBA)	steuerfrei (DBA)	steuerfrei (DBA)	steuerfrei (DBA)
	CH	steuerpflichtig	steuerpflichtig	steuerpflichtig	steuerpflichtig
KG mit D-BS	D	steuerneutral möglich	steuerneutral möglich	steuerneutral möglich	steuerpflichtig
KG mit AT-BS	D	steuerfrei (DBA)	steuerfrei (DBA)	steuerfrei (DBA)	steuerfrei (DBA)
	AT	steuerneutral	steuerneutral	steuerneutral	steuerneutral
KG mit FL-BS	D o. DBA	steuerneutral möglich	steuerneutral möglich	steuerneutral möglich	steuerpflichtig
	D m. DBA	steuerfrei (DBA)	steuerfrei (DBA)	steuerfrei (DBA)	steuerfrei (DBA)
	FL	steuerpflichtig	steuerpflichtig	steuerpflichtig	steuerpflichtig
KG mit CH-BS	D	steuerfrei (DBA)	steuerfrei (DBA)	steuerfrei (DBA)	steuerfrei (DBA)
	CH	steuerpflichtig	steuerpflichtig	steuerpflichtig	steuerpflichtig

Tabelle 8: Ertragsteuerwirkungen bei Errichtung einer Holding mit Betriebsvermögen

Die Sachgründung einer in- oder ausländischen Holding durch Sacheinlage von einzelnen Wirtschaftsgütern eines in- oder ausländischen Betriebsvermögens führt zur Aufdeckung und Ertragsbesteuerung der stillen Reserven. Formal gelten im Allgemeinen die Gleichungen (3) bis (9) entsprechend. Bei einem deutschen, österreichischen und bis zum 31. 12. 2012 auch liechtensteinischen Betriebsvermögen zugeordneten Beteiligungen an Kapitalgesellschaften mit einer Beteiligungsquote von jeweils mehr als 50 % sind bei der Gründung einer deutschen, österreichischen und liechtensteinischen Holding die Regelungen zum qualifizierten Anteilstausch anwendbar, so dass Gleichung (22) entsprechend gilt. Bei einem österreichischen Betriebsvermögen zugeordneten Beteiligungen gilt Gleichung (22) auch bei der Errichtung einer schweizerischen Holding.

Die Sachgründung einer inländischen, österreichischen und liechtensteinischen Holding durch Einbringung von Anteilen an einer Kommanditgesellschaft mit inländischen und österreichischen Betriebstätten löst keine Ertragsteuern aus, sofern alle wesentlichen Betriebsgrundlagen in die Holding eingebracht werden. Formal gilt Gleichung (10) entsprechend. Auch die Einbringung von Anteilen an einer Kommanditgesellschaft mit einer österreichischen Betriebstätte in eine schweizerische Holding führt zu keinen ertragsteuerlichen Folgen, so dass auch hier Gleichung (10) gilt. Werden dagegen nicht alle wesentlichen Betriebsgrundlagen auf die Stiftung übertragen, stellen sich die Steuerwirkungen wie folgt dar:

(23) $S_{\text{VÜ}\,(Ertrag)}^{KG} = SR_D\ s_{ESt(D)} + SR_{AT}\ s_{ESt(AT)}$

Die Einbringung von Anteilen an einer Kommanditgesellschaft mit schweizerischen und liechtensteinischen Betriebstätten in eine in- oder ausländische Holding führt in Liechtenstein und der Schweiz jeweils zu ertragsteuerlichen Belastungen. Formal stellt sich die Steuerbelastung wie folgt dar:

(24) $S_{\text{VÜ}\,(Ertrag)}^{KG} = SR_{FL}\ s_{ESt(FL)} + SR_{CH}\ s_{GSt(CH)}$

Werden nicht alle wesentlichen Betriebsgrundlagen in die Holding eingebracht oder ist die übernehmende Holding in der Schweiz ansässig, ist Gleichung (24) bis zum 31. 12. 2012 wie folgt zu modifizieren:

(25) $S_{\text{VÜ}\,(Ertrag)}^{KG} = SR_{FL}\ s_{ESt(D)} + SR_{CH}\ s_{GSt(CH)}$

b) Besteuerung mit Verkehrsteuern

ba) Grunderwerbsteuer/Handänderungsteuer

Die Sacheinlage eines inländischen Grundstücks des Privat- oder Betriebsvermögens in eine in- oder ausländische Kapitalgesellschaft gegen Gewährung von Gesellschaftsrechten stellt nach § 1 Abs. 1 Nr. 1 dGrEStG einen grunderwerbsteuerpflichtigen Vorgang dar.[1] Ebenso kann die Einbringung einer Beteiligung an einer in- oder ausländischen Kommandit- oder Kapitalgesellschaft, in deren Betriebsvermögen sich ein inländisches Grundstück befindet, nach § 1 Abs. 2a oder Abs. 3 Nr. 3 dGrEStG zu einer Grunder-

---

[1] Vgl. *Rasche, R.*, Anhang 8, 2008, Rz. 22; *Reiß, W.*, Verkehrsteuern, 2010, Rz. 11.

werbsteuerpflicht führen, sofern der Gründungsgesellschafter an der eingebrachten Kapital- oder Kommanditgesellschaft zu mindestens 95 % beteiligt ist.[1] Zudem kann die Einbringung einer in- oder ausländischen Kommanditbeteiligung mit einer Beteiligungsquote von weniger als 95 % nach § 1 Abs. 2a dGrEStG Grunderwerbsteuer auslösen, falls die Kommanditgesellschaft über ein inländisches Grundstück verfügt und durch die Einbringung der Tatbestand, dass mindestens 95 % der Anteile an der Kommanditgesellschaft innerhalb der letzten fünf Jahre auf neue Gesellschafter übergehen, verwirklicht wird.[2] Als Bemessungsgrundlage für die Grunderwerbsteuer dient nach § 8 Abs. 2 Nr. 2 und 3 dGrEStG der Grundbesitzwert i. S. d. § 138 Abs. 2-4 dBewG.[3] Auf die Bemessungsgrundlage ist der Steuersatz anzuwenden, der in den Regelungsbereich der Bundesländer fällt.[4] Der Steuersatz ist in den einzelnen Bundesländern unterschiedlich hoch und liegt zwischen den in § 11 Abs. 1 GrEStG kodifizierten 3,5 % und 5 %.[5]

Die Sacheinlage von österreichischen Grundstücken in eine in- oder ausländische Kapitalgesellschaft gegen Gewährung von Gesellschaftsrechten stellt nach § 1 Abs. 1 Z 1 öGrEStG einen grunderwerbsteuerpflichtigen Vorgang dar.[6] Daneben löst auch die unentgeltliche Übertragung von 100 %-Beteiligungen an in- und ausländischen Kapital- und Personengesellschaften, die über österreichische Grundstücke verfügen, nach § 1 Abs. 3 Z 3 öGrEStG in Österreich Grunderwerbsteuer aus.[7] Als Bemessungsgrundlage dient gemäß § 4 Abs. 1 i. V. m. § 5 Abs. 1 Z 2 öGrEStG die Gegenleistung, also der gemeine Wert der Anteile an der übernehmenden Kapitalgesellschaft, auf die nach § 7 Abs. 1 Nr. 3 öGrEStG ein einheitlicher Steuersatz von 3,5 % anzuwenden ist.[8]

In der Schweiz kann es bei der Sacheinlage von schweizerischen Grundstücken in eine in- oder ausländische Kapitalgesellschaft gegen Gewährung von Gesellschaftsrechten in

---

[1] Vgl. zur Änderung im Gesellschafterbestand einer Personengesellschaft i. S. d. § 1 Abs. 2a dGrEStG und zur Anteilsvereinigung i. S. d. § 1 Abs. 3 dGrEStG näher *Reiß, W.*, Verkehrsteuern, 2010, Rz. 22-28; *Pahlke, A.*, § 1 GrEStG, 2010, Rz. 266-394.

[2] Vgl. dazu auch *Reiß, W.*, Verkehrsteuern, 2010, Rz. 22-25.

[3] Vgl. auch *Rasche, R.*, Anhang 8, 2008, Rz. 22.

[4] S. Art. 105 Abs. 2a S. 2 GG; vgl. zur Steuersatzautonomie der Bundesländer bei der Grunderwerbsteuer auch *Pahlke, A.*, § 11 GrEStG, 2010, Rz. 4.

[5] Zu einer Übersicht der Steuersätze in den einzelnen Bundesländern vgl. *Korn, K./Strahl, M.*, Hinweise, 2011, S. 4102.

[6] Vgl. *Fraberger, F./Rohner, H.*, Unternehmensgründung, 2010, S. 61.

[7] Vgl. *Urnik, S./Rohn, E.*, Grunderwerbsteuergesetz, 2010, S. 121 f.; *Doralt, W.*, Steuerrecht, 2012, Rz. 462.

[8] Vgl. *Fraberger, F./Rohner, H.*, Unternehmensgründung, 2010, S. 61; *Urnik, S./Rohn, E.*, Grunderwerbsteuergesetz, 2010, S. 128.

den Kantonen und/oder Gemeinden, die eine Handänderungsteuer erheben,[1] zu einer Belastung mit Handänderungsteuer kommen, wobei die Ausführungen zur Handänderungsteuer bei Stiftungserrichtung entsprechend gelten.[2]

In Liechtenstein wird keine Grunderwerbsteuer bzw. Handänderungsteuer erhoben.

bb) Widmungsteuer

Die Sachgründung einer deutschen, österreichischen, liechtensteinischen und schweizerischen Holding durch Sacheinlage von liechtensteinischen Grundstücken und Anteilen an einer Kommanditgesellschaft mit einer liechtensteinischen Betriebstätte löst auf Ebene des Gründungsgesellschafters in Liechtenstein nach Art. 13 Abs. 1 SteG die Widmungsbesteuerung aus.[3]

Wie bei der Stiftungserrichtung könnte zur Vermeidung der Widmungsbesteuerung die Option zur Vermögensteuer nach Art. 9 Abs. 3 SteG ausgeübt werden, so dass die übernehmende Holding in Liechtenstein jährlich die Vermögensteuer für das in Liechtenstein beschränkt steuerpflichtige Vermögen abführen müsste. Wie bereits ausgeführt wurde, führt die Option zur Vermögensteuer langfristig zu höheren Steuerbelastungen.[4]

bc) Tabellarische Zusammenfassung und formale Darstellung

Die Sachgründung einer deutschen, österreichischen, liechtensteinischen oder schweizerischen Holding kann verkehrsteuerliche Belastungen auslösen. Wie in Tabelle 9 gezeigt wird, kommt es bei der Errichtung einer deutschen, österreichischen, liechtensteinischen und schweizerischen Holding bei den einzelnen Vermögensarten jeweils zu den gleichen Rechtsfolgen. Die bei der Errichtung einer in- oder ausländischen Holding anfallenden Verkehrsteuerbelastungen ($S_{VÜ\,(VS)}$) ermitteln sich allgemein durch Multiplikation des jeweiligen Steuersatzes (s_{VS}) mit dem jeweiligen steuerpflichtigen Wert des Vermögens (V_0):

(26) $S_{VÜ\,(VS)} = V_0\, s_{VS}$

---

[1] Auf die Erhebung einer Handänderungsteuer verzichten die Kantone Aargau, Glarus, Schaffhausen, Schwyz, Zürich, Zug und Uri; vgl. dazu *Schweizerische Steuerkonferenz*, Steuersystem, 2011, S. 69.

[2] Vgl. dazu näher oben, S. 53.

[3] S. Art. 13 Abs. 1 i. V. m. Art. 75 Abs. 1 und 3 SteG; vgl. auch *Hosp, T./Langer, M.*, Steuerstandort, 2011, S. 63; vgl. zur Widmungsteuer näher oben, S. 41 f.

[4] Vgl. dazu oben, S. 42 f.

Vermögen	Staat	D-Holding	AT-Holding	FL-Holding	CH-Holding
D-KapG **AT-KapG** **FL-KapG** **CH-KapG**	D	keine Steuerpflicht Ausnahme: Beteiligung ≥ 95 % KapG: dt. Grdst. im BV GrESt: 3,5 %-5 %	keine Steuerpflicht Ausnahme: Beteiligung ≥ 95 % KapG: dt. Grdst. im BV GrESt: 3,5 %-5 %	keine Steuerpflicht Ausnahme: Beteiligung ≥ 95 % KapG: dt. Grdst. im BV GrESt: 3,5 %-5 %	keine Steuerpflicht Ausnahme: Beteiligung ≥ 95 % KapG: dt. Grdst. im BV GrESt: 3,5 %-5 %
D-KapG **AT-KapG** **FL-KapG** **CH-KapG**	AT	keine Steuerpflicht Ausnahme: Beteiligung = 100 % KapG: österreichisches Grdst. im BV GrESt: 3,5 %	keine Steuerpflicht Ausnahme: Beteiligung = 100 % KapG: österreichisches Grdst. im BV GrESt: 3,5 %	keine Steuerpflicht Ausnahme: Beteiligung = 100 % KapG: österreichisches Grdst. im BV GrESt: 3,5 %	keine Steuerpflicht Ausnahme: Beteiligung = 100 % KapG: österreichisches Grdst. im BV GrESt: 3,5 %
FL-KapG	FL	keine Steuerpflicht	keine Steuerpflicht	keine Steuerpflicht	keine Steuerpflicht
CH-KapG	CH	keine Steuerpflicht	keine Steuerpflicht	keine Steuerpflicht	keine Steuerpflicht
D-GrdSt	D	GrESt: 3,5 %-5,0 %	GrESt: 3,5 %-5,0 %	GrESt: 3,5 %-5,0 %	GrESt: 3,5 %-5,0 %
AT-GrdSt	AT	GrESt: 3,5 %	GrESt: 3,5 %	GrESt: 3,5 %	GrESt: 3,5 %
FL-GrdSt	FL	Widmungsteuer	Widmungsteuer	Widmungsteuer	Widmungsteuer
CH-GrdSt	CH	Handänderungsteuer (soweit erhoben)	Handänderungsteuer (soweit erhoben)	Handänderungsteuer (soweit erhoben)	Handänderungsteuer (soweit erhoben)
KG mit D-BS	D	keine Steuerpflicht: 1. Ausnahme: Beteiligung ≥ 95 % KG hat dt. Grdst. im BV GrESt: 3,5 %-5 % 2. Ausnahme: Beteiligung < 95 % KG: dt. Grdst. im BV innerhalb 5 Jahren mehr als 95 % neue Gesellschafter GrESt: 3,5 %-5 %	keine Steuerpflicht: 1. Ausnahme: Beteiligung ≥ 95 % KG hat dt. Grdst. im BV GrESt: 3,5 %-5 % 2. Ausnahme: Beteiligung < 95 % KG: dt. Grdst. im BV innerhalb 5 Jahren mehr als 95 % neue Gesellschafter GrESt: 3,5 %-5 %	keine Steuerpflicht: 1. Ausnahme: Beteiligung ≥ 95 % KG hat dt. Grdst. im BV GrESt: 3,5 %-5 % 2. Ausnahme: Beteiligung < 95 % KG: dt. Grdst. im BV innerhalb 5 Jahren mehr als 95 % neue Gesellschafter GrESt: 3,5 %-5 %	keine Steuerpflicht: 1. Ausnahme: Beteiligung ≥ 95 % KG hat dt. Grdst. im BV GrESt: 3,5 %-5 % 2. Ausnahme: Beteiligung < 95 % KG: dt. Grdst. im BV innerhalb 5 Jahren mehr als 95 % neue Gesellschafter GrESt: 3,5 %-5 %
KG mit AT-BS	AT	keine Steuerpflicht Ausnahme: Beteiligung = 100 % KG: österreichisches Grdst. im BV GrESt: 3,5 %	keine Steuerpflicht Ausnahme: Beteiligung = 100 % KG: österreichisches Grdst. im BV GrESt: 3,5 %	keine Steuerpflicht Ausnahme: Beteiligung = 100 % KG: österreichisches Grdst. im BV GrESt: 3,5 %	keine Steuerpflicht Ausnahme: Beteiligung = 100 % KG: österreichisches Grdst. im BV GrESt: 3,5 %
KG mit FL-BS	FL	Widmungsteuer	Widmungsteuer	Widmungsteuer	Widmungsteuer
KG mit CH-BS	CH	keine Steuerpflicht	keine Steuerpflicht	keine Steuerpflicht	keine Steuerpflicht

Tabelle 9: Verkehrsteuerliche Rechtsfolgen der Errichtung einer in- und ausländischen Holding

3. Direkte Vermögensnachfolge

a) Ertragsbesteuerung

Bei der unentgeltlichen Übertragung auf die nachfolgende Generation kommt es bei dem übertragenden Unternehmer zu den gleichen ertragsteuerlichen Folgen wie bei der Errichtung einer deutschen Stiftung.[1] Ertragsteuerlich ist es unerheblich, ob es sich bei der übernehmenden Person um eine natürliche oder eine juristische Person handelt.

---

[1] Vgl. dazu oben, S. 11-19.

b) Schenkungsbesteuerung

Die unentgeltliche Übertragung von in- und ausländischen Vermögenswerten auf die beiden Kinder des Unternehmers ist bei einem Rechtsgeschäft unter Lebenden nach § 1 Abs. 1 Nr. 2 i. V. m. § 7 Abs. 1 Nr. 1 ErbStG in Deutschland unbeschränkt schenkungsteuerpflichtig, da der übertragende Unternehmer Inländer i. S. d. § 2 Abs. 1 Nr. 1 ErbStG ist. Die unbeschränkte Schenkungsteuerpflicht umfasst nach § 2 Abs. 1 S. 1 ErbStG das gesamte übertragene in- und ausländische Vermögen. Für die Bewertung und die sachlichen Steuerbefreiungen gelten die Ausführungen zur Errichtung einer deutschen Stiftung entsprechend.[1] Die beiden Kinder fallen mit ihrem Erwerb nach § 15 Abs. 1 ErbStG in die Steuerklasse I, mit der nach § 16 Abs. 1 Nr. 2 ErbStG ein persönlicher Freibetrag von 400.000 Euro pro Kind verbunden ist. Der anzuwendende Steuersatz liegt bei Steuerklasse I nach § 19 Abs. 1 ErbStG zwischen 7 % und 30 %.

Befinden sich in dem Vermögen ausländische Grundstücke, Anteile an in- oder ausländischen Kommanditgesellschaften mit ausländischen Betriebstätten und Beteiligungen an ausländischen Kapitalgesellschaften, kann die Vermögensübertragung im Ausland zusätzlich eine entsprechende Besteuerung auslösen, wobei eine vergleichbare ausländische Steuer nach § 21 dErStG auf die, auf den ausländischen Erwerb entfallende, deutsche Schenkungsteuer angerechnet werden kann.[2]

In Österreich und in Liechtenstein ergeben sich seit der Abschaffung der jeweiligen Erbschaft- und Schenkungsteuergesetze keine schenkungsteuerlichen Wirkungen mehr.[3] Auch in der Schweiz fällt regelmäßig keine Schenkungsteuer an, da in den meisten, eine Schenkungsteuer erhebenden Kantonen die unentgeltliche Übertragung auf Nachkom-

---

[1] Vgl. dazu oben, S. 30-38.

[2] Vgl. zu den Voraussetzungen der Anrechnung näher *Eisele, D.*, § 21 ErbStG, 2012, Rz. 4-14.1; *Jülicher, M.*, § 21 ErbStG, 2012, Rz. 11-74. Alle deutschen ErbSt-DBA sehen zur Vermeidung der Doppelbesteuerung grundsätzlich die Anrechnungsmethode vor. Besitzt der Erblasser die schweizerische Staatsangehörigkeit und hat er seinen Wohnsitz in Deutschland, wird schweizerisches unbewegliches Vermögen nach Art. 10 Abs. 1 lit. a S. 1 ErbSt-DBA D/CH von der deutschen ErbSt befreit; vgl. auch *Geuenich, M.*, Kündigung, 2007, S. 718; *Wassermeyer, F.*, Vermeidung, 2008, Rz. 1350 f.

[3] In Österreich wurde die Schenkungsteuer mit Wirkung ab 1. 8. 2008 aufgehoben, da das Erbschafts- und Schenkungsteuergesetz verfassungswidrig war. (Kundmachung: Aufhebung des § 1 Abs. 1 Z 2 des Erbschafts- und Schenkungssteuergesetzes 1955 durch den Verfassungsgerichtshof, öBGBl. I, Nr. 39/2007). In Liechtenstein wurde die Erbschafts- und Schenkungsteuer durch die Totalrevision des Gesetzes über die Landes- und Gemeindesteuern mit Wirkung ab 1. 1. 2011 abgeschafft; vgl. dazu auch BuA Nr. 48/2010, S. 39 f.

men vollständig steuerbefreit ist.[1] Im Kanton Appenzell-Innerrhoden kommt es bei der unentgeltlichen Übertragung von schweizerischem Grundvermögen und Betriebstättenvermögen einer Kommanditgesellschaft auf die beiden Kinder des Unternehmers zu einer Schenkungsteuer in Höhe von 1 % des schenkungsteuerlichen Werts des Vermögens,[2] sofern dieser den Freibetrag von 300.000 CHF übersteigt.[3] In den Kantonen Neuenburg und Waadt löst die unentgeltliche Übertragung von schweizerischem Grundvermögen auf die beiden Kinder in der Schweiz eine Schenkungsteuerbelastung in Höhe von 3 % (NE) bzw. von 1,2 % bis 3,5 % (VD) des Grundstückswerts aus,[4] sofern die Freibeträge von jeweils 50.000 CHF überschritten werden. [5]

c) Grunderwerbsteuer

In Deutschland fällt aufgrund der Steuerbefreiung für Schenkungen nach § 3 Nr. 2 dGrEStG wie bei der Errichtung einer Stiftung keine Grunderwerbsteuer an.[6]

In Österreich stellt die unentgeltliche Übertragung von österreichischen Grundstücken und von 100 %-Beteiligungen an in- und ausländischen Kommandit- und Kapitalgesellschaften, die über ein österreichisches Grundstück verfügen, auf die beiden Kinder ebenso wie die Errichtung einer Stiftung einen grunderwerbsteuerpflichtigen Vorgang dar.[7] Der Grunderwerbsteuersatz beträgt bei der Übertragung auf ein Kind nach § 7 Nr. 1 öGrEStG 2 %.

In der Schweiz fällt in den Kantonen und/oder Gemeinden, die eine Handänderungsteuer erheben, in gleicher Weise wie bei der Errichtung einer Stiftung eine Handänderungsteuer an.[8] Zusätzlich zu den Kantonen, in denen Schenkungen von der Handänderung-

---

[1] S. § 142 Abs. 3 StG-AG; Art. 139 StG-AR; § 9 Abs. 1 lit. b ESchG-BL; § 120 Abs. 1 lit. a StG-BS; Art. 9 lit. b ESchG-BE; Art. 8 Abs. 1 lit. f ESchG-FR; Art. 27A Abs. 1 lit. b LDE-GE; Art. 120 Abs. 1 StG-GL; Art. 107 Abs. 2 StG-GR; Art. 10 lit. a LISD-JU; Art. 157 Nr. 1 StG-NW; Art. 133 Abs. 1 lit. a StG-OW; Art. 3 Abs. 1 lit. f ESchG-SH; § 236 Abs. 1 lit. b StG-SO; Art. 146 Abs. 1 StG-SG; § 7 Abs. 1 ESchG-TG; Art. 154 Abs. 1 lit. f LT-TI; Art. 158 Abs. 1 lit. b StG-UR; Art. 112 Abs. 1 lit. a StG-VS; § 11 ESchG-ZH; § 175 Abs. 1 StG-ZG.

[2] S. Art. 95 Abs. 2 i. V. m. Art. 96 Abs. 1 lit. c und Abs. 2, Art. 96 und Art. 101 Abs. 1 lit. a StG-AI.

[3] S. Art. 100 Abs. 1 lit. a und Abs. 3 StG-AI.

[4] S. Art. 3 Abs. 1 lit. c i. V. m. Art. 8 Abs. 1 und Art. 23 Abs. 1 lit. a LSucc-NE; Art. 12 Abs. 1 lit. a i. V. m. Art. 34 und Anhang II Tabelle a zu Art. 34 LMSD-VD. Im Kanton Waadt kann neben der Kantonsteuer noch eine Gemeindesteuer maximal bis zur Höhe der Kantonsteuer anfallen; vgl. dazu auch *Credit Suisse*, Übersicht, 2012, S. 2.

[5] S. Art. 22 Abs. 1 LSucc-NE; Art. 16 lit. c bis LMSD-VD.

[6] Vgl. dazu oben, S. 52.

[7] Vgl. dazu oben, S. 52.

[8] Vgl. dazu oben, S. 53.

steuer befreit sind,[1] erheben die Kantone Basel-Stadt, Luzern, Neuenburg, Nidwalden und Thurgau bei der Grundstücksübertragung zwischen Eltern und Kindern keine Handänderungsteuer.[2] In den Kantonen Appenzell-Innerrhoden, Solothurn und St. Gallen werden Grundstücksübertragungen von Eltern auf Kinder durch eine Halbierung des anzuwendenden Steuersatzes begünstigt.[3] Im Kanton Jura ist anstelle des regulären Steuersatzes von 2,1 % bei der Übertragung von Eltern auf Kinder ein reduzierter Steuersatz von 1,1 % anwendbar.[4]

II. Periodische Besteuerung

Im Rahmen der periodischen Besteuerung ist die Ebene der Stiftung bzw. Holding und die Ebene der Destinatäre bzw. der Gesellschafter zu untersuchen. Bei der direkten Nachfolge sind die Steuerwirkungen bei den Nachkommen zu analysieren. Daneben sind auch die Steuerwirkungen der nach § 1 Abs. 1 Nr. 4 ErbStG bei deutschen Familienstiftungen alle 30 Jahre anfallenden Erbersatzsteuer zu untersuchen.

1. Periodische Besteuerung von Stiftungen und ihrer Destinatäre

Bei der laufenden Besteuerung von Stiftungen und ihren Destinatären ist zwischen einer Stiftung mit Sitz in Deutschland und einer ausländischen Stiftung mit Sitz in Österreich oder Liechtenstein zu unterscheiden. Im Folgenden werden zuerst die periodischen Steuerwirkungen beim Einsatz einer deutschen Stiftung und daran anschließend die laufenden Steuerwirkungen beim Einsatz einer österreichischen und liechtensteinischen Stiftung untersucht.

a) Stiftung mit Sitz in Deutschland

Bei einer deutschen Stiftung sind bei der periodischen Besteuerung sowohl die Ebene der Stiftung als auch die Ebene der Destinatäre zu betrachten. Auf Ebene der Stiftung sind sowohl die Ertrag- und Vermögensteuern als auch die Erbersatzsteuer zu berücksichtigen.

---

1 Basel-Landschaft (§ 82 Abs. 1 lit. c StG-BL), Bern (Art. 12 lit. e HÄStG-BE), Genf (Art. 33 i. V. m. Art. 34 LDE-GE); Graubünden (Art. 9 lit. a GKStG-GR), Obwalden (Art. 159Abs. 1 lit. b StG-OW) Thurgau (§ 138 i. V. m. § 129 Nr. 1 StG-TG) und Waadt Art. 3 LMSD-VD). Im Kanton Freiburg knüpft die Steuerpflicht nur an entgeltliche Grundstücksübertragungen an; s. Art. 1 lit. a HÄStG-FR.

2 S. § 4 lit. a HÄStG-BS; Art. § 3 Nr. 2 HÄStG-LU; Art. 8 Abs. 1 lit. f LDMI-NE; Art. 139 lit. 3 StG-NW; § 138 Abs. 1 StG-TG.

3 S. Art. 238 Abs. 2 StG-AR; § 212 StG-SO; Art. 245 Abs. 2 StG-SG.

4 S. Art. 9 Abs. 1 HÄStG-JU.

aa) Ertrag- und Vermögensbesteuerung der Stiftung

(1) Ertragsbesteuerung in Deutschland

Eine Stiftung mit Sitz und Geschäftsleitung in Deutschland ist mit ihrem Welteinkommen nach § 1 Abs. 1 Nr. 4 dKStG unbeschränkt körperschaftsteuerpflichtig,[1] wobei sie Einkünfte aus allen Einkunftsarten des § 2 Abs. 1 dEStG mit Ausnahme von Einkünften aus nichtselbständiger Arbeit erzielen kann.[2] Das steuerpflichtige Einkommen der Stiftung ermittelt sich nach § 7 i. V. m. § 8 dKStG und den Vorschriften des dEStG und unterliegt nach Abzug des Freibetrages von 5.000 Euro i. S. d. § 24 Abs. 1 Satz 1 dKStG gemäß § 23 Abs. 1 dKStG der Körperschaftsteuer zum Steuersatz von 15 %.[3]

Eine Stiftung gilt nach § 2 Abs. 2 GewStG nicht als Gewerbebetrieb kraft Rechtsform, so dass diese nach § 2 Abs. 1 oder 3 GewStG nur bei einem wirtschaftlichen Geschäftsbetrieb oder einem Gewerbebetrieb i. S. d. § 15 dEStG gewerbesteuerpflichtig ist, wobei nach § 11 Abs. 1 Nr. 2 GewStG ein Freibetrag von 5.000 Euro gilt.[4]

Obwohl bei Stiftungen grundsätzlich die allgemeinen Einkünfteermittlungsvorschriften des dEStG gelten, geht bei Dividenden von in- und ausländischen Kapitalgesellschaften § 8b dKStG als Spezialnorm vor,[5] so dass bei einer inländischen Stiftung Dividenden nach § 8b Abs. 1 i. V. m. Abs. 5 dKStG zu 95 % von der Körperschaftsteuer befreit sind.[6] Gewinne aus der Veräußerung von Beteiligungen an in- und ausländischen Kapitalgesellschaften sind unabhängig von der Haltedauer und der Beteiligungsquote nach § 20 Abs. 2 Nr. 1 oder § 17 Abs. 1 dEStG steuerpflichtig und nach § 8b Abs. 2 und 3 dKStG zu 95 % von der Körperschaftsteuer befreit.[7] Eine einbehaltene deutsche Kapitalertragsteuer entfaltet bei Stiftungen keine Abgeltungswirkung i. S. d. § 43 Abs. 5 dEStG,[8] sondern ist auf die Körperschaftsteuer anzurechnen bzw. zu erstatten.[1] Eine bei

---

1 Vgl. auch *Seer, R./Versin, V.*, Familienstiftung, 2006, S. 288; *Werner, R.*, Stiftungen, 2006, S. 542.
2 Vgl. *Orth, M.*, Stiftungen, 2001, S. 326; *Berndt, H./Götz, H.*, Stiftung, 2009, Rz. 895.
3 Vgl. *Seer, R./Versin, V.*, Familienstiftung, 2006, S. 288; *Orth, M.*, Stiftungssteuerrecht, 2007, S. 972; *Meyn, C./Richter, A./Koss, C.*, Die Stiftung, 2009, Rz. 958.
4 Vgl. *Berndt, H./Götz, H.*, Stiftung, 2009, Rz. 972-974, 984; *Schiffer, K. J.*, Beraterpraxis, 2009, S. 298.
5 Vgl. *Richter, A./Gollan, A. K.*, Kapitalerträge, 2010, S. 1162 f.
6 Vgl. auch *Götz, H.*, Familienstiftung, 2005, S. 8805; *Richter, A.*, Deutschland, 2007, Rz. 168 f. *Löwe, C. v.*, Steuerliche Behandlung, 2009, S. 1379.
7 Vgl. *Orth, M.*, Stiftungssteuerrecht, 2007, S. 973; *Berndt, H./Götz, H.*, Stiftung, 2009, Rz. 923.
8 Vgl. *Richter, A./Eichler, A. K./Fischer, H.*, Unternehmensteuerreform, 2008, S. 12 f.; *Richter, A./Gollan, A. K.*, Kapitalerträge, 2010, S. 1157.

Gewinnausschüttungen einer ausländischen Kapitalgesellschaft einbehaltene Quellensteuer ist aufgrund der inländischen Steuerbefreiung nach § 8b dKStG nicht anrechenbar, so dass eine ausländische Quellensteuer definitive Wirkung entfaltet.[2]

Ist die deutsche Stiftung an einer deutschen gewerblichen Kommanditgesellschaft beteiligt, gilt sie als Mitunternehmerin i. S. d. § 15 Abs. 1 Nr. 2 dEStG, so dass die Gewinnanteile der Körperschaft- und Gewerbesteuer unterliegen.[3] Für die Gewinnanteile an einer österreichischen oder schweizerischen Kommanditgesellschaft wird das Besteuerungsrecht für die auf die österreichische bzw. schweizerische Betriebstätte entfallenden Gewinnanteile jeweils Österreich bzw. der Schweiz mit Freistellung in Deutschland zugewiesen.[4] Auf eine liechtensteinische Betriebstätte entfallende Gewinnanteile einer liechtensteinischen Kommanditgesellschaft sind in Deutschland bis zum 31. 12. 2012 im Rahmen der unbeschränkten Körperschaftsteuerpflicht der Stiftung steuerlich zu erfassen, wobei die liechtensteinische Ertragsteuer in Deutschland nach § 26 dKStG anzurechnen ist. Seit dem 1. 1. 2013 wird das Besteuerungsrecht für die auf eine liechtensteinische Betriebstätte entfallenden Gewinnanteile Liechtenstein als Betriebstättenstaat mit Freistellung in Deutschland zugewiesen.[5]

Befinden sich im Vermögen der Stiftung deutsche oder liechtensteinische Grundstücke, unterliegen die Einkünfte aus der Nutzungsüberlassung dieser als Einkünfte aus Vermietung und Verpachtung i S. d. § 21 dEStG der deutschen Körperschaftsteuer,[6] wobei eine liechtensteinische Ertragsteuer auf die Körperschaftsteuer der Stiftung nach § 26 dKStG für Veranlagungszeiträume bis 2012 anzurechnen ist. Gewinne aus der Veräußerung von deutschen oder liechtensteinischen Grundstücken sind nur innerhalb der zehn-

---

1 Vgl. *Gebel, D.*, Betriebsvermögensnachfolge, 2002, Rz. 1190; *Götz, H.*, Teil I, 2004, S. 630; *Richter, A.*, Deutschland, 2007, Rz. 168; *Meyn, C./Richter, A./Koss, C.*, Die Stiftung, 2009, Rz. 966, 973. Sofern die veräußerten Beteiligungen vor dem 1. 1. 2009 angeschafft wurden, sind Veräußerungsgewinne aus Beteiligungen nur steuerpflichtig, falls es sich um eine Beteiligung i. S. d. § 17 dEStG handelt.

2 Vgl. auch *Jacobs, O. H.*, Internationale Unternehmensbesteuerung, 2011, S. 465.

3 Vgl. *Kußmaul, H./Meyering, S.*, Besteuerung, 2004, S. 59; *Schiffer, K. J.*, Beraterpraxis, 2009, S. 298. Zur Einkünftequalifikation von Gewinnanteilen an einer Kommanditbeteiligung vgl. BFH, Urt. v. 27. 3. 2001, I R 78/99, BStBl. II 2001, S. 450; kritisch dazu *Götz, H.*, Teil II, 2004, S. 669.

4 S. Art. 7 Abs. 7 i. V. m. Abs. 1 und Art. 23 Abs. 1 lit. a DBA D/AT bzw. Art. 7 Abs. 7 i. V. m. Abs. 1 und Art. 24 Abs. 1 Nr. 1 lit. a DBA D/CH; vgl. für Österreich *Schuch, J./Haslinger, K.*, Art. 7 Österreich, 2012, Rz. 7 f.; vgl. für die Schweiz *Kubaile, H./Suter, R./Jakob, W.*, Investitionsstandort Schweiz, 2009, S. 369; *Scherer, T. B.*, Art. 7 Schweiz, 2012, Rz. 91-93, 351, 401. Im Verhältnis zur Schweiz ist der Aktivitätsvorbehalt i. S. d. Art. 24 Abs. 1 S. 1 Nr. 1 lit. a DBA D/CH zu beachten.

5 S. Art. 7 Abs. 4 i. V. m. Abs. 1 und Art. 23 Abs. 1 lit. a DBA D/FL. Für die Freistellung in Deutschland muss der Aktivitätsvorbehalt nach Art. 23 Abs. 1 lit. c DBA D/FL erfüllt sein.

6 Vgl. auch *Pöllath, R./Richter, A.*, Besteuerung, 2009, Rz. 28-31.

jährigen Spekulationsfrist i. S. d. § 23 Abs. 1 Satz 1 Nr. 1 dEStG körperschaftsteuerpflichtig,[1] wobei eine liechtensteinische Grundstücksgewinnsteuer auf die Körperschaftsteuer für Veranlagungszeiträume bis 2012 anzurechnen ist. Seit dem 1. 1. 2013 wird das Besteuerungsrecht für laufende Erträge und für Veräußerungsgewinne aus unbeweglichem Vermögen Liechtenstein als Belegenheitsstaat zugewiesen und in Deutschland von der Körperschaftsteuer befreit.[2] Bei österreichischen Grundstücken wird das Besteuerungsrecht für die Einkünfte aus der Vermietung und Verpachtung nach Art. 6 i. V. m. Art. 23 Abs. 1 lit. a DBA D/AT und für Veräußerungsgewinne nach Art. 13 Abs. 1 i. V. m. Art. 23 Abs. 1 lit. a DBA-D/AT Österreich als Belegenheitsstaat zugewiesen und in Deutschland von der Körperschaftsteuer befreit.[3] Für die laufenden Einkünfte und die Veräußerungsgewinne aus schweizerischen Grundstücken haben nach Art. 6 und Art. 13 Abs. 1 DBA D/CH sowohl die Schweiz als auch Deutschland ein Besteuerungsrecht, wobei Deutschland die schweizerischen Gewinnsteuern bzw. die Grundstücksgewinnsteuern nach Art. 24 Abs. 1 Nr. 2 DBA D/CH auf die deutsche Körperschaftsteuer anzurechnen hat.[4]

Die Zuwendungen an die Destinatäre und sonstige Aufwendungen zur Erfüllung des Stiftungszweckes sind der Vermögenssphäre der Stiftung zuzurechnen und gelten nach § 10 Nr. 1 dKStG als Einkommensverwendung der Stiftung.[5] Nur wenn diese Aufwendungen zugleich Betriebsausgaben oder Werbungskosten darstellen, sind diese von der körperschaftsteuerlichen Bemessungsgrundlage abzugsfähig.[6] Auch die Erbschaft- und Schenkungsteuer auf den Vermögenserwerb sowie die Erbersatzsteuer bei Familienstiftungen werden gemäß § 10 Nr. 2 dKStG als Einkommensverwendung qualifiziert.[7]

(2) Ertragsbesteuerung in Österreich

Eine deutsche Stiftung ist in Österreich nach § 1 Abs. 3 Z 1 lit. a i. V. m. § 21 öKStG und § 98 Abs. 1 Z 5 lit. a öEStG mit Dividenden von einer österreichischen Kapitalgesellschaft beschränkt körperschaftsteuerpflichtig, wobei die Steuererhebung im Wege

---

1 Vgl. auch *Pöllath, R./Richter, A.*, Besteuerung, 2009, Rz. 28.

2 S. Art. 6 Abs. 1 bis 3 und Art. 13 Abs. 1 i. V. m. Art. 23 Abs. 1 lit. a DBA D/FL.

3 Vgl. *Wassermeyer, F.*, Anwendung, 2000, S. 152; *Götz, A.*, Doppelbesteuerungsabkommen, 2005, S. 303 f.

4 Vgl. auch *Scherer, T. B.*, Art. 6 Schweiz, 2012, Rz. 29; *Scherer, T. B.*, Art. 13 Schweiz, 2012, Rz. 52.

5 Vgl. *Seer, R./Versin, V.*, Familienstiftung, 2006, S. 288; *Berndt, H./Götz, H.*, Stiftung, 2009, Rz. 950.

6 BFH, Urt. v. 10. 5. 1960, I 205/59 U, BStBl. III 1960, S. 335; vgl. auch *Kußmaul, H./Meyering, S.*, Besteuerung, 2004, S. 59; *Berndt, H./Götz, H.*, Stiftung, 2009, Rz. 951.

7 Vgl. *Kußmaul, H./Meyering, S.*, Besteuerung, 2004, S. 59; *Richter, A.*, Deutschland, 2007, Rz. 167.

des Kapitalertragsteuereinbehalts erfolgt.[1] Der Steuersatz der Kapitalertragsteuer beträgt nach § 27a öEStG und § 21 öKStG grundsätzlich 25 % und reduziert sich aufgrund der Quellensteuerreduktion nach Art. 10 Abs. 2 DBA D/AT auf 15 % und bei Schachtelbeteiligungen mit einer Beteiligungsquote von mindestens 10 % auf 5 %.[2] Da eine deutsche Stiftung eine andere nach deutschem Recht gegründete Gesellschaft i. S. d. Mutter-Tochter-Richtlinie[3] darstellt und in Deutschland körperschaftsteuerpflichtig ist,[4] können deutsche Stiftungen die Vorgaben der Mutter-Tochter-Richtlinie nutzen.[5] Bei Ausschüttungen einer österreichischen Kapitalgesellschaft, an der eine deutsche Stiftung ununterbrochen mindestens ein Jahr lang zu mindestens 10 % beteiligt ist, reduziert sich die österreichische Kapitalertragsteuer damit auf 0 %.[6]

Das Besteuerungsrecht für Veräußerungsgewinne aus Beteiligungen an österreichischen Kapitalgesellschaften wird nach Art. 13 Abs. 5 DBA D/AT Deutschland als Ansässigkeitsstaat der Stiftung zugewiesen, so dass es in Österreich zu keinen körperschaftsteuerlichen Belastungen kommt.[7]

---

[1] Vgl. zur beschränkten Steuerpflicht von Dividenden *Djanani, C./Pummerer E./Wittmann, A.*, Außensteuerrecht, 2011, S. 38.

[2] Vgl. dazu grundlegend *Stieglitz, A.*, Gesellschafter, 2011, S. 256 f.; speziell zum DBA D/AT vgl. *Götz, A.*, Doppelbesteuerungsabkommen, 2005, S. 310. Die Reduktion der Kapitalertragsteuer erfolgt allerdings nicht durch Sofortentlastung an der Quelle (§ 5 Abs. 1 Z 5 DBA-VO), sondern ist nur im Wege des Rückerstattungsverfahrens i. S. d. § 21 Abs. 1 Z 1a öKStG möglich; vgl. zur Quellensteuerreduktion nach DBA näher *Stieglitz, A.*, Gesellschafter, 2011, S. 258-263.

[3] Richtlinie 90/435/EWG des Rates v. 23. Juli 1990 über das gemeinsame Steuersystem der Mutter- und Tochtergesellschaften verschiedener Mitgliedstaaten, ABl. EU L 225, v. 20. 8. 1990, S. 6, zuletzt geändert durch Richtlinie 2006/98/EG des Rates vom 20. November 2006, ABl. EU Nr. L 363 v. 20. 12. 2006, S. 129.

[4] Zur Definition einer Gesellschaft i. S. d. Mutter-Tochter-Richtlinie s. Art. 2 MTRL und Anhang zur MTRL, lit. f. Der Begriff „Gesellschaft" ist nach dem europarechtlichen Verständnis auszulegen. Da auch die reine Vermögensverwaltung als Erwerbszweck anzusehen ist, gelten Stiftungen ebenso wie andere juristische Personen als Gesellschaften i. S. d. Art. 54 AEUV bzw. Art. 34 EWRA; vgl. dazu näher *Thömmes, O./Stockmann, F.*, Familienstiftung, 1999, S. 263; *Hey, J.*, Hinzurechnungsbesteuerung, 2009, S. 183; *Forsthoff, U.*, Art. 54 AEUV, 2011, Rz. 3; a. A. *Iffland-Zinser, B.*, Nachfolgeplanung, 2007, S. 170.

[5] Vgl. dazu auch *Jesse, L.*, Richtlinien-Umsetzungsgesetz, 2005, S. 153; wohl auch *Lindberg, K.*, § 43b EStG, 2012, Rz. 21 f.; a. A. *Iffland-Zinser, B.*, Nachfolgeplanung, 2007, S. 170; *Schönfeld, J.*, § 50d Abs. 3 EStG, 2011, Rz. 51. Eine Sofortentlastung an der Quelle ist nach§ 94 Z 2 öEStG i. V. m. §§ 1 und 2 KESt-VO nur möglich, falls die Stiftung nachweist, dass sie eine Betätigung ausübt, die über eine bloße Vermögensverwaltung hinausgeht, Arbeitnehmer beschäftigt und über eigene Betriebsräumlichkeiten verfügt. Wird der Nachweis nicht erbracht, ist die Quellensteuerreduktion im Wege des Rückerstattungsverfahrens i. S. d. § 21 Abs. 1 Z 1a öKStG möglich; vgl. dazu näher *Stieglitz, A.*, Gesellschafter, 2011, S. 263-276.

[6] Vgl. zur Besteuerung von Gewinnausschüttungen in Österreich an EU-Gesellschaften näher *Stieglitz, A.*, Gesellschafter, 2011, S. 263-276.

[7] Vgl. auch *Götz, A.*, Doppelbesteuerungsabkommen, 2005, S. 313.

Daneben ist die deutsche Stiftung auch mit Gewinnanteilen aus der Beteiligung an einer in- oder ausländischen Kommanditgesellschaft, die auf eine österreichische Betriebstätte entfallen (§ 98 Abs. 1 Z 3 öEStG), mit Einkünften aus der Vermietung und Verpachtung von österreichischen Grundstücken (§ 98 Abs. 1 Z 6 öEStG) und mit Einkünften aus der Veräußerung von österreichischen Grundstücken (§ 98 Abs. 1 Z 7 i. V. m. § 30 öEStG) beschränkt körperschaftsteuerpflichtig, wobei nach § 22 Abs. 1 öKStG der proportionale Steuertarif von 25 % gilt.[1]

(3) Ertrag- und Vermögensbesteuerung in der Schweiz

In der Schweiz wird auf Dividenden von in der Schweiz ansässigen Kapitalgesellschaften die als Quellensteuer ausgestaltete Verrechnungsteuer erhoben, deren Steuersatz nach Art. 13 Abs. 1 lit. a VStG grundsätzlich 35 % beträgt.[2] Die Verrechnungsteuer reduziert sich bei einer deutschen Stiftung als Dividendenempfänger nach Art. 10 Abs. 2 lit. c DBA D/CH auf 15 % und bei einer Schachtelbeteiligung von mindestens 20 % ermäßigt sich die Verrechnungsteuer nach Art. 10 Abs. 3 DBA D/CH auf 0 %.[3] Veräußerungsgewinne aus Beteiligungen an schweizerischen Kapitalgesellschaften sind in der Schweiz nicht beschränkt steuerpflichtig.[4]

Die deutsche Stiftung ist in der Schweiz nach Art. 51 Abs. 1 i. V. m. Art. 52 Abs. 2 DBG bzw. Art. 21 Abs. 1 StHG mit Einkünften aus Anteilen an einer in- oder ausländischen Kommanditgesellschaft, die in der Schweiz über eine Betriebstätte verfügt, und mit schweizerischen Grundstücken beschränkt steuerpflichtig.[5] Auf Bundesebene unterliegt der auf schweizerische Grundstücke und der auf schweizerische Betriebstätten ei-

---

[1] Vgl. zur körperschaftsteuerlichen Behandlung von beschränkt Steuerpflichtigen in Österreich *Mayr, G.*, Körperschaftsteuer, 2012, Rz. 1035-1041; zZum Umfang der beschränkten Steuerpflicht in Österreich vgl. *Djanani, C./Pummerer E./Wittmann, A.*, Außensteuerrecht, 2011, S. 26-28. Die Abschaffung der Spekulationsfrist ab dem 1. 4. 2012 wirkt sich auch auf beschränkt steuerpflichtige Körperschaften aus; vgl. auch *Bodis, A./Mayr, G.*, Auswirkungen, 2012, S. XL, Fn. 8.

[2] Vgl. zur Verrechnungsteuer auf Kapitalerträge näher *Höhn, E./Waldburger, R.*, Steuerrecht Bd. I, 2001, § 21 Rz. 1-43; *Reich, M.*, Steuerrecht, 2012, S. 601-621.

[3] Vgl. dazu näher *Kubaile, H./Suter, R./Jakob, W.*, Investitionsstandort Schweiz, 2009, S. 293-296. Nach Art. 3 Abs. 1 lit e DBA D/CH fällt unter den abkommensrechtlichen Begriff „Gesellschaft" auch eine privatrechtliche Stiftung, so dass diese abkommensberechtigt ist; vgl. auch *Hardt, C.*, Art. 3 Schweiz, 2012, Rz. 49. Eine Sofortentlastung an der Quelle ist nach Art. 1 Abs. 2 i. V. m. Art. 3 Abs. 3 Steuerentlastungs-VO und Art. 3 VO zum DBA D/CH nur für deutsche Kapitalgesellschaften mit einer Schachtelbeteiligung i. S. d. Art. 10 Abs. 3 DBA D/CH möglich. Stiftungen als sonstige juristische Personen können die Quellensteuerreduktion nur durch das Rückerstattungsverfahren i. S. d. Art. 1 i. V. m. Art. 2 VO zum DBA D/CH beantragen; vgl. zum Erstattungsverfahren und zur Entlastung an der Quelle auch *Kubaile, H./Suter, R./Jakob, W.*, Investitionsstandort Schweiz, 2009, S. 300-302.

[4] Vgl. *Locher, P.*, Internationales Steuerrecht, 2005, S. 385.

[5] Vgl. zur beschränkten Steuerpflicht in der Schweiz auch *Kubaile, H./Suter, R./Jakob, W.*, Investitionsstandort Schweiz, 2009, S. 21-29; *Mäusli-Allenspach, P./Oertli, M.*, Steuerrecht, 2010, S. 188 f.

ner Kommanditgesellschaft entfallende Gewinn bzw. Gewinnanteil der Gewinnsteuer mit einem nominalen Steuersatz von 4,25 %[1], wobei nach Art. 71 Abs. 2 DBG eine Freigrenze von 5.000 CHF gilt.[2] Auf kantonaler und kommunaler Ebene ist die deutsche Stiftung mit schweizerischen Betriebstätten einer in- oder ausländischen Kommanditgesellschaft und mit schweizerischen Grundstücken gewinn- und kapitalsteuerpflichtig,[3] wobei die Steuersätze der kantonalen und kommunalen Gewinn- und Kapitalsteuern überwiegend proportional ausgestaltet sind.[4] In einigen Kantonen ist nach Art. 30 Abs. 2 StHG die Gewinnsteuer auf die Kapitalsteuer anrechenbar, so dass im Ergebnis nur die höhere der beiden Steuern erhoben wird.[5] Bei Gewinnen aus der Veräußerung von schweizerischen Grundstücken fällt in den Kantonen, die das monistische System der Grundstücksgewinnsteuer anwendenden, anstelle der allgemeinen Gewinnsteuer die Grundstücksgewinnsteuer an. Nach Art. 59 Abs. 1 lit. a DBG und Art. 25 Abs. 1 lit. a StHG mindern die Steuern des Bundes, der Kantone und Gemeinden den Gewinn, so dass die effektiven Gewinnsteuersätze auf Bundesebene und auf kantonaler sowie kommunaler Ebene entsprechend niedriger sind.[6]

(4) Ertragsbesteuerung in Liechtenstein

Die deutsche Stiftung ist in Liechtenstein nach Art. 44 Abs. 2 und 3 SteG nur mit Miet- und Pachterträgen aus Grundstücken und mit den Gewinnanteilen aus einer in- oder ausländischen Kommanditgesellschaft, die auf eine in Liechtenstein belegene Betriebstätte entfallen, beschränkt ertragsteuerpflichtig,[7] wobei nach Art. 61 SteG ein proportionaler Ertragsteuertarif von 12,5 % gilt. Da in Liechtenstein nach Art. 54 i. V. m. Art. 5

---

1 S. Art. 71 Abs. 1 DBG.

2 Vgl. auch *Kubaile, H./Suter, R./Jakob, W.*, Investitionsstandort Schweiz, 2009, S. 132; *Mäusli-Allenspach, P./Oertli, M.*, Steuerrecht, 2010, S. 262.

3 Vgl. zur beschränkten Steuerpflicht auf kantonaler und kommunaler Ebene auch *Locher, P.*, Interkantonales Steuerrecht, 2009, S. 49.

4 Vgl. dazu auch *ESTV*, Juristische Personen, 2012, S. 39 f. In den Kantonen Genf und St. Gallen ist der Tarif der Gewinnsteuer für Stiftungen progressiv ausgestaltet (S. Art. 25 LIPM-GE; Art. 95 Abs. 1 i. V. m. Art. 50 Abs. 1 und 2 StG-SG). Ein progressiver Kapitalsteuertarif für Stiftungen wird in den Kantonen Genf, Graubünden, Waadt und Wallis angewendet (S. Art. 33 i. V. m. Art. 32 Abs. 1 LIPM-GE; Art. 91 Abs. 2 StG-GR; Art. 116 i. V. m. Art. 49 LI-VD; Art. 100 Abs. 1 i. V. m. Art. 60 StG-VS).

5 Vgl. auch *ESTV*, Juristische Personen, 2012, S. 61. Eine Anrechnung der Gewinn- auf die Kapitalsteuer ist in den Kantonen Aargau, Appenzell-Innerrhoden, Basel-Landschaft, Bern, Glarus, Schwyz, Solothurn, St. Gallen, Thurgau und Waadt möglich (§ 86 Abs. 4 StG-AG; Art. 75 Abs. 2 StG-AI; § 62 Abs. 1 S. 2 StG-BL; Art. 106 Abs. 4 S. 1 StG-BE; Art. 81 StG-GL; § 78 StG-SZ; § 108 Abs. 3 StG-SO; Art. 99 Abs. 2 StG-SG; § 100a StG-TG; Art. 118a LI-VD). Im Kanton Genf ist die Anrechnung der Gewinn- auf die Kapitalsteuer auf einen Betrag von 8.500 CHF begrenzt (Art. 36A LIPM-GE).

6 Vgl. dazu auch *Kubaile, H./Suter, R./Jakob, W.*, Investitionsstandort Schweiz, 2009, S. 35 f. und S. 110; *Reich, M.*, Steuerrecht, 2012, S. 458 und S. 480.

7 Vgl. zur beschränkten Ertragsteuerpflicht auch *Hosp, T./Langer, M.*, Steuerstandort, 2011, S. 85 f.

SteG und Art. 3 FinG ein Sollertrag in Höhe von 4 % des modifizierten Eigenkapitals[1] als Aufwand abzugsfähig ist (Eigenkapital-Zinsabzug), reduziert sich die effektive Steuerbelastung in Abhängigkeit von der Eigenkapitalrendite entsprechend.[2] Auch bei beschränkter Steuerpflicht fällt nach Art. 62 Abs. 1 und 2 SteG unabhängig vom steuerpflichtigen Reinertrag die pauschale Mindestertragsteuer in Höhe von 1.200 CHF an, die auf die Ertragsteuer vollständig anrechenbar ist und bis zu einem steuerpflichtigen Reinertrag von 9.600 CHF definitive Wirkung entfaltet.[3]

Mit Gewinnen aus der Veräußerung von liechtensteinischen Grundstücken unterliegt eine deutsche Stiftung nach Art. 35 SteG der speziellen Grundstücksgewinnsteuer.[4] Auf den Veräußerungsgewinn ist auch bei Stiftungen nach Art. 42 i. V. m. Art. 43 und Art. 19 lit. a SteG der für natürliche Personen (Alleinstehende) geltende progressive Einkommensteuertarif anzuwenden, so dass ein, den Grundfreibetrag von 15.000 CHF übersteigender Veräußerungsgewinn auf Landes- und Gemeindeebene insgesamt mit einer Grundstücksgewinnsteuer von mindestens 3 % und maximal 21 % belastet wird.[5]

Dividenden von liechtensteinischen Kapitalgesellschaften und Gewinne aus der Veräußerung von Beteiligungen an liechtensteinischen Kapitalgesellschaften sind in Liechtenstein aufgrund der umfassenden Steuerbefreiung[6] von Gewinnausschüttungen und Veräußerungsgewinnen auf Beteiligungen nach Art. 44 Abs. 2 und 3 SteG nicht von der beschränkten Ertragsteuerpflicht erfasst, so dass auch keine Quellensteuern anfallen.

ab) Erbersatzsteuer

Bei einer inländischen Familienstiftung, die wesentlich im Interesse einer Familie oder bestimmter Familien errichtet ist, fällt nach § 1 Abs. 1 Nr. 4 ErbStG im Zeitabstand von jeweils 30 Jahren ab dem Zeitpunkt der Erstdotation die sogenannte Erbersatzsteuer an. Unter welchen Voraussetzungen eine Stiftung wesentlich im Interesse einer oder bestimmter Familien errichtet ist, ist im Gegensatz zur Zurechnungsbesteuerung i. S. d. § 15 AStG[7] im deutschen Erbschaftsteuergesetz nicht näher definiert, so dass für erb-

---

[1] Zur Ermittlung des modifizierten Eigenkapitals s. Art. 54 Abs. 2 SteG und Art. 32 SteV.
[2] Vgl. dazu näher *Hosp, T./Langer, M.*, Steuerstandort, 2011, S. 109-112.
[3] Vgl. zur Mindestertragsteuer näher *Hosp, T./Langer, M.*, Steuerstandort, 2011, S. 120 f.
[4] Vgl. zur persönlichen Steuerpflicht der Grundstücksgewinnsteuer *Hosp, T./Langer, M.*, Steuerstandort, 2011, S. 81.
[5] Vgl. dazu auch *Hosp, T./Langer, M.*, Steuerstandort, 2011, S. 83.
[6] S. Art. 48 Abs. 1 lit. e und f und Abs. 2 lit. b und c SteG.
[7] Vgl. dazu unten, 113-115.

schaft- und schenkungsteuerliche Zwecke unterschiedliche Ansätze zur Definition einer Familienstiftung entwickelt wurden.[1] Nach Ansicht der Finanzverwaltung liegt in Anlehnung an die Definition in § 15 Abs. 2 AStG eine Familienstiftung vor, wenn nach der Satzung der Stifter, seine Angehörigen und deren Abkömmlinge zu mehr als 50 % bezugs- oder anfallsberechtigt sind oder wenn diese zu mehr als 25 % bezugs- oder anfallsberechtigt sind und zusätzliche Merkmale ein „wesentliches Familieninteresse" belegen.[2] Dagegen ist nach der „Löwenanteilstheorie" von einer Familienstiftung auszugehen, wenn die Familienmitglieder zu mehr als 75 % begünstigt sind.[3] Abweichend von diesen quantifizierenden Ansätzen geht der BFH bei der Definition einer Familienstiftung für die Erbersatzsteuer davon aus, dass eine Stiftung dann wesentlich dem Interesse einer Familie oder bestimmter Familien dient, wenn das Wesen der Stiftung nach der Satzung und gegebenenfalls dem Stiftungsgeschäft darin liegt, es den Familien zu ermöglichen, das Stiftungsvermögen, soweit es einer Nutzung zu privaten Zwecken zugänglich ist, zu nutzen und die Stiftungserträge an sich zu ziehen, wobei es unerheblich ist, ob davon tatsächlich Gebrauch gemacht wird.[4] Wurde nach dem BFH-Urteil vom 10. 12. 1997 noch die Meinung vertreten, dass der BFH aufgrund des zugrunde liegenden Sachverhalts (85%ige Begünstigung der Familienangehörigen) im Ergebnis die Löwenanteilstheorie übernommen hat,[5] ist seit dem BFH-Urteil vom 18. 11. 2009 geklärt, dass sich der BFH von der Löwenanteilstheorie distanziert und für die Einordnung einer Stiftung als Familienstiftung rein auf seine im Urteil vom 10. 12. 1997 aufgestellten qualitativen Kriterien abstellt.[6]

---

[1] Vgl. zu den unterschiedlichen Ansätzen auch *Schiffer, K. J.*, Ersatzerbschaftsteuer, 2012, Rz. 76-84.

[2] S. R E 1.2 Abs. 2 ErbStR. Ein zusätzliches Merkmal ist nach Ansicht der Finanzverwaltung beispielsweise der wesentliche Einfluss der Familie auf die Geschäftsführung der Stiftung.

[3] Vgl. dazu *Flämig, C.*, Familienstiftungen, 1986, S. 16; *Hennerkes, B.-H./Sorg, M. H.*, Stiftung, 1986, S. 2218 (m. w. N.); *Löwe, C. v.*, Familienstiftung, 1999, S. 38 f.; *Kußmaul, H./Meyering, S.*, Familienstiftung, 2004, S. 137; *Werner, R.*, Stiftungen, 2006, S. 542; *Pöllath, R./Richter, A.*, Familienstiftung, 2009, Rz. 92; *Schiffer, K. J.*, Ersatzerbschaftsteuer, 2012, Rz. 91.

[4] BFH, Urt. v. 10. 12. 1997, II R 25/94, BStBl. II 1998, S. 115; BFH, Urt. v. 18. 11. 2009, II R 46/07 NV, BFH/NV 2010, S. 898-900; kritisch z. B. *Wachter, T.*, Erbersatzsteuer, 2007, Rz. 47; *Jülicher, M.*, § 1 ErbStG, 2012, Rz. 49-51.

[5] Vgl. *Werner, R.*, Stiftungen, 2006, S. 542; *Schiffer, K. J.*, Beraterpraxis, 2009, S. 316; *Meincke J. P.*, Erbschaftsteuer-Kommentar, 2012, § 1 Rz. 18; a. A. *Meyn, C./Richter, A./Koss, C.*, Die Stiftung, 2009, Rz. 998.

[6] Vgl. auch bereits *Meyn, C./Richter, A./Koss, C.*, Die Stiftung, 2009, Rz. 998; *Schiffer, K. J.*, Ersatzerbschaftsteuer, 2012, Rz. 84, 91, der jedoch immer noch davon ausgeht, dass es für die Einordnung als Familienstiftung erforderlich ist, dass den Familienangehörigen mindestens 75 % der Stiftungserträge zufließen.

Hinsichtlich der Bewertung und der sachlichen Steuerbefreiungen gelten die obigen Ausführungen zur Errichtung einer inländischen Stiftung entsprechend.[1] Für die Ermittlung der Erbersatzsteuer wird fingiert, dass das Stiftungsvermögen auf zwei Kinder übertragen wird, weshalb nach § 15 Abs. 2 S. 3 ErbStG der doppelte Freibetrag gemäß § 16 Abs. 1 Nr. 2 ErbStG gewährt wird und der anzuwendende Steuersatz dem Prozentsatz entspricht, der sich bei Anwendung der Steuerklasse I auf die Hälfte des Stiftungsvermögens ergibt.[2] Auf Antrag kann die Erbersatzsteuer nach § 24 ErbStG in 30 gleichen Jahresraten entrichtet werden, wobei sich die jährlichen Raten aus der Tilgung und der Verzinsung der Steuer mit einem Zinssatz von 5,5 % jährlich zusammensetzen.[3] Die Erbersatzsteuer stellt eine sonstige Personensteuer i. S. d. § 10 Nr. 2 dKStG dar,[4] so dass die Erbersatzsteuer und bei ratierlicher Zahlung auch die Zinsanteile das körperschaftsteuerpflichtige Einkommen als nicht abziehbare Aufwendungen nicht mindern.[5]

ac) Besteuerung der Destinatäre

Die Zuwendungen einer inländischen Stiftung an die Destinatäre können sowohl Einkünfte aus Kapitalvermögen (§ 20 Abs. 1 Nr. 9 dEStG) als auch wiederkehrende Bezüge (§ 22 Nr.1 Satz 2 lit. a dEStG) darstellen, wobei § 20 Abs. 1 Nr. 9 dEStG aufgrund der Subsidiaritätsklausel in § 22 Nr. 1 S. 1 dEStG vorrangig anzuwenden ist.[6] Voraussetzung für die Qualifikation als Kapitalerträge nach § 20 Abs. 1 Nr. 9 dEStG ist, dass die Leistungen der Stiftung mit Gewinnausschüttungen i. S. d. § 20 Abs. 1 Nr. 1 dEStG wirtschaftlich vergleichbar sind. Ob Zuwendungen an die Destinatäre mit Gewinnausschüttungen i. S. d. § 20 Abs. 1 Nr. 1 dEStG vergleichbar sind, war lange Zeit strittig[7]

---

1 Vgl. dazu oben, S. 30-38.

2 Vgl. *Brandmüller, G./Lindner, R.*, Stiftungen, 2005, S. 101; *Berndt, H./Götz, H.*, Stiftung, 2009, Rz. 993; *Geck, R.*, § 1 ErbStG, 2012, Rz. 50.

3 Vgl. *Richter, A.*, Deutschland, 2007, Rz. 176; *Meyn, C./Richter, A./Koss, C.*, Die Stiftung, 2009, Rz. 1006.

4 BFH, Urt. v. 14. 9. 1994, II R 78/94, BStBl. II 1995, S. 207.

5 Vgl. *Schiffer, K. J.*, § 24 ErbStG, 2012, Rz. 6; *Meincke J. P.*, Erbschaftsteuer-Kommentar, 2012, § 24 Rz. 2.

6 Vgl. *Schiffer, K. J./Schubert, M. v.*, Verständnis, 2002, S. 268; *Götz, H.*, Familienstiftung, 2005, S. 8806; *Richter, A.*, Deutschland, 2007, Rz. 198; für die Qualifikation als Kapitalerträge vgl. *Schiffer, K. J.*, Beratungs-Know-how, 2005, S. 511 f.; *Seer, R./Versin, V.*, Familienstiftung, 2006, S. 289; *Werner, R.*, Stiftungen, 2006, S. 542; *Meyn, C./Richter, A./Koss, C.*, Die Stiftung, 2009, Rz. 980-983; *Schiffer, K. J.*, Beraterpraxis, 2009, S. 300 f.; für die Qualifikation als wiederkehrende Bezüge vgl. *Kirchhain, C.*, Stiftungsbezüge, 2006, S. 2389; *Schindhelm, M./Stein, K.*, Stiftung, 2010, Rz. 111.

7 Eine wirtschaftliche Vergleichbarkeit ablehnend: *Wassermeyer, F.*, Auskehrungen, 2006, S. 1734; *Kirchhain, C.*, Stiftungsbezüge, 2006, S. 2388 f.; *Orth, M.*, Stiftungssteuerrecht, 2007, S. 972; *Haas, S.*, Destinatäre, 2010, S. 1013; FG Berlin-Brandenburg, Urt. v. 16. 9. 2009, 8 K 9250/07, EFG 58 (2010), S. 55 f., n. rkr.; eine wirtschaftliche Vergleichbarkeit bejahend: FG Schleswig-Holstein, Urt. v. 7. 5. 2009, 5 K 277/06, EFG 57 (2009), S. 1558-1560.

und ist nun durch den BFH[1] geklärt. Zuwendungen an die Destinatäre sind mit Gewinnausschüttungen wirtschaftlich vergleichbar, wenn den Zuwendungen im weitesten Sinne keine Gegenleistungen der Destinatäre gegenüberstehen und diese mittelbar oder unmittelbar Einfluss auf das Ausschüttungsverhalten der Stiftung nehmen können.[2] Eine vermögensmäßige Beteiligung ist für eine wirtschaftliche Vergleichbarkeit nicht erforderlich.[3] Als wiederkehrende Bezüge i. S. d. § 22 Nr.1 Satz 2 lit. a dEStG können somit nur Zuwendungen an Destinatäre gelten, wenn diese keinen Einfluss auf das Ausschüttungsverhalten der Stiftung haben oder wenn die Zuwendungen als erfolgsunabhängige Rentenzahlungen ausgestaltet sind.[4]

Bei Zuwendungen, die Kapitalerträge i. S. d. § 20 Abs. 1 Nr. 9 dEStG darstellen, ist nach § 32 d Abs. 1 S. 1 dEStG der Abgeltungsteuersatz in Höhe von 25 % anzuwenden,[5] wohingegen bei Zuwendungen, die als wiederkehrende Bezüge i. S. d. § 22 Nr.1 Satz 2 lit. a dEStG gelten, das Teileinkünfteverfahren gemäß § 3 Nr. 40 lit. i dEStG zur Anwendung kommt.[6]

Die Zuwendungen an die Destinatäre sind grundsätzlich nicht schenkungsteuerpflichtig, da diese regelmäßig durch satzungsmäßige Bestimmungen veranlasst sind und somit keine freigebigen Zuwendungen darstellen.[7] Sofern die Zuwendungen nicht auf satzungsmäßigen Bestimmungen beruhen, handelt es sich um freigebige Zuwendungen, auf die Schenkungsteuer nach Steuerklasse III anfällt.[8]

---

1 BFH, Urt. v. 3. 11. 2010, I R 98/09, BStBl. II 2011, S. 417-419.

2 BFH, Urt. v. 3. 11. 2010, I R 98/09, BStBl. II 2011, S. 418; vgl. auch *Kessler, W./Müller, M.*, Zahlungen, 2011, S. 614; *Blumers, W.*, Familienstiftung, 2012, S. 5.

3 BFH, Urt. v. 3. 11. 2010, I R 98/09, BStBl. II 2011, S. 418; vgl. auch *Kessler, W./Müller, M.*, Zahlungen, 2011, S. 615.

4 Vgl. *Kessler, W./Müller, M.*, Zahlungen, 2011, S. 616.

5 Die Abgeltungsteuer wird nach § 43 Abs. 1 S. 1 Nr. 7a i. V. m. § 43a Abs. 1 S. 1 Nr. 1 dEStG durch den Steuereinbehalt der Kapitalertragsteuer erhoben und entfaltet nach § 43 Abs. 5 dEStG grundsätzlich Abgeltungswirkung. Nur wenn der persönliche Steuersatz niedriger als 25 % ist, kann der Destinatär für die Zuwendungen nach § 32d Abs. 6 dEStG den Einbezug in die Veranlagung wählen; vgl. dazu auch *Orth, M.*, Stiftungssteuerrecht, 2007, S. 974; *Richter, A./Eichler, A. K./Fischer, H.*, Unternehmensteuerreform, 2008, S. 15.

6 Vgl. auch *Orth, M.*, Stiftungssteuerrecht, 2007, S. 974; *Seidel, K.*, Stiftungssteuerrecht, 2010, S. 206.

7 Vgl. *Schiffer, K. J.*, Beratungs-Know-how, 2005, S. 511; *Berndt, H./Götz, H.*, Stiftung, 2009, Rz. 1058; a. A. *Hartmann, W.*, Stiftungsleistungen, 2011, S. 94.

8 Vgl. *Oertzen, C. v./Müller, T.*, Familienstiftung, 2003, S. 9; *Berndt, H./Götz, H.*, Stiftung, 2009, Rz. 1058.

b) Stiftung mit Sitz in Österreich oder Liechtenstein

Die Steuerfolgen beim Einsatz einer ausländischen Stiftung sind in Deutschland und in der Schweiz unabhängig vom Standort der Stiftung. Deshalb werden bei der Analyse der periodischen Steuerwirkungen österreichischer Privatstiftungen und liechtensteinischer Stiftungen zusammen betrachtet. Aus österreichischer bzw. liechtensteinischer Sicht ist jeweils zwischen den beiden Stiftungsstandorten zu unterscheiden.

ba) Besteuerung der Stiftung

(1) Ertragsbesteuerung in Deutschland

Da eine österreichische bzw. liechtensteinische Stiftung ihren Sitz und den Ort der Geschäftsleitung regelmäßig in Österreich bzw. Liechtenstein hat, ist diese in Deutschland nur mit den deutschen Einkünften nach § 2 Nr. 1 i. V. m. § 8 dKStG und § 49 dEStG beschränkt körperschaftsteuerpflichtig.[1]

Dividenden einer deutschen Kapitalgesellschaft, die an eine österreichische Privatstiftung oder liechtensteinische Stiftung ausgeschüttet werden, unterliegen grundsätzlich nach § 43 Abs. 1 S. 1 Nr. 1 i. V. m. § 43a Abs. 1 S. 1 Nr. 1 dEStG der Kapitalertragsteuer zum Steuersatz von 25 %. Diese Kapitalertragsteuerbelastung reduziert sich bei einer österreichischen Privatstiftung als Dividendenempfänger nach Art. 10 Abs. 2 DBA D/AT auf 15 % und bei Schachtelbeteiligungen mit einer Mindestbeteiligung von 10 % auf 5 %.[2] Ist die österreichische Privatstiftung an der ausschüttenden deutschen Kapitalgesellschaft ununterbrochen mindestens ein Jahr lang zu mindestens 10 % beteiligt, reduziert sich die Kapitalertragsteuerbelastung nach § 43b dEStG auf 0 %.[3] Bei Dividenden an eine liechtensteinische Stiftung werden bis zum 31. 12. 2012 nach § 44a Abs. 9 dEStG 2/5 der Kapitalertragsteuer erstattet, so dass im Ergebnis eine dem deutschen Körperschaftsteuerniveau entsprechende Steuerbelastung von 15 % verbleibt.[4] Mit dem DBA D/FL reduziert sich seit dem 1. 1. 2013 die Kapitalertragsteuer bei Schachtelbeteiligungen i. S. d. Art. 10 Abs. 2 S. 1 lit. b DBA D/AT auf 0 %, sofern die liechtensteini-

---

[1] Vgl. auch *Werner, R.*, Familienstiftung, 2010, S. 593; *Berger, H./Kleinert, J.*, Ausländische Familienstiftung, 2011, S. 1510.

[2] Vgl. auch *Iffland-Zinser, B.*, Nachfolgeplanung, 2007, S. 168.

[3] Zur Anwendbarkeit der Regelungen der Mutter-Tochter-Richtlinie auf Stiftungen vgl. oben, S. 93.

[4] Vgl. dazu auch *Schönfeld, J.*, Aspekte, 2007, S. 850; *Grotherr, S.*, Änderungen, 2009, S. 2379; *Jacobs, O. H.*, Internationale Unternehmensbesteuerung, 2011, S. 350.

sche Stiftung[1] während eines ununterbrochenen Zeitraums von mindestens zwölf Monaten zu mindestens 10 % unmittelbar an der ausschüttenden inländischen Kapitalgesellschaft beteiligt ist.[2] Bei einer unmittelbaren Beteiligung von mindestens 10 % und einer Haltedauer von weniger als zwölf Monaten reduziert sich die Kapitalertragsteuer nach Art. 10 Abs. 1 S. 1 lit. a DBA D/FL auf 5 %. Liegt die Beteiligung unter 10 %, reduziert sich die Kapitalertragsteuer nach Art. 10 Abs. 2 S. 1 lit. c DBA D/FL auf 15 %. Die Aktivitäts- und Substanzanforderungen nach § 50d Abs. 3 dEStG sind bei Dividenden an österreichische und liechtensteinische Stiftungen in Ermangelung von gesellschaftsrechtlichen Beteiligungen nicht einschlägig,[3] so dass die dargestellten Quellensteuerreduktionen bei österreichischen und liechtensteinischen Stiftungen unabhängig von deren wirtschaftlicher Betätigung anwendbar sind. Die reduzierte Kapitalertragsteuerbelastung entfaltet nach § 43 Abs. 5, § 50 Abs. 2 S. 1 dEStG und § 32 Abs. 1 Nr. 2 dKStG abgeltende Wirkung.[4] Die Abgeltungswirkung verstößt nach Auffassung des EuGH gegen die Kapitalverkehrsfreiheit i. S. d. Art. 63 AEUV bzw. Art. 40 EWRA, da ausländische Körperschaften als Dividendenempfänger gegenüber inländischen Körperschaften, bei denen die 95%ige Steuerbefreiung nach § 8b dKStG zur Anwendung kommt und die Kapitalertragsteuer auf die Körperschaftsteuerschuld angerechnet wird, benachteiligt sind.[5] Eine Rechtfertigung durch die Wahrung der Aufteilung der Besteuerungsbefugnisse, durch das Territorialitätsprinzip oder durch die Kohärenz der Steuersysteme wurden vom EuGH abgelehnt.[6] Damit haben österreichische und liechtensteinische Stiftungen einen Anspruch auf Rückerstattung der reduzierten Kapitalertragsteuer.[7]

Bei Veräußerungsgewinnen aus Beteiligungen ist nach der Ansässigkeit der Stiftung zu unterscheiden: Veräußert eine österreichische Stiftung eine Beteiligung an einer inländischen Kapitalgesellschaft, wird das Besteuerungsrecht für den Veräußerungsgewinn nach Art. 13 Abs. 5 DBA D/AT Österreich als Ansässigkeitsstaat der Stiftung zugewie-

---

1 Die Quellensteuerreduktionen nach Art. 10 Abs. 1 S. 1 lit. a und b DBA D/FL sind an die Voraussetzung geknüpft, dass die empfangende Person eine „Gesellschaft" ist. Da eine Stiftung nach der Definition in Art. 3 Abs. 1 lit. e DBA D/FL als eine „Gesellschaft" gilt, sind die Quellensteuerreduktionen gemäß Art. 10 Abs. 1 S. 1 lit. a und b DBA D/FL auch auf Stiftungen anwendbar.

2 Vgl. dazu auch *Hosp, T./Langer, M.*, DBA Liechtenstein, 2011, S. 881.

3 Vgl. dazu auch *Luckey, J./Lohmann, A.*, Vermeidung, 2011, S 1108.

4 Vgl. auch *Jacobs, O. H.*, Internationale Unternehmensbesteuerung, 2011, S. 350.

5 EuGH, Urt. v. 20. 10. 2011, C-284/09 (Kommission/Deutschland), DStR 49 (2011), S. 2038.

6 EuGH, Urt. v. 20. 10. 2011, C-284/09 (Kommission/Deutschland), DStR 49 (2011), S. 2042 f.

7 Vgl. dazu und zu den verfahrensrechtlichen Problemen *Linn, A.*, Anmerkung, 2011, S. 847.

sen, so dass es im Inland zu keinen körperschaftsteuerlichen Belastungen kommt.[1] Veräußert eine liechtensteinische Stiftung eine Beteiligung an einer inländischen Kapitalgesellschaft, ist die Stiftung bis zum 31. 12. 2012 nach § 8 Abs. 1 dKStG i. V. m. § 49 Abs. 1 Nr. 2 lit. e dEStG bei der Veräußerung von wesentlichen Beteiligungen i. S. d. § 17 dEStG beschränkt körperschaftsteuerpflichtig, wobei § 8b Abs. 2 und 3 dEStG greifen, so dass der Veräußerungsgewinn zu 95 % von der Körperschaftsteuer ausgenommen ist.[2] Veräußert eine liechtensteinische Stiftung Beteiligungen an Kapitalgesellschaften, die nicht in den Anwendungsbereich des § 17 dEStG fallen, sind diese Veräußerungen grundsätzlich nicht beschränkt körperschaftsteuerpflichtig, es sei denn, es handelt sich ausnahmsweise um ein Tafelgeschäft nach § 8 Abs. 1 dKStG i. V. m. § 49 Abs. 1 Nr. 5 lit. d dEStG.[3] Seit dem 1. 1. 2013 wird das Besteuerungsrecht für Veräußerungsgewinne aus Beteiligungen an Kapitalgesellschaften nach Art. 13 Abs. 5 DBA D/FL ausschließlich Liechtenstein als Sitzstaat der Stiftung zugewiesen, so dass sich in Deutschland keine Steuerwirkungen ergeben.

Daneben ist eine österreichische oder liechtensteinische Stiftung mit Gewinnanteilen aus der Beteiligung an einer in- oder ausländischen Kommanditgesellschaft, die auf eine inländische Betriebstätte entfallen (§ 49 Abs. 1 Nr. 2 lit. a dEStG), mit Einkünften aus der Vermietung und Verpachtung von inländischen Grundstücken (§ 49 Abs. 1 Nr. 6 dEStG) und mit Einkünften aus der Veräußerung von inländischen Grundstücken innerhalb der zehnjährigen Spekulationsfrist (§ 49 Abs. 1 Nr. 8 lit. a dEStG) beschränkt körperschaftsteuerpflichtig. Auf den Gewinn einer inländischen Betriebstätte einer Kommanditgesellschaft fällt nach § 2 Abs. 1 GewStG Gewerbesteuer an.

Liegt der Ort der Geschäftsleitung der österreichischen Privatstiftung oder der liechtensteinischen Stiftung dagegen in Deutschland,[4] ist die Stiftung in Deutschland nach § 1

---

[1] Vgl. auch *Götz, A.*, Doppelbesteuerungsabkommen, 2005, S. 313.

[2] Vgl. zur beschränkten Steuerpflicht von Veräußerungsgewinnen näher *Grotherr, S.* et al., Internationales Steuerrecht, 2010, S. 223 f. und S. 156 f.

[3] Vgl. dazu *Grotherr, S.* et al., Internationales Steuerrecht, 2010, S. 223 f. und S. 157. Sollte es sich bei der Veräußerung um ein Tafelgeschäft i. S. d. § 8 Abs. 1 dKStG i. V. m. § 49 Abs. 1 Nr. 5 lit. d dEStG handeln, wird die Steuer nach § 43 Abs. 1 Nr. 9 i. V. m. § 43a Abs. 1 Nr. 1 dEStG im Wege des Kapitalertragsteuereinbehalts erhoben wird, so dass wegen der Abgeltungswirkung nach den §§ 43 Abs. 5, 50 Abs. 2 S. 1 dEStG und § 32 Abs. 1 Nr. 2 dKStG eine Steuerbelastung von 15 % verbleibt.

[4] Dies ist beispielsweise der Fall, wenn die Mitglieder des Stiftungsvorstands zumindest überwiegend aufgrund ihres Wohnsitzes im Inland unbeschränkt einkommensteuerpflichtig sind und die geschäftsleitenden Entscheidungen tatsächlich im Inland getroffen werden; vgl. dazu auch *Wenz, M./Knörzer, P.*, Steuerrecht, 2009, Rz. 98; *Wenz, M./Linn, A.*, § 15 AStG, 2009, Rz. 65; *Grotherr, S.* et al., Internationales Steuerrecht, 2010, S. 503.

Abs. 1 Nr. 5 dKStG unbeschränkt körperschaftsteuerpflichtig,[1] so dass sich die gleichen Steuerfolgen wie bei einer deutschen Stiftung ergeben.[2] Ein inländischer Ort der Geschäftsleitung bewirkt ferner, dass eine ausländische Familienstiftung auch der Erbersatzsteuer unterliegt.[3]

(2) Ertragsbesteuerung in Österreich

(a) Österreichische Stiftung

Eine österreichische Privatstiftung ist nach § 1 Abs. 2 Z 1 öKStG in Österreich unbeschränkt körperschaftsteuerpflichtig, wobei diese nach § 13 Abs. 1 i. V. m. § 7 Abs. 2 öKStG betriebliche und außerbetriebliche[4] Einkünfte erzielen kann, sofern sie ihre Offenlegungspflicht i. S. d. § 13 Abs. 6 öKStG gegenüber dem Finanzamt erfüllt (gläserne Stiftung).[5] Das steuerpflichtige Einkommen der Privatstiftung ermittelt sich nach § 13 i. V. m. § 7 Abs. 1 und 2 öKStG und den Vorschriften des öEStG und unterliegt grundsätzlich nach § 22 Abs. 1 öKStG dem regulären Steuersatz von 25 %.[6]

Dividenden, die eine österreichische Privatstiftung von österreichischen Kapitalgesellschaften erhält, sind nach § 10 Abs. 1 Z 1 öKStG unabhängig von der Beteiligungshöhe und der Haltedauer vollständig von der Körperschaftsteuer befreit und unterliegen nach § 94 Z 11 öEStG keinem Kapitalertragsteuereinbehalt.[7] Bei aus österreichischer Sicht ausländischen Dividenden ist nach der Ansässigkeit der ausschüttenden Kapitalgesellschaft und der Beteiligungshöhe zu unterscheiden. Dividenden von ausländischen Kapitalgesellschaften, die die Voraussetzungen einer internationalen Schachtelbeteiligung

---

[1] Vgl. dazu auch *Löwe, C. v.*, Besteuerungsaspekte, 2007, Rz. 17; *Wenz, M./Knörzer, P.*, Steuerrecht, 2009, Rz. 99.

[2] Vgl. dazu oben, S. 90-92.

[3] Vgl. *Jülicher, M.*, Privatstiftung, 2001, S. 141; *Wachter, T.*, Erbersatzsteuer, 2007, Rz. 116 f.

[4] Als außerbetriebliche Einkünfte gelten Einkünfte aus Kapitalvermögen, aus Vermietung und Verpachtung und sonstige Einkünfte; vgl. auch *Arnold, N./Stangl, C./Tanzer, M.*, Privatstiftungs-Steuerrecht, 2010, Rz. II/279 f.

[5] Vgl. *Löwe, C. v.*, Besteuerungsaspekte, 2007, Rz. 3; *Arnold, N./Ludwig, C.*, Stiftungshandbuch, 2010, Rz. 12/1, 12/6. Nach § 13 Abs. 6 öKStG hat eine Privatstiftung dem Finanzamt die jeweils gültige Stiftungsurkunde und Stiftungszusatzurkunde vorzulegen und eine mögliche verdeckte Treuhandschaft gegenüber dem Finanzamt aufzudecken. Sofern diese Offenlegungspflicht nicht erfüllt wird, gelten nach § 13 Abs. 1 und § 7 Abs. 3 öKStG sämtliche Einkünfte als Einkünfte aus Gewerbebetrieb; vgl. dazu *Arnold, N./Stangl, C./Tanzer, M.*, Privatstiftungs-Steuerrecht, 2010, Rz. II/264.

[6] Vgl. *Löwe, C. v.*, Besteuerungsaspekte, 2007, Rz. 3; *Bruckner, K. E./Fries, R.*, Privatstiftung, 2007, S. 192 f.

[7] Vgl. auch *Arnold, N./Ludwig, C.*, Stiftungshandbuch, 2010, Rz. 12/41 f.; *Kofler, H./Kanduth-Kristen, S./Kofler, G.*, Körperschaftsteuer, 2010, S. 468.

i. S. d. § 10 Abs. 2 öKStG erfüllen,[1] sind nach § 13 Abs. 2 i. V. m. § 10 Abs. 1 Z 7 öKStG von der Körperschaftsteuer befreit, sofern nicht nach § 10 Abs. 4 öKStG Gründe für einen Missbrauchsverdacht vorliegen.[2] Streubesitzdividenden sind nach § 13 Abs. 2 i. V. m. § 10 Abs. 1 Z 5 und 6 und Abs. 5 öKStG von der Körperschaftsteuer ausgenommen, sofern die ausschüttende Körperschaft in einem anderen EU- oder EWR-Mitgliedstaat steuerlich ansässig ist, im Ausland einer der österreichischen Körperschaftsteuer vergleichbaren Steuer unterliegt, deren Steuersatz nicht mehr als 10 Prozentpunkte unter dem österreichischen Körperschaftsteuersatz liegt, und die im Ausland nicht Gegenstand einer umfassenden persönlichen oder sachlichen Steuerbefreiung (mit Ausnahme von Steuerbefreiungen für Beteiligungserträge) ist.[3] Bei Streubesitzdividenden von EWR-Kapitalgesellschaften ist nach § 10 Abs. 1 Z 6 öKStG zudem Voraussetzung, dass zwischen Österreich und dem Ansässigkeitsstaat der ausschüttenden Körperschaft eine umfassende Amts- und Vollstreckungshilfe besteht, was derzeit nur im Verhältnis zu Norwegen erfüllt ist.[4] Sind die Voraussetzungen für die Steuerbefreiungen von ausländischen Dividenden erfüllt, entfaltet eine im Ausland einbehaltene Quellensteuer definitive Wirkung. Wird die Steuerbefreiung nach § 10 Abs. 4 oder 5 öKStG versagt, unterliegen ausländische Dividenden der Körperschaftsteuer zum Steuersatz von 25 %, wobei eine mögliche ausländische Steuer nach § 10 Abs. 6 öKStG anzurechnen ist.[5] Bei Streubesitzdividenden aus Drittstaaten ist eine Anrechnung nur nach den Vorgaben des jeweiligen DBA oder nach § 48 BAO möglich.[6] In Tabelle 10 wird die Besteuerung von Dividendeneinkünften einer österreichischen Privatstiftung zusammengefasst:

---

[1] Eine internationale Schachtelbeteiligung liegt nach § 10 Abs. 2 öKStG vor, wenn eine in Österreich unbeschränkt steuerpflichtige Körperschaft an einer ausländischen Körperschaft, die mit einer österreichischen Kapitalgesellschaft vergleichbar ist, oder an einer anderen ausländischen Körperschaft i. S. d. Mutter-Tochter-Richtlinie während eines Zeitraums von mindestens einem Jahr ununterbrochen zu mindestens 10 % beteiligt ist; vgl. zu internationalen Schachtelbeteiligungen näher *Canete, B.*, Schachtelbefreiung, 2011, S. 28-40. Auch wenn nach dem Wortlaut des § 10Abs. 2 öKStG eine internationale Schachtelbeteiligung nur gegeben ist, falls die österreichische Körperschaft in den Anwendungsbereich des § 7 Abs. 3 öKStG fällt, kann auch eine gläserne österreichische Privatstiftung die Steuerbefreiung für Schachteldividenden beanspruchen; vgl. näher *Kulischek, S.*, Beteiligungserträge, 2011, S. 197 f.

[2] Das Vorliegen solcher Gründe kann nach § 10 Abs. 4 S. 2 öKStG insbesondere dann angenommen werden, wenn der Unternehmensschwerpunkt der ausländischen Körperschaft darin liegt, Einnahmen aus Zinsen, aus der Überlassung von beweglichen Wirtschaftsgütern und aus der Veräußerung von Beteiligungen zu erzielen und die ausländische Körperschaft nicht einer der österreichischen Körperschaftsteuer vergleichbaren ausländischen Steuer unterliegt; vgl. dazu auch *Arnold, N./Ludwig, C.*, Stiftungshandbuch, 2010, Rz. 12/51.

[3] Vgl. dazu näher *Kulischek, S.*, Beteiligungserträge, 2011, S. 196 f. und S. 200 f.

[4] Vgl. *Kulischek, S.*, Beteiligungserträge, 2011, S. 196 f.

[5] Vgl. dazu näher *Kulischek, S.*, Beteiligungserträge, 2011, S. 206 f.

[6] Vgl. *Kulischek, S.*, Beteiligungserträge, 2011, S. 207.

Ausschüttende Kapitalgesellschaft ansässig in:	Schachteldividende (≥ 10 %)		Streubesitzdividende (< 10 %)	
	Steuerpflicht in AT	Quellensteuer im Ansässigkeitsstaat	Steuerpflicht in AT	Quellensteuer im Ansässigkeitsstaat
Österreich	steuerfrei	keine	steuerfrei	keine
Deutschland	steuerfrei	keine (Mutter-Tochter-Richtlinie)	steuerfrei	15 % (Art. 10 Abs. 2 DBA D/AT) Rückerstattung möglich
Liechtenstein	steuerfrei	keine	steuerpflichtig	keine
Schweiz	steuerfrei	15 % (Beteiligungsquote < 20 %) keine (Beteiligungsquote ≥ 20 %) Art. 10 Abs. 2 DBA AT/CH	steuerpflichtig	15 % Art. 10 Abs. 2 DBA AT/CH

Tabelle 10: Besteuerung von Dividenden bei österreichischer Privatstiftung

Die Besteuerung von Gewinnen aus der Veräußerung von Beteiligungen an in- und ausländischen Kapitalgesellschaften ist in Österreich seit dem 1. April 2012 neu geregelt.[1] Seither gelten Gewinne aus der Veräußerung von in- und ausländischen Beteiligungen unabhängig von der Beteiligungsquote und der Haltedauer nach § 27 Abs. 1 und 3 öEStG als Einkünfte aus Kapitalvermögen und unterliegen nach § 13 Abs. 3 Z 1 lit. b i. V. m. § 22 Abs. 2 öKStG der 25%igen Zwischensteuer.[2] Die Zwischensteuer wird nach § 13 Abs. 3 letzter Satz i. V. m. § 24 Abs. 5 öKStG insoweit nicht erhoben, als im gleichen Veranlagungszeitraum Zuwendungen i. S. d. § 27 Abs. 1 Z 7 öEStG an die Destinatäre vorgenommen werden, die dem Kapitalertragsteuerabzug ohne eine Entlastung durch ein DBA oder nach § 240 Abs. 3 BAO unterliegen.[3]

Ist eine österreichische Privatstiftung an einer österreichischen gewerblichen Kommanditgesellschaft beteiligt, erzielt die Stiftung mit den Gewinnanteilen Einkünfte aus Gewerbebetrieb, die in Österreich der Körperschaftsteuer zum Regelsteuersatz unterliegen.[4] Da Personengesellschaften keine abkommensberechtigten Personen i. S. der DBA mit Deutschland,[5] der Schweiz[1] und Liechtenstein[2] sind, wird das Besteuerungsrecht bei

---

1 Vgl. *Hilber, K.*, Adaptierung, 2011, S. 1150.
2 Vgl. *Kulischek, S.*, Beteiligungserträge, 2011, S. 213.
3 Vgl. *Löwe, C. v.*, Besteuerungsaspekte, 2007, Rz. 7 f. Sofern Zuwendungen nicht der Kapitalertragsteuer unterliegen oder eine Quellensteuerreduktion aufgrund eines DBA erfolgt, wird die Zwischensteuer nach § 24 Abs. 5 Z 6 öKStG erst bei Auflösung der Privatstiftung gutgeschrieben; vgl. dazu *Söffing, M.*, Privatstiftung, 2007, S. 220; *Kulischek, S.*, Beteiligungserträge, 2011, S. 213 f.
4 Vgl. *Althuber, F./Kirchmayr, S./Toifl, G.*, Österreich, 2007, Rz. 152; *Arnold, N./Ludwig, C.*, Stiftungshandbuch, 2010, Rz. 12/24-12/26.
5 Eine deutsche Kommanditgesellschaft ist selbst nicht abkommensberechtigt, da sie in Deutschland nach dem Transparenzprinzip besteuert wird und somit mangels eigener Steuersubjekteigenschaft nicht das Kriterium der Ansässigkeit i. S. d. Art. 4 DBA D/AT erfüllt; vgl. auch *Kahle, H.*, Ertragsbesteuerung, 2005, S. 669; *Jacobs, O. H.*, Internationale Unternehmensbesteuerung, 2011, S. 496.

deutschen, schweizerischen oder liechtensteinischen Kommanditgesellschaften für die auf eine deutsche, schweizerische bzw. liechtensteinische Betriebstätte entfallenden Gewinnanteile jeweils Deutschland, der Schweiz bzw. Liechtenstein zugewiesen.[3] Eine Doppelbesteuerung wird in Österreich bei deutschen und schweizerischen Betriebstätten durch Freistellung und bei einer liechtensteinischen Betriebstätte durch Anrechnung der liechtensteinischen Steuer vermieden.[4]

Befinden sich im Vermögen der österreichischen Stiftung österreichische Grundstücke, ist die österreichische Stiftung mit den Einkünften aus Vermietung und Verpachtung i. S. d. § 28 öEStG in Österreich körperschaftsteuerpflichtig.[5] Seit dem 1. 4. 2012 unterliegen Gewinne aus der Veräußerung von österreichischen Grundstücken unabhängig von einer Spekulationsfrist nach § 13 Abs. 3 Z 2 i. V. m. § 22 Abs. 2 öKStG der 25%igen Zwischensteuer.[6] Bei deutschen, schweizerischen und liechtensteinischen Grundstücken wird das Besteuerungsrecht für die Einkünfte aus der Vermietung und Verpachtung und für Veräußerungsgewinne Deutschland, der Schweiz bzw. Liechtenstein als jeweiligen Belegenheitsstaat zugewiesen und in Österreich freigestellt.[7]

Zuwendungen an die Destinatäre und andere Aufwendungen zur Erfüllung des Stiftungszweckes gelten nach § 12 Abs. 1 Z 1 öKStG als nicht abziehbare Aufwendungen.[8] Mit steuerpflichtigen Einkünften zusammenhängende Stiftungsaufwendungen sind dagegen steuerlich abzugsfähig.[9]

(b) Liechtensteinische Stiftung

Eine liechtensteinische Stiftung ist in Österreich nur mit den dort erwirtschafteten Einkünften nach § 1 Abs. 3 Z 1 lit. a i. V. m. § 21 öKStG und § 98 öEStG beschränkt kör-

---

1 Eine schweizerische Kommanditgesellschaft ist selbst nicht abkommensberechtigt, da sie in der Schweiz nach dem Transparenzprinzip besteuert wird und somit mangels eigener Steuersubjekteigenschaft nicht das Kriterium der Ansässigkeit i. S. d. Art. 4 DBA AT/CH erfüllt; vgl. auch *Locher, P.*, Internationales Steuerrecht, 2005, S. 271; *Burki, N. H.*, Schweiz, 2010, Rz. 31.73.

2 S. Art. 4 Abs. 4 DBA AT/FL.

3 S. Art. 7 Abs. 7 i. V. m. Abs. 1 DBA D/AT; Art. 7 Abs. 8 i. V. m. Abs. 1 DBA AT/CH; Art. 7 Abs. 1 i. V. m. Art. 4 Abs. 4 DBA AT/FL; vgl. für Deutschland auch *Schuch, J./Haslinger, K.*, Art. 7 Österreich, 2012, Rz. 7 f.

4 S. Art. 23 Abs. 2 lit. a DBA D/AT; Art. 23 Abs. 1 DBA AT/CH; Art. 23 Abs. 2 DBA AT/FL.

5 Vgl. *Althuber, F./Kirchmayr, S./Toifl, G.*, Österreich, 2007, Rz. 152.

6 Vgl. *Doralt, W.*, Steuerrecht, 2012, Rz. 225.

7 S. Art. 6, Art. 13 Abs. 1 und Art. 23 Abs. 2 lit. a DBA D/AT; Art. 6, Art. 13 Abs. 1 und Art. 23 Abs. 1 DBA AT/CH; Art. 6, Art. 13 Abs. 1 und Art. 23 Abs. 1 DBA AT/FL.

8 Vgl. *Wachter, T.*, Nachlassplanung, 2000, S. 1039; *Althuber, F./Kirchmayr, S./Toifl, G.*, Österreich, 2007, Rz. 155.

9 Vgl. *Bruckner, K. E./Fries, R.*, Privatstiftung, 2007, S. 197.

perschaftsteuerpflichtig, sofern sich nicht der Ort der Geschäftsleitung der Stiftung in Österreich befindet.[1]

Mit Dividenden von einer österreichischen Kapitalgesellschaft ist eine liechtensteinische Stiftung nach § 98 Abs. 1 Z 5 lit. a öEStG beschränkt körperschaftsteuerpflichtig, wobei die Steuererhebung im Wege des 25%igen Kapitalertragsteuereinbehalts erfolgt.[2] Da eine liechtensteinische Stiftung nach Art. 26 DBA AT/FL nur insoweit abkommensberechtigt ist, als sie entweder in Liechtenstein keiner persönlichen Steuerbefreiung unterliegt oder im Fall einer persönlichen Steuerbefreiung in Liechtenstein ansässige Personen begünstigt sind, hängt die Quellensteuerreduktion auf 15 % i. S. d. Art. 10 Abs. 2 DBA AT/FL von der steuerlichen Behandlung der Stiftung in Liechtenstein ab. Gilt eine liechtensteinische Stiftung als Privatvermögensstruktur (PVS) i. S. d. Art. 64 SteG,[3] ist eine Quellensteuerreduktion nach Art. 10 Abs. 2 DBA AT/FL ausgeschlossen.[4] Unterliegt eine liechtensteinische Stiftung dagegen der regulären Ertragsbesteuerung, ist eine Quellensteuerreduktion auf 15 % möglich.[5]

Mit Gewinnen aus der Veräußerung von Beteiligungen an österreichischen Kapitalgesellschaften, an denen die Stiftung oder der Stifter als Rechtsvorgänger innerhalb der letzten fünf Jahre zu mindestens 1 % beteiligt war, ist eine liechtensteinische Stiftung in Österreich nach § 98 Abs.1 Z 5 lit. e öEStG beschränkt körperschaftsteuerpflichtig,[6] wobei die Steuererhebung im Wege des 25%igen Kapitalertragsteuereinbehalts erfolgt, falls die Veräußerung über eine österreichische Bank abgewickelt wird.[7] Ist die liechtensteinische Stiftung aufgrund ihrer regulären Ertragsteuerpflicht in Liechtenstein abkommensberechtigt, wird das Besteuerungsrecht für Veräußerungsgewinne aus Beteiligungen an österreichischen Kapitalgesellschaften nach Art. 13 Abs. 3 DBA AT/FL aus-

---

1 Vgl. auch *Haunold, P./Wehinger, C.*, Liechtensteinische Stiftung, 2011, S. 253.

2 Vgl. zur beschränkten Steuerpflicht von Dividenden *Djanani, C./Pummerer E./Wittmann, A.*, Außensteuerrecht, 2011, S. 38.

3 Vgl. dazu näher unten, S. 111.

4 Da die Regelungen zur Privatvermögensstruktur nach Art 64 SteG die bisherigen Steuerbefreiungen für Holding- und Sitzgesellschaften (Art. 83 und 84 SteG a. F.) ersetzen und Art. 26 DBA AT/FL explizit auf die Steuerbefreiungen für Holding- und Sitzgesellschaften verweist, ist eine PVS nach Art. 26 DBA AT/FL nicht abkommensberechtigt; vgl. dazu *Hosp, T./Langer, M.*, Steuerstandort, 2011, S. 129 f., die jedoch auf die Besonderheit des Art. 26 DBA AT/FL nicht eingehen.

5 Die Reduktion der Kapitalertragsteuer erfolgt allerdings nicht durch Sofortentlastung an der Quelle (§ 5 Abs. 1 Z 5 DBA-VO), sondern ist nur im Wege des Rückerstattungsverfahrens i. S. d. § 21 Abs. 1 Z 1a öKStG möglich; vgl. zur Quellensteuerreduktion nach DBA näher *Stieglitz, A.*, Gesellschafter, 2011, S. 258-263.

6 Vgl. dazu auch *Haunold, P./Wehinger, C.*, Liechtensteinische Stiftung, 2011, S. 254.

7 S. § 93 Abs. 1 i. V. m. Abs. 2 Z 2 öEStG; vgl. auch *Marschner, E.*, Behandlung, 2011, S. 184.

schließlich Liechtenstein als Ansässigkeitsstaat der Stiftung zugewiesen, so dass es in Österreich zu keinen körperschaftsteuerlichen Wirkungen kommt.[1]

Daneben ist die liechtensteinische Stiftung auch mit Gewinnanteilen aus der Beteiligung an einer in- oder ausländischen Kommanditgesellschaft, die auf eine österreichische Betriebstätte entfallen (§ 98 Abs. 1 Z 3 öEStG), mit Einkünften aus der Vermietung und Verpachtung von österreichischen Grundstücken (§ 98 Abs. 1 Z 6 öEStG) und mit Einkünften aus der Veräußerung von österreichischen Grundstücken (§ 98 Abs. 1 Z 7 i. V. m. § 30 öEStG) beschränkt körperschaftsteuerpflichtig, wobei nach § 22 Abs. 1 öKStG der proportionale Steuersatz von 25 % gilt.

(3) Ertrag- und Vermögensbesteuerung in der Schweiz

Da eine österreichische bzw. liechtensteinische Stiftung den Sitz und den Ort der Geschäftsleitung regelmäßig in Österreich bzw. Liechtenstein hat, ist diese in der Schweiz nur mit den dort erzielten Einkünften nach Art. 51 Abs. 1 i. V. m. Art. 52 Abs. 2 DBG bzw. Art. 21 Abs. 1 StHG beschränkt gewinn- und kapitalsteuerpflichtig.

Auf Dividenden von in der Schweiz ansässigen Kapitalgesellschaften wird die Verrechnungsteuer einbehalten, deren Steuersatz nach Art. 13 Abs. 1 lit. a VStG 35 % beträgt. Die Verrechnungsteuer reduziert sich bei einer österreichischen Stiftung als Dividendenempfänger nach Art. 10 Abs. 2 S. 1 DBA AT/CH auf 15 % und bei einer Schachtelbeteiligung von mindestens 20 % nach Art. 10 Abs. 2 S. 2 DBA AT/CH auf 0 %.[2] Bei liechtensteinischen Stiftungen als Dividendenempfänger ist keine Quellensteuerreduktion möglich.[3] Da Veräußerungsgewinne aus Beteiligungen an schweizerischen Kapitalgesellschaften in der Schweiz nicht der beschränkten Steuerpflicht unterliegen,[4] ergeben sich in der Schweiz keine Steuerbelastungen.

---

[1] Vgl. dazu auch *Haunold, P./Wehinger, C.*, Liechtensteinische Stiftung, 2011, S. 254 f., die jedoch aufgrund des, vor der Totalrevision geltenden, liechtensteinischen Steuergesetzes noch davon ausgingen, dass liechtensteinische Stiftungen in der Regel nicht abkommensberechtigt sind.

[2] Eine österreichische Privatstiftung ist nach Art. 1, Art. 3 Abs. 1 lit. a und b und Art. 4 Abs. 1 DBA AT/CH abkommensberechtigt. Eine Sofortentlastung an der Quelle ist nach Art. 28 Abs. 1 DBA AT/CH nicht vorgesehen. Vielmehr kann die Quellensteuerreduktion nach Art. 28 Abs. 2 DBA AT/CH nur durch einen Erstattungsantrag erreicht werden.

[3] Vgl. dazu auch *Mäusli-Allenspach, P./Oertli, M.*, Steuerrecht, 2010, S. 325; *Hosp, T./Langer, M.*, Doppelbesteuerungsabkommen, 2011, S. 4.

[4] Vgl. *Locher, P.*, Internationales Steuerrecht, 2005, S. 385.

Österreichische und liechtensteinische Stiftungen sind in der Schweiz nach Art. 51 Abs. 1 i. V. m. Art. 52 Abs. 2 DBG bzw. Art. 21 Abs. 1 StHG mit Anteilen an einer in- oder ausländischen Kommanditgesellschaft, die in der Schweiz über eine Betriebstätte verfügt, und mit schweizerischen Grundstücken beschränkt steuerpflichtig. Hinsichtlich der Steuerfolgen in der Schweiz gelten die Ausführungen zur Besteuerung einer deutschen Stiftung in der Schweiz entsprechend.[1]

(4) Ertragsbesteuerung in Liechtenstein

(a) Österreichische Stiftung

Eine österreichische Stiftung ist in Liechtenstein nach Art. 44 Abs. 2, 3 und Art. 35 SteG nur mit Miet- und Pachterträgen und Veräußerungsgewinnen aus liechtensteinischen Grundstücken und mit den Gewinnanteilen aus in- oder ausländischen Kommanditgesellschaft, die auf eine in Liechtenstein belegene Betriebstätte entfallen, beschränkt ertrag- bzw. grundstücksgewinnsteuerpflichtig. Hinsichtlich der Steuerfolgen in Liechtenstein gelten die Ausführungen zur Besteuerung einer deutschen Stiftung in Liechtenstein entsprechend.[2]

(b) Liechtensteinische Stiftung

Eine liechtensteinische Stiftung ist in Liechtenstein nach Art. 44 Abs. 1 lit. a SteG unbeschränkt ertragsteuerpflichtig.[3] Bemessungsgrundlage ist nach Art. 47 Abs. 1 SteG der steuerpflichtige Reinertrag, der sich aus der für steuerliche Zwecke modifizierten Jahresrechnung nach dem Personen- und Gesellschaftsrecht ergibt und nach Art. 47 Abs. 3 SteG aus der Gesamtheit der – um die geschäftsmäßig begründeten Aufwendungen gekürzten – Erträge besteht.[4] Auf den steuerpflichtigen Reinertrag ist nach Art. 61 SteG grundsätzlich ein nominaler Ertragsteuersatz von 12,5 % anzuwenden. Nach Art. 62 Abs. 1 und 2 SteG unterliegt eine liechtensteinische Stiftung unabhängig von dem steuerpflichtigen Reinertrag der pauschalen Mindestertragsteuer von 1.200 CHF,

---

[1] Vgl. dazu oben, S. 94 f.
[2] Vgl. dazu oben, S. 95 f.
[3] Vgl. auch *Knörzer, P./Stöckl, B.*, Revision, 2009, S. 62.
[4] Zu den Rechnungslegungsvorschriften einer liechtensteinischen Stiftung nach dem Personen- und Gesellschaftsrecht vgl. *Arnold, N./Ludwig, C.*, Stiftungshandbuch, 2010, Rz. 21/1 f. Eine Unterteilung in betriebliche und außerbetriebliche Einkünfte, wie bei einer deutschen oder österreichischen Stiftung, ist in Liechtenstein nicht vorgesehen.

die auf die Ertragsteuer vollständig anrechenbar ist und bis zu einem steuerpflichtigen Reinertrag von 9.600 CHF definitive Wirkung entfaltet.[1]

Dividenden von in- und ausländischen Kapitalgesellschaften sind in Liechtenstein nach Art. 48 Abs. 1 lit. e SteG vollständig von der Ertragsteuer befreit.[2] Bei Dividenden einer aus liechtensteinischer Sicht ausländischen Kapitalgesellschaft entfaltet eine ausländische Quellensteuer definitive Wirkung, da eine Anrechnung auch im DBA-Fall nach Art. 63 i. V. m. Art. 22 Abs. 2 SteG mangels liechtensteinischer Steuerpflicht der Dividenden ausscheidet. Kapitalgewinne aus der Veräußerung von Beteiligungen an in- oder ausländischen Kapitalgesellschaften sind nach Art. 48 Abs. 1 lit. f SteG ebenfalls von der Ertragsteuer befreit.[3]

Mit Gewinnanteilen einer in- oder ausländischen Kommanditgesellschaft, die auf liechtensteinische Betriebstätten entfallen, unterliegt eine liechtensteinische Stiftung der Ertragsteuer. Gewinnanteile, die auf ausländische Betriebstätten einer in- oder ausländischen Kommanditgesellschaft entfallen, sind unabhängig von dem Bestehen eines DBA mit dem Belegenheitsstaat nach Art. 48 Abs. 1 lit. b SteG von der Ertragsteuer befreit.

Der Gewinn aus der Vermietung von liechtensteinischen Grundstücken ist als Bestandteil des steuerbaren Reinertrags ertragsteuerpflichtig. Mit dem Gewinn aus der Veräußerung eines liechtensteinischen Grundstücks unterliegt eine liechtensteinische Stiftung nach Art. 35 SteG der speziellen Grundstücksgewinnsteuer.[4] Auf den steuerpflichtigen Grundstücksgewinn i. S. d. Art. 37-41 SteG ist nach Art. 42 i. V. m. Art. 43 und Art. 19 lit. a SteG der für natürliche Personen (Alleinstehende) geltende progressive Einkommensteuertarif anzuwenden, so dass ein den Grundfreibetrag von 15.000 CHF übersteigender Veräußerungsgewinn auf Landes- und Gemeindeebene insgesamt mit einer Grundstücksgewinnsteuer von mindestens 3 % und maximal 21 % belastet wird.[5] Mit dem, der Grundstücksgewinnsteuer unterliegenden Veräußerungsgewinn ist eine liechtensteinische Stiftung nach Art. 48 Abs. 1 lit. d SteG von der Ertragsteuer befreit.[6] Gewinne aus der Vermietung von aus liechtensteinischer Sicht ausländischen Grundstü-

[1] Vgl. zur Mindestertragsteuer näher *Hosp, T./Langer, M.*, Steuerstandort, 2011, S. 120 f.
[2] Vgl. dazu auch *Hosp, T./Langer, M.*, Steuerstandort, 2011, S. 94.
[3] Vgl. dazu auch *Hosp, T./Langer, M.*, Steuerstandort, 2011, S. 94.
[4] Vgl. zur persönlichen Steuerpflicht näher *Hosp, T./Langer, M.*, Steuerstandort, 2011, S. 81.
[5] Vgl. dazu auch *Hosp, T./Langer, M.*, Steuerstandort, 2011, S. 83.
[6] Vgl. dazu näher *Hosp, T./Langer, M.*, Steuerstandort, 2011, S. 94.

cken und Kapitalgewinne aus der Veräußerung von aus liechtensteinischer Sicht ausländischen Grundstücken sind in Liechtenstein unabhängig von einem DBA mit dem Belegenheitsstaat nach Art. 48 Abs. 1 lit. c und lit. d SteG von der Ertragsteuer befreit.[1]

Von dem steuerpflichtigen Reinertrag ist nach Art. 54 i. V. m. Art. 5 SteG und Art. 3 FinG der Sollertrag in Höhe von 4 % des modifizierten Eigenkapitals[2] als Aufwand abzugsfähig (Eigenkapital-Zinsabzug), so dass die effektive Steuerbelastung in Abhängigkeit von der Eigenkapitalrendite entsprechend unter 12,5 % liegt.[3]

Erfüllt die liechtensteinische Stiftung die Voraussetzungen einer Privatvermögensstruktur (PVS) i. S. d. Art. 64 Abs. 1-3 SteG, ist sie nach Art. 64 Abs. 8 SteG i. V. m. Art. 37 Abs. 1 SteV auf Antrag von der regulären Ertragsteuer befreit und hat nur die Mindestertragsteuer i. S. d. Art. 62 Abs. 1 und 2 SteG abzuführen.[4] Nach Art. 64 Abs. 1 SteG muss es sich bei einer PVS um eine juristische Person handeln, die in der Verfolgung ihres Zwecks keine wirtschaftliche Tätigkeit ausübt,[5] deren Aktien oder Anteile nicht öffentlich platziert und nicht an einer Börse gehandelt werden, die nicht um Anteilseigner oder Anleger wirbt, keine Vergütungen für ihre Tätigkeiten erhält und aus deren Statuten sich ergibt, dass sie den Beschränkungen für eine PVS unterliegt.[6] Nach Art. 64 Abs. 1 lit. b i. V. m. Abs. 3 SteG dürfen an einer PVS nur natürliche Personen, andere Privatvermögensstrukturen und Zwischenpersonen, die auf Rechnung von Privatpersonen oder von anderen PVS handeln, beteiligt oder begünstigt sein. Zudem darf eine PVS nach Art. 64 Abs. 2 SteG Beteiligungen an einer juristischen Person nur unter der Bedingung halten, dass die PVS und ihre Anteilseigner bzw. Begünstigten diese Gesellschaften nicht durch unmittelbare oder mittelbare Einflussnahme auf die Verwaltung tatsächlich kontrollieren.[7]

---

1 Vgl. dazu auch *Hosp, T./Langer, M.*, Steuerstandort, 2011, S. 93 f.
2 Zur Ermittlung des modifizierten Eigenkapitals s. Art. 54 Abs. 2 SteG und Art. 32 SteV.
3 Vgl. zum Eigenkapital-Zinsabzug näher *Hosp, T./Langer, M.*, Steuerstandort, 2011, S. 109-112.
4 Vgl. zur Besteuerung einer PVS näher *Hosp, T./Langer, M.*, Steuerstandort, 2011, S. 122-132; *Hosp, T./Langer, M.*, Privatvermögensstrukturen, 2011, S. 378-384.
5 Als wirtschaftliche Tätigkeit gilt auch die Vermietung von Grundstücken; vgl. dazu auch *Hosp, T./Langer, M.*, Privatvermögensstrukturen, 2011, S. 380.
6 Vgl. zu den Voraussetzungen für eine PVS näher *Steuerverwaltung Fürstentum Liechtenstein,* Merkblatt PVS, 2011, S. 1-5; *Hosp, T./Langer, M.*, Privatvermögensstrukturen, 2011, S. 378-381.
7 Vgl. dazu näher *Steuerverwaltung Fürstentum Liechtenstein,* Merkblatt PVS, 2011, S. 5.

bb) Besteuerung der Destinatäre

Mit Zuwendungen einer österreichischen Privatstiftung sind die in Deutschland ansässigen Destinatäre in Österreich nach § 98 Abs. 1 Z 5 lit. a i. V. m. § 27 Abs. 5 Z 7 öEStG beschränkt einkommensteuerpflichtig, wobei die Steuer nach § 93 Abs. 1 i. V. m. Abs. 2 Z 1 und § 95 Abs. 2 Z 1 lit. a öEStG im Wege des Kapitalertragsteuereinbehalts mit Abgeltungswirkung erhoben wird.[1] Der Steuersatz der Kapitalertragsteuer beträgt nach § 27a Abs. 1 öEStG grundsätzlich 25 % und reduziert sich nach Art. 10 Abs. 2 und 3 DBA D/AT auf 15 %.[2]

Zuwendungen einer liechtensteinischen Stiftung werden in Liechtenstein nicht von der beschränkten Vermögen- und Erwerbsteuerpflicht nach Art. 6 Abs. 2 i. V. m. Abs. 4 und 5 SteG erfasst.[3]

Da § 20 Abs. 1 Nr. 9 dEStG mittlerweile auch auf Zuwendungen von vergleichbaren Körperschaften, Personenvereinigungen oder Vermögensmassen ohne einen inländischen Sitz oder Ort der Geschäftsleitung anwendbar ist, können Zuwendungen einer österreichischen oder liechtensteinischen Stiftung ebenso wie Zuwendungen einer inländischen Stiftung entweder als Einkünfte aus Kapitalvermögen i. S. d. § 20 Abs. 1 Nr. 9 dEStG oder als wiederkehrende Bezüge i. S. d. § 22 Nr. 1 Satz 1 oder Satz 2 1. Hs. dEStG qualifiziert werden,[4] wobei die Ausführungen zur Besteuerung der Destinatäre einer deutschen Stiftung entsprechend gelten.[5]

Zuwendungen einer österreichischen oder liechtensteinischen Stiftung an die Begünstigten sind in Deutschland analog zu den Ausführung zur Besteuerung der Destinatäre einer deutschen Stiftung nicht schenkungsteuerpflichtig.[6]

---

[1] Vgl. *Löwe, C. v.*, Besteuerungsaspekte, 2007, Rz. 10; *Arnold, N./Stangl, C./Tanzer, M.*, Privatstiftungs-Steuerrecht, 2010, Rz. II 534 f.

[2] Vgl. *Löwe, C. v.*, Besteuerungsaspekte, 2007, Rz. 13 und 49; *Arnold, N./Stangl, C./Tanzer, M.*, Privatstiftungs-Steuerrecht, 2010, Rz. II 546. Durch die Beanspruchung der Quellensteuerreduktion wird für die Zuwendungen auf Ebene der Stiftung eine Gutschrift der Zwischensteuer bis zur Auflösung der Privatstiftung hinausgeschoben; vgl. auch *Löwe, C. v.*, Besteuerungsaspekte, 2007, Rz. 51.

[3] Vgl. auch *Hosp, T./Langer, M.*, Steuerstandort, 2011, S. 136.

[4] Vgl. dazu auch *Milatz, J. E./Herbst, C.*, Destinatäre, 2011, S. 1504 f.

[5] Vgl. dazu oben, S. 98 f. Bei Zuwendungen von einer ausländischen Stiftung, die Einkünfte aus Kapitalvermögen i. S. d. § 20 Abs. 1 Nr. 9 dEStG darstellen, wird die Abgeltungsteuer nicht im Wege des Kapitalertragsteuereinbehalts erhoben. Vielmehr sind die Zuwendungen im Rahmen des Veranlagungsverfahrens von den Begünstigten zu erklären; vgl. dazu auch *Milatz, J. E./Herbst, C.*, Destinatäre, 2011, S. 1505.

[6] Vgl. dazu oben, S. 99; vgl. auch *Löwe, C. v.*, Besteuerungsaspekte, 2007, Rz. 53.

bc) Zurechnungsbesteuerung

Handelt es sich bei einer österreichischen oder liechtensteinischen Stiftung um eine Familienstiftung i. S. d. § 15 Abs. 2 AStG, bei der der Stifter, seine Angehörigen und deren Abkömmlinge zu mehr als der Hälfte bezugs- oder anfallsberechtigt sind,[1] kommt es nach § 15 Abs. 1 AStG zu einer Zurechnung des Stiftungseinkommens beim Stifter oder bei den Destinatären, wobei die Zurechnung unabhängig von einer tatsächlichen Zuwendung vorrangig beim Stifter vorzunehmen ist, solange dieser in Deutschland unbeschränkt oder erweitert beschränkt steuerpflichtig ist.[2] Für die Ermittlung des zuzurechnenden Stiftungseinkommens wird eine fiktive unbeschränkte Körperschaftsteuerpflicht der ausländischen Familienstiftung unterstellt, so dass das, dem Stifter oder den Bezugs- und Anfallsberechtigten zuzurechnende Stiftungseinkommen getrennt von der Einkommensermittlung des bzw. der Zurechnungsverpflichteten zu ermitteln ist.[3] Das zuzurechnende Einkommen ist nach § 15 Abs. 7 S. 1 AStG nach den maßgeblichen Vorschriften des deutschen Steuerrechts für juristische Personen zu ermitteln und erhöht als Saldogröße das steuerpflichtige Einkommen des bzw. der Zurechnungsverpflichteten.[4] Dividenden und Veräußerungsgewinne aus Beteiligungen an Kapitalgesellschaften wirken sich nach § 8b dKStG nur im Umfang von 5 % auf den Zurechnungsbetrag aus.[5] Ergibt sich ein negatives zuzurechnendes Einkommen, ist beim dem oder den Zurechnungsverpflichteten nach § 15 Abs. 7 S. 2 AStG eine Zurechnung ausgeschlossen.[6] Der negative Zurechnungsbetrag kann bei dem oder den Zurechnungsverpflichteten nach § 15 Abs. 7 S. 3 AStG i. V. m. § 10d dEStG nur im Rahmen des Verlustrücktrags oder Verlustvortrags mit einem positiven Zurechnungsbetrag in einem anderen Veranlagungszeitraum verrechnet werden.[7] Eine von der österreichischen oder liechtensteinischen Familienstiftung entrichtete Körperschaft- oder Ertragsteuer ist nach § 15 Abs. 5

---

1 Vgl. zu den persönlichen und sachlichen Voraussetzungen näher *Wenz, M./Linn, A.*, § 15 AStG, 2009, Rz. 16-65; *Schulz, K. A.*, Außensteuergesetz, 2010, S. 25-42.

2 Vgl. zur Rangfolge der Zurechnung näher *Schulz, K. A.*, Außensteuergesetz, 2010, S. 69 f.; *Wassermeyer, F.*, § 15 AStG, 2011, Rz. 44.

3 BFH, Urt. v. 5. 11. 1992, I R 39/92, BStBl. II 1993, S. 389, 391; vgl. dazu auch *Wenz, M./Linn, A.*, § 15 AStG, 2009, Rz. 151; *Berger, H./Kleinert, J.*, Ausländische Familienstiftung, 2011, S. 1515 f.

4 BFH, Beschluss v. 8. 4. 2009, I B 223/08, BFH/NV 2009, S. 1439; vgl. auch *Berger, H./Kleinert, J.*, Ausländische Familienstiftung, 2011, S. 1517.

5 Vgl. *Wenz, M./Linn*, A., § 15 AStG, 2009, Rz. 153; *Schulz, K. A.*, Außensteuergesetz, 2010, S. 53 f.

6 Vgl. zur Behandlung von Verlusten näher *Schulz, K. A.*, Außensteuergesetz, 2010, S. 84-86; zur europarechtlichen und verfassungsrechtlichen Kritik an dem Verbot der Zurechnung von negativem Einkommen vgl. *Hey, J.*, Hinzurechnungsbesteuerung, 2009, S. 187-190.

7 Vgl. *Grotherr, S.* et al., Internationales Steuerrecht, 2010, S. 506; *Wassermeyer, F.*, § 15 AStG, 2011, Rz. 217.

i. V. m. § 12 AStG und § 34 c Abs. 1 dEStG auf Antrag auf die Einkommensteuer des Zurechnungsverpflichteten anrechenbar.[1] Auf das zugerechnete Einkommen ist beim Stifter bzw. den Bezugs- und Anfallsberechtigten jeweils der persönliche Steuersatz anzuwenden.[2] Eine Zurechnung nach § 15 AStG geht der Einkommensbesteuerung der tatsächlichen Zuwendungen bei den Destinatären vor.[3] Ist eine ausländische Familienstiftung im Inland nach § 2 dKStG beschränkt körperschaftsteuerpflichtig, liegt eine Konkurrenz zwischen § 2 dKStG und § 15 AStG vor, die durch die Anrechnung der deutschen Steuer nach § 15 Abs. 5 i. V. m. § 12 AStG und § 34 c Abs. 1 dEStG auf die Einkommensteuer des Zurechnungsverpflichteten aufgelöst wird.[4]

Die Zurechnungsbesteuerung unterbleibt nach § 15 Abs. 6 AStG bei einer in einem EU- oder EWR-Mitgliedstaat ansässigen Familienstiftung, falls nachgewiesen wird, dass das Stiftungsvermögen der Verfügungsmacht des Stifters oder der bezugs- und anwartschaftsberechtigten Personen rechtlich und tatsächlich entzogen[5] ist und zwischen Deutschland und dem Staat, in dem die Familienstiftung Geschäftsleitung oder Sitz hat, aufgrund der Amtshilferichtlinie oder einer vergleichbaren zwei- oder mehrseitigen Vereinbarung Auskünfte erteilt werden, die erforderlich sind, um die Besteuerung durchzuführen.[6] Da im Verhältnis zu Österreich die Amtshilferichtlinie greift und im Verhältnis zu Liechtenstein ein vergleichbares bilaterales Abkommen vorliegt,[7] unterbleibt die Zurechnung, soweit der Nachweis über den Vermögensentzug gelingt.

Im Verhältnis zu Österreich und Liechtenstein kommt der Zurechnungsbesteuerung nur noch eine sehr untergeordnete Bedeutung zu. Haben sich der Stifter und die Bezugs- und Anfallsberechtigten rechtlich und tatsächlich dem Zugriff auf das Stiftungsvermögen entledigt, und kann dies nachgewiesen werden, unterbleibt nach § 15 Abs. 1 AStG

---

1 Vgl. dazu näher *Schulz, K. A.*, Außensteuergesetz, 2010, S. 86-89; *Wassermeyer, F.*, § 15 AStG, 2011, Rz. 146-149.

2 Vgl. auch *Schulz, K. A.*, Außensteuergesetz, 2010, S. 83 f.

3 BFH, Urt. v. 2. 2. 1994, I R 66/92, BStBl. II 1994, S. 731; vgl. auch *Kellersmann, D./Schnitger, A.*, Besteuerung, 2007, Rz. 58; *Wassermeyer, F.*, § 15 AStG, 2011, Rz. 41.

4 Vgl. auch *Schulz, K. A.*, Außensteuergesetz, 2010, S. 101 f.; *Kirchhain, C.*, § 15 AStG, 2011, Rz. 19; *Wassermeyer, F.*, § 15 AStG, 2011, Rz. 42; *Schaumburg, H.*, Internationales Steuerrecht, 2011, Rz. 11.5; a. A. *Kinzl, U.-P.*, Nachfolgeplanung, 2005, S. 625; *Kellersmann, D./Schnitger, A.*, Besteuerung, 2007, Rz. 58.

5 Zur Frage, wann das Vermögen rechtlichen und tatsächlichen entzogen ist: BFH, Urt. v. 28. 6. 2007, II R 21/05, BStBl. II 2007, S. 671 f.; vgl. auch *Schönfeld, J.*, § 15 AStG, 2011, Rz. 192-197.

6 Vgl. dazu näher *Schulz, P./Werz, R. S.*, Ausnahmetatbestand, 2008, S. 179-182; *Schulz, K. A.*, Außensteuergesetz, 2010, S. 89-101.

7 Vgl. zum Abkommen mit Liechtenstein auch *Kirchhain, C.*, § 15 AStG, 2011, Rz. 91.

die Zurechnungsbesteuerung. Ist die Verfügungsmacht dem Stifter und den Bezugs- und Anfallsberechtigten nicht entzogen, liegt eine transparente Stiftung vor, auf die wegen der unmittelbaren Zurechnung nach § 39 AO die Zurechnungsbesteuerung nach § 15 AStG nicht anwendbar ist.[1] Nur im Fall, dass sich der Stifter und die Bezugs- und Anfallsberechtigten dem Vermögenszugriff rechtlich und tatsächlich zwar entledigt haben, der Nachweis nach § 15 Abs. 6 Nr. 1 AStG aber nicht gelingt, kommt bei einer österreichischen oder liechtensteinischen Stiftung die Zurechnungsbesteuerung nach § 15 AStG zur Anwendung.

2. Besteuerung einer Holdinggesellschaft und der Gesellschafter

Beim Einsatz einer Holdinggesellschaft als Nachfolgeinstrument sind bei der laufenden Besteuerung sowohl die Ebene der Gesellschaft als auch die Ebene der Gesellschafter zu betrachten. Im Folgenden wird zuerst die Ebene der Holding betrachtet, bevor dann die Ebene der Gesellschafter dargestellt wird. Bei ausländischen Holdinggesellschaften kann auch die Hinzurechnungsbesteuerung zur Anwendung kommen.

a) Besteuerung der Holdinggesellschaft

Bei der laufenden Besteuerung einer Holdinggesellschaft ist nach der Ansässigkeit der Holding zu unterscheiden. Im Folgenden werden nacheinander die Steuerfolgen beim Einsatz einer Holding an den Standorten Deutschland, Österreich, Liechtenstein und Schweiz dargestellt.

aa) Holdinggesellschaft mit Sitz in Deutschland

(1) Besteuerung in Deutschland

Eine Holdingkapitalgesellschaft mit Sitz und Geschäftsleitung in Deutschland ist in Deutschland mit ihrem Welteinkommen nach § 1 Abs. 1 Nr. 1 dKStG unbeschränkt körperschaftsteuerpflichtig, wobei deren gesamte Einkünfte nach § 8 Abs. 2 dKStG als Einkünfte aus Gewerbebetrieb gelten. Da die Tätigkeit einer Kapitalgesellschaft nach § 2 Abs. 2 GewStG stets in vollem Umfang als Gewerbebetrieb gilt, ist eine deutsche Holding mit ihrem inländischen Einkommen gewerbesteuerpflichtig.

---

[1] Zum Vorrang von § 39 AO gegenüber § 15 AStG: BFH, Urt. v. 22. 12. 2010, I R 84/09, DStR 49 (2011), S. 755; vgl. auch *Schütz, R.*, Familienstiftungen, 2008, S. 605; *Wenz, M./Knörzer, P.*, Steuerrecht, 2009, Rz. 89; *Wenz, M./Linn, A.*, § 15 AStG, 2009, Rz. 32; *Kirchhain, C.*, § 15 AStG, 2011, Rz. 21.

Dividenden von in- und ausländischen Kapitalgesellschaften und Gewinne aus der Veräußerung von Beteiligungen an in- und ausländischen Kapitalgesellschaften sind nach § 8b dKStG zu 95 % von der Körperschaftsteuer befreit. Eine einbehaltene deutsche Kapitalertragsteuer ist bei Kapitalgesellschaften auf die Körperschaftsteuer anzurechnen bzw. zu erstatten.[1] Eine bei Gewinnausschüttungen einer ausländischen Kapitalgesellschaft einbehaltene Quellensteuer ist aufgrund der inländischen Steuerbefreiung nach § 8b dKStG nicht anrechenbar, so dass die ausländische Quellensteuer definitive Wirkung entfaltet.[2] Die Steuerbefreiung des § 8b dKStG wirkt sich bei Veräußerungsgewinnen über § 7 GewStG auch auf die Gewerbesteuer aus.[3] Dividenden sind dagegen aufgrund der gewerbesteuerlichen Hinzurechnungsvorschrift des § 8 Nr. 5 GewStG grundsätzlich in vollem Umfang gewerbesteuerpflichtig, sofern das gewerbesteuerliche Schachtelprivileg nach § 9 Nr. 2a bzw. § 9 Nr. 7 GewStG keine Anwendung findet.[4]

Ist die inländische Holding an einer in- oder ausländischen gewerblichen Kommanditgesellschaft beteiligt, unterliegt sie mit den Gewinnanteilen, die auf eine inländische Betriebstätte der Kommanditgesellschaft entfallen, in Deutschland der Körperschaft- und Gewerbesteuer.[5] Für die Gewinnanteile, die auf eine österreichische oder schweizerische Betriebstätte entfallen, wird das Besteuerungsrecht jeweils Österreich bzw. der Schweiz mit Freistellung in Deutschland zugewiesen.[6] Die auf eine liechtensteinische Betriebstätte entfallenden Gewinnanteile sind im Inland bis zum 31. 12. 2012 körperschaftsteuerpflichtig, wobei die liechtensteinische Ertragsteuer nach § 26 dKStG anzurechnen ist. Seit dem 1. 1. 2013 wird das Besteuerungsrecht für auf eine liechtensteinische Betriebstätte entfallende Gewinnanteile nach Art. 7 Abs. 4 i. V. m. Abs. 1 und Art. 23 Abs. 1 S. 1 lit. a DBA D/FL Liechtenstein als Betriebstättenstaat mit Freistellung in Deutschland zugewiesen.[7]

---

1 Vgl. *Niehus, U./Wilke, H.*, Kapitalgesellschaften, 2012, S. 142.

2 Vgl. auch *Jacobs, O. H.*, Internationale Unternehmensbesteuerung, 2011, S. 465.

3 Die Hinzurechnungsvorschrift des § 8 Nr. 5 GewStG ist nur bei laufenden Gewinnen, nicht aber bei Veräußerungen anzuwenden; vgl. auch *Hofmeister, F.*, § 8 GewStG, 2012, Rz. 570.

4 Vgl. dazu auch *Niehus, U./Wilke, H.*, Kapitalgesellschaften, 2012, S. 166-168.

5 Die Gewerbesteuer wird auf Ebene der Kommanditgesellschaft erhoben.

6 S. Art. 7 Abs. 7 i. V. m. Abs. 1 und Art. 23 Abs. 1 lit. a DBA D/AT bzw. Art. 7 Abs. 7 i. V. m. Abs. 1 und Art. 24 Abs. 1 Nr. 1 lit. a DBA D/CH; vgl. für Österreich auch *Schuch, J./Haslinger, K.*, Art. 7 Österreich, 2012, Rz. 7 f.; vgl. für die Schweiz auch *Kubaile, H./Suter, R./Jakob, W.*, Investitionsstandort Schweiz, 2009, S. 369; *Scherer, T. B.*, Art. 7 Schweiz, 2012, Rz. 91-93, 351, 401. Im Verhältnis zur Schweiz ist für die Freistellung in Deutschland der Aktivitätsvorbehalt i. S. d. Art. 24 Abs. 1 S. 1 Nr. 1 lit. a DBA D/CH zu beachten.

7 Voraussetzung für die Freistellung in Deutschland ist nach § 23 Abs. 1 S. 1 lit. c DBA D/FL eine aktive Tätigkeit der Betriebstätte.

Befinden sich im Vermögen der Holding inländische oder bis zum 31. 12. 2012 auch liechtensteinische Grundstücke sind die Gewinne aus der Nutzungsüberlassung und der Veräußerung als Einkünfte aus Gewerbebetrieb körperschaft- und gewerbesteuerpflichtig,[1] wobei bei liechtensteinischen Grundstücken die liechtensteinische Ertragsteuer bzw. Grundstücksgewinnsteuer auf die, auf den Gewinn aus dem liechtensteinischen Grundstück entfallende Körperschaftsteuer der Holding nach § 26 dKStG anzurechnen ist. Seit dem 1. 1. 2013 wird das Besteuerungsrecht für laufende Erträge und für Gewinne aus der Veräußerung von liechtensteinischen Grundstücken nach Art. 6 Abs. 1 und Art. 13 Abs. 1 i. V. m. Art. 23 Abs. 1 S. 1 lit. a DBA D/FL Liechtenstein mit Freistellung in Deutschland zugewiesen. Erzielt die Holding Gewinne aus der Nutzungsüberlassung oder aus der Veräußerung von österreichischen Grundstücken, wird das Besteuerungsrecht für diese Gewinne Österreich als Belegenheitsstaat zugewiesen und in Deutschland von der Körperschaftsteuer befreit.[2] Für die laufenden Gewinne und die Veräußerungsgewinne aus schweizerischen Grundstücken haben nach Art. 7 Abs. 6 und Art. 13 Abs. 1 DBA D/CH die Schweiz und Deutschland ein Besteuerungsrecht, wobei Deutschland die schweizerischen Gewinnsteuern bzw. die Grundstücksgewinnsteuern nach Art. 24 Abs. 1 Nr. 2 DBA D/CH auf die Körperschaftsteuer anzurechnen hat.[3]

(2) Besteuerung in Österreich

Eine deutsche Holding ist in Österreich nach § 1 Abs. 3 Z 1 lit. a i. V. m. § 21 öKStG und § 98 öEStG mit ihren österreichischen Einkünften beschränkt körperschaftsteuerpflichtig. Bei Dividenden von einer österreichischen Kapitalgesellschaft (§ 98 Abs. 1 Z 5 lit. a öEStG) wird in Österreich grundsätzlich die Kapitalertragsteuer zum Steuersatz von 25 % einbehalten,[4] die sich nach Art. 10 Abs. 2 DBA D/AT auf 15 % und bei Schachtelbeteiligungen mit einer Beteiligungsquote von mindestens 10 % auf 5 % reduziert.[5] Ist die Holding an einer österreichischen Kapitalgesellschaft ununterbrochen mindestens ein Jahr lang zu mindestens 10 % beteiligt, reduziert sich die österreichische

---

[1] Bei der Gewerbesteuer ist bei inländischen Grundstücken die Kürzungsvorschrift nach § 9 Nr. 1 GewStG anzuwenden.

[2] S. Art. 6 i. V. m. Art. 23 Abs. 1 lit. a DBA D/AT und Art. 13 Abs. 1 i. V. m. Art. 23 Abs. 1 lit. a DBA-D/AT; vgl. auch *Wassermeyer, F.*, Anwendung, 2000, S. 152; *Götz, A.*, Doppelbesteuerungsabkommen, 2005, S. 303 f.

[3] Vgl. auch *Scherer, T. B.*, Art. 6 Schweiz, 2012, Rz. 29; *Scherer, T. B.*, Art. 13 Schweiz, 2012, Rz. 52.

[4] Vgl. *Stieglitz, A.*, Gesellschafter, 2011, S. 256.

[5] Vgl. *Götz, A.*, Doppelbesteuerungsabkommen, 2005, S. 310; vgl. zur Quellensteuerreduktion nach DBA näher *Stieglitz, A.*, Gesellschafter, 2011, S. 258-263. Die Quellensteuerreduktion wird versagt, wenn für die Einschaltung der Holding keine wirtschaftlichen oder außersteuerlichen Gründe nachgewiesen werden können; vgl. dazu auch *Stieglitz, A.*, Gesellschafter, 2011, S. 261.

Kapitalertragsteuer auf 0 %.[1] Das Besteuerungsrecht für Veräußerungsgewinne aus Beteiligungen an österreichischen Kapitalgesellschaften wird nach Art. 13 Abs. 5 DBA D/AT Deutschland als Ansässigkeitsstaat der Holding zugewiesen, so dass es in Österreich zu keinen körperschaftsteuerlichen Belastungen kommt.[2]

Daneben ist eine deutsche Holding auch mit Gewinnanteilen aus der Beteiligung an einer in- oder ausländischen Kommanditgesellschaft, die auf eine österreichische Betriebstätte entfallen (§ 98 Abs. 1 Z 3 öEStG), mit laufenden Gewinnen und mit Gewinnen aus der Veräußerung von österreichischem Grundvermögen beschränkt körperschaftsteuerpflichtig, wobei diese Gewinne nach § 21 Abs. 1 Z 3 i. V. m. § 7 Abs. 3 öKStG alle als Einkünfte aus Gewerbebetrieb gelten, auf die nach § 22 Abs. 1 öKStG der proportionale Steuersatz von 25 % anzuwenden ist.[3]

(3) Besteuerung in der Schweiz

In der Schweiz wird bei Dividenden von in der Schweiz ansässigen Kapitalgesellschaften die Verrechnungsteuer einbehalten, deren Steuersatz nach Art. 13 Abs. 1 lit. a VStG grundsätzlich 35 % beträgt.[4] Bei einer deutschen Holding als Dividendenempfänger reduziert sich die Verrechnungsteuer nach Art. 10 Abs. 2 lit. c DBA D/CH auf 15 % und bei einer Schachtelbeteiligung von mindestens 20 % nach Art. 10 Abs. 3 DBA D/CH auf 0 %.[5] Veräußerungsgewinne aus Beteiligungen an schweizerischen Kapitalgesellschaften sind in der Schweiz nicht beschränkt steuerpflichtig.[6]

Die deutsche Holding ist in der Schweiz nach Art. 51 Abs. 1 i. V. m. Art. 52 Abs. 2 DBG bzw. Art. 21 Abs. 1 StHG mit Anteilen an einer in- oder ausländischen Komman-

---

1 Vgl. zur Besteuerung von Gewinnausschüttungen an EU-Gesellschaften näher *Stieglitz, A.*, Gesellschafter, 2011, S. 263-276. Die Quellensteuerreduktion wird nach Auffassung der österreichischen Finanzverwaltung versagt, wenn die Holding „funktionslos ist und ihr einziger Sinn in der Vermeidung der österreichischen Kapitalertragsteuer liegt." *öBMF*, EAS 3100 v. 25. 11. 2009.

2 Vgl. auch *Götz, A.*, Doppelbesteuerungsabkommen, 2005, S. 313.

3 Vgl. zur körperschaftsteuerlichen Behandlung von beschränkt Steuerpflichtigen in Österreich *Djanani, C./Pummerer E./Wittmann, A.*, Außensteuerrecht, 2011, S. 38 f.; *Mayr, G.*, Körperschaftsteuer, 2012, Rz. 1035-1041.

4 Vgl. zur Verrechnungsteuer auf Kapitalerträge näher *Höhn, E./Waldburger, R.*, Steuerrecht Bd. I, 2001, § 21 Rz. 1-43; *Reich, M.*, Steuerrecht, 2012, S. 601-621.

5 Vgl. näher *Kubaile, H./Suter, R./Jakob, W.*, Investitionsstandort Schweiz, 2009, S. 293-296. Eine Sofortentlastung an der Quelle in Form des Meldeverfahrens ist nach Art. 1 Abs. 2 i. V. m. Art. 3 Abs. 3 Steuerentlastungs-VO und Art. 3 VO zum DBA D/CH nur für deutsche Kapitalgesellschaften mit einer Schachtelbeteiligung i. S. d. Art. 10 Abs. 3 DBA D/CH möglich. Liegt keine Schachtelbeteiligung vor, kann die Quellensteuerreduktion nur durch das Rückerstattungsverfahren i. S. d. Art. 1 i. V. m. Art. 2 VO zum DBA D/CH beantragt werden; vgl. zum Erstattungsverfahren und zur Entlastung an der Quelle auch *Kubaile, H./Suter, R./Jakob, W.*, Investitionsstandort Schweiz, 2009, S. 300-302.

6 Vgl. *Locher, P.*, Internationales Steuerrecht, 2005, S. 385.

ditgesellschaft, die in der Schweiz über eine Betriebstätte verfügt, und mit schweizerischen Grundstücken beschränkt steuerpflichtig. Die Steuersätze der Gewinn- und Kapitalsteuern entsprechen den Steuersätzen beim Einsatz einer schweizerischen Holding.[1] Bei Gewinnen aus der Veräußerung von schweizerischen Grundstücken fällt in den Kantonen, die das monistische System der Grundstücksgewinnsteuer anwenden, anstelle der allgemeinen Gewinnsteuer die Grundstücksgewinnsteuer an.

(4) Besteuerung in Liechtenstein

Eine in Deutschland ansässige Holding ist in Liechtenstein nach Art. 44 Abs. 2, 3 und Art. 35 SteG nur mit Miet- und Pachterträgen und Veräußerungsgewinnen aus liechtensteinischen Grundstücken und mit auf eine liechtensteinische Betriebstätte einer in- oder ausländischen Kommanditgesellschaft entfallenden Gewinnanteilen beschränkt ertrag- bzw. grundstücksgewinnsteuerpflichtig. Die Steuerfolgen in Liechtenstein entsprechen den Steuerfolgen beim Einsatz einer deutschen Stiftung.[2]

ab) Holdinggesellschaft mit Sitz in Österreich

(1) Besteuerung in Deutschland

Eine österreichische Holding ist in Deutschland aufgrund des österreichischen Sitzes und Orts der Geschäftsleitung nur mit den inländischen Einkünften nach § 2 Nr. 1 i. V. m. § 8 dKStG und § 49 dEStG beschränkt körperschaftsteuerpflichtig.[3]

Dividenden einer deutschen Kapitalgesellschaft, die an eine österreichische Holding ausgeschüttet werden, unterliegen grundsätzlich nach § 43 Abs. 1 S. 1 Nr. 1 i. V. m. § 43a Abs. 1 S. 1 Nr. 1 dEStG der Kapitalertragsteuer zum Steuersatz von 25 %. Die Kapitalertragsteuerbelastung reduziert sich bei einer österreichischen Holding als Dividendenempfänger nach Art. 10 Abs. 2 DBA D/AT auf 15 % und bei Schachtelbeteiligungen mit einer Mindestbeteiligung von 10 % auf 5 %.[4] Seit dem Urteil des EuGH in

---

[1] Vgl. dazu unten, S. 126.

[2] Vgl. dazu oben, S. 95 f.

[3] Liegt der Ort der Geschäftsleitung in Deutschland, weil z. B. ein in Deutschland ansässiger beherrschender Gesellschafter als faktischer Geschäftsführer ständig auf den laufenden Geschäftsbetrieb der Holding entscheidend Einfluss nimmt und der maßgebende Geschäftsleitungswille in Deutschland gebildet wird, ist die Holding in Deutschland unbeschränkt steuerpflichtig; vgl. dazu auch *Scheffler, W.*, Steuerlehre, 2009, S. 293; *Sauter, T.*, § 1 KStG, 2010, Rz. 45; *Laudan, D.*, Konzerngesellschaften, 2011, S. 209; zum Ort der Geschäftsleitung vgl. näher *Sauter, T.*, § 1 KStG, 2010, Rz. 48-51; *Schaumburg, H.*, Internationales Steuerrecht, 2011, Rz. 6.2 f.; *Rengers, J.*, § 1 KStG, 2012, Rz. 36-45. Der Fall eines inländischen Orts der Geschäftsleitung einer ausländischen Holding soll nicht vertieft werden.

[4] Vgl. auch *Iffland-Zinser, B.*, Nachfolgeplanung, 2007, S. 72 f.

der Rs. C-248/09 ist geklärt, dass die Abgeltungswirkung[1] der reduzierten Kapitalertragsteuerbelastung gegen die Kapitalverkehrsfreiheit i. S. d. Art. 63 AEUV verstößt,[2] so dass die österreichische Kapitalgesellschaft einen Anspruch auf Rückvergütung der reduzierten Kapitalertragsteuer hat.[3] Ist die österreichische Holding an der ausschüttenden deutschen Kapitalgesellschaft ununterbrochen mindestens ein Jahr lang zu mindestens 10 % i. S. d. Mutter-Tochter-Richtlinie beteiligt, reduziert sich die Kapitalertragsteuerbelastung nach § 43b dEStG auf 0 %.[4] Da den inländischen Gesellschaftern bei unmittelbarem Bezug der Dividenden keine Quellensteuerreduktion nach Art. 10 Abs. 2 DBA D/AT oder § 43b dEStG zustünde, ist die Reduktion der Kapitalertragsteuer nach § 50d Abs. 3 dEStG nur möglich, sofern die österreichische Holding die Aktivitäts- und Substanzanforderungen i. S. d. § 50d Abs. 3 dEStG erfüllt.[5] Nach § 50d Abs. 3 S. 1 dEStG ist es für die Quellensteuerreduktion erforderlich, dass die Bruttoerträge aus einer eigenen Wirtschaftstätigkeit der Holding stammen oder falls keine eigene wirtschaftliche Tätigkeit der Holding vorliegt, dass für die Einschaltung der ausländischen Holding wirtschaftliche oder sonst beachtliche Gründe vorliegen und dass die ausländische Holding mit einem für ihren Geschäftszweck angemessen eingerichteten Geschäftsbetrieb am allgemeinen Wirtschaftsverkehr teilnimmt.[6]

Für Gewinne aus der Veräußerung von Beteiligungen an inländischen Kapitalgesellschaften wird das Besteuerungsrecht für den Veräußerungsgewinn nach Art. 13 Abs. 5 DBA D/AT Österreich als Ansässigkeitsstaat der Holding zugewiesen, so dass es im Inland zu keinen körperschaftsteuerlichen Belastungen kommt.[7]

Eine österreichische Holding ist zudem mit auf eine deutsche Betriebstätte einer in- oder ausländischen Kommanditgesellschaft entfallenden Gewinnanteilen (§ 49 Abs. 1 Nr. 2 lit. a dEStG) und mit Gewinnen aus der Vermietung und Verpachtung sowie Gewinnen aus der Veräußerung von deutschen Grundstücken (§ 49 Abs. 1 Nr. 2 lit. f dEStG) be-

---

1 S. §§ 43 Abs. 5, 50 Abs. 2 S. 1 dEStG und § 32 Abs. 1 Nr. 2 dKStG.
2 EuGH, Urt. v. 20. 10. 2011, C-284/09 (Kommission/Deutschland), DStR 49 (2011), S. 2038.
3 Vgl. dazu oben, S. 101.
4 Vgl. auch *Iffland-Zinser, B.*, Nachfolgeplanung, 2007, S. 71 f.
5 Vgl. zur Anwendung des § 50d Abs. 3 dEStG näher *Wiese, G. T.*, Entlastung, 2012, S. 376-384.
6 Vgl. zu den Substanz- und Aktivitätsanforderungen des § 50d Abs. 3 dEStG näher *Schönfeld, J.*, § 50d Abs. 3 EStG, 2011, Rz. 121-207. Zu den Änderungen durch das BeitrRLUmsG vgl. *Wiese, G. T.*, Entlastung, 2012, S. 381-383.
7 Vgl. auch *Götz, A.*, Doppelbesteuerungsabkommen, 2005, S. 313.

schränkt körperschaftsteuerpflichtig. Auf den Gewinn einer deutschen Betriebstätte einer Kommanditgesellschaft fällt nach § 2 Abs. 1 GewStG Gewerbesteuer an.

(1) Besteuerung in Österreich

Eine österreichische Holdingkapitalgesellschaft ist nach § 1 Abs. 2 Z 1 öKStG aufgrund des österreichischen Sitzes in Österreich unbeschränkt körperschaftsteuerpflichtig. Das steuerpflichtige Einkommen der Holding ermittelt sich nach § 7 öKStG und den Vorschriften des öEStG, wobei nach § 7 Abs. 3 öKStG sämtliche Einkünfte als Einkünfte aus Gewerbebetrieb gelten. Auf das steuerpflichtige Einkommen ist nach § 22 Abs. 1 öKStG der proportionale Steuersatz von 25 % anzuwenden. Bei einer österreichischen Holdingkapitalgesellschaft fällt nach § 24 Abs. 4 öKStG jährlich die Mindestkörperschaftsteuer in Höhe von 5 % eines Viertels der gesetzlichen Mindesthöhe des Grund- oder Stammkapitals an, die auf die Körperschaftsteuer der Holding anzurechnen ist.[1]

Bei Dividenden, die eine österreichische Holding von einer österreichischen oder ausländischen Kapitalgesellschaft erhält, ergeben sich die gleichen Steuerfolgen wie bei Dividendeneinkünften einer österreichischen Privatstiftung.[2] Das Gleiche gilt für Gewinnanteile von in- und ausländischen Kommanditgesellschaften.[3]

Gewinne aus der Veräußerung von Beteiligungen an Kapitalgesellschaften sind als Bestandteil des Gewinns grundsätzlich körperschaftsteuerpflichtig.[4] Abweichend davon sind Gewinne aus der Veräußerung von internationalen Schachtelbeteiligungen i. S. d. § 10 Abs. 2 öKStG (Beteiligungsquote von mindestens 10 % und Mindesthaltedauer von einem Jahr) nach § 10 Abs. 3 öKStG grundsätzlich von der Körperschaftsteuer befreit, wobei die Holding zur Steuerpflicht optieren kann.[5]

Befinden sich im Vermögen der Holding österreichische Grundstücke, unterliegen die laufenden Gewinne und Veräußerungsgewinne als Einkünfte aus Gewerbebetrieb der österreichischen Körperschaftsteuer. Bei deutschen, schweizerischen und liechtensteinischen Grundstücken wird das Besteuerungsrecht für die laufenden Gewinne und die

---

[1] Vgl. dazu näher *Kofler, H./Kanduth-Kristen, S./Kofler, G.*, Körperschaftsteuer, 2010, S. 489 f. Bei einer GmbH beträgt die Mindestkörperschaftsteuer jährlich 1.750 Euro.

[2] Vgl. dazu oben, S. 103-105.

[3] Vgl. dazu oben, S. 105 f.

[4] Vgl. *Doralt, W.*, Steuerrecht, 2012, Rz. 211.

[5] Vgl. *Stefaner, M./Schragl, M.*, Hintergrund, 2011, S. 19; *Doralt, W.*, Steuerrecht, 2012, Rz. 211.

Veräußerungsgewinne Deutschland, der Schweiz bzw. Liechtenstein als jeweiligen Belegenheitsstaat zugewiesen und in Österreich von der Körperschaftsteuer befreit.[1]

(2) Besteuerung in der Schweiz

Bei einer österreichischen Holding mit Sitz und Ort der Geschäftsleitung in Österreich sind Einkünfte aus der Schweiz dort nach Art. 51 Abs. 1 i. V. m. Art. 52 Abs. 2 DBG bzw. Art. 21 Abs. 1 StHG beschränkt gewinn- und kapitalsteuerpflichtig. Die Steuerfolgen bei Dividenden entsprechen den Steuerfolgen beim Einsatz einer österreichischen Stiftung.[2] Hinsichtlich der schweizerischen Steuerfolgen bei Gewinnanteilen aus in- oder ausländischen Kommanditgesellschaften mit schweizerischen Betriebstätten und den Erträgen aus schweizerischen Grundstücken gelten die Ausführungen zur Besteuerung einer deutschen Holding in der Schweiz entsprechend.[3]

(3) Besteuerung in Liechtenstein

Eine österreichische Holding ist in Liechtenstein nach Art. 44 Abs. 2 und 3 SteG nur mit Miet- und Pachterträgen aus Grundstücken und mit den Gewinnanteilen von in- oder ausländischen Kommanditgesellschaften, die auf eine in Liechtenstein belegene Betriebstätte entfallen, beschränkt ertragsteuerpflichtig. Hinsichtlich der Steuerfolgen in Liechtenstein gelten die Ausführungen zur Besteuerung einer deutschen Stiftung in Liechtenstein entsprechend.[4]

ac) Holdinggesellschaft mit Sitz in Liechtenstein

(1) Besteuerung in Deutschland

Eine liechtensteinische Holding ist in Deutschland aufgrund des liechtensteinischen Sitzes und Orts der Geschäftsleitung nur mit ihren deutschen Einkünften nach § 2 Nr. 1 i. V. m. § 8 dKStG und § 49 dEStG beschränkt körperschaftsteuerpflichtig.

Dividenden an eine liechtensteinische Holding unterliegen nach § 43 Abs. 1 S. 1 Nr. 1 i. V. m. § 43a Abs. 1 S. 1 Nr. 1 dEStG der Kapitalertragsteuer zum Steuersatz von 25 %. Sofern die Aktivitäts- und Substanzanforderungen nach § 50d Abs. 3 dEStG er-

---

1 S. Art. 6, Art. 13 Abs. 1 und Art. 23 Abs. 2 lit. a DBA D/AT; Art. 6, Art. 13 Abs. 1 und Art. 23 Abs. 1 DBA AT/CH; Art. 6, Art. 13 Abs. 1 und Art. 23 Abs. 1 DBA AT/FL.

2 Vgl. dazu oben, S. 108.

3 Vgl. dazu oben, S. 118 f.

4 Vgl. dazu oben, S. 95 f.

füllt sind,[1] reduziert sich die Kapitalertragsteuer bis zum 31. 12. 2012 auf 15 %[2] und seit dem 1. 1. 2013 bei Schachtelbeteiligungen i. S. d. Art. 10 Abs. 2 S. 1 lit. a und b DBA D/FL auf 5 % oder 0 %.[3] Für die reduzierte Kapitalertragsteuer kann die liechtensteinische Holding einen Antrag auf Rückvergütung stellen, da die Abgeltungswirkung gegen die Kapitalverkehrsfreiheit i. S. d. Art. 40 EWRA verstößt.[4]

Für die Veräußerungsgewinne aus Beteiligungen an deutschen Kapitalgesellschaften, für auf eine deutsche Betriebstätte einer Kommanditgesellschaft entfallende Gewinnanteile und für laufende Gewinne sowie Veräußerungsgewinne aus deutschen Grundstücken ergeben sich die gleichen Steuerfolgen wie bei einer liechtensteinischen Stiftung.[5]

(1) Besteuerung in Österreich

Eine liechtensteinische Holding ist in Österreich nach § 1 Abs. 3 Z 1 lit. a i. V. m. § 21 öKStG und § 98 öEStG mit ihren österreichischen Einkünften beschränkt körperschaftsteuerpflichtig. Hinsichtlich der Steuerfolgen in Österreich gelten die Ausführungen zur Besteuerung einer liechtensteinischen Stiftung entsprechend.[6]

(2) Besteuerung in der Schweiz

Eine liechtensteinische Holding ist in der Schweiz nur mit den dort erzielten Einkünften nach Art. 51 Abs. 1 i. V. m. Art. 52 Abs. 2 DBG bzw. Art. 21 Abs. 1 StHG beschränkt gewinn- und kapitalsteuerpflichtig. Die Steuerfolgen bei Dividenden entsprechen den Steuerfolgen beim Einsatz einer liechtensteinischen Stiftung.[7] Bei Gewinnanteilen aus in- oder ausländischen Kommanditgesellschaften mit schweizerischen Betriebstätten und den Erträgen aus schweizerischen Grundstücken gelten die Ausführungen zur Besteuerung einer deutschen Holding in der Schweiz entsprechend.[8]

---

1 Vgl. dazu näher oben, S. 120.

2 Bis zum 31. 12. 2012 ergibt sich die Quellensteuerreduktion aus § 44a Abs. 9 dEStG. Seit dem 1. 1. 2013 resultiert die Quellensteuerreduktion aus Art. 10 Abs. 2 S. 1 lit. c DBA D/FL.

3 Vgl. dazu oben, S. 100 f.

4 EuGH, Urt. v. 20. 10. 2011, C-284/09 (Kommission/Deutschland), DStR 49 (2011), S. 2038; vgl. dazu auch oben, S. 101. Seit dem Inkrafttreten des TIEA D/FL kann auch eine liechtensteinische Holding die Rückvergütung beantragen; vgl. dazu auch *Linn, A.*, Anmerkung, 2011, S. 847.

5 Vgl. dazu oben, S. 101 f.

6 Vgl. dazu oben, S. 106-108.

7 Vgl. dazu oben, S. 108.

8 Vgl. dazu oben, S. 118 f.

(3) Besteuerung in Liechtenstein

In Liechtenstein gelten für die laufende Besteuerung einer liechtensteinischen Holding dieselben Regeln wie für die laufende Besteuerung einer liechtensteinischen Stiftung.[1]

ad) Holdinggesellschaft mit Sitz in Schweiz

(2) Besteuerung in Deutschland

Eine schweizerische Holding ist in Deutschland aufgrund des schweizerischen Sitzes und Orts der Geschäftsleitung nur mit den inländischen Einkünften nach § 2 Nr. 1 i. V. m. § 8 dKStG und § 49 dEStG beschränkt körperschaftsteuerpflichtig.

Dividenden von einer deutschen Kapitalgesellschaft unterliegen grundsätzlich nach § 43 Abs. 1 S. 1 Nr. 1 i. V. m. § 43a Abs. 1 S. 1 Nr. 1 dEStG der Kapitalertragsteuer zum Steuersatz von 25 %. Die Kapitalertragsteuer reduziert sich bei einer schweizerischen Holding als Dividendenempfänger nach Art. 10 Abs. 2 lit. c DBA D/CH auf 15 % und bei einer Schachtelbeteiligung von mindestens 20 % nach Art. 10 Abs. 3 DBA D/CH auf 0 %,[2] sofern die Aktivitäts- und Substanzanforderungen nach § 50d Abs. 3 dEStG erfüllt sind.[3] Die reduzierte Kapitalertragsteuerbelastung hat nach § 43 Abs. 5, § 50 Abs. 2 S. 1 dEStG und § 32 Abs. 1 Nr. 2 dKStG abgeltende Wirkung.[4]

Für Gewinne aus der Veräußerung von Beteiligungen an deutschen Kapitalgesellschaften wird das Besteuerungsrecht nach Art. 13 Abs. 3 DBA D/CH der Schweiz als Ansässigkeitsstaat der Holding zugewiesen.

Daneben ist eine schweizerische Holding mit auf eine deutsche Betriebstätte einer in- oder ausländischen Kommanditgesellschaft entfallenden Gewinnanteilen (§ 49 Abs. 1 Nr. 2 lit. a dEStG) und mit Gewinnen aus der Vermietung und Verpachtung sowie Gewinnen aus der Veräußerung von inländischen Grundstücken (§ 49 Abs. 1 Nr. 2 lit. f dEStG) beschränkt körperschaftsteuerpflichtig. Auf den Gewinn einer deutschen Betriebstätte einer Kommanditgesellschaft fällt nach § 2 Abs. 1 GewStG Gewerbesteuer an.

---

[1] Vgl. dazu oben, S. 109-111.

[2] Vgl. dazu näher *Kubaile, H./Suter, R./Jakob, W.*, Investitionsstandort Schweiz, 2009, S. 293-296.

[3] Vgl. zur Anwendung des § 50d Abs. 3 dEStG im Verhältnis zur Schweiz näher *Kubaile, H./Suter, R./Jakob, W.*, Investitionsstandort Schweiz, 2009, S. 429-439.

[4] Vgl. auch *Jacobs, O. H.*, Internationale Unternehmensbesteuerung, 2011, S. 350.

(1) Besteuerung in Österreich

Eine schweizerische Holding ist in Österreich nach § 1 Abs. 3 Z 1 lit. a i. V. m. § 21 öKStG und § 98 öEStG mit ihren österreichischen Einkünften beschränkt körperschaftsteuerpflichtig. Bei Dividenden von einer österreichischen Kapitalgesellschaft (§ 98 Abs. 1 Z 5 lit. a öEStG) wird in Österreich grundsätzlich die Kapitalertragsteuer zum Steuersatz von 25 % einbehalten,[1] die sich nach Art. 10 Abs. 2 S. 1 DBA AT/CH auf 15 % und bei einer Schachtelbeteiligung von mindestens 20 % nach Art. 10 Abs. 2 S. 2 DBA AT/CH auf 0 % reduziert.[2] Das Besteuerungsrecht für Veräußerungsgewinne aus Beteiligungen an österreichischen Kapitalgesellschaften wird nach Art. 13 Abs. 3 DBA AT/CH der Schweiz als Ansässigkeitsstaat der Holding zugewiesen, so dass es in Österreich zu keinen körperschaftsteuerlichen Belastungen kommt.

Daneben ist eine schweizerische Holding auch mit auf eine österreichische Betriebstätte einer in- oder ausländischen Kommanditgesellschaft entfallenden Gewinnanteilen (§ 98 Abs. 1 Z 3 öEStG) mit laufenden Gewinnen und mit Gewinnen aus der Veräußerung von österreichischen Grundvermögen beschränkt körperschaftsteuerpflichtig, wobei diese Gewinne nach § 21 Abs. 1 Z 3 i. V. m. § 7 Abs. 3 öKStG als Einkünfte aus Gewerbebetrieb gelten, auf die nach § 22 Abs. 1 öKStG der proportionale Steuersatz von 25 % anzuwenden ist.[3]

(2) Besteuerung in der Schweiz

In der Schweiz sind Kapitalgesellschaften mit Sitz und tatsächlicher Verwaltung in der Schweiz auf Bundesebene nach Art. 50 DBG unbeschränkt gewinnsteuerpflichtig und auf kantonaler und kommunaler Ebene nach Art. 20 Abs. 1 StHG in dem jeweiligen Kanton unbeschränkt gewinn- und kapitalsteuerpflichtig.[4] Die unbeschränkte Steuerpflicht umfasst nach Art. 52 Abs. 1 DBG auf Bundesebene das gesamte Welteinkommen mit Ausnahme von ausländischen Geschäftsbetrieben, Betriebstätten und Grund-

---

[1] Vgl. *Stieglitz, A.*, Gesellschafter, 2011, S. 256.

[2] Eine Sofortentlastung an der Quelle ist nach Art. 28 Abs. 1 DBA AT/CH nicht vorgesehen. Vielmehr kann die Quellensteuerreduktion nach Art. 28 Abs. 2 DBA AT/CH nur durch einen Erstattungsantrag erreicht werden. Die Quellensteuerreduktion wird versagt, wenn für die Einschaltung der Holding keine wirtschaftlichen oder außersteuerlichen Gründe nachgewiesen werden können; vgl. dazu auch *Stieglitz, A.*, Gesellschafter, 2011, S. 261.

[3] Vgl. zur beschränkt Körperschaftsteuerpflicht in Österreich *Djanani, C./Pummerer E./Wittmann, A.*, Außensteuerrecht, 2011, S. 38 f.; *Mayr, G.*, Körperschaftsteuer, 2012, Rz. 1035-1041.

[4] Vgl. zur unbeschränkten Steuerpflicht in der Schweiz *Kubaile, H./Suter, R./Jakob, W.*, Investitionsstandort Schweiz, 2009, S. 19-21; *Reich, M.*, Steuerrecht, 2012, S. 448 f.

stücken.[1] Auf kantonaler Ebene werden außerkantonale Geschäftsbetriebe, Betriebstätten und Grundstücke in analoger Weise von der unbeschränkten Gewinn- und Kapitalsteuerpflicht ausgenommen.[2]

Bemessungsgrundlage sind bei den Gewinnsteuern des Bundes, der Kantone und Gemeinden nach Art. 57 DBG und Art. 24 StHG der Reingewinn und bei den kantonalen und kommunalen Kapitalsteuern nach Art. 29 StHG das Eigenkapital. Auf den steuerpflichtigen Reingewinn ist auf Bundesebene nach Art. 68 DBG ein proportionaler Steuersatz von 8,5 % anzuwenden. Auf kantonaler und kommunaler Ebene sind die Steuersätze der Gewinn- und Kapitalsteuern größtenteils proportional ausgestaltet.[3] In einigen Kantonen ist nach Art. 30 Abs. 2 StHG die Gewinnsteuer auf die Kapitalsteuer anrechenbar, so dass im Ergebnis nur die höhere der beiden Steuern erhoben wird.[4] Da in der Schweiz nach Art. 59 Abs. 1 lit. a DBG und Art. 25 Abs. 1 lit. a StHG die Steuern des Bundes, der Kantone und Gemeinden den Gewinn mindern, sind die effektiven Gewinnsteuersätze entsprechend geringer.[5]

Dividenden von in- und ausländischen Kapitalgesellschaften sind auf Ebene der schweizerischen Kapitalgesellschaft als Bestandteil des Reingewinns gewinnsteuerpflichtig.[6] Zur Vermeidung einer Mehrfachbesteuerung ermäßigen sich die Gewinnsteuern auf Bundesebene nach den Art. 69 und 70 DBG und auf kantonaler und kommunaler Ebene

---

1 Vgl. dazu auch *Reich, M.*, Steuerrecht, 2012, S. 449.

2 S. § 64 Abs. 1 StG-AG; Art. 54 Abs. 1 S. 1 StG-AI; Art. 61 Abs. 1 S. 1 StG-AR; § 6ter Abs. 1 S. 1 StG-BL; § 61 Abs. 1 StG-BS; Art. 79 Abs. 1 StG-BE; Art. 93 DStG-FR; Art. 4 Abs. 1 LIPM-GE; Art. 56 Abs. 1 S. 2 StG-GL; Art. 66 Abs. 1 LI-JU; § 66 Abs. 1 StG-LU; Art. 78 Abs. 1 LCdir-NE; Art. 68 Abs. 1 StG-NW; Art. 72 Abs. 1 StG-OW; Art. 58 Abs. 1 StG-SH; § 57 Abs. 1 StG-SZ; § 86 Abs. 1 StG-SO; Art. 73 Abs. 1 S. 1 StG-SG; Art. 62 Abs. 1 LT-TI; § 70 Abs. 1 StG-TG; Art. 71 Abs. 1 StG-UR; Art. 87 Abs. 1 LI-VD; Art. 75 Abs. 1 StG-VS; § 57 Abs. 1 StG-ZH; § 52 Abs. 1 StG-ZG. Nur im Steuergesetz des Kantons GR findet sich keine dem Art. 52 Abs. 1 DBG entsprechende Regelung.

3 Vgl. dazu auch *ESTV*, Juristische Personen, 2012, S. 20 f. In den Kantonen FR und NE kommt bis zu einem Gewinn von 50.000 CHF (FR) bzw. 40.000 CHF (NE) ein zwei bzw. dreistufiger Vorzugstarif zur Anwendung (Art. 110 Abs. 2 DStG-FR; Art. 94a-94d LCdir-NE). In den Kantonen AG, BL, BE, SO, VS und ZG werden zwei- bzw. dreistufige Tarife angewendet und im Kanton BS orientiert sich der Gewinnsteuertarif an der Ertragsintensität. (S. § 75 StG-AG; § 58 StG-BL; § 76 StG-BS; Art. 95 StG-BE; § 97 StG-SO; Art. 89 StG-VS; § 66 Abs. 1 bis 3 StG-ZG). Ein progressiver Kapitalsteuertarif wird nur in den Kantonen GR und VS angewendet (Art. 91 Abs. 1 StG-GR; Art. 99 Abs. 1 StG-VS).

4 Vgl. auch *ESTV*, Juristische Personen, 2012, S. 61. Eine Anrechnung der Gewinn- auf die Kapitalsteuer ist in den Kantonen AG, AI, BL, BE, GL, SZ, SO, SG, TG und VD möglich (§ 86 Abs. 4 StG-AG; Art. 75 Abs. 2 StG-AI; § 62 Abs. 1 S. 2 StG-BL; Art. 106 Abs. 4 S. 1 StG-BE; Art. 81 StG-GL; § 78 StG-SZ; § 108 Abs. 3 StG-SO; Art. 99 Abs. 2 StG-SG; § 100a StG-TG; Art. 118a LI-VD). Im Kanton GE ist die Anrechnung auf einen Betrag von 8.500 CHF begrenzt (Art. 36A LIPM-GE).

5 Vgl. dazu auch *Kubaile, H./Suter, R./Jakob, W.*, Investitionsstandort Schweiz, 2009, S. 35 f. und S. 110; *Reich, M.*, Steuerrecht, 2012, S. 458 und S. 480.

6 Vgl. auch *Reich, M.*, Steuerrecht, 2012, S. 485 f.

nach Art. 28 Abs. 1 StHG um den Beteiligungsabzug, der sich aus dem Verhältnis der Nettoerträge aus den Beteiligungen zum gesamten Reinertrag ergibt.[1] Der Beteiligungsabzug wird gewährt, sofern die Kapitalgesellschaft zu mindestens 10 % an der ausschüttenden Gesellschaft beteiligt ist oder über Beteiligungsrechte von mindestens einer Mio. CHF verfügt. Der Beteiligungsabzug wird nach Art. 70 Abs. 4 DBG und Art. 28 Abs. 1bis und Abs. 1ter StHG auch bei Veräußerungsgewinnen gewährt, sofern die veräußerte Beteiligung mindestens 10 % betrug und mindestens ein Jahr im Besitz der veräußernden Kapitalgesellschaft war oder falls die Beteiligung am Ende des Vorjahres vor dem Verkauf einen Verkehrswert von mindestens einer Mio. CHF hatte.

Dient die schweizerische Kapitalgesellschaft nach ihrem statutarischen Zweck der dauernden Verwaltung von Beteiligungen und übt diese in der Schweiz keine Geschäftstätigkeit aus, ist die Holding in der Schweiz nach Art. 28 Abs. 2 S. 1 StHG von den kantonalen und kommunalen Gewinnsteuern befreit, falls die Beteiligungen oder die Beteiligungserträge längerfristig mindestens zwei Drittel der gesamten Aktiven oder Erträge ausmachen (Holdingprivileg).[2] Das Holdingprivileg gilt nach Art. 28 Abs. 2 S. 2 StHG nicht für Erträge aus schweizerischem Grundeigentum, die stets den Gewinnsteuern zum ordentlichen Tarif unterliegen.[3]

Übt die Kapitalgesellschaft in der Schweiz eine Verwaltungstätigkeit, aber keine Geschäftstätigkeit aus (Verwaltungsgesellschaft), sind Beteiligungserträge und Gewinne aus der Veräußerung von Beteiligungen nach Art. 28 Abs. 3 StHG von den kantonalen und kommunalen Gewinnsteuern befreit, wohingegen die übrigen schweizerischen Einkünfte ordentlich besteuert werden und die übrigen ausländischen Einkünfte nach der Bedeutung der Verwaltungstätigkeit in der Schweiz der ordentlichen Gewinnbesteuerung unterliegen.[4] Nach Art. 28 Abs. 4 StHG ergeben sich bei einer Kapitalgesellschaft, deren Geschäftstätigkeit überwiegend auslandsbezogen ist und die in der Schweiz nur eine untergeordnete Geschäftstätigkeit ausübt (gemischte Gesellschaft), die gleichen Steuerfolgen wie bei einer Verwaltungsgesellschaft, wobei für die Gewinnbesteuerung

---

[1] Vgl. zum Beteiligungsabzug näher *Kubaile, H./Suter, R./Jakob, W.*, Investitionsstandort Schweiz, 2009, S. 143-146; *Reich, M.*, Steuerrecht, 2012, S. 485 f.

[2] Vgl. zum Holdingprivileg näher *Kubaile, H./Suter, R./Jakob, W.*, Investitionsstandort Schweiz, 2009, S. 146-152; *Reich, M.*, Steuerrecht, 2012, S. 486 f.

[3] Vgl. *Reich, M.*, Steuerrecht, 2012, S. 486.

[4] Vgl. zur Besteuerung von Verwaltungs- bzw. Domizilgesellschaften näher *Höhn, E./Waldburger, R.*, Steuerrecht Bd. I, 2001, § 20 Rz. 24-39; *Reich, M.*, Steuerrecht, 2012, S. 449 f.; *Mäusli-Allenspach, P./Oertli, M.*, Steuerrecht, 2010, S. 256-258.

der übrigen ausländischen Einkünfte auf den Umfang der Geschäftstätigkeit in der Schweiz abzustellen ist.[1]

Erfüllt eine schweizerische Kapitalgesellschaft die Voraussetzungen für das Holdingprivileg oder ist diese als Verwaltungsgesellschaft oder gemischte Gesellschaft einzustufen, fällt in den Kantonen eine reduzierte Kapitalsteuer an.[2]

Mit dem, auf eine schweizerische Betriebstätte entfallenden Gewinnanteil einer in- oder ausländischen Kommanditgesellschaft[3] und mit Gewinnen aus der Vermietung von schweizerischen Grundstücken unterliegt eine schweizerische Holding sowohl auf Bundesebene als auch auf kantonaler und kommunaler Ebene den jeweiligen Gewinnsteuern. Gewinne aus der Veräußerung von schweizerischen Grundstücken unterliegen auf Bundesebene und in den Kantonen, die das dualistische System der Grundstücksgewinnsteuer kennen, als Bestandteil des Reingewinns der jeweiligen Gewinnsteuer und in den Kantonen, die das monistische System der Grundstücksgewinnsteuer anwenden, anstelle der Gewinnsteuer der speziellen Grundstücksgewinnsteuer.[4]

(3) Besteuerung in Liechtenstein

Eine schweizerische Holding ist in Liechtenstein nach Art. 44 Abs. 2, 3 und Art. 35 SteG nur mit Miet- und Pachterträgen und Veräußerungsgewinnen aus liechtensteinischen Grundstücken und mit Gewinnanteilen aus in- oder ausländischen Kommanditgesellschaften, die auf liechtensteinische Betriebstätten entfallen, beschränkt ertrag- und grundstücksgewinnsteuerpflichtig. Die Steuerfolgen in Liechtenstein entsprechen den Steuerfolgen beim Einsatz einer deutschen Stiftung in Liechtenstein.[5]

b) Besteuerung der Gesellschafter

Die Gewinnausschüttungen einer inländischen, österreichischen, liechtensteinischen oder schweizerischen Holding unterliegen bei einem deutschen Gesellschafter als Ein-

---

[1] Vgl. zur Besteuerung von gemischten Gesellschaften näher *Kubaile, H./Suter, R./Jakob, W.*, Investitionsstandort Schweiz, 2009, S. 152-157; *Reich, M.*, Steuerrecht, 2012, S. 489 f.

[2] Vgl. *Mäusli-Allenspach, P./Oertli, M.*, Steuerrecht, 2010, S. 260; zu den Vergünstigungen bei der Kapitalsteuer von Holding- und Verwaltungsgesellschaften vgl. näher *ESTV*, Juristische Personen, 2012, S. 27f., 32 f.

[3] Gewinnanteile von in- und ausländischen Personengesellschaften, die auf einen in der Schweiz ansässigen Gesellschafter entfallen, werden in der Schweiz nach dem Transparenzprinzip besteuert; vgl. dazu auch *Burki, N. H.*, Schweiz, 2010, Rz. 31.26 f.

[4] Vgl. dazu auch *Reich, M.*, Steuerrecht, 2012, S. 465.

[5] Vgl. dazu oben, S. 95 f.

künfte aus Kapitalvermögen der Einkommensteuer, wobei nach § 32d Abs. 1 S. 1 dEStG regelmäßig der spezielle Steuersatz der Abgeltungsteuer in Höhe von 25 % zur Anwendung kommt.[1] Eine ausländische Quellensteuer ist nach § 32d Abs. 5 dEStG auf die deutsche Einkommensteuer anzurechnen.

Mit den Dividenden von einer österreichischen Holding ist ein in Deutschland ansässiger Gesellschafter in Österreich nach § 1 Abs. 3 i. V. m. § 98 Abs. 1 Z. 5 lit. a öEStG beschränkt einkommensteuerpflichtig, sofern in Österreich Kapitalertragsteuer einzubehalten ist.[2] Nach § 93 Abs. 2 Z 1 öEStG wird bei Dividenden von österreichischen Kapitalgesellschaften grundsätzlich die Kapitalertragsteuer in Höhe von 25 % einbehalten, die sich bei einem in Deutschland ansässigen Dividendenempfänger nach Art. 10 Abs. 2 DBA D/AT auf 15 % reduziert.[3]

Da Dividenden von liechtensteinischen Kapitalgesellschaften in Liechtenstein nach Art. 15 Abs. 2 lit. n SteG vollständig von der Erwerbsteuer befreit sind,[4] werden diese auch nicht nach Art. 6 Abs. 2 und 4 SteG von der beschränkten Erwerbsteuerpflicht erfasst, so dass sich in Liechtenstein keine Steuerfolgen ergeben.

In der Schweiz wird auf Dividenden von in der Schweiz ansässigen Kapitalgesellschaften die 35%ige Verrechnungsteuer einbehalten,[5] die sich nach Art. 10 Abs. 2 lit. c DBA D/CH auf 15 % reduziert.[6]

c) Hinzurechnungsbesteuerung

Da die Gesellschafter annahmegemäß im Inland unbeschränkt einkommensteuerpflichtig sind, kann es bei einer ausländischen Holding aufgrund der Inländerbeherrschung zu einer Hinzurechnungsbesteuerung i. S. d. §§ 7 bis 14 AStG kommen, sofern die Holding

---

[1] Nur wenn der persönliche Steuersatz niedriger als 25 % ist, kann der Gesellschafter nach § 32d Abs. 6 dEStG den Einbezug in die Veranlagung wählen, so dass die Dividenden mit dem niedrigeren persönlichen Steuersatz besteuert werden; vgl. dazu auch *Richter, A./Eichler, A. K./Fischer, H.*, Unternehmensteuerreform, 2008, S. 15.

[2] Vgl. *Stieglitz, A.*, Gesellschafter, 2011, S. 256.

[3] Vgl. *Stieglitz, A.*, Gesellschafter, 2011, S. 256; *Doralt, W.*, Steuerrecht, 2012, Rz. 173.

[4] Vgl. *Hosp, T./Langer, M.*, Steuerstandort, 2011, S. 69.

[5] Vgl. zur Verrechnungsteuer auf Kapitalerträge näher *Höhn, E./Waldburger, R.*, Steuerrecht Bd. I, 2001, § 21 Rz. 1-43; *Reich, M.*, Steuerrecht, 2012, S. 601-621.

[6] Die Quellensteuerreduktion kann bei natürlichen Personen nur durch ein Erstattungsverfahren nach Art. 28 DBA D/CH erreicht werden. Eine Sofortentlastung an der Quelle ist in der Schweiz bei natürlichen Personen nicht vorgesehen; vgl. dazu im Ergebnis auch *Kubaile, H./Suter, R./Jakob, W.*, Investitionsstandort Schweiz, 2009, S. 300-302; *Zwosta, M.-B.*, Art. 10 Schweiz, 2012, Rz. 43.

passive Einkünfte erzielt und mit diesen einer Steuerbelastung von weniger als 25 % unterliegt.[1] Als passive Einkünfte kommen in dem der Untersuchung zugrunde liegenden Modell insbesondere Einkünfte aus der Vermietung und Verpachtung sowie aus der Veräußerung von deutschen, schweizerischen und liechtensteinischen Grundstücken (§ 8 Abs. 1 Nr. 6 lit. b AStG) in Betracht.[2] Dagegen gelten Gewinnanteile an in- und ausländischen gewerblich tätigen Kommanditgesellschaften (§ 8 Abs. 1 Nr. 2, 3 bzw. 4 AStG) sowie Dividenden (§ 8 Abs. 1 Nr. 8 AStG) und Gewinne aus der Veräußerung von Beteiligungen an in- und ausländischen Kapitalgesellschaften (§ 8 Abs. 1 Nr. 9 AStG) regelmäßig als aktive Einkünfte.[3] Eine niedrige Besteuerung i. S. d. § 8 Abs. 3 AStG kann nur bei liechtensteinischen und schweizerischen Holdinggesellschaften angenommen werden,[4] wobei die Hinzurechnungsbesteuerung bei einer liechtensteinischen Holding seit dem Inkrafttreten des Abkommens zum Informationsaustausch[5] zwischen Deutschland und Liechtenstein nach § 8 Abs. 2 AStG durch den Nachweis einer tatsächlichen wirtschaftlichen Tätigkeit der Holding vermieden werden kann.[6] Im Ergebnis kommt es somit insbesondere bei einer schweizerischen Holding, die Einkünfte aus der Vermietung oder aus der Veräußerung von inländischen, liechtensteinischen und schweizerischen Grundstücken erwirtschaftet, für diese Einkünfte zu einer Hinzurechnungsbesteuerung bei den in Deutschland unbeschränkt steuerpflichtigen Gesellschaftern. Seit dem 1. 1. 2013 gelten Einkünfte aus der Vermietung und aus der Veräußerung von liechtensteinischen Grundstücken aufgrund der abkommensrechtlichen Freistellung[7] in Deutschland als aktive Einkünfte,[8] so dass bei diesen Einkünften einer schwei-

---

[1] Vgl. zur Hinzurechnungsbesteuerung näher *Schaumburg, H.*, Internationales Steuerrecht, 2011, Rz. 10.1-10.240.

[2] Vgl. zu den Einkünften aus der Vermietung und Verpachtung von Grundstücken sowie aus der Veräußerung von Grundstücken als passive Einkünfte näher *Wassermeyer, F.*, § 8 AStG, 2011, Rz. 216-237. Einkünfte aus österreichischen Grundstücken stellen aufgrund der abkommensrechtlichen Freistellung aktive Einkünfte dar.

[3] Vgl. zu dazu näher *Wassermeyer, F.*, § 8 AStG, 2011, Rz. 66-78, 116-208.

[4] Die liechtensteinische nominale Ertragsteuerbelastung liegt nach Art. 61 SteG bei 12,5 %. Die Grundstücksgewinnsteuer liegt nach Art. 42 i. V. m. Art. 43 und Art. 19 lit. a SteG zwischen 3 % und 21 %. In der Schweiz hängt die Einstufung als Niedrigsteuerland grundsätzlich von den kantonalen und kommunalen Gewinnsteuertarifen ab. Die effektive Ertragsteuerbelastung variiert in den einzelnen Kanton und Gemeinden zwischen 11,56 %-24,2 %; vgl. dazu *Bader, A./Täuber, J.*, Schweiz, 2012, S. 102. Damit ist auch in der Schweiz in allen Kantonen und Gemeinden das Kriterium der niedrigen Besteuerung i. S. d. § 8 Abs. 3 AStG erfüllt; vgl. auch *Kubaile, H./Suter, R./Jakob, W.*, Investitionsstandort Schweiz, 2009, S. 443.

[5] TIEA D/FL v. 2. 9. 2009, dBGBl. II 2010, S. 951.

[6] Vgl. zur Möglichkeit des Gegenbeweises nach § 8 Abs. 2 AStG näher *Schönfeld, J.*, § 8 AStG, 2011, Rz. 400-573.

[7] Art. 6 Abs. 1 und 2, Art. 13 Abs. 1 i. V. m. Art. 23 Abs. 1 lit. a DBA D/FL.

[8] S. § 8 Abs. 1 Nr. 6 lit. b AStG.

zerischen Holding keine Hinzurechnungsbesteuerung mehr stattfindet. Der Hinzurechnungsbetrag i. S. d. § 10 Abs. 1 AStG ergibt sich aus den passiven Einkünften der ausländischen Zwischengesellschaft abzüglich der darauf entfallenden bezahlten ausländischen Ertrag- und Vermögensteuern[1] und gilt nach § 10 Abs. 2 S. 1 AStG als Dividenden i. S. d. § 20 Abs. 1 Nr. 1 dEStG, wobei nach § 10 Abs. 2 S. 3 AStG der spezielle Steuersatz der Abgeltungsteuer bzw. das Teileinkünfteverfahren nicht anwendbar sind, so dass der Hinzurechnungsbetrag dem persönlichen Steuersatz des jeweiligen Gesellschafters unterliegt.[2] Wird der dem Hinzurechnungsbetrag zugrunde liegende Gewinn innerhalb von sieben Jahren ausgeschüttet, ist die Gewinnausschüttung nach § 3 Nr. 41 lit. a dEStG insoweit von der Einkommensteuer befreit.

3. Besteuerung der Nachkommen bei direkter Nachfolge

a) Besteuerung in Deutschland

Da das Vermögen annahmegemäß auf zwei Kinder übertragen wird, entsteht durch die Vermögensübertragung grundsätzlich eine Erbengemeinschaft i. S. d. § 2032 BGB, die aufgrund der fehlenden Rechtsfähigkeit nach dem Transparenzprinzip zu besteuern ist.[3] Die auf die Miterben entfallenden Einkünfte werden bei diesen nach den Grundsätzen des deutschen Einkommensteuerrechts besteuert. Damit unterliegen die anteiligen Dividenden und Gewinne aus der Veräußerung von Beteiligungen an in- oder ausländischen Kapitalgesellschaften als Einkünfte aus Kapitalvermögen nach § 32d Abs. 1 S. 1 dEStG regelmäßig zu dem speziellen Steuersatz der Abgeltungsteuer in Höhe von 25 % der Einkommensteuer, wobei eine mögliche ausländische Quellensteuer bis zu 25 % nach § 32d Abs. 5 dEStG auf die deutsche Einkommensteuer anzurechnen ist. Bei einer wesentlichen Beteiligung i. S. d. § 17 dEStG kommt bei Veräußerungsgewinnen anstelle der 25%igen Abgeltungsteuer das Teileinkünfteverfahren nach § 3 Nr. 40 S. 1 lit. c i. V. m. § 3c Abs. 2 dEStG zur Anwendung.[4]

---

[1] Anstelle des Abzugs der ausländischen Ertrag- und Vermögensteuern kann der einzelne Gesellschafter nach § 12 AStG i. V. m. § 34c Abs. 1 dEStG die Anrechnung der ausländischen Steuern beantragen.

[2] Vgl. dazu näher *Schaumburg, H.*, Internationales Steuerrecht, 2011, Rz. 10.159-10.215.

[3] Vgl. dazu *Esch, G./Baumann, W./Schulze zur Wiesche, D.*, Vermögensnachfolge, 2009, S. 644.

[4] Vgl. dazu auch *Weber-Grellet, H.*, § 17 EStG, 2012, Rz. 190 f. Für die Ermittlung der Beteiligungsgrenze von 1 % ist auf den Anteil jedes einzelnen Miterben abzustellen; vgl. dazu auch *Weber-Grellet, H.*, § 17 EStG, 2012, Rz. 55.

Anteile an einer Personengesellschaft gehen aufgrund der Sondererbfolge direkt in Höhe der Erbquote auf die einzelnen Erben über.[1] Die auf eine deutsche Betriebstätte entfallenden Gewinnanteile an einer in- oder ausländischen Kommanditgesellschaft unterliegen auf Ebene der Kommanditgesellschaft der Gewerbesteuer und auf Ebene der Gesellschafter der Einkommensteuer zum persönlichen Steuersatz, wobei die auf die einzelnen Gesellschafter entfallende Gewerbesteuer nach § 35 dEStG auf deren Einkommensteuer anzurechnen ist. Für Gewinnanteile, die auf eine österreichische oder schweizerische Betriebstätte entfallen, wird das Besteuerungsrecht jeweils Österreich bzw. der Schweiz mit Freistellung unter Progressionsvorbehalt in Deutschland zugewiesen.[2] Auf eine liechtensteinische Betriebstätte entfallende Gewinnanteile einer Kommanditgesellschaft sind in Deutschland im Rahmen der unbeschränkten Einkommensteuerpflicht der Erben steuerlich zu erfassen, wobei die liechtensteinische Erwerbs- und Vermögensteuer in Deutschland nach § 34c dEStG auf die Einkommensteuer der Erben anzurechnen ist. Seit dem 1. 1. 2013 wird das Besteuerungsrecht für Gewinnanteile aus liechtensteinischen aktiv tätigen Betriebstätten Liechtenstein mit Freistellung unter Progressionsvorbehalt in Deutschland zugewiesen.[3]

Die laufenden Einkünfte von deutschen oder liechtensteinischen Grundstücken werden mit den persönlichen Einkommensteuersätzen der Nachkommen steuerlich belastet, wobei eine liechtensteinische Erwerbs- und Vermögensteuer auf die Einkommensteuer der Nachkommen nach § 34c dEStG anzurechnen ist. Gewinne aus der Veräußerung von inländischen oder liechtensteinischen Grundstücken sind nur innerhalb der zehnjährigen Spekulationsfrist i. S. d. § 23 Abs. 1 Satz 1 Nr. 1 dEStG einkommensteuerpflichtig,[4] wobei eine liechtensteinische Grundstücksgewinnsteuer auf die Einkommensteuer der Erben nach § 34c dEStG anzurechnen ist. Seit dem 1. 1. 2013 wird das Besteuerungsrecht für laufende Erträge und für Gewinne aus der Veräußerung von liechtensteinischen Grundstücken nach Art. 6 Abs. 1 und Art. 13 Abs. 1 i. V. m. Art. 23 Abs. 1 S. 1

---

[1] Vgl. *Kögel, R.*, Unternehmensnachfolge, 2010, Rz. 178.

[2] S. Art. 7 Abs. 7 i. V. m. Abs. 1 und Art. 23 Abs. 1 lit. a DBA D/AT bzw. Art. 7 Abs. 7 i. V. m. Abs. 1 und Art. 24 Abs. 1 Nr. 1 lit. a DBA D/CH; vgl. für Österreich auch *Schuch, J./Haslinger, K.*, Art. 7 Österreich, 2012, Rz. 7 f.; vgl. für die Schweiz auch *Kubaile, H./Suter, R./Jakob, W.*, Investitionsstandort Schweiz, 2009, S. 358; *Scherer, T. B.*, Art. 7 Schweiz, 2012, Rz. 91-93. Im Verhältnis zur Schweiz ist für die Freistellung in Deutschland der Aktivitätsvorbehalt i. S. d. Art. 24 Abs. 1 S. 1 Nr. 1 lit. a DBA D/CH zu beachten.

[3] S. Art. 7 Abs. 4 i. V. m. Abs. 1 und Art. 23 Abs. 1 lit. a und c DBA D/FL.

[4] Für die Berechnung der Spekulationsfrist ist auf den ursprünglichen Anschaffungszeitpunkt bei dem übertragenden Unternehmer abzustellen; s. § 23 Abs. 1 S. 3 dEStG.

lit. a DBA D/FL Liechtenstein mit Freistellung in Deutschland zugewiesen. Bei österreichischen Grundstücken wird das Besteuerungsrecht für die laufenden Einkünfte nach Art. 6 i. V. m. Art. 23 Abs. 1 lit. a DBA D/AT und für Veräußerungsgewinne nach Art. 13 Abs. 1 i. V. m. Art. 23 Abs. 1 lit. a DBA D/AT Österreich als Belegenheitsstaat zugewiesen und in Deutschland von der Einkommensteuer befreit.[1] Für die laufenden Einkünfte und die Veräußerungsgewinne aus schweizerischen Grundstücken haben nach Art. 6 und Art. 13 Abs. 1 DBA D/CH sowohl die Schweiz als auch Deutschland ein Besteuerungsrecht, wobei Deutschland die schweizerischen Einkommen- bzw. Grundstücksgewinnsteuern nach Art. 24 Abs. 1 Nr. 2 DBA D/CH auf die deutsche Einkommensteuer anzurechnen hat.[2]

b) Besteuerung in Österreich

Die Nachkommen sind in Österreich nach § 1 Abs. 3 i. V. m. § 98 öEStG mit den österreichischen Einkünften beschränkt einkommensteuerpflichtig. Die beschränkte Einkommensteuerpflicht erstreckt sich u. a. auf Gewinnanteile aus der Beteiligung an einer in- oder ausländischen Kommanditgesellschaft, die auf eine österreichische Betriebstätte entfallen (§ 98 Abs. 1 Z 3 öEStG), auf Einkünfte aus der Vermietung und Verpachtung von österreichischen Grundstücken (§ 98 Abs. 1 Z 6 öEStG).[3] Die Einkommensteuer wird regelmäßig im Wege des Veranlagungsverfahrens erhoben, wobei sich der Steuersatz gemäß § 102 Abs. 3 öEStG nach der Höhe der österreichischen Einkünfte zuzüglich des Betrags von 9.000 Euro richtet.[4] Mit Einkünften aus der Veräußerung von österreichischen Grundstücken sind die Nachkommen in Österreich beschränkt einkommensteuerpflichtig (§ 98 Abs. 1 Z 7 i. V. m. §§ 30 öEStG), wobei nach § 98 Abs. 1 Z 7 i. V. m. § 30a öEStG der besondere Steuersatz von 25 % gilt.[5]

Das Besteuerungsrecht für Veräußerungsgewinne aus Beteiligungen an österreichischen Kapitalgesellschaften wird nach Art. 13 Abs. 5 DBA D/AT Deutschland als Ansässig-

---

1 Vgl. *Wassermeyer, F.*, Anwendung, 2000, S. 152; *Götz, A.*, Doppelbesteuerungsabkommen, 2005, S. 303 f.

2 Vgl. auch *Scherer, T. B.*, Art. 6 Schweiz, 2012, Rz. 29; *Scherer, T. B.*, Art. 13 Schweiz, 2012, Rz. 52.

3 Vgl. zum Umfang der beschränkten Einkommensteuerpflicht in Österreich *Doralt, W.*, Steuerrecht, 2012, Rz. 173.

4 Vgl. zu den Verfahren der Steuererhebung bei beschränkt Steuerpflichtigen in Österreich näher *Djanani, C./Pummerer E./Wittmann, A.*, Außensteuerrecht, 2011, S 28-35.

5 Vgl. dazu *Doralt, W.*, Steuerrecht, 2012, Rz. 173 f.

keitsstaat der Nachkommen zugewiesen,[1] so dass sich in Österreich keine einkommensteuerlichen Folgen ergeben.

Daneben werden nach § 98 Abs. 1 Z 5 lit. a öEStG auch Dividenden von einer österreichischen Kapitalgesellschaft von der beschränkten Einkommensteuerpflicht erfasst, sofern dafür in Österreich Kapitalertragsteuer einzubehalten ist.[2] Nach § 93 Abs. 2 Z 1 öEStG wird bei Dividenden von österreichischen Kapitalgesellschaften grundsätzlich die Kapitalertragsteuer in Höhe von 25 % einbehalten, die sich bei einem in Deutschland ansässigen Dividendenempfänger nach Art. 10 Abs. 2 DBA D/AT auf 15 % reduziert.[3]

c) Besteuerung in der Schweiz

Auf Dividenden von in der Schweiz ansässigen Kapitalgesellschaften wird die 35%ige Verrechnungsteuer einbehalten,[4] die sich nach Art. 10 Abs. 2 lit. c DBA D/CH auf 15 % reduziert. Da Veräußerungsgewinne aus Beteiligungen an schweizerischen Kapitalgesellschaften in der Schweiz nicht beschränkt steuerpflichtig sind,[5] ergeben sich in der Schweiz keine Steuerbelastungen.

Nach Art. 4 i. V. m. Art. 6 Abs. 2 DBG und Art. 4 StHG sind die in Deutschland ansässigen Nachkommen in der Schweiz mit dem Gewinnanteil aus einer in- oder ausländischen Kommanditgesellschaft, die in der Schweiz über eine Betriebstätte verfügt, und mit schweizerischen Grundstücken beschränkt steuerpflichtig.[6]

Auf Bundesebene wird nach Art. 11 i. V. m. Art. 49 Abs. 3 DBG der auf beschränkt Steuerpflichtige entfallende Gewinnanteil einer in- oder ausländischen Kommanditgesellschaft, die über eine schweizerische Betriebstätte verfügt, nach den Vorschriften für juristische Personen besteuert, wobei nach Art. 68 DBG der lineare Steuersatz von 8,5 % gilt.[7] Auf kantonaler und kommunaler Ebene finden sich überwiegend dem § 11

---

[1] Vgl. auch *Götz, A.*, Doppelbesteuerungsabkommen, 2005, S. 313.

[2] Vgl. *Stieglitz, A.*, Gesellschafter, 2011, S. 256.

[3] Vgl. *Stieglitz, A.*, Gesellschafter, 2011, S. 256; *Doralt, W.*, Steuerrecht, 2012, Rz. 173.

[4] Vgl. zur Verrechnungsteuer auf Kapitalerträge näher *Höhn, E./Waldburger, R.*, Steuerrecht Bd. I, 2001, § 21 Rz. 1-43; *Reich, M.*, Steuerrecht, 2012, S. 601-621.

[5] Vgl. *Locher, P.*, Internationales Steuerrecht, 2005, S. 385.

[6] Vgl. zur beschränkten Steuerpflicht in der Schweiz auch *Kubaile, H./Suter, R./Jakob, W.*, Investitionsstandort Schweiz, 2009, S. 21-29; *Mäusli-Allenspach, P./Oertli, M.*, Steuerrecht, 2010, S. 74-77.

[7] Vgl. dazu *Kubaile, H./Suter, R./Jakob, W.*, Investitionsstandort Schweiz, 2009, S. 356; *Burki, N. H.*, Schweiz, 2010, Rz. 31.39 und 31.41; *Scherer, T. B.*, Art. 7 Schweiz, 2012, Rz. 431.

DBG nachgebildete Regelungen,[1] so dass auch hier der auf eine schweizerische Betriebstätte entfallende Gewinnanteil nach § 20 Abs. 2 StHG nach den Vorschriften für juristische Personen zu besteuern ist.[2] Die Gewinnanteile und das anteilige Betriebstättenvermögen unterliegen damit den kantonalen und kommunalen Gewinn- und Kapitalsteuern für Kapitalgesellschaften.[3]

Da durch die unentgeltliche Übertragung des Vermögens auf zwei Kinder eine Personengesellschaft entsteht, sind Art. 11 i. V. m. Art. 49 Abs. 3 DBG und die entsprechenden kantonalen Vorschriften auch bei schweizerischem Grundvermögen anzuwenden.[4] Im Gegensatz zur Besteuerung von auf schweizerische Betriebstätten entfallende Gewinnanteile einer Kommanditgesellschaft kommen bei nicht unternehmerisch tätigen Personengesellschaften die Vorschriften für Stiftungen zur Anwendung.[5]

d) Besteuerung in Liechtenstein

Die Nachkommen sind in Liechtenstein nach Art. 6 Abs. 2 i. V. m. Abs. 4 und 5 SteG nur mit liechtensteinischen Betriebstätten und Grundstücken beschränkt vermögen- und erwerbsteuerpflichtig.[6] Die Nachkommen sind somit mit dem anteiligen auf eine liechtensteinische Betriebstätte entfallenden Vermögen einer in- oder ausländischen Kommanditgesellschaft und mit den Gewinnanteilen aus einer solchen Kommanditgesellschaft beschränkt vermögen- und erwerbsteuerpflichtig, wobei die Vermögensteuer als Sollertragsteuer erhoben wird.[7] Der Sollertrag für das Jahr 2012 beträgt nach Art. 3 FinG 4 % des vermögensteuerpflichtigen Werts. Da bei betrieblichen Erwerben nach Art. 16 Abs. 2 lit. b Nr. 2 i. V. m. Art. 5 SteG und Art. 3 FinG ein Sollertrag in Höhe von 4 % des im Betrieb eingesetzten Kapitals[8] als Aufwand abzugsfähig ist (Eigenkapi-

---

1 S. Art. 13 Abs. 2 StG-AI; Art. 11 Abs. 2 StG-AR; § 12 Abs. 3 StG-BS; Art. 13 StG-BE; Art. 11 DStG-FR; Art. 10 LIPP-GE; Art. 8 Abs. 2 StG-GL; Art. 11 Abs. 4 StG-GR; Art. 51 LI-JU; § 18 Abs. 2 StG-LU; Art. 12 LCdir-NE; Art. 13 Abs. 2 StG-NW; Art. 13 StG-OW; Art. 12 StG-SH; § 10 Abs. 2 S. 1 StG-SZ; § 17 StG-SO; Art. 21 Abs. 2 StG-SG; Art. 10 LT-TI; § 14 StG-TG; Art. 11 StG-UR; Art. 12 LI-VD; Art. 8 StG-VS; § 8 Abs. 2 StG-ZH; § 10 Abs. 2 StG-ZG. In den Kantonen AG und BL gibt es entsprechenden Regelungen; vgl. *Brülisauer, P./Kriesi, M. R.*, Personenunternehmen, 2007, S. 272.

2 Vgl. dazu auch *Kubaile, H./Suter, R./Jakob, W.*, Investitionsstandort Schweiz, 2009, S. 356.

3 Vgl. dazu auch *Donati, D. G. S.*, Aspekte, 2002, S. 140; vgl. zu den Gewinn- und Kapitalsteuern von Kapitalgesellschaften oben, S. 125 f.

4 Vgl. dazu näher *Greminger, B. J./Bärtschi, B.*, Art. 11, 2008, S. 110-112.

5 Vgl. *Donati, D. G. S.*, Aspekte, 2002, S. 140; vgl. zur Besteuerung von Stiftungen oben, S. 94 f.

6 Vgl. zur beschränkten Vermögens- und Erwerbsteuerpflicht *Hosp, T./Langer, M.*, Steuerstandort, 2011, S. 55.

7 S. Art. 6 Abs. 5 lit. g i. V. m. Art. 5 SteG.

8 Zur Ermittlung des eingesetzten Kapitals s. Art. 12 Abs. 3 und Art. 54 Abs. 2 SteG und Art. 32 SteV.

tal-Zinsabzug), wird bei Betrieben die vermögensteuerliche Bemessungsrundlage durch den Eigenkapital-Zinsabzug wieder neutralisiert, so dass im Ergebnis der Gewinn vor Eigenkapital-Zinsabzug als Bemessungsgrundlage für die Erwerbsteuer verbleibt. Bei liechtensteinischen Grundstücken unterliegen die Erben unabhängig von der Höhe der laufenden Grundstückserträge nach Art. 6 Abs. 2 i. V. m. Abs. 4 und 5 lit. g SteG nur mit dem Sollertrag i. S. d. Art. 5 SteG der Erwerbsteuer. Die Erwerbsteuer beträgt bei beschränkter Steuerpflicht nach Art. 23 Abs. 1 lit. a i. V. m. Abs. 5 lit. a SteG auf Landesebene einheitlich 4 % zuzüglich des Gemeindezuschlags[1] der Gemeinde, in dem das Grund- oder Betriebsvermögen belegen ist, so dass die Steuersätze je nach Gemeinde insgesamt zwischen 10 % und 14 % liegen.

Mit Gewinnen aus der Veräußerung von liechtensteinischen Grundstücken unterliegen die Nachkommen nach Art. 35 SteG der speziellen Grundstücksgewinnsteuer.[2] Auf den Veräußerungsgewinn ist nach Art. 42 i. V. m. Art. 43 und Art. 19 lit. a SteG der für natürliche Personen (Alleinstehende) geltende progressive Einkommensteuertarif anzuwenden, so dass ein den Grundfreibetrag von 15.000 CHF übersteigenden Veräußerungsgewinn auf Landes- und Gemeindeebene insgesamt mit einer Grundstücksgewinnsteuer von mindestens 3 % und maximal 21 % belastet wird.[3]

Dividenden von liechtensteinischen Kapitalgesellschaften und Gewinne aus der Veräußerung von Beteiligungen an liechtensteinischen Kapitalgesellschaften sind in Liechtenstein nicht von der beschränkten Vermögen- und Erwerbsteuerpflicht erfasst, so dass sich in Liechtenstein bei Gewinnausschüttungen keine Steuerwirkungen ergeben.

4. Tabellarische Zusammenfassung und formale Darstellung

Die periodischen Steuerwirkungen unterscheiden sich in Abhängigkeit von der Art und Belegenheit des Vermögens danach, welches Nachfolgeinstrument an welchem Standort eingesetzt ist. Bei Beteiligungen an Kapitalgesellschaften sind die laufenden Steuerbelastungen zudem von der Haltedauer, der Beteiligungsquote und nationalen Aktivitäts- und Substanzanforderungen abhängig. In den folgenden Tabellen sind die periodischen Steuerwirkungen zusammengefasst (Tabelle 11 bis Tabelle 20).

---

1 Nach Art. 75 Abs. 3 SteG können die Gemeindezuschläge zwischen 150 % und 250 % liegen.

2 Vgl. zur persönlichen Steuerpflicht *Hosp, T./Langer, M.*, Steuerstandort, 2011, S. 81.

3 Vgl. dazu auch *Hosp, T./Langer, M.*, Steuerstandort, 2011, S. 83.

Vermögensart	Staat	D-Stiftung	AT-Stiftung	FL-Stiftung
D-KapG	D	steuerfrei: 95 %	dKESt: 0 %/5 %/15 %	ohne DBA: dKESt: 15 % mit DBA: dKESt: 0 %/5 %/15 %
	AT		steuerfrei: 100 %	
	FL			steuerfrei: 100 %
AT-KapG	D	steuerfrei: 95 %		
	AT	öKESt: 0 %/5 %/15 %	steuerfrei: 100 %	öKESt: 15 %/25 %
	FL			steuerfrei: 100 %
FL-KapG	D	steuerfrei: 95 %		
	AT		Beteiligung: • ≥ 10 %: steuerfrei: 100 % • < 10 %: öKSt: 25 %	
	FL	steuerfrei: 100 %	steuerfrei: 100 %	steuerfrei: 100 %
CH-KapG	D	steuerfrei: 95 %		
	AT		Beteiligung: • ≥ 20 %: steuerfrei: 100 % • < 20 %: öKSt: 25 %	
	FL			steuerfrei: 100 %
	CH	Verrechnungsteuer: 0 %/15 %	Verrechnungsteuer: 0 %/15 %	Verrechnungsteuer: 35 %
D-GrdSt	D	dKSt: 15 % (FB 5.000 EUR)	dKSt: 15 % (FB 5.000 EUR)	dKSt: 15 % (FB 5.000 EUR)
	AT		steuerfrei (DBA)	
	FL			steuerfrei: 100 %
AT-GrdSt	D	steuerfrei (DBA)		
	AT	öKSt: 25 %	öKSt: 25 %	öKSt: 25 %
	FL			steuerfrei: 100 %
FL-GrdSt	D	ohne DBA: • dKSt: 15 % (FB 5.000 EUR) • Anrechnung Ertragsteuer mit DBA: steuerfrei (DBA)		
	AT		steuerfrei (DBA)	
	FL	Ertragsteuer: 12,5 % (mind. 1.250 CHF)	Ertragsteuer: 12,5 % (mind. 1.250 CHF)	Ertragsteuer: 12,5 % (mind. 1.250 CHF)
CH-GrdSt	D	• dKSt: 15 % (FB 5.000 EUR) • Anrechnung Gewinnsteuer		
	AT		steuerfrei (DBA)	
	FL			steuerfrei: 100 %
	CH	Gewinn- und Kapitalsteuern je nach Kanton und Gemeinde	Gewinn- und Kapitalsteuern je nach Kanton und Gemeinde	Gewinn- und Kapitalsteuern je nach Kanton und Gemeinde
KG mit D-BS	D	• dKSt: 15 % (FB 5.000 EUR) • GewSt (FB 5.000 EUR)	• dKSt: 15 % (FB 5.000 EUR) • GewSt (FB 5.000 EUR)	• dKSt: 15 % (FB 5.000 EUR) • GewSt (FB 5.000 EUR)
	AT		steuerfrei (DBA)	
	FL			steuerfrei: 100 %
KG mit AT-BS	D	steuerfrei (DBA)		
	AT	öKSt: 25 %	öKSt: 25 %	öKSt: 25 %
	FL			steuerfrei: 100 %
KG mit FL-BS	D	ohne DBA: • dKSt: 15 % (FB 5.000 EUR) • Anrechnung Ertragsteuer mit DBA: steuerfrei (DBA)		
	AT		• öKSt: 25 % • Anrechnung Ertragsteuer	
	FL	Ertragsteuer: 12,5 % (mind. 1.250 CHF)	Ertragsteuer: 12,5 % (mind. 1.250 CHF)	Ertragsteuer: 12,5 % (mind. 1.250 CHF)
KG mit CH-BS	D	steuerfrei (DBA)		
	AT		steuerfrei (DBA)	
	FL			steuerfrei: 100 %
	CH	Gewinn- und Kapitalsteuern je nach Kanton und Gemeinde	Gewinn- und Kapitalsteuern je nach Kanton und Gemeinde	Gewinn- und Kapitalsteuern je nach Kanton und Gemeinde

Tabelle 11: Laufende Ertrag- und Vermögensteuer auf Ebene von Stiftungen

Vermögensart	Staat	D-Stiftung	AT-Stiftung	FL-Stiftung
D-KapG Veräußerungsgewinn	D	steuerfrei: 95 %	steuerfrei (DBA)	ohne DBA: • Beteiligung ≥ 1 %: steuerfrei: 95 % mit DBA: steuerfrei (DBA)
	AT		25 % Zwischensteuer	
	FL			steuerfrei: 100 %
AT-KapG Veräußerungsgewinn	D	steuerfrei: 95 %		
	AT	steuerfrei (DBA)	25 % Zwischensteuer	steuerfrei (DBA) oder öKESt: 25 %, wenn PVS
	FL			steuerfrei: 100 %
FL-KapG Veräußerungsgewinn	D	steuerfrei: 95 %		
	AT		25 % Zwischensteuer	
	FL	steuerfrei: 100 %	steuerfrei: 100 %	steuerfrei: 100 %
CH-KapG Veräußerungsgewinn	D	steuerfrei: 95 %		
	AT		25 % Zwischensteuer	
	FL			steuerfrei: 100 %
	CH	keine beschränkte Steuerpflicht	keine beschränkte Steuerpflicht	keine beschränkte Steuerpflicht
D-GrdSt Veräußerungsgewinn	D	• dKSt: 15 % (≤ 10 Jahre) • steuerfrei (> 10 Jahre)	• dKSt: 15 % (≤ 10 Jahre) • steuerfrei (> 10 Jahre)	• dKSt: 15 % (≤ 10 Jahre) • steuerfrei (> 10 Jahre)
	AT		steuerfrei (DBA)	
	FL			steuerfrei: 100 %
AT-GrdSt Veräußerungsgewinn	D	steuerfrei (DBA)		
	AT	öKSt: 25 %	Zwischensteuer: 25 %	öKSt: 25 %
	FL		steuerfrei: 100 %	steuerfrei: 100 %
FL-GrdSt Veräußerungsgewinn	D	ohne DBA: • dKSt: 15 % (≤ 10 Jahre) Anrechnung Grundstücksgewinnsteuer • steuerfrei (> 10 Jahre) mit DBA: steuerfrei (DBA)		
	AT		steuerfrei (DBA)	
	FL	Grundstücksgewinnsteuer	Grundstücksgewinnsteuer	Grundstücksgewinnsteuer
CH-GrdSt Veräußerungsgewinn	D	• dKSt: 15 % (FB 5.000 EUR) • Anrechnung Gewinnsteuer/ Grundstücksgewinnsteuer		
	AT		steuerfrei (DBA)	
	FL			steuerfrei: 100 %
	CH	Gewinnsteuern/Grundstücksgewinnsteuer je nach Kanton und Gemeinde	Gewinnsteuern/Grundstücksgewinnsteuer je nach Kanton und Gemeinde	Gewinnsteuern/Grundstücksgewinnsteuer je nach Kanton und Gemeinde

Tabelle 12: Laufende Ertrag- und Vermögensteuer auf Ebene von Stiftungen (Veräußerungsgewinne aus Beteiligungen an Kapitalgesellschaften und Grundvermögen)

	Staat	D-Stiftung	AT-Stiftung	FL-Stiftung
Erbersatzsteuer	D	Familienstiftung: steuerpflichtig • Einmalzahlung alle 30 Jahre oder • jährliche ratierliche Zahlung	Familienstiftung: nicht steuerpflichtig	Familienstiftung: nicht steuerpflichtig

Tabelle 13: Erbersatzsteuer

	Staat	D-Stiftung	AT-Stiftung	FL-Stiftung
Stiftungszuwendungen	D	<u>Einkommensteuer</u>: • dKESt: 25 % (§ 20 dEStG) • TEV (§ 22 dEStG) <u>Schenkungsteuer</u>: • keine Steuerpflicht	<u>Einkommensteuer</u>: • dKESt: 25 % (§ 20 dEStG) • TEV (§ 22 dEStG) <u>Schenkungsteuer</u>: • keine Steuerpflicht	<u>Einkommensteuer</u>: • dKESt: 25 % (§ 20 dEStG) • TEV (§ 22 dEStG) <u>Schenkungsteuer</u>: • keine Steuerpflicht
	AT		öKESt: 15 %	
	FL			keine beschränkte Steuerpflicht
Zurechnung bei Familienstiftungen	D		• Zurechnungspflicht, soweit kein Nachweis, dass Vermögen Verfügungsmacht des Stifters rechtlich und tatsächlich entzogen wurde • keine Steuerpflicht von tatschlichen Zuwendungen	

Tabelle 14: Laufende Besteuerung auf Ebene der Destinatäre

Vermögensart	Staat	D-Holding	AT-Holding	FL-Holding	CH-Holding
D-KapG	D	<u>dKSt</u>: steuerfrei: 95 % <u>GewSt</u>: • Beteiligung < 15 %: steuerpflichtig • Beteiligung ≥ 15 %: steuerfrei	dKESt: 0 %/5 %/15 %	<u>ohne DBA</u>: dKESt: 15 % <u>mit DBA</u>: dKESt: 0 %/5 %/15 %	dKESt: 0 %/15 %
	AT		steuerfrei: 100 %		
	FL			steuerfrei: 100 %	
	CH				• Gewinnsteuern • Beteiligung ≥ 10 %: Beteiligungsabzug
AT-KapG	D	<u>dKSt</u>: steuerfrei: 95 % <u>GewSt</u>: • Beteiligung < 15 %: steuerpflichtig • Beteiligung ≥ 15 %: steuerfrei			
	AT	öKESt: 0 %/5 %/15 %	steuerfrei: 100 %	öKESt: 15 %/25 %	öKESt: 0 %/25 %
	FL			steuerfrei: 100 %	
	CH				• Gewinnsteuern • Beteiligung ≥ 10 %: Beteiligungsabzug
FL-KapG	D	<u>dKSt</u>: steuerfrei: 95 % <u>GewSt</u>: • Beteiligung < 15 %: steuerpflichtig • Beteiligung ≥ 15 %: steuerfrei			
	AT		• Beteiligung ≥ 10 %: steuerfrei: 100 % • Beteiligung < 10 %: öKSt: 25 %		
	FL	steuerfrei: 100 %	steuerfrei: 100 %	steuerfrei: 100 %	steuerfrei: 100 %
	CH				• Gewinnsteuern • Beteiligung ≥ 10 %: Beteiligungsabzug
CH-KapG	D	<u>dKSt</u>: steuerfrei: 95 % <u>GewSt</u>: • Beteiligung < 15 %: steuerpflichtig • Beteiligung ≥ 15 %: steuerfrei			
	AT		• Beteiligung ≥ 20 %: steuerfrei: 100 % • Beteiligung < 20 %: öKSt: 25 %		
	FL			steuerfrei: 100 %	
	CH	Verrechnungsteuer: 0 %/15 %	Verrechnungsteuer: 0 %/15 %	Verrechnungsteuer: 35 %	• Gewinnsteuern • Beteiligung ≥ 10 %: Beteiligungsabzug

Tabelle 15: Laufende Ertrag- und Vermögensteuer auf Ebene von Holdinggesellschaften (Beteiligungen an Kapitalgesellschaften)

Vermögensart	Staat	D-Holding	AT-Holding	FL-Holding	CH-Holding
D-GrdSt	D	• dKSt: 15 % • GewSt: pauschale Kürzung	dKSt: 15 %	dKSt: 15 %	dKSt: 15 %
	AT		steuerfrei (DBA)		
	FL			steuerfrei: 100 %	
	CH				steuerfrei: 100 %
AT-GrdSt	D	steuerfrei (DBA)			
	AT	öKSt: 25 %	öKSt: 25 %	öKSt: 25 %	öKSt: 25 %
	FL			steuerfrei: 100 %	
	CH				steuerfrei: 100 %
FL-GrdSt	D	ohne DBA: • dKSt: 15 % • Anrechnung Ertragsteuer • GewSt: keine Kürzung mit DBA: steuerfrei (DBA)			
	AT		steuerfrei (DBA)		
	FL	Ertragsteuer: 12,5 % (mind. 1.250 CHF)	Ertragsteuer: 12,5 % (mind. 1.250 CHF)	Ertragsteuer: 12,5 % (mind. 1.250 CHF)	Ertragsteuer: 12,5 % (mind. 1.250 CHF)
	CH				steuerfrei: 100 %
CH-GrdSt	D	• dKSt: 15 % • Anrechnung Gewinnsteuer • GewSt: keine Kürzung			
	AT		steuerfrei (DBA)		
	FL			steuerfrei: 100 %	
	CH	Gewinn- und Kapitalsteuern je nach Kanton und Gemeinde	Gewinn- und Kapitalsteuern je nach Kanton und Gemeinde	Gewinn- und Kapitalsteuern je nach Kanton und Gemeinde	Gewinn- und Kapitalsteuern je nach Kanton und Gemeinde
KG mit D-BS	D	• dKSt: 15 % • GewSt	• dKSt: 15 % • GewSt	• dKSt: 15 % • GewSt	• dKSt: 15 % • GewSt
	AT		steuerfrei (DBA)		
	FL			steuerfrei: 100 %	
	CH				steuerfrei: 100 %
KG mit AT-BS	D	steuerfrei (DBA)			
	AT	öKSt: 25 %	öKSt: 25 %	öKSt: 25 %	öKSt: 25 %
	FL			steuerfrei: 100 %	
	CH				steuerfrei: 100 %
KG mit FL-BS	D	ohne DBA: • dKSt: 15 % • Anrechnung Ertragsteuer • keine GewSt mit DBA: steuerfrei (DBA)			
	AT		• öKSt: 25 % • Anrechnung Ertragsteuer		
	FL	Ertragsteuer: 12,5 % (mind. 1.250 CHF)	Ertragsteuer: 12,5 % (mind. 1.250 CHF)	Ertragsteuer: 12,5 % (mind. 1.250 CHF)	Ertragsteuer: 12,5 % (mind. 1.250 CHF)
	CH				steuerfrei: 100 %
KG mit CH-BS	D	steuerfrei (DBA)			
	AT		steuerfrei (DBA)		
	FL			steuerfrei: 100 %	
	CH	Gewinn- und Kapitalsteuern je nach Kanton und Gemeinde	Gewinn- und Kapitalsteuern je nach Kanton und Gemeinde	Gewinn- und Kapitalsteuern je nach Kanton und Gemeinde	Gewinn- und Kapitalsteuern je nach Kanton und Gemeinde

Tabelle 16: Laufende Ertrag- und Vermögensteuer auf Ebene von Holdinggesellschaften (Grundvermögen und Kommanditanteile)

Vermögensart	Staat	D-Holding	AT-Holding	FL-Holding	CH-Holding
D-KapG Veräußerungsgewinn	D	• dKSt: steuerfrei: 95 % • GewSt: steuerfrei: 95 %	steuerfrei (DBA)	ohne DBA: • Beteiligung ≥ 1 %: steuerfrei: 95 % mit DBA: steuerfrei (DBA)	steuerfrei (DBA)
	AT		• Beteiligung ≥ 10 %: steuerfrei: 100 % • Beteiligung < 10 %: öKSt: 25 %		
	FL			steuerfrei: 100 %	
	CH				• Gewinnsteuern • Beteiligung ≥ 10 %: Beteiligungsabzug
AT-KapG Veräußerungsgewinn	D	• dKSt: steuerfrei: 95 % • GewSt: steuerfrei: 95 %			
	AT	steuerfrei (DBA)	• Beteiligung ≥ 10 %: steuerfrei: 100 % • Beteiligung < 10 %: öKSt: 25 %	steuerfrei (DBA) oder öKESt: 25 %, wenn PVS	steuerfrei (DBA)
	FL			steuerfrei: 100 %	
	CH				• Gewinnsteuern • Beteiligung ≥ 10 %: Beteiligungsabzug
FL-KapG Veräußerungsgewinn	D	• dKSt: steuerfrei: 95 % • GewSt: steuerfrei: 95 %			
	AT		• Beteiligung ≥ 10 %: steuerfrei: 100 % • Beteiligung < 10 %: öKSt: 25 %		
	FL	steuerfrei: 100 %	steuerfrei: 100 %	steuerfrei: 100 %	steuerfrei: 100 %
	CH				• Gewinnsteuern • Beteiligung ≥ 10 %: Beteiligungsabzug
CH-KapG Veräußerungsgewinn	D	• dKSt: steuerfrei: 95 % • GewSt: steuerfrei: 95 %			
	AT		• Beteiligung ≥ 10 %: steuerfrei: 100 % • Beteiligung < 10 %: öKSt: 25 %		
	FL			steuerfrei: 100 %	
	CH	keine beschränkte Steuerpflicht	keine beschränkte Steuerpflicht	keine beschränkte Steuerpflicht	• Gewinnsteuern • Beteiligung ≥ 10 %: Beteiligungsabzug

Tabelle 17: Laufende Ertrag- und Vermögensteuer auf Ebene von Holdinggesellschaften (Veräußerungsgewinne aus Beteiligungen an Kapitalgesellschaften)

Vermögensart	Staat	D-Holding	AT-Holding	FL-Holding	CH-Holding
D-GrdSt Veräußerungsgewinn	D	• dKSt: 15 % • GewSt: keine Kürzung	dKSt: 15 %	dKSt: 15 %	dKSt: 15 %
	AT		steuerfrei (DBA)		
	FL			steuerfrei: 100 %	
	CH				steuerfrei: 100 %
AT-GrdSt Veräußerungsgewinn	D	steuerfrei (DBA)			
	AT	öKSt: 25 %	öKSt: 25 %	öKSt: 25 %	öKSt: 25 %
	FL			steuerfrei: 100 %	
	CH				steuerfrei: 100 %
FL-GrdSt Veräußerungsgewinn	D	ohne DBA: • dKSt: 15 % Anrechnung Grundstücksgewinnsteuer • GewSt mit DBA: steuerfrei (DBA)			
	AT		steuerfrei (DBA)		
	FL	Grundstücksgewinnsteuer	Grundstücksgewinnsteuer	Grundstücksgewinnsteuer	Grundstücksgewinnsteuer
	CH				steuerfrei: 100 %
CH-GrdSt Veräußerungsgewinn	D	• dKSt: 15% Anrechnung Gewinnsteuer/ Grundstücksgewinnsteuer • GewSt: keine Kürzung			
	AT		steuerfrei (DBA)		
	FL			steuerfrei: 100 %	
	CH	Gewinnsteuern/ Grundstücksgewinnsteuer je nach Kanton und Gemeinde	Gewinnsteuern/ Grundstücksgewinnsteuer je nach Kanton und Gemeinde	Gewinnsteuern/ Grundstücksgewinnsteuer je nach Kanton und Gemeinde	Gewinnsteuern/ Grundstücksgewinnsteuer je nach Kanton und Gemeinde

Tabelle 18: Laufende Ertrag- und Vermögensteuer auf Ebene von Holdinggesellschaften (Veräußerungsgewinne aus Grundvermögen)

	Staat	D-Holding	AT-Holding	FL-Holding	CH-Holding
Gewinnausschüttungen (Holding)	D	dKESt: 25 %	• dKESt: 25 % • Anrechnung öKESt	dKESt: 25 %	• dKESt: 25 % • Anrechnung Verrechnungsteuer
	AT		öKESt: 15 %		
	FL			steuerfrei: 100 %	
	CH				Verrechnungsteuer : 15 %
Hinzurechnungsbesteuerung	D		Keine Hinzurechnungsbesteuerung	Keine Hinzurechnungsbesteuerung, wenn Nachweis über tatsächliche wirtschaftliche Tätigkeit	• Hinzurechnungsbesteuerung bei Vermietung und Veräußerung von deutschen und schweizerischen (und bis 31. 12. 2012 auch liechtensteinischen) Grundstücken • Tatsächliche Gewinnausschüttung ist steuerfrei, wenn Gewinn innerhalb von sieben Jahren ausgeschüttet wird

Tabelle 19: Laufende Besteuerung auf Ebene der Gesellschafter einer Holding

Vermögensart	Staat	Direkte Nachfolge (Nachkommen)	
		Laufende Erträge	**Veräußerungsgewinne**
D-KapG	D	dKESt 25 %	• Beteiligung < 1 %: dKESt 25 % • Beteiligung ≥ 1 %: TEV
AT-KapG	D	• dKESt 25 % • Anrechnung öKESt	• Beteiligung < 1 %: dKESt 25 % • Beteiligung ≥ 1 %: TEV
	AT	öKESt 15 %	steuerfrei (DBA)
FL-KapG	D	dKESt 25 %	• Beteiligung < 1 %: dKESt 25 % • Beteiligung ≥ 1 %: TEV
	FL	steuerfrei: 100 %	steuerfrei: 100 %
CH-KapG	D	• dKESt 25 % • Anrechnung Verrechnungsteuer	• Beteiligung < 1 %: dKESt 25 % • Beteiligung ≥ 1 %: TEV
	CH	Verrechnungsteuer 15 %	steuerfrei 100 %
D-GrdSt	D	steuerpflichtig: persönlicher ESt-Satz	• ≤ 10 Jahre: steuerpflichtig • > 10 Jahre: steuerfrei
AT-GrdSt	D	steuerfrei (DBA)	steuerfrei (DBA)
	AT	steuerpflichtig: persönlicher ESt-Satz	steuerpflichtig: ESt = 25 %
FL-GrdSt	D	ohne DBA: steuerpflichtig: persönlicher ESt-Satz und Anrechnung Erwerb- und Vermögensteuer mit DBA: steuerfrei (DBA)	ohne DBA: steuerpflichtig innerhalb Spekulationsfrist und Anrechnung Grundstücksgewinnsteuer mit DBA: steuerfrei (DBA)
	FL	steuerpflichtig: Erwerb- und Vermögensteuer (Sollertrag)	steuerpflichtig: Grundstücksgewinnsteuer
CH-GrdSt	D	• steuerpflichtig: persönlicher ESt-Satz • Anrechnung Gewinnsteuer	• ≤ 10 Jahre: steuerpflichtig • > 10 Jahre: steuerfrei • Anrechnung Gewinnsteuer/Grundstücksgewinnsteuer
	CH	• steuerpflichtig nach Vorschriften für juristische Personen • Gewinn- und Kapitalsteuer wie bei Stiftungen	• steuerpflichtig nach Vorschriften für juristische Personen • Gewinn-/Grundstücksgewinnsteuer wie bei Stiftungen
KG mit D-BS	D	• ESt zum persönlichen ESt-Satz • GewSt	
KG mit AT-BS	D	steuerfrei (DBA)	
	AT	steuerpflichtig: persönlicher ESt-Satz	
KG mit FL-BS	D	• ohne DBA: steuerpflichtig: persönlicher ESt-Satz und Anrechnung Erwerb- und Vermögensteuer • mit DBA: steuerfrei (DBA)	
	FL	steuerpflichtig: Erwerb- und Vermögensteuer	
KG mit CH-BS	D	steuerfrei (DBA)	
	CH	• steuerpflichtig nach Vorschriften für juristische Personen • Gewinn- und Kapitalsteuer wie bei Kapitalgesellschaften	

Tabelle 20: Laufende Besteuerung bei direkter Nachfolge

Die jährlichen laufenden Ertrag- und Vermögensteuerwirkungen setzen sich bei der Einschaltung von Stiftungen bzw. Holdinggesellschaften bei Beteiligungen an in- und ausländischen Kapitalgesellschaften und Anteilen an einer Kommanditgesellschaft mit schweizerischer Betriebstätte aus der Steuerbelastung des originär tätigen Unternehmens (s_u), der Steuerbelastung des Nachfolgeinstruments (s_{NFI}) und der Steuerbelastung des Destinatäre bzw. Gesellschafter (s_{nP}) zusammen. Formal gilt damit:

(27) $S_t^{KapG} = rV_t[1-(1-s_u)(1-s_{NFI})(1-s_{nP})]$

mit

s_u = Steuersatz auf Unternehmensebene

s_{NFI} = Steuersatz des Nachfolgeinstruments (Stiftung/Holding)

s_{nP} = Steuersatz der Nachkommen

Bei in- und ausländischen Grundstücken sowie Anteilen an Kommanditgesellschaften mit deutschen, österreichischen und liechtensteinischen Betriebstätten sind die erzielten Gewinne direkt bei der Stiftung bzw. Holding zu besteuern, so dass für die jährlichen Ertrag- und Vermögensteuerwirkungen allgemein gilt:

(28) $S_t^{Grdst/KG} = rV_t[1-(1-s_{NFI})(1-s_{nP})]$

Im Vergleich dazu entfällt bei der direkten Nachfolge die Besteuerungsebene der Stiftung bzw. Holding, so dass sich Gleichung (27) und Gleichung (28) wie folgt ändern:

(29) $S_t^{KapG} = rV_t[1-(1-s_u)(1-s_{nP})]$ bzw.

(30) $S_t^{Grdst/KG} = rV_t s_{nP}$

III. Besteuerung der Vermögensauskehrung

Bei der Auskehrung des Vermögens wird zwischen der Auflösung einer Stiftung und der Auflösung einer Holding unterschieden. Im Folgenden werden zuerst die Steuerwirkungen bei Auflösung einer Stiftung analysiert, bevor anschließend die Auflösung einer Holdinggesellschaft dargestellt wird.

1. Auflösung einer Stiftung

Bei der Auflösung einer Stiftung können sich ertragsteuerliche sowie schenkungsteuerliche Wirkungen ergeben. Im Folgenden werden zuerst die ertragsteuerlichen Wirkungen und dann die schenkungsteuerlichen Wirkungen bei Stiftungsauflösung dargestellt.

a) Ertragsbesteuerung

Ertragsteuerlich ist bei der Stiftungsauflösung zwischen einer inländischen und ausländischen Stiftung zu differenzieren. Im Folgenden werden zuerst die Steuerwirkungen bei Vermögensauskehrung durch eine deutsche Stiftung dargestellt und danach die Steuerwirkungen bei Vermögensauskehrung durch eine ausländische Stiftung analysiert.

aa) Stiftung mit Sitz in Deutschland

Die Auskehrung des Stiftungsvermögens an die Letztbegünstigten stellt eine unentgeltliche Übertragung dar, für die auf Ebene der Stiftung in Deutschland die gleichen ertragsteuerlichen Grundsätze wie bei Errichtung einer inländischen Stiftung gelten:[1] Die Auskehrung des Stiftungsprivatvermögens an die Letztbegünstigten ist in Deutschland mangels Entgeltlichkeit und Gegenleistung nicht körperschaftsteuerpflichtig.[2] Die unentgeltliche Übertragung von Kommanditbeteiligungen an die Letztbegünstigten ist nach § 6 Abs. 3 dEStG zu Buchwerten vorzunehmen, so dass die in der Beteiligung ruhenden stillen Reserven nicht aufzudecken sind.[3]

In Österreich ergeben sich bei der Auskehrung von österreichischem Stiftungsprivatvermögen einer deutschen Stiftung ebenso wie bei deren Errichtung mangels Entgeltlichkeit und Gegenleistung keine ertragsteuerlichen Folgen.[4] Die unentgeltliche Übertragung von Beteiligungen an einer in- oder ausländischen Kommanditgesellschaft mit einer österreichischen Betriebstätte an die Letztbegünstigten führt aufgrund der Buchwertfortführung nach § 6 S. 1 Z 9 lit. a öEStG auf Ebene der deutschen Stiftung in Österreich zu keinen ertragsteuerlichen Folgen.[5]

Wird im Zuge der Auflösung einer deutschen Stiftung schweizerisches Stiftungsvermögen an die Letztbegünstigten ausgekehrt, kommt es in der Schweiz auf Ebene der deutschen Stiftung bei der unentgeltlichen Übertragung von schweizerischen Grundstücken und Anteilen an einer in- oder ausländischen Kommanditgesellschaft mit einer schweizerischen Betriebstätte nicht zu einer Aufdeckung und Ertragsbesteuerung der stillen Reserven, da das schweizerische Besteuerungsrecht nach der Auskehrung des Vermö-

---

1 Vgl. dazu oben, S. 11-19.
2 Vgl. auch *Pöllath, R./Richter, A.*, Aufhebung, 2009, Rz. 16.
3 Vgl. dazu auch *Pöllath, R./Richter, A.*, Aufhebung, 2009, Rz. 14.
4 Vgl. dazu oben, S. 12.
5 Vgl. dazu auch *Arnold, N./Stangl, C./Tanzer, M.*, Privatstiftungs-Steuerrecht, 2010, Rz. II 579.

gens fortbesteht.[1] Mit der Übertragung eines schweizerischen Grundstücks auf die in Deutschland unbeschränkt steuerpflichtigen Letztbegünstigten entsteht eine vermögensverwaltende Personengesellschaft, die in der Schweiz ebenso wie eine in- oder ausländische Kommanditgesellschaft mit einer schweizerischen Betriebstätte nach Art. 11 i. V. m. Art. 49 Abs. 3 DBG und den entsprechenden kantonalen Vorschriften[2] der Besteuerung nach den Vorschriften für juristische Personen unterliegt.

Verfügt eine deutsche Stiftung über liechtensteinisches Vermögen, führt die Auskehrung von liechtensteinischem Grundvermögen und von Beteiligungen an in- und ausländischen Kommanditgesellschaften mit liechtensteinischen Betriebstätten in Liechtenstein zu keinen ertragsteuerlichen Folgen. Die unentgeltliche Übertragung von liechtensteinischen Grundstücken wird nach Art. 36 Abs. 2 lit. a SteG bis zu einer späteren Veräußerung aufgeschoben.[3] Die in einer liechtensteinischen Betriebstätte einer Kommanditgesellschaft ruhenden stillen Reserven sind in Liechtenstein weiterhin steuerverhaftet, so dass kein Gewinnrealisierungstatbestand erfüllt ist.

Der Erwerb bei Aufhebung einer deutschen Stiftung ist auf Ebene der Letztbegünstigten nach § 20 Abs. 1 Nr. 9 S. 1 2. Hs. i. V. m. Nr. 2 dEStG als Einkünfte aus Kapitalvermögen zu qualifizieren.[4] Damit unterliegen die Anfallsberechtigten mit den Letztzuwendungen, die keine Rückzahlungen von Nennkapital darstellen, der 25%igen Abgeltungssteuer i. S. d. § 32d dEStG. Bei der Auskehrung von Sachvermögen ergeben sich im Vollausschüttungsfall sowohl bei Stiftungsprivatvermögen als auch bei Anteilen an Kommanditgesellschaften, bei denen die Buchwertfortführung anwendbar ist, keine ertragsteuerlichen Folgen, da bei der unentgeltlichen Übertragung die historischen Anschaffungskosten bzw. die Buchwerte von den Anfallsberechtigten fortzuführen sind.[5] Damit läuft § 20 Abs. 1 Nr. 9 S. 1 2. Hs. i. V. m. Nr. 2 dEStG bei der Auskehrung von den genannten Vermögensarten im Vollausschüttungsfall ins Leere. Veräußert die Stiftung dagegen ihr Stiftungsprivat- und Betriebsvermögen und kehrt sie den Veräuße-

---

[1] Vgl. zu den Gewinnausweistatbeständen bei stillen Reserven in der Schweiz *Reich, M.*, Steuerrecht, 2012, S. 403-407.

[2] Vgl. oben, S. 135, Fn. 1.

[3] Vgl. *Hosp, T./Langer, M.*, Steuerstandort, 2011, S. 82.

[4] Vgl. dazu *Löwe, C. v.*, Steuerliche Behandlung, 2009, S. 1388; kritisch *Thoma, K./Seidel, K.*, Aktuelle Beratungsaspekte, 2006, S. 358 f.; *Wassermeyer, F.*, Auskehrungen, 2006, S. 1733 f.; *Pöllath, R./Richter, A.*, Aufhebung, 2009, Rz. 18; a. A. *Berndt, H./Götz, H.*, Stiftung, 2009, Rz. 1087, die bei einem einmaligen Vermögenserwerb bei Aufhebung einer Stiftung davon ausgehen, dass der Vermögenserwerb keiner Einkunftsart i. S. d. § 2 Abs. 1 Nr. 1 bis 7 dEStG zugeordnet werden kann.

[5] Vgl. dazu auch *Pöllath, R./Richter, A.*, Aufhebung, 2009, Rz. 19.

rungserfolg an die Anfallsberechtigten aus, ist § 20 Abs. 1 Nr. 9 S. 1 2. Hs. i. V. m. Nr. 2 dEStG anzuwenden, da in diesem Fall eine Ertragsrealisierung auf Ebene der Stiftung stattfindet, wobei sich die Besteuerung sowohl auf die Ebene der Körperschaft als auch auf die Ebene der natürlichen Person erstreckt.

ab) Stiftung mit Sitz in Österreich oder Liechtenstein

Die unentgeltliche Übertragung von in Deutschland steuerverhaftetem Stiftungsvermögen führt in Deutschland bei der Auflösung einer österreichischen oder liechtensteinischen Stiftung an die in Deutschland unbeschränkt steuerpflichtigen Letztbegünstigten auf Ebene der ausländischen Stiftung wie bei der Auflösung einer deutschen Stiftung zu keinen körperschaftsteuerlichen Folgen.[1]

In Österreich führt die Stiftungsaufhebung einer österreichischen Privatstiftung auf Ebene einer österreichischen Privatstiftung zu keinen körperschaftsteuerlichen Folgen, da die Liquidationsbesteuerung i. S. d. § 19 öKStG auf gläserne Privatstiftungen nicht anwendbar ist.[2] Bei Stiftungsprivatvermögen ergeben sich mangels Entgeltlichkeit und Gegenleistung keine ertragsteuerlichen Folgen und bei der unentgeltlichen Übertragung von Beteiligungen an einer in- oder ausländischen Kommanditgesellschaft mit einer österreichischen Betriebstätte kommt es aufgrund der Buchwertfortführung nach § 6 S. 1 Z 9 lit. a öEStG auf Ebene der österreichischen Privatstiftung zu keinen körperschaftsteuerlichen Folgen.[3] Bisher entrichtete und noch nicht verrechnete Zwischensteuern sind der österreichischen Privatstiftung nach § 24 Abs. 5 Z 6 öEStG vollständig gutzuschreiben und mit der Körperschaftsteuer zu verrechnen bzw. zu erstatten.[4] Bei liechtensteinischen Stiftungen ergeben sich die gleichen ertragsteuerlichen Folgen wie bei der Auflösung einer deutschen Stiftung mit österreichischem Stiftungsvermögen.[5]

In der Schweiz ergeben sich bei der Aufhebung einer österreichischen oder liechtensteinischen Stiftung die gleichen ertragsteuerlichen Folgen wie bei der Aufhebung einer deutschen Stiftung mit schweizerischem Stiftungsvermögen.[6]

---

1 Vgl. dazu oben, S. 145.
2 Vgl. *Busch, M./Heuer, C.-H.*, Privatstiftung, 2003, S. 7; *Arnold, N./Ludwig, C.*, Stiftungshandbuch, 2010, Rz. 15/12.
3 Vgl. *Arnold, N./Stangl, C./Tanzer, M.*, Privatstiftungs-Steuerrecht, 2010, Rz. II 579, II/582 f.
4 Vgl. *Arnold, N./Ludwig, C.*, Stiftungshandbuch, 2010, Rz. 15/16; *Hübner, S./Six, M.*, Liquidation, 2011, S. 172.
5 Vgl. dazu oben, S. 145.
6 Vgl. dazu oben, S. 145 f.

Die Aufhebung einer österreichischen und liechtensteinischen Stiftung führt in Liechtenstein ebenso wie die Aufhebung einer deutschen Stiftung zu keinen ertragsteuerlichen Folgen.[1] Werden bei der Auflösung einer liechtensteinischen Stiftung Beteiligungen an in- oder ausländischen Kapitalgesellschaften an die Destinatäre ausgekehrt, kommt es wegen der Steuerbefreiung von Beteiligungserträgen nach Art. 48 Abs. 1 lit. f SteG in Liechtenstein zu keiner Ertragsbesteuerung der stillen Reserven.

Die in Deutschland ansässigen Letztbegünstigten einer österreichischen Privatstiftung sind in Österreich nach § 98 Abs. 1 Z 5 lit. a i. V. m. § 27 Abs. 5 Z 7 öEStG mit den (Letzt-)Zuwendungen, die nach § 15 Abs. 3 Z 2 lit. a öEStG mit den fiktiven Anschaffungskosten im Zeitpunkt der (Letzt-)Zuwendung zu bewerten sind,[2] beschränkt einkommensteuerpflichtig, wobei Substanzauszahlungen i. S. d. § 27 Abs. 1 Z 8 öEStG nicht von der beschränkten Einkommensteuerpflicht erfasst sind.[3] Als Substanzauszahlungen gelten die Stiftungseingangswerte, die regelmäßig den historischen Anschaffungs- bzw. Herstellungskosten des Stifters bzw. dem Buchwert (bei Kommanditanteilen) entsprechen, so dass die stillen Reserven seit der Anschaffung durch den Stifter auf Ebene der Anfallsberechtigten in Österreich einkommensteuerlich erfasst werden.[4] Bei Beteiligungen an Kapitalgesellschaften gilt nach § 27 Abs. 6 Z 1 S. 2 öEStG aufgrund der Ansässigkeit des Stifters in Deutschland der gemeine Wert als Stiftungseingangswert,[5] so dass die Letztbegünstigten nur mit den stillen Reserven seit der Übertragung auf die Stiftung in Österreich einkommensteuerpflichtig sind. Die Steuer wird nach § 93 Abs. 1 i. V. m. Abs. 2 Z 1 und § 95 Abs. 2 Z 1 lit. a öEStG im Wege des 25%igen Kapitalertragsteuereinbehalts erhoben, wobei sich die Kapitalertragsteuer nach Art. 10 Abs. 2 und 3 DBA D/AT auf 15 % reduziert.[6]

Die Auskehrung des Stiftungsvermögens an in Deutschland ansässige Anfallsberechtigte einer liechtensteinischen Stiftung wird in Liechtenstein nicht von der beschränkten

---

[1] Vgl. dazu oben, S. 146.

[2] Vgl. auch *Arnold, N./Ludwig, C.*, Stiftungshandbuch, 2010, Rz. 15/17. Nach § 15 Abs. 3 Z 2 lit. b öEStG gilt der Betrag, der im Zeitpunkt der Zuwendungen hätte aufgewendet werden müssen, als fiktive Anschaffungskosten des zugewendeten Vermögens.

[3] Vgl. *Reiter, C./Kulischek, S.*, Gestaltungsinstrument, 2011, S. 63, 65 f.; zur ertragsteuerlichen Behandlung von Substanzauszahlungen vgl. näher *Puchner, C.*, Substanzauszahlungen, 2011, S. 443-471.

[4] Vgl. *Arnold, N./Ludwig, C.*, Stiftungshandbuch, 2010, Rz. 13/56; *Wiedermann, K./Migglautsch, R.*, Zuwendungen, 2011, S. 118-120.

[5] Vgl. *Wiedermann, K./Migglautsch, R.*, Zuwendungen, 2011, S. 119.

[6] Vgl. *Lang, M.*, Besteuerung, 2005, S. 270, 272; *Reiter, C./Kulischek, S.*, Gestaltungsinstrument, 2011, S. 63, 65 f.

Erwerb- und Vermögensteuerpflicht gemäß Art. 6 Abs. 2, 4 und 5 SteG erfasst, so dass sich in Liechtenstein bei Auflösung einer liechtensteinischen Stiftung auf Ebene der Letztbegünstigten keine Steuerwirkungen ergeben.

Der Erwerb bei Aufhebung einer österreichischen und liechtensteinischen Stiftung stellt bei den in Deutschland unbeschränkt Steuerpflichtigen nach § 20 Abs. 1 Nr. 9 S. 2 dEStG Einkünfte aus Kapitalvermögen dar, die bei den Anfallsberechtigten – mit Ausnahme der Rückzahlung von Nennkapital – der 25%igen Abgeltungsteuer i. S. d. § 32d dEStG unterliegen. Die österreichische Kapitalertragsteuer bei Aufhebung einer österreichischen Privatstiftung ist auf die deutsche Einkommensteuer nach § 32d Abs. 5 dEStG anzurechnen.[1] Bei der Auskehrung von Sachvermögen durch eine österreichische oder liechtensteinische Stiftung kommt es im Vollausschüttungsfall in Deutschland bei Stiftungsprivatvermögen und bei Anteilen an Kommanditgesellschaften mit Buchwertfortführung ebenso wie bei einer deutschen Stiftung zu keinen ertragsteuerlichen Konsequenzen.[2] Damit entfaltet die bei der Auflösung einer österreichischen Privatstiftung anfallende österreichische Kapitalertragsteuer bei der Auskehrung von Sachvermögen definitive Wirkung.

b) Schenkungsbesteuerung bei Stiftungsauflösung

ba) Stiftung mit Sitz in Deutschland

Die Auskehrung von Vermögenswerten bei der Aufhebung einer deutschen Stiftung an die in der Satzung bestimmten Personen gilt nach § 7 Abs. 1 Nr. 9 Satz 1 i. V. m. § 1 Abs. 1 Nr. 2 ErbStG als Schenkung der Stiftung an die Anfallsberechtigten, wobei sich die anzuwendende Steuerklasse gemäß § 15 Abs. 2 Satz 2 ErbStG und damit auch der Freibetrag nach § 16 ErbStG sowie der Steuersatz gemäß § 19 ErbStG nach dem Verwandtschaftsverhältnis zwischen dem Stifter und dem Erwerber richtet.[3] Für die Bewertung und die sachlichen Steuerbefreiungen gelten die für die Errichtung einer deutschen

---

1 Vgl. *Reiter, C./Kulischek, S.*, Gestaltungsinstrument, 2011, S. 64.

2 Vgl. dazu oben, S. 146.

3 BFH, Urt. v. 25. 11. 1992, II R 77/90, BStBl. II 1993, S. 239 f.; BFH, Urt. v. 30. 11. 2009, II R 06/07, BStBl. II 2010, S. 237; vgl. auch *Kußmaul, H./Meyering, S.*, Besteuerung, 2004, S. 60;kritisch dazu *Jülicher, M.*, Brennpunkte, 1999, S. 369 f.; *Jülicher, M.*, § 15 ErbStG, 2012, Rz. 118 f.; *Schiffer, K. J.*, Familienstiftung, 2012, Rz. 61. Falls das Vermögen bei Aufhebung der Stiftung an den Stifter selbst zurückfällt, ist auf den Vermögenserwerb beim Stifter Steuerklasse III anzuwenden; BFH, Urt. v. 25. 11. 1992, II R 77/90, BStBl. II 1993, S. 240; kritisch dazu *Jülicher, M.*, Brennpunkte, 1999, S. 371; *Jülicher, M.*, § 15 ErbStG, 2012, Rz. 120 f.; *Schiffer, K. J.*, Familienstiftung, 2012, Rz. 62.

Stiftung dargestellten Grundsätze.[1] Sofern die Stiftung innerhalb von maximal zwei oder vier Jahren nach dem Stichtag der Erbersatzsteuer aufgelöst wird, ist die Erbersatzsteuer nach § 26 ErbStG auf die Schenkungsteuer zu 50 % bzw. 25 % anzurechnen.[2]

Da in der Schweiz für das Vorliegen einer Schenkung im schenkungsteuerlichen Sinne neben den Kriterien der Vermögenszuwendung und der Unentgeltlichkeit grundsätzlich auch ein Schenkungswille gegeben sein muss,[3] führt die Auskehrung von schweizerischem Stiftungsvermögen einer aus schweizerischer Sicht ausländischen Stiftung an die in der Satzung bestimmten Personen grundsätzlich zu keinen schenkungsteuerlichen Folgen in der Schweiz.[4] Einzig im Kanton Graubünden wird in Art. 106a Abs. 1 StG-GR explizit definiert, dass es für eine Schenkung im schenkungsteuerlichen Sinne keinem Schenkungswillen bedarf.[5] In den Kantonen Glarus und Obwalden werden Zuwendungen von Stiftungen explizit als schenkungsteuerpflichtiger Vorgang definiert.[6] Damit kommt es in diesen Kantonen insofern zu schenkungsteuerlichen Folgen, als schweizerische Grundstücke und Beteiligungen an Kommanditgesellschaften mit schweizerischen Betriebstätten auf die Anfallsberechtigten übertragen werden, wobei die Ausführungen zur Schenkungsbesteuerung bei Errichtung einer deutschen Stiftung entsprechend gelten.[7]

bb) Stiftung mit Sitz in Österreich oder Liechtenstein

In Deutschland ist die Auskehrung des Stiftungsvermögens bei Auflösung einer österreichischen bzw. liechtensteinischen Stiftung an die in Deutschland ansässigen Letztbegünstigten nach § 7 Abs. 1 Nr. 9 S. 1 i. V. m. § 1 Abs. 1 Nr. 2 ErbStG schenkungsteuerpflichtig.[8] Die Ausführungen zur Auflösung einer deutschen Stiftung gelten analog.[1]

---

[1] Vgl. dazu oben, S. 30-38; vgl. auch *Löwe, C. v.*, Steuerliche Behandlung, 2009, S. 1388. Bei Empfängern, die natürlichen Personen sind, kann bei der Stiftungsauflösung auch die Tarifermäßigung gemäß § 19a ErbStG beansprucht werden; vgl. auch *Richter, A.*, Deutschland, 2007, Rz. 186. Da die Anfallsberechtigten in dem zugrunde liegenden Modell annahmegemäß Abkömmlinge des Stifters sind, die somit nach § 15 Abs. 2 S. 2 i. V. m. Abs. 1 ErbStG der Steuerklasse I besteuert werden, kommt der Tarifermäßigung nach § 19a ErbStG hier keine Bedeutung zu.

[2] Vgl. *Richter, A.*, Deutschland, 2007, Rz. 189.

[3] BGer, Urt. v. 11. 12. 1992, Eheleute M. gegen Kantonale Steuerverwaltung und Verwaltungsgericht des Kantons Bern (staatsrechtliche Beschwerde), BGE 118 Ia, S. 500; BGer, Urt. v. 22. 4. 2005, 2A.668/2004, STR 60 (2005), S. 676; vgl. auch *Mäusli-Allenspach, P.*, Überblick, 2010, S. 185 f.

[4] Vgl. dazu auch *Wenz, M./Knörzer, P.*, Steuerrecht, 2009, Rz. 83 und 79.

[5] Vgl. *Mäusli-Allenspach, P.*, Überblick, 2010, S. 186.

[6] S. Art. 117 Abs. 1 StG-GL; Art. 130 Abs. 3 StG-OW.

[7] Vgl. dazu oben, S. 43-48.

[8] Vgl. *Busch, M./Heuer, C.-H.*, Familienstiftung, 2003, S. 7; *Jülicher, M.*, Stiftungen, 2008, Rz. 1571.

Wird schweizerisches Stiftungsvermögen einer österreichischen oder liechtensteinischen Stiftung an die im Inland unbeschränkt einkommensteuerpflichtigen Anfallsberechtigten ausgekehrt, ergeben sich in der Schweiz die gleichen schenkungsteuerlichen Wirkungen wie bei der Auflösung einer deutschen Stiftung.[2]

2. Auflösung einer Holdinggesellschaft

a) Holdinggesellschaft mit Sitz in Deutschland

Die Auflösung einer inländischen Holding-Kapitalgesellschaft mit der Auskehrung des Vermögens an die Nachkommen des Unternehmers unterliegt der Liquidationsbesteuerung nach § 11 dKStG, mit der Folge, dass es auf Ebene der Holding zu einer Auflösung der stillen Reserven zum gemeinen Wert und zu einer Ertragsbesteuerung dieser mit Körperschaft- und Gewerbesteuer kommt.[3] Die in Beteiligungen an in- oder ausländischen (Tochter-)Kapitalgesellschaften ruhenden stillen Reserven sind nach § 8b Abs. 2 dKStG zu 95 % von der Körperschaft- und Gewerbesteuer befreit. Im Sitzstaat der Tochter-Kapitalgesellschaft kommt es im DBA-Fall regelmäßig zu keiner Ertragsbesteuerung der in den Beteiligungen ruhenden stillen Reserven, da das Besteuerungsrecht für Veräußerungsgewinne analog zu Art. 13 Abs. 5 OECD-MA Deutschland als Ansässigkeitsstaat der Holding mit Freistellung im Ausland zugewiesen wird.[4] Bei Beteiligungen an Kapitalgesellschaften, die ihren Sitz in einem Nicht-DBA-Staat oder in einem DBA-Staat haben, der Veräußerungsgewinne abweichend von Art. 13 Abs. 5 OECD-MA nicht von der Besteuerung ausnimmt, kann es im Sitzstaat der Kapitalgesellschaft nach den nationalen Vorschriften zu einer Ertragsbesteuerung der stillen Reserven kommen.[5]

Befinden sich im Vermögen der inländischen Holding österreichische Grundstücke, wird das Besteuerungsrecht für einen Liquidationsgewinn nach Art. 13 Abs.1 i. V. m.

---

1 Vgl. dazu oben, S. 149 f. Die Fiktion der Schenkung vom Stifter an die Letztbegünstigten für Zwecke der Steuerklassenermittlung (§ 15 Abs. 2 S. 2 ErbStG) gilt auch bei der Auflösung einer ausländischen Stiftung; vgl. *Jülicher, M.*, § 15 ErbStG, 2012, Rz. 117; *Schiffer, K. J.*, Familienstiftung, 2012, Rz. 60.

2 Vgl. dazu oben, S. 150.

3 Vgl. zur Liquidationsbesteuerung auf Ebene der Kapitalgesellschaft *Jacobs, O. H.*, Unternehmensbesteuerung, 2009, S. 432-435; *Niehus, U./Wilke, H.*, Kapitalgesellschaften, 2012, S. 316-324.

4 Zur internationalen Besteuerung von Veräußerungsgewinnen im DBA-Fall vgl. auch *Brähler, G.*, Steuerrecht, 2012, S. 276. Abkommensrechtlich wird der Begriff der Veräußerung weit ausgelegt und umfasst u. a. auch eine Betriebsaufgabe; vgl. *Wassermeyer, F.*, Art. 13 MA, 2012, Rz. 30.

5 Zur internationalen Besteuerung von Veräußerungsgewinnen im Nicht-DBA-Fall vgl. *Brähler, G.*, Steuerrecht, 2012, S. 258, 267 f.

Art. 23 Abs. 1 DBA D/AT Österreich unter Anwendung der Freistellungsmethode in Deutschland zugewiesen. Da eine deutsche Holding-Kapitalgesellschaft mit einer unter § 7 Abs. 3 öKStG fallenden österreichischen Kapitalgesellschaft (GmbH, AG) vergleichbar ist, gelten die Einkünfte aus einem österreichischen Grundvermögen nach § 21 Abs. 1 Z 3 öKStG als gewerbliche Einkünfte, so dass die in dem österreichischen Grundstück ruhenden stillen Reserven in Österreich stets aufzulösen sind und der Körperschaftsteuer unterliegen.[1] Auch bei Beteiligungen an einer in- oder ausländischen Kommanditgesellschaft mit einer österreichischen Betriebstätte wird das Besteuerungsrecht für die in dieser Betriebstätte ruhenden anteiligen stillen Reserven nach Art. 13 Abs. 1 und 3 i. V. m. Art. 23 Abs. 1 DBA D/AT Österreich zugewiesen und in Deutschland von der Körperschaftsteuer freigestellt. In Österreich sind die in der österreichischen Betriebstätte ruhenden anteiligen stillen Reserven im Rahmen der beschränkten Körperschaftsteuerpflicht der deutschen Holding erfolgswirksam aufzulösen.[2]

Verfügt eine inländische Holding über schweizerische Grundstücke, steht das Besteuerungsrecht für die darin ruhenden stillen Reserven nach Art. 13 Abs. 1 i. V. m. Art. 24 Abs. 1 Nr. 2 DBA D/CH sowohl der Schweiz als auch Deutschland zu, wobei eine Doppelbesteuerung in Deutschland durch Anrechnung der in der Schweiz erhobenen und nicht zu erstattenden Steuer vermieden wird.[3] Bei Beteiligungen an in- oder ausländischen Kommanditgesellschaften mit einer schweizerischen Betriebstätte wird das Besteuerungsrecht für die in der schweizerischen Betriebstätte ruhenden anteiligen stillen Reserven nach Art. 13 Abs. 1 und 2 i. V. m. Art. 24 Abs. 1 Nr. 1 lit. a DBA D/CH der Schweiz mit Freistellung in Deutschland zugewiesen.[4] In der Schweiz sind Liquidationsgewinne auf Bundesebene nach Art. 58 Abs. 1 lit. c DBG und auf kantonaler und kommunaler Ebene nach Art. 24 Abs. 1 lit. b StHG als Teil des Reingewinns gewinnsteuerpflichtig, wobei in den Kantonen, die das monistische System der Grundstücksgewinnsteuer anwenden, statt der Gewinnsteuer die Grundstücksgewinnsteuer anfällt.[5]

---

1 Vgl. dazu auch *Kofler, H./Kanduth-Kristen, S./Kofler, G.*, Körperschaftsteuer, 2010, S. 405.

2 Vgl. zur Besteuerung von Personengesellschaften in Österreich näher *Toifl, G./Schuchter, Y.*, Österreich, 2010, Rz. 28.22-28.105.

3 Vgl. *Scherer, T. B.*, Art. 13 Schweiz, 2012, Rz. 51 f.

4 Vgl. *Scherer, T. B.*, Art. 13 Schweiz, 2012, Rz. 51 f. und Rz. 82 f. Die Freistellung in Deutschland ist an die Voraussetzung geknüpft, dass mit der schweizerischen Betriebstätte Erträge aus aktiven Tätigkeiten i. S. d. Art. 24 Abs. 1 S. Nr. 1 lit. a DBA D/CH erwirtschaftet werden.

5 Vgl. zur Liquidationsbesteuerung in der Schweiz *Höhn, E./Waldburger, R.*, Steuerrecht Bd. II, 2002, § 48 Rz. 110-114.

Bis zum 31. 12. 2012 können sich bei der Liquidation einer inländischen Holding, die über liechtensteinisches Grundvermögen und über Anteile an einer in- oder ausländischen Kommanditgesellschaft mit einer liechtensteinischen Betriebstätte verfügt, sowohl in Deutschland als auch in Liechtenstein Steuerwirkungen ergeben. In Deutschland sind die in einem liechtensteinischen Grundvermögen bzw. einem anteiligen Betriebstättenvermögen ruhenden stillen Reserven im Rahmen der Liquidationsbesteuerung erfolgswirksam aufzudecken. In Liechtenstein sind die in einem liechtensteinischen Grundstück ruhenden stillen Reserven und die in einer liechtensteinischen Betriebstätte einer in- oder ausländischen Kommanditgesellschaft ruhenden anteiligen stillen Reserven als Bestandteil des Reingewinns erfolgswirksam aufzulösen, wobei der auf ein liechtensteinisches Grundstück entfallende Gewinn nach Art. 35 SteG der speziellen Grundstücksgewinnsteuer unterliegt und damit nach Art. 48 Abs. 2 lit. a SteG von der Ertragsteuer befreit ist. Die liechtensteinische Grundstücksgewinnsteuer und Ertragsteuer sind nach § 26 dKStG auf die deutsche Körperschaftsteuer, die auf den, auf liechtensteinische Grundstücke und Betriebstätten entfallenden Liquidationsgewinn entfällt, anzurechnen. Seit dem 1. 1. 2013 wird das Besteuerungsrecht für Liquidationsgewinne aus liechtensteinischen Grundstücken und Betriebstätten nach Art. 13 Abs. 1 und 3 i. V. m. Art. 23 Abs. 1 S. 1 lit. a und c DBA D/FL Liechtenstein als Belegenheitsstaat mit Freistellung in Deutschland zugewiesen.

Auf Ebene der Gesellschafter ist das zum gemeinen Wert bewertete ausgekehrte Vermögen in eine Kapitalrückzahlung und in eine Gewinnausschüttung aufzuteilen.[1] In Höhe der Differenz zwischen dem Wert der Kapitalrückzahlung und den Anschaffungskosten der Beteiligung ergibt sich ein Liquidationsgewinn oder -verlust, der bei Beteiligungen i. S. d. § 17 dEStG nach dem Teileinkünfteverfahren i. S. d. § 3 Nr. 40 i. V. m. § 3c Abs. 2 dEStG zu 60 % der Einkommensteuer unterliegt.[2] Bei Beteiligungen von weniger als 1 % ist der Liquidationsgewinn bzw. -verlust nicht steuerbar, da § 20 Abs. 2 Nr. 1 dEStG im Gegensatz zu § 17 Abs. 4 dEStG die Auflösung einer Kapitalgesellschaft nicht einer Veräußerung gleichstellt.[3] Der als Gewinnausschüttung geltende Anteil unterliegt nach § 20 Abs. 1 Nr. 2 i. V. m. § 32d dEStG grundsätzlich der 25%igen

---

[1] Vgl. zur Liquidationsbesteuerung auf Ebene der Gesellschafter näher *Jacobs, O. H.*, Unternehmensbesteuerung, 2009, S. 435-444.
[2] Vgl. *Jacobs, O. H.*, Unternehmensbesteuerung, 2009, S. 438.
[3] Vgl. *Niehus, U./Wilke, H.*, Kapitalgesellschaften, 2012, S. 325.

Abgeltungsteuer. Hat die Beteiligungsquote der einzelnen Gesellschafter mindestens 25 % betragen, kann nach § 32d Abs. 2 Nr. 3 dEStG anstelle der Abgeltungsteuer die Einkommensbesteuerung nach dem Teileinkünfteverfahren gewählt werden.[1]

b) Holdinggesellschaft mit Sitz in Österreich

Die Auflösung einer österreichischen Holding-Kapitalgesellschaft mit der Auskehrung des Vermögens an die Nachkommen des Unternehmers unterliegt der Liquidationsbesteuerung nach § 19 öKStG, mit der Folge, dass es auf Ebene der Holding zu einer Auflösung und Ertragsbesteuerung der stillen Reserven mit Körperschaftsteuer kommt.[2] Da für den Liquidationszeitraum die allgemeinen Gewinnermittlungsvorschriften nach § 19 Abs. 6 öKStG entsprechend gelten, unterliegen die in Beteiligungen an in- oder ausländischen Kapitalgesellschaften ruhenden stillen Reserven als Bestandteil des Gewinns grundsätzlich der Körperschaftsteuer. Nur auf internationale Schachtelbeteiligungen entfallende stille Reserven sind nach § 19 Abs. 6 i. V. m. § 10 Abs. 3 öKStG von der Körperschaftsteuer befreit. Im Sitzstaat der Kapitalgesellschaft kommt es im DBA-Fall regelmäßig zu keiner Ertragsbesteuerung der in den Beteiligungen ruhenden stillen Reserven, da das Besteuerungsrecht für Veräußerungsgewinne analog zu Art. 13 Abs. 5 OECD-MA ausschließlich Österreich als Ansässigkeitsstaat der Holding zugewiesen wird.[3] Bei Beteiligungen an Kapitalgesellschaften, die ihren Sitz in einem Nicht-DBA-Staat oder in einem DBA-Staat haben, der Veräußerungsgewinne abweichend von Art. 13 Abs. 5 OECD-MA nicht von der Besteuerung ausnimmt, kann es im Sitzstaat der Kapitalgesellschaft möglicherweise zu einer Ertragsbesteuerung der stillen Reserven kommen, wobei die ausländische Steuer auf die österreichische Körperschaftsteuer nach § 48 BAO anzurechnen ist, die auf die aufgedeckten stillen Reserven der Beteiligung an der ausländischen Kapitalgesellschaft entfällt.[4]

Bei deutschen, schweizerischen und liechtensteinischen Grundstücken wird das Besteuerungsrecht für die Liquidationsgewinne Deutschland, der Schweiz bzw. Liechtenstein als jeweiligen Belegenheitsstaat zugewiesen und in Österreich von der Körperschaft-

---

[1] Vgl. *Jacobs, O. H.*, Unternehmensbesteuerung, 2009, S. 437 f.
[2] Vgl. zur Liquidationsbesteuerung in Österreich *Kofler, H./Urnik, S.*, Liquidation, 2010, S. 493 f.
[3] Vgl. dazu auch *Kofler, H./Kanduth-Kristen, S./Kofler, G.*, OECD-Musterabkommen, 2011, S. 158.
[4] Vgl. zur Anrechnung ausländischer Steuern in Österreich *Kofler, H./Kanduth-Kristen, S./Kofler, G.*, OECD-Musterabkommen, 2011, S. 165-167.

steuer befreit.[1] Da eine österreichische Holding-Kapitalgesellschaft mit einer deutschen Kapitalgesellschaft i. S. d. § 1 Abs. 1 Nr. 1 dKStG vergleichbar ist, gelten die Einkünfte aus einem deutschen Grundvermögen nach § 2 Nr. 1 i. V. m. § 8 dKStG und § 49 Abs. 1 Nr. 2 lit. f dEStG als gewerbliche Einkünfte,[2] so dass die in dem inländischen Grundstück ruhenden stillen Reserven bei Liquidation der österreichischen Holding nach § 8 Abs. 1 dKStG i. V. m. § 16 Abs. 3 dEStG zum gemeinen Wert aufzulösen sind und der Körperschaftsteuer unterliegen.[3] In der Schweiz und in Liechtenstein ergeben sich die gleichen Steuerfolgen wie bei der Liquidation einer deutschen Holding.[4]

Bei Beteiligungen an einer in- oder ausländischen Kommanditgesellschaft mit einer deutschen oder schweizerischen Betriebstätte wird das Besteuerungsrecht für die in der jeweiligen Betriebstätte ruhenden anteiligen stillen Reserven Deutschland bzw. der Schweiz als jeweiligen Belegenheitsstaat zugewiesen und in Österreich von der Körperschaftsteuer befreit.[5] In Deutschland sind die in der inländischen Betriebstätte ruhenden anteiligen stillen Reserven nach § 2 Nr. 1 i. V. m. § 8 dKStG und § 49 Abs. 1 Nr. 2 lit. a und § 16 Abs. 3 dEStG erfolgswirksam zum gemeinen Wert aufzulösen, so dass darauf Körperschaftsteuer und nach § 7 GewStG auch Gewerbesteuer anfällt.[6] In der Schweiz ergeben sich für die stillen Reserven die gleichen Steuerwirkungen wie bei der Liquidation einer deutschen Holding.[7] Bei der Beteiligung an einer in- oder ausländischen Kommanditgesellschaft mit einer liechtensteinischen Betriebstätte steht das Besteuerungsrecht für die anteiligen in dem beweglichen liechtensteinischen Betriebstättenvermögen ruhenden stillen Reserven sowohl Österreich als auch Liechtenstein zu, wobei Österreich die Doppelbesteuerung durch Anrechnung der liechtensteinischen Ertragsteuer vermeidet.[8] Bei unbeweglichen Betriebstättenvermögen wird das Besteuerungsrecht für die anteiligen stillen Reserven Liechtenstein mit Freistellung in Österreich

---

1 S. Art. 13 Abs. 1 i. V. m. Art. 23 Abs. 2 lit. a DBA D/AT; Art. 13 Abs. 1 i. V. m. Art. 23 Abs. 1 DBA AT/CH; Art. 13 Abs. 1 i. V. m. Art. 23 Abs. 1 DBA AT/FL.

2 Vgl. auch *Schaumburg, H.*, Internationales Steuerrecht, 2011, Rz. 6.19.

3 Vgl. zur Liquidationsbesteuerung bei beschränkt steuerpflichtigen Körperschaftsteuersubjekten *Lenz, M.*, § 11 KStG, 2010, Rz. 6.

4 Vgl. dazu oben, S. 152 f.

5 S. Art. 13 Abs. 1 und 3 i. V. m. Art. 23 Abs. 2 lit. a DBA D/AT; Art. 13 Abs. 1 und 2 i. V. m. Art. 23 Abs. 1 DBA AT/CH.

6 Vgl. zur Anwendung des § 16 Abs. 3 dEStG bei der Liquidation einer beschränkt steuerpflichtigen Körperschaft *Lenz, M.*, § 11 KStG, 2010, Rz. 6; zur Veräußerung bzw. Aufgabe eines Anteils an einer Personengesellschaft mit einer inländischen Betriebstätte vgl. *Maier, J.*, Besonderheiten, 2011, Rz. 591, 606.

7 Vgl. dazu oben, S. 152.

8 S. Art. 13 Abs. 2 i. V. m. Art. 23 Abs. 2 DBA AT/FL.

zugewiesen.[1] In Liechtenstein ergeben sich die gleichen Steuerfolgen wie bei der Liquidation einer deutschen Holding.[2]

Aus österreichischer Sicht fallen Liquidationsgewinne auf Ebene der Gesellschafter als Veräußerungsgewinne in den Anwendungsbereich des Art. 13 Abs. 5 DBA D/AT, so dass das Besteuerungsrecht ausschließlich Deutschland als Ansässigkeitsstaat der Gesellschafter zusteht.[3] In Deutschland ergeben sich die gleichen Steuerfolgen wie bei der Liquidation einer deutschen Holding.[4]

c) Holdinggesellschaft mit Sitz in Liechtenstein

Da das Ergebnis aus der Auflösung einer liechtensteinischen Holdinggesellschaft mit der Auskehrung des Vermögens an die Nachkommen des Unternehmers in Liechtenstein Bestandteil des Reingewinns ist, führt die Liquidation auf Ebene der Holding zur Auflösung und Ertragsbesteuerung der stillen Reserven. In Beteiligungen an in- und ausländischen Kapitalgesellschaften ruhende stille Reserven sind nach Art. 48 Abs. 1 lit. f SteG von der Ertragsteuer befreit. Verfügt die liechtensteinische Holding über ein liechtensteinisches Grundstück, unterliegt der darauf entfallende Liquidationsgewinn anstelle der Ertragsteuer der speziellen Grundstücksgewinnsteuer.[5]

Da nach Art. 48 Abs. 1 lit. b und d SteG aus liechtensteinischer Sicht ausländische Betriebstätteneinkünfte und Kapitalgewinne aus der Veräußerung von ausländischen Grundstücken in Liechtenstein nicht ertragsteuerpflichtig sind, führt die Liquidation für diese Vermögenswerte in Liechtenstein zu keinen ertragsteuerlichen Konsequenzen. Da die liechtensteinische Holding mit einer deutschen Kapitalgesellschaft i. S. d. § 1 Abs. 1 Nr. 1 dKStG vergleichbar ist, ergeben sich bei inländischen Grundstücken und Anteilen an einer in- oder ausländischen Kommanditgesellschaft mit einer inländischen Betriebstätte in Deutschland dieselben Steuerfolgen wie bei der Liquidation einer österreichi-

---

[1] S. Art. 13 Abs, 1 i. V. n. Art. 23 Abs. 1 DBA AT/FL.
[2] Vgl. dazu oben, S. 153.
[3] Vgl. *öBMF*, EAS 410 v. 15. 3. 1994; *öBMF*, EAS 806 v. 29. 1. 1996; vgl. auch *Marschner, E.*, Vermögenszuwachssteuer, 2011, S. S 353; a. A. *Schuch, J./Haslinger, K.*, Art. 10 Österreich, 2012, Rz. 10, die Liquidationsgewinne als Dividenden einstufen. Da Veräußerungsgewinne aus Beteiligungen in Österreich als Einkünfte aus Kapitalvermögen gelten, ist unklar, wie die Finanzverwaltung Liquidationsgewinne zukünftig abkommensrechtlich behandelt.
[4] Vgl. dazu oben, S. 153 f.
[5] S. Art. 35 und Art. 48 Abs. 2 lit. c SteG.

schen Holding.[1] In der Schweiz und in Österreich ergeben sich bei schweizerischen bzw. österreichischen Grundstücken und bei Beteiligungen an in- oder ausländischen Kommanditgesellschaften mit einer österreichischen oder schweizerischen Betriebstätte die gleichen Steuerfolgen wie bei der Liquidation einer deutschen Holding.[2]

Auf Ebene der Gesellschafter ergeben sich durch die Liquidation in Liechtenstein keine erwerbs- und vermögensteuerlichen Folgen, da die beschränkte Steuerpflicht nur an liechtensteinische Grundstücke und Betriebstätten anknüpft.[3] In Deutschland ergeben sich die gleichen Steuerfolgen wie bei der Liquidation einer deutschen Holding.[4]

d) Holdinggesellschaft mit Sitz in der Schweiz

In der Schweiz sind Liquidationsgewinne auf Bundesebene nach Art. 58 Abs. 1 lit. c DBG und auf kantonaler und kommunaler Ebene nach Art. 24 Abs. 1 lit. b StHG als Teil des Reingewinns gewinnsteuerpflichtig, so dass es auf Ebene der schweizerischen Holding zur Auflösung und Gewinnbesteuerung der stillen Reserven kommt. Befinden sich im Vermögen der Holding schweizerische Grundstücke, wird in den Kantonen, die das monistische System der Grundstücksgewinnsteuer anwenden, anstelle der Gewinnsteuer die spezielle Grundstücksgewinnsteuer erhoben.[5] Da nach Art. 52 Abs. 1 DBG auf Bundesebene ausländische und nach den entsprechenden kantonalen Vorschriften außerkantonale Geschäftsbetriebe, Betriebstätten und Grundstücke von der unbeschränkten Gewinn- und Kapitalsteuerpflicht in der Schweiz explizit nicht erfasst werden,[6] führt die Liquidation bei deutschen, österreichischen und liechtensteinischen Grundstücken und bei Beteiligungen an in- oder ausländischen Kommanditgesellschaften mit deutschen, österreichischen und liechtensteinischen Betriebstätten in der

---

1 Vgl. dazu oben, S. 154 f.
2 Vgl. dazu oben, S. 151 f.
3 S. Art. 6 Abs. 2 i. V. m. Abs. 4 und 5 SteG.
4 Vgl. dazu oben, S. 153 f.
5 Vgl. zur Liquidationsbesteuerung in der Schweiz *Höhn, E./Waldburger, R.*, Steuerrecht Bd. II, 2002, § 48 Rz. 110-114.
6 S. § 64 Abs. 1 S. 2 StG-AG; Art. 54 Abs. 1 S. 1 2. Hs. StG-AI; Art. 61 Abs. 1 2. Hs. StG-AR; § 6ter Abs. 1 2. Hs. StG-BL; § 61 Abs. 1 2. Hs. StG-BS; Art. 79 Abs. 1 2, Hs. StG-BE; Art. 93 Abs. 1 2. Hs. DStG-FR; Art. 4 Abs. 1 2. Hs. LIPM-GE; Art. 66 Abs. 1 2. HS LI-JU; § 66 Abs. 1 2. Hs. StG-LU; Art. 78 Abs. 1 2. Hs. LCdir-NE; Art. 68 Abs. 1 StG-NW; Art. 72 Abs. 1 2. Hs. StG-OW; Art. 58 Abs. 1 2. Hs. StG-SH; § 57 Abs. 1 2. Hs. StG-SZ; § 86 Abs. 1 2. Hs. StG-SO; Art. 73 Abs. 1 S. 1 2. Hs. StG-SG; Art. 62 Abs. 1 2. Hs. LT-TI; § 70 Abs. 1 StG-TG; Art. 71 Abs. 1 S. 2 StG-UR; Art. 87 Abs. 1 2. Hs. LI-VD; Art. 75 Abs. 1 StG-VS; § 57 Abs. 1 2. Hs. StG-ZH; § 53 Abs. 1 2. Hs. StG-ZG. Nur im Kanton Graubünden gibt es keine entsprechende Regelung. Die Steuerausscheidung erfolgt nach Art. 74 Abs. 5 StG-GR in sinngemäßer Anwendung der Grundsätze des Bundesrechts über das Verbot der interkantonalen Doppelbesteuerung.

Schweiz zu keinen ertragsteuerlichen Konsequenzen. Da eine schweizerische Holding mit einer deutschen Kapitalgesellschaft i. S. d. § 1 Abs. 1 Nr. 1 dKStG vergleichbar ist, ergeben sich bei inländischen Grundstücken und Anteilen an einer in- oder ausländischen Kommanditgesellschaft mit einer inländischen Betriebstätte in Deutschland dieselben Steuerfolgen wie bei der Liquidation einer österreichischen Holding.[1] In Österreich und Liechtenstein ergeben sich jeweils die gleichen Steuerfolgen wie bei der Liquidation einer deutschen Holding.[2]

Da auf Ebene der Gesellschafter Liquidationsgewinne abkommensrechtlich sowohl als Dividenden i. S. d. Art. 10 DBA D/CH als auch als Veräußerungsgewinne i. S. d. Art. 13 Abs. 3 DBA D/CH qualifiziert werden können,[3] fällt in der Schweiz auf Liquidationsüberschüsse die 35%ige Verrechnungsteuer an,[4] die sich nach Art. 10 Abs. 2 lit. c DBA D/CH auf 15 % reduziert. In Deutschland ergeben sich die gleichen Steuerfolgen wie bei der Liquidation einer deutschen Holding, wobei die schweizerische Verrechnungsteuer auf die deutsche Einkommensteuer anzurechnen ist.[5]

3. Tabellarische Zusammenfassung

Die Vermögensauskehrung durch eine deutsche, österreichische und liechtensteinische Stiftung sowie die Vermögensauskehrung bei einer deutschen, österreichischen, liechtensteinischen und schweizerischen Holding kann sowohl ertrag- als auch verkehrsteuerliche Belastungen auslösen. Die durch die Auskehrung von Vermögen ausgelösten ertragsteuerlichen Rechtsfolgen auf Ebene der Stiftungen und Holdinggesellschaften sind in den folgenden Tabellen getrennt nach Vermögensarten zusammengefasst (Tabelle 21 bis Tabelle 23). Daran anschließend sind die ertragsteuerlichen und schenkungsteuerlichen Auswirkungen auf Ebene der Anfallsberechtigten bzw. Gesellschafter zusammenfassend dargestellt (Tabelle 24 und Tabelle 25).

---

1 Vgl. dazu oben, S. 154 f.
2 Vgl. dazu oben, S. 151 f. und S. 153.
3 Vgl. *Scherer, T. B.*, Art. 13 Schweiz, 2012, Rz. 133 i. V. m. Rz. 22.
4 Der Verrechnungsteuer unterliegen nach Art. 20 Abs. 1 VStV alle geldwerten Leistungen an die Gesellschafter, die keine Rückzahlung des einbezahlten Grund- oder Stammkapitals darstellen; vgl. zur Verrechnungsteuer bei Liquidationsüberschüssen näher *Mäusli-Allenspach, P./Oertli, M.*, Steuerrecht, 2010, S. 342-344.
5 Vgl. dazu oben, S. 153 f.; vgl. auch *Wassermeyer, F.*, Art. 10 MA, 2012, Rz. 105.

Vermögensart	Staat	D-Stiftung	AT-Stiftung	FL-Stiftung
D-KapG	D	steuerfrei	steuerfrei	steuerfrei
	AT		steuerfrei	
	FL			steuerfrei
AT-KapG	D	steuerfrei		
	AT	steuerfrei	steuerfrei	steuerfrei
	FL			steuerfrei
FL-KapG	D	steuerfrei		
	AT		steuerfrei	
	FL	steuerfrei	steuerfrei	steuerfrei
CH-KapG	D	steuerfrei		
	AT		steuerfrei	
	FL			steuerfrei
	CH	keine beschränkte Steuerpflicht	keine beschränkte Steuerpflicht	keine beschränkte Steuerpflicht
D-GrdSt	D	steuerfrei	steuerfrei	steuerfrei
	AT		steuerfrei	
	FL			steuerfrei
AT-GrdSt	D	steuerfrei		
	AT	steuerfrei	steuerfrei	steuerfrei
	FL			steuerfrei
FL-GrdSt	D	steuerfrei		
	AT		steuerfrei	
	FL	steuerfrei	steuerfrei	steuerfrei
CH-GrdSt	D	steuerfrei		
	AT		steuerfrei	
	FL			steuerfrei
	CH	steuerfrei	steuerfrei	steuerfrei
KG mit D-BS	D	steuerfrei	steuerfrei	steuerfrei
	AT		steuerfrei	
	FL			steuerfrei
KG mit AT-BS	D	steuerfrei (DBA)		
	AT	steuerfrei	steuerfrei	steuerfrei
	FL			steuerfrei
KG mit FL-BS	D	ohne DBA: steuerfrei mit DBA: steuerfrei (DBA)		
	AT		steuerfrei	
	FL	steuerfrei	steuerfrei	steuerfrei
KG mit CH-BS	D	steuerfrei (DBA)		
	AT		steuerfrei (DBA)	
	FL			steuerfrei
	CH	steuerfrei	steuerfrei	steuerfrei

Tabelle 21: Vermögensauskehrung einer Stiftung

Vermögensart	Staat	D-Holding	AT-Holding	FL-Holding	CH-Holding
D-KapG	D	• dKSt: steuerfrei: 95 % • GewSt: steuerfrei: 95 %	steuerfrei (DBA)	ohne DBA: Beteiligung ≥ 1 %: steuerfrei. 95 % mit DBA: steuerfrei (DBA)	steuerfrei (DBA)
	AT		• Beteiligung ≥ 10 %: steuerfrei • Beteiligung < 10 %: 25 % öKSt		
	FL			steuerfrei	
	CH				• Gewinnsteuern • Beteiligung ≥ 10 %: Beteiligungsabzug
AT-KapG	D	• dKSt: steuerfrei: 95 % • GewSt: steuerfrei: 95 %			
	AT	steuerfrei (DBA)	25 % öKSt	steuerfrei (DBA)	steuerfrei (DBA)
	FL			steuerfrei	
	CH				• Gewinnsteuern • Beteiligung ≥ 10 %: Beteiligungsabzug
FL-KapG	D	• dKSt: steuerfrei: 95 % • GewSt: steuerfrei: 95 %			
	AT		• Beteiligung ≥ 10 %: steuerfrei • Beteiligung < 10 %: 25 % öKSt		
	FL	steuerfrei	steuerfrei	steuerfrei	steuerfrei
	CH				• Gewinnsteuern • Beteiligung ≥ 10 %: Beteiligungsabzug
CH-KapG	D	• dKSt: steuerfrei: 95 % • GewSt: steuerfrei: 95 %			
	AT		• Beteiligung ≥ 10 %: steuerfrei: • Beteiligung < 10 %: 25 % öKSt		
	FL			steuerfrei	
	CH	keine beschränkte Steuerpflicht	keine beschränkte Steuerpflicht	keine beschränkte Steuerpflicht	• Gewinnsteuern • Beteiligung ≥ 10 %: Beteiligungsabzug

Tabelle 22: Vermögensauskehrung einer Holding (Beteiligungen an Kapitalgesellschaften)

Vermögensart	Staat	D-Holding	AT-Holding	FL-Holding	CH-Holding
D-GrdSt	D	• dKSt: 15 % • GewSt: steuer-pflichtig	dKSt: 15 %	dKSt: 15 %	dKSt: 15 %
	AT		steuerfrei (DBA)		
	FL			steuerfrei	
	CH				steuerfrei
AT-GrdSt	D	steuerfrei (DBA)			
	AT	öKSt:25 %	öKSt:25 %	öKSt:25 %	öKSt:25 %
	FL			steuerfrei	
	CH				steuerfrei
FL-GrdSt	D	ohne DBA: • dKSt: 15 % Anrechnung Grundstücksgewinnsteuer • GewSt: steuer-pflichtig mit DBA: steuerfrei (DBA)			
	AT		steuerfrei (DBA)		
	FL	Grundstücksgewinn-steuer	Grundstücksgewinn-steuer	Grundstücksgewinn-steuer	Grundstücksgewinn-steuer
	CH				steuerfrei
CH-GrdSt	D	• dKSt: 15 % Anrechnung Gewinnsteuer/ Grundstücksge-winnsteuer • GewSt: steuer-pflichtig			
	AT		steuerfrei (DBA)		
	FL			steuerfrei	
	CH	Gewinnsteuern/ Grundstücksgewinn-steuer je nach Kanton und Gemeinde	Gewinnsteuern/ Grundstücksgewinn-steuer je nach Kanton und Gemeinde	Gewinnsteuern/ Grundstücksgewinn-steuer je nach Kanton und Gemeinde	Gewinnsteuern/ Grundstücksgewinn-steuer je nach Kanton und Gemeinde
KG mit D-BS	D	• dKSt: 15 % • GewSt: steuer-pflichtig	• dKSt: 15 % • GewSt: steuer-pflichtig	• dKSt: 15 % • GewSt: steuer-pflichtig	• dKSt: 15 % • GewSt: steuer-pflichtig
	AT		steuerfrei (DBA)		
	FL			steuerfrei	
	CH				steuerfrei
KG mit AT-BS	D	steuerfrei (DBA)			
	AT	öKSt: 25 %	öKSt: 25 %	öKSt: 25 %	öKSt: 25 %
	FL			steuerfrei	
	CH				steuerfrei
KG mit FL-BS	D	ohne DBA: • dKSt: 15 % Anrechnung Er-tragsteuer • keine GewSt mit DBA: steuerfrei (DBA)			
	AT		• öKSt: 25 % • Anrechnung Er-tragsteuer		
	FL	Ertragsteuer: 12,5 %	Ertragsteuer: 12,5 %	Ertragsteuer: 12,5 %	Ertragsteuer: 12,5 %
	CH				steuerfrei
KG mit CH-BS	D	steuerfrei (DBA)			
	AT		steuerfrei (DBA)		
	FL			steuerfrei	
	CH	Gewinn- und Kapital-steuern je nach Kan-ton und Gemeinde	Gewinn- und Kapital-steuern je nach Kan-ton und Gemeinde	Gewinn- und Kapital-steuern je nach Kan-ton und Gemeinde	Gewinn- und Kapital-steuern je nach Kan-ton und Gemeinde

Tabelle 23: Vermögensauskehrung einer Holding (Grundvermögen und Kommanditanteile)

Vermögensart	Staat	D-Stiftung	AT-Stiftung	FL-Stiftung
Ertragsteuern	D	• dKESt: 25 % • bei Vollausschüttung und Sachauskehrung: steuerfrei	• dKESt: 25 % • bei Vollausschüttung und Sachauskehrung: steuerfrei • Anrechnung öKESt	dKESt: 25 %
	AT		• öKESt: 15 % • Substanzauszahlungen: steuerfrei	
	FL			steuerfrei
Schenkung-steuern	D	• steuerpflichtig • Steuerklasse: abhängig vom Verwandtschaftsverhältnis zwischen Stifter und Erwerber	• steuerpflichtig • Steuerklasse: abhängig vom Verwandtschaftsverhältnis zwischen Stifter und Erwerber	• steuerpflichtig • Steuerklasse: abhängig vom Verwandtschaftsverhältnis zwischen Stifter und Erwerber
	AT			
	FL			
	CH	• steuerfrei • Kanton GR, GL und OW: steuerpflichtig, soweit CH-GrdSt oder CH-BS	• steuerfrei • Kanton GR, GL und OW: steuerpflichtig, soweit CH-GrdSt oder CH-BS	• steuerfrei • Kanton GR, GL und OW: steuerpflichtig, soweit CH-GrdSt oder CH-BS

Tabelle 24: Vermögensauskehrung: Steuerwirkungen bei Anfallsberechtigten einer Stiftung

Vermögensart	Staat	D-Holding	AT-Holding	FL-Holding	CH-Holding
Ertragsteuern	D	• Gewinnausschüttung: dKESt: 25 % • Kapitalrückzahlung: Beteiligung ≥ 1 %: TEV Beteiligung < 1 %: steuerfrei	• Gewinnausschüttung: dKESt: 25 % • Kapitalrückzahlung: Beteiligung ≥ 1 %: TEV Beteiligung < 1 %: steuerfrei	• Gewinnausschüttung: dKESt: 25 % • Kapitalrückzahlung: Beteiligung ≥ 1 %: TEV Beteiligung < 1 %: steuerfrei	• Gewinnausschüttung: dKESt: 25 % • Kapitalrückzahlung: Beteiligung ≥ 1 %: TEV Beteiligung < 1 %: steuerfrei • Anrechnung Verrechnungsteuer
	AT		steuerfrei (DBA)		
	FL			steuerfrei	
	CH				Verrechnungsteuer: 15 %

Tabelle 25: Vermögensauskehrung: Steuerwirkungen bei Gesellschaftern einer Holding

C. Quantifizierung der Ertrag- und Schenkungsteuerbelastungen

I. Methode

Wie in Kapital B deskriptiv dargestellt wurde, ergeben sich bei dem Einsatz der verschiedenen Nachfolgeinstrumente für die einzelnen Vermögensarten unterschiedliche ertragsteuerliche und verkehrsteuerliche Wirkungen. Damit eine Aussage über die Vorteilhaftigkeit der ausgewählten Nachfolgeinstrumente an den verschiedenen Standorten aus steuerlicher Sicht getroffen werden kann, ist eine gesamtsteuerliche periodenübergreifende Analyse erforderlich, die sowohl die periodisch anfallenden Ertrag- als auch die aperiodisch anfallenden Verkehrsteuern (Schenkungsteuern und Grunderwerbsteuern) erfasst. Die Gewichtung der laufenden Ertragsteuerwirkungen und der aperiodischen Verkehrsteuerwirkungen hängt von dem Verhältnis zwischen Ertrag und Vermögen, also der Rendite ab.[1]

Die Zwischenschaltung eines Nachfolgeinstruments in Form einer in- oder ausländischen Stiftung bzw. Holding kann als eine Investition angesehen werden, so dass die quantitative Analyse der Vorteilhaftigkeit der unterschiedlichen in- und ausländischen Nachfolgeinstrumente anhand der Kapitalwertmethode als eine Methode der dynamischen Investitionsrechnung durchgeführt werden soll.[2] Unter der Annahme, dass die Entscheidungsträger (Unternehmer und seine Nachkommen) gemeinsam das Ziel des Vermögensstrebens verfolgen, bei dem der Endwert des Vermögens maximiert wird während die Entnahmen für Konsumzwecke vorgegeben sind,[3] ist die Kapitalwertmethode ein geeignetes Verfahren zur Vorteilhaftigkeitsanalyse unter Sicherheit.

Aufgrund des langen Betrachtungszeitraums von der Gründung bis zur Auflösung des Nachfolgeinstruments sind die unterschiedlichen Risiken[4] nicht abbildbar und prog-

---

[1] Vgl. auch *Bachmann, C.*, Steuerplanung, 2008, S. 94.

[2] Vgl. zu den Methoden der dynamischen Investitionsrechnung näher *Kruschwitz, L.*, Investitionsrechnung, 2011, S. 32-102.

[3] Zu den monetären Zielen eines Unternehmers in der Form des Vermögensstrebens, des Entnahmestrebens und des Wohlstandsstrebens vgl. näher *Schneider, D.*, Investition, 1992, S. 65-67; *Scheffler, W.*, Besteuerung, 2010, S. 43 f.

[4] Als Risiken lassen sich z. B. die Ungewissheit über die Entwicklung des Unternehmens, über die Entwicklung der einzelnen Steuerrechtsordnungen, über die Entwicklung der Zinssätze und anderer Umweltfaktoren nennen.

nostizierbar, so dass für die weiteren Analysen von einem Modell unter Sicherheit ausgegangen wird.

Der Kapitalwertmethode liegt die Annahme eines vollkommenen und vollständigen Kapitalmarkts mit einheitlichen Soll- und Habenzinssatz zugrunde, was den Gegebenheiten in der Realität widerspricht. Aus Praktikabilitätsgründen kann ein Mischkalkulationszinssatz für den jeweils geltenden Soll- und Habenzinssatz geschätzt werden, so dass die Kapitalwertmethode auch im Fall eines unvollkommenen Kapitalmarkts anwendbar ist.[1] Der Kalkulationszinsfuß nach Steuern wird vereinfachend mit 5 % angenommen.

II. Modellannahmen

Der folgenden Analyse liegen im Ausgangsfall folgende Annahmen zugrunde:

Der übertragende Unternehmer hat zwei Kinder die jeweils wiederum zwei Kinder haben sollen. Die Enkel haben ebenfalls jeweils zwei Kinder, so dass sich mit jeder (fiktiven) Vermögensübertragung die Anzahl der beteiligten Personen verdoppelt. Ein mögliches weiteres (Privat-)Vermögen des Unternehmers (z. B. Barvermögen) wird von diesem vollständig konsumiert, so dass für die folgenden Berechnungen davon ausgegangen werden kann, dass kein weiteres Vermögen vorhanden ist.

Bei der direkten Nachfolge und beim Einsatz einer in- oder ausländischen Holding findet die unentgeltliche Vermögensübertragung aus Gründen der Vergleichbarkeit in Anlehnung an die bei Stiftungen anfallende Erbersatzsteuer alle 30 Jahre statt. Beim Einsatz einer Holding wird ferner angenommen, dass der Unternehmer die Beteiligung an der Holding nach deren Errichtung sofort an seine Kinder überträgt, wobei mögliche Unsicherheiten aufgrund der zeitlichen Identität von Holdinggründung und Vermögensübertragung nicht berücksichtigt werden, da ein möglicher Gestaltungsmissbrauch durch eine rechtzeitige Steuerplanung vermieden werden kann. Bei der Liquidation der Holding im Zeitpunkt t = 90 wird angenommen, dass die ausgekehrten Vermögenswerte im Anschluss an die Liquidation sofort an die nachfolgende Generation unentgeltlich

---

[1] Vgl. dazu näher *Schneeloch, D.*, Steuerlehre, 2009, S. 102-105; vgl. zu den Problemen der Bestimmung des Kalkulationszinssatzes näher *Blohm, H./Lüder, K./Schaefer, C.*, Investition, 2012, S. 126-130.

übertragen werden, so dass im Zeitpunkt t = 90 ebenso wie bei der direkten Nachfolge Schenkungsteuer und Grunderwerbsteuer anfallen.

Da die Existenz einer österreichischen Privatstiftung regelmäßig auf die Dauer von 100 Jahren[1] zeitlich begrenzt ist und die Übertragung auf die nächste Generation bei der direkten Nachfolge und beim Einsatz einer Holding alle 30 Jahre erfolgen soll, wird die im In- oder Ausland errichtete Stiftung bzw. Holding nach einem Zeitraum von 90 Jahren aufgelöst und das Vermögen an die Nachkommen ausgekehrt. Abbildung 2 verdeutlicht den zeitlichen Umfang:

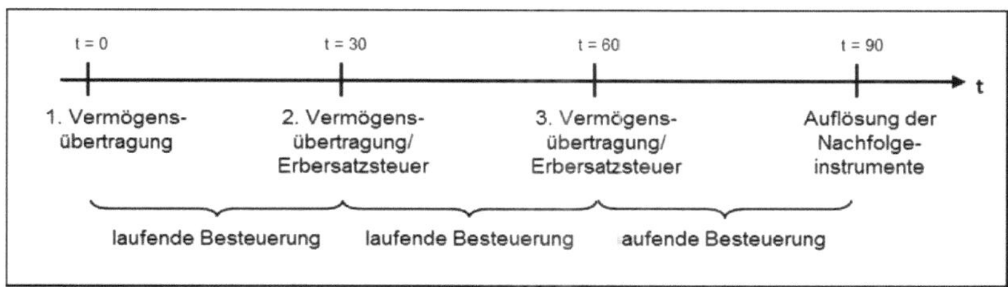

Abbildung 2: Zeitraum der Betrachtung

In den Zeitpunkten t = 0, t = 30 und t = 60 kommt es jeweils zu Steuerfolgen aufgrund der Vermögensübertragung. Dazwischen unterliegen die Erträge der Ertragsbesteuerung und im Zeitpunkt t = 90 wird das Vermögen an die Nachkommen ausgekehrt.

Die bei der Errichtung einer in- oder ausländischen Stiftung anfallenden Verkehrsteuerbelastungen werden von dem Stifter übernommen. Damit erhöht sich die schenkungsteuerliche Bemessungsgrundlage nach § 10 Abs. 2 ErbStG einmalig um die übernommene Schenkungsteuerbelastung.[2] Auch bei der Stiftungseingangsteuer führt die Übernahme der Verkehrsteuerbelastungen zu einer Erhöhung der Bemessungsgrundlage.[3] Somit ist die Nachfolge mittels Stiftungslösung mit der Nachfolge durch Einschaltung einer Holding und der direkten Nachfolge wirtschaftlich vergleichbar, da in allen drei Fällen die bei der Vermögensübertragung anfallenden Steuern auf Destinatärs- bzw. Gesellschafterebene beglichen werden.

---

1 S. § 35 Abs. 2 Nr. 3 PSG. Die Laufzeit einer österreichischen Privatstiftung kann bei Zustimmung aller Letztbegünstigten um jeweils höchstens 100 Jahre verlängert werden.

2 Vgl. auch *Gebel, D.*, § 20 ErbStG, 2012, Rz. 20; näher dazu *Gebel, D.*, § 10 ErbStG, 2012, Rz. 70-90.

3 Vgl. *Varro, D.*, Stiftungseingangssteuer, 2011, S. 101. Die Übertragung von Grundstücken unterliegt seit dem 1. 1. 2012 nach § 1 Abs. 6 Z 5 StiftEG nicht mehr der Stiftungseingangsteuer.

Die einzelnen in- und ausländischen Vermögenswerte (Beteiligungen an Kapitalgesellschaften, Anteile an Personengesellschaften und Grundstücke) haben im Zeitpunkt t = 0 annahmegemäß jeweils einen Wert von 10.000.000 Euro. In dem Wert sind 5 % stille Reserven (500.000 EUR) enthalten. Unter der Annahme, dass die Wertsteigerung des Vermögens der Inflationsrate entspricht, kann davon ausgegangen werden, dass der Wert des Vermögens im Zeitpunkt t = 0 dem Wert in den Zeitpunkten t = 30, t = 60 und t = 90 entspricht. Je nach Zusammensetzung des zu übertragenden in- und ausländischen Vermögens können sich beim Einsatz der verschiedenen Nachfolgeinstrumente unterschiedliche Steuerfolgen ergeben, so dass die Steuerwirkungen für jede Vermögensart getrennt ermittelt werden. Bei österreichischen Grundstücken wird angenommen, dass der Einheitswert dem Verkehrswert entspricht.

Die Beteiligungsquote soll bei Beteiligungen an deutschen, österreichischen, liechtensteinischen und schweizerischen Kapitalgesellschaften jeweils 50 % betragen. Bei Kommanditanteilen an einer in Deutschland, Österreich, Liechtenstein oder der Schweiz ansässigen Kommanditgesellschaft liegt die Beteiligungsquote ebenfalls bei jeweils 50 %. Der Umfang des Verwaltungsvermögens soll im Ausgangsfall bei den Beteiligungen an den in- und ausländischen Kapital- und Kommanditgesellschaften jeweils zwischen 10 % und 50 % liegen. Die Behaltensfristen und die Lohnsummen- und Entnahmeregelungen werden annahmegemäß erfüllt, so dass die Regelverschonung (Verschonungsabschlag in Höhe von 85 %) bei inländischen, österreichischen und liechtensteinischen Beteiligungen anwendbar ist. Die jährliche Rendite vor Steuern soll im Ausgangsfall bei den Beteiligungen an inländischen, österreichischen, liechtensteinischen und schweizerischen Kapital- und Kommanditgesellschaften jeweils 10 % des Vermögens betragen. Verluste werden somit nicht erwirtschaftet. Bei der Übertragung von in- und ausländischen Kommanditbeteiligungen werden alle wesentlichen Betriebsgrundlagen übertragen.

Bei den in- und ausländischen Grundstücken handelt es sich annahmegemäß um vermietete Wohngrundstücke, so dass der 10%ige Abschlag für inländische, österreichische und liechtensteinische Grundstücke beansprucht werden kann. Die inländischen, österreichischen, liechtensteinischen und schweizerischen Grundstücke sollen jeweils eine jährliche Rendite vor Steuern von 5 % erwirtschaften. Die zehnjährige Spekulationsfrist ist bei allen in- und ausländischen Grundstücken überschritten.

Die Beteiligungen an den in- und ausländischen Kapitalgesellschaften und die in- und ausländischen Grundstücke befinden sich im Privatvermögen des übertragenden Unternehmers.

Sowohl auf Ebene der operativ tätigen Kapital- und Kommanditgesellschaften als auch auf Ebene der Stiftung bzw. der Holding wird im Ausgangsfall von einer Vollausschüttungssituation ausgegangen.

Bei den Steuerbarwerten und dem Kapitalwert wird bei der Schenkungsteuer der Tarif nach § 19 ErbStG angewendet, so dass die Schenkungsteuer je nach steuerpflichtigem Vermögen bei der Steuerklasse I zwischen 7 % und 30 % und bei der Steuerklasse III bei 30 % oder 50 % liegt. Die Möglichkeit der Verrentung der Erbersatzsteuer wird beansprucht, wobei eine vorschüssige Zahlung angenommen wird, so dass die jährliche Rate 6,52 % der festgesetzten Erbersatzsteuer beträgt.[1] Da die Steuerwirkungen in der Schweiz aufgrund des interkantonalen Steuerwettbewerbs von der Belegenheit des schweizerischen Vermögens abhängen, werden die schweizerischen Steuerwirkungen beispielhaft am Steuerrecht des Kantons Zürich dargestellt. Im Kanton Zürich kommt bei der unentgeltlichen Übertragung von Vermögen mit einem Wert von mehr als 1,5 Mio. CHF stets der höchste Steuersatz zur Anwendung, der bei der Errichtung einer Stiftung bei 36 % liegt.[2] Da das aus schweizerischer Sicht steuerpflichtige Vermögen regelmäßig über 1,5 Mio. CHF liegen wird, wird bei der Errichtung einer in- oder ausländischen Stiftung jeweils ein schweizerischer Schenkungsteuersatz von 36 % angenommen. Nachkommen sind dagegen im Kanton Zürich vollständig von der Schenkungsteuer befreit, so dass der Steuersatz bei der direkten Nachfolge bei 0 % liegt.

Beim persönlichen Einkommensteuersatz der Nachkommen wird für Deutschland und Österreich der jeweilige Spitzensteuersatz herangezogen, der in Deutschland bei 45 % und in Österreich bei 50 % liegt.[3] Bei deutschem Betriebsvermögen wird für die Körperschaft- und Gewerbesteuer aus Vereinfachungsgründen ein standardisierter gemeinsamer Steuersatz von 29 % (15 % Körperschaftsteuer und 14 % Gewerbesteuer bei einem Hebesatz von 400 %) angenommen. Die gewerbesteuerliche Kürzung für inländischen Grundbesitz nach § 9 Nr. 1 GewStG wird aus Vereinfachungsgründen nicht be-

---

[1] Vgl. *Jülicher, M.*, § 24 ErbStG, 2012, Rz. 3.
[2] S. § 22 i. V. m. § 23 ESchG-ZH.
[3] S. § 42 Abs. 1 dEStG. § 33 Abs. 1 öEStG.

rücksichtigt; der deutsche Solidaritätszuschlag wird aus Vereinfachungsgründen nicht berücksichtigt. Im Kanton Zürich liegen die nominalen einfachen Steuersätze für die Gewinnsteuer bei 8 % und für die Kapitalsteuer bei 0,75 ‰ bzw. bei 0,15 ‰ für Holding- und Verwaltungsgesellschaften.[1] Im Jahr 2012 gilt auf Kantonsebene ein Steuerfuß von 100 % und auf Ebene der Stadt Zürich liegt der Steuerfuß bei 129,54 %.[2] Der Steuersatz für die Grundstücksgewinnsteuer soll in Liechtenstein einschließlich des Gemeindezuschlags 21 % betragen und in der Schweiz wird von einem Grundstücksgewinnsteuersatz von 20 % ausgegangen. Der Grunderwerbsteuersatz wird in Deutschland mit 3,5 % angenommen.

Die liechtensteinische Stiftung und liechtensteinische Holding werden in Liechtenstein nicht als Privatvermögensstruktur eingestuft, so dass diese Nachfolgeinstrumente im Verhältnis zu Österreich und seit 1. 1. 2013 auch zu Deutschland abkommensberechtigt sind und die Zuweisung der Besteuerungsrechte nach den jeweiligen DBA erfolgt.

Die schweizerische Holding wird in der Schweiz als Verwaltungsgesellschaft eingestuft, mit der Folge, dass Beteiligungserträge auf kantonaler und kommunaler Ebene vollständig von den Gewinnsteuern befreit sind und ein reduzierter Kapitalsteuersatz zur Anwendung kommt. Gewinne aus anderen Vermögensarten unterliegen dagegen der ordentlichen Gewinnsteuer. Auf Bundesebene kommt bei Beteiligungserträgen der allgemein gültige Beteiligungsabzug zur Anwendung. Aufgrund der Abzugs von 5 % Verwaltungsgebühren bei der Berechnung des Beteiligungsabzugs wirkt der schweizerische Beteiligungsabzug im Ergebnis genauso wie die 95%ige Steuerbefreiung für Beteiligungserträge in Deutschland.

Da die Einschaltung einer Stiftung oder einer Holding als Nachfolgeinstrument unter anderem dem Ziel der Erhaltung des Unternehmensvermögens dient, wird die Veräußerung des Vermögens im Folgenden nicht näher betrachtet.

III. Formale Darstellung

Der Kapitalwert C_0 stellt sich allgemein für die einzelnen in- und ausländischen Vermögensarten wie folgt dar:

---

[1] S. §§ 71, 82 Abs. 1 StG-ZH.

[2] Vgl. *ESTV*, Juristische Personen, 2012, S. 68.

(31) $C_0 = V_0 - S_{VÜ,0} + \sum_{t=1}^{90}(rV_0 - S_{t\,(lfd)})(1+i_s)^{-t} - S_{VÜ,30}{}^{-30} - S_{VÜ,60}{}^{-60} - S_{VÜ,90}{}^{-90}$

mit

V_0	=	Wert des zu übertragenden Vermögens im Zeitpunkt t = 0
i_s	=	Zinssatz nach Steuern mit $i_s = i\,(1-s)$
$S_{VÜ,t}$	=	Steuerbetrag bei Vermögensübertragung im Zeitpunkt t
$S_{t\,(lfd)}$	=	Steuerbetrag für laufende Ertragsteuern im Zeitpunkt t
r	=	Rendite

Da das zu übertragende Vermögen V_0 beim Einsatz der unterschiedlichen Nachfolgeinstrumente jeweils den gleichen Wert hat und somit nicht entscheidungsrelevant ist, kann in Gleichung (31) auf den ersten Term verzichtet werden, so dass sich der Kapitalwert C_0 verkürzt wie folgt darstellen lässt:

(32) $C_0 = -S_{VÜ,0} + \sum_{t=1}^{90}(rV_0 - S_{t\,(lfd)})(1+i_s)^{-t} - S_{VÜ,30}{}^{-30} - S_{VÜ,60}{}^{-60} - S_{VÜ,90}{}^{-90}$

Im Zeitpunkt t = 0 fallen aufgrund der Vermögensübertragung je nach Vermögensart und Nachfolgeinstrument deutsche und schweizerische Schenkungsteuern, die österreichische Stiftungseingangsteuer, die liechtensteinische Widmungsteuer und/oder die deutsche bzw. österreichische Grunderwerbsteuer an.[1] Ruhen in dem übertragenen Vermögen stille Reserven, kann es zusätzlich je nach Nachfolgeinstrument und Vermögensart zu einer Ertragsbesteuerung der stillen Reserven beim übertragenden Unternehmer kommen. Damit ergibt sich bei der erstmaligen Vermögensübertragung im Zeitpunkt t = 0 allgemein folgende Steuerbelastung $S_{VÜ,0}$:

(33) $S_{VÜ,0} = S_{VÜ,0\,(Ertrag)} + S_{VÜ,0\,(VS)}$

mit

$S_{VÜ,0(Ertrag)}$	=	Ertragsteuerbelastung bei Vermögensübertragung in t = 0
$S_{VÜ,0\,(VS)}$	=	Verkehrsteuerbelastung bei Vermögensübertragung in t = 0

Bei der Errichtung einer in- oder ausländischen Stiftung durch Übertragung von im Privatvermögen gehaltenen Beteiligungen an in- und ausländischen Kapitalgesellschaften,

[1] Da im Kanton Zürich keine Handänderungsteuer erhoben wird, kommt der schweizerischen Handänderungsteuer hier keine Bedeutung zu.

von in- und ausländischen Grundstücken des Privatvermögens und von Anteilen an in- und ausländischen Kommanditgesellschaften ergibt sich grundsätzlich keine Ertragsteuerbelastung, so dass gilt:

(34) $S_{VÜ,0\,(Ertrag)} = 0$

Nur bei der Errichtung einer liechtensteinischen Stiftung durch die Übertragung von Beteiligungen an in- und ausländischen Kapitalgesellschaften kommt es bis 31. 12. 2012 zu einer Ertragsbesteuerung der in den Beteiligungen ruhenden stillen Reserven, so dass gilt:

(35) $S_{VÜ,0\,(Ertrag)} = SR_0\; s_{ESt\,(D)}$

Die Errichtung einer in- oder ausländischen Holding löst keine Ertragsteuerbelastung aus, sofern deutsche und österreichische Grundstücke in die Holding eingebracht werden, so dass Gleichung (34) entsprechend gilt. Bei der Einbringung von liechtensteinischen und schweizerischen Grundstücken in eine in- oder ausländische Holding stellt sich die Ertragsteuerbelastung bei Holdinggründung wie folgt dar:

(36) $S_{VÜ,0\,(Ertrag)} = SR_0\; s_{GrdStGSt(FL/CH)}$

Die Einbringung von Beteiligungen an in- und ausländischen Kapitalgesellschaften in eine in- oder ausländische Holding führt bei einer Beteiligungsquote von 50 % zur Auflösung und Ertragsbesteuerung der stillen Reserven. Damit gilt:

(37) $S_{VÜ,0\,(Ertrag)} = 0{,}6\, SR_0\; s_{ESt\,(D)}$

Die Einbringung von Anteilen an einer Kommanditgesellschaft mit deutschen und österreichischen Betriebstätten in eine deutsche, österreichische oder liechtensteinische Holding löst im Ausgangsfall keine ertragsteuerlichen Folgen aus. Ebenso führt die Einbringung von Anteilen an einer Kommanditgesellschaft mit einer österreichischen Betriebstätte in eine schweizerische Holding zu keinen ertragsteuerlichen Belastungen im Zeitpunkt der Vermögensübertragung. Damit gilt Gleichung (34) entsprechend. Die Einbringung von Anteilen an einer Kommanditgesellschaft mit einer liechtensteinischen und schweizerischen Betriebstätte in eine deutsche, österreichische, liechtensteinische und schweizerische Holding löst folgende ertragsteuerliche Belastungen aus:

(38) $S_{VÜ,0\,(Ertrag)} = SR_{0\,FL}\, s_{ESt\,(FL)} + SR_{0\,CH}\, s_{GSt\,(CH)}$

Bis zum 31. 12. 2012 kommt es bei der Einbringung von Anteilen an einer Kommanditgesellschaft mit einer liechtensteinischen Betriebstätte in eine schweizerische Holding noch zu einer Hochschleusung auf das deutsche Steuerniveau, so dass gilt:

(39) $S_{VÜ,0\,(Ertrag)} = SR_{0\,FL}\, s_{ESt\,(D)}$

Bei der direkten Nachfolge durch vorweggenommene Erbfolge kommt es wie bei der Errichtung einer in- oder ausländischen Stiftung zu keinen ertragsteuerlichen Folgen, so dass Gleichung (34) entsprechend gilt.

Die Verkehrsteuerbelastung im Zeitpunkt t = 0 ($S_{VÜ,0(VS)}$) setzt sich aus den Schenkungsteuern, der Stiftungseingangsteuer, der Widmungsteuer und den Grunderwerbsteuern zusammen, so dass allgemein gilt:

(40) $S_{VÜ,0\,(VS)} = V_{0\,stpfl}\, s_{ErbSt} + V_0 s_{StESt} + V_0 s_{WidSt(FL)} + V_0 s_{GrESt}$

In Abhängigkeit von der Art und der Belegenheit des Vermögens sowie der Art des Nachfolgeinstruments ergeben sich im Zeitpunkt t = 0 unterschiedliche Verkehrsteuerbelastungen, die in Tabelle 26 und Tabelle 27 zusammengefasst sind:

	D-Stiftung	AT-Stiftung	FL-Stiftung	direkte Nachfolge
D-KapG	$0{,}15\ V_0\ s_{ErbSt\,(D)}$	$0{,}15\ V_0\ s_{ErbSt\,(D)}$ $+ V_0 s_{SiftESt}$	$0{,}15\ V_0\ s_{ErbSt\,(D)}$	$0{,}15\ V_0\ s_{ErbSt\,(D)}$
AT-KapG	$0{,}15\ V_0\ s_{ErbSt\,(D)}$	$0{,}15\ V_0\ s_{ErbSt\,(D)}$	$0{,}15\ V_0\ s_{ErbSt\,(D)}$	$0{,}15\ V_0\ s_{ErbSt\,(D)}$
FL-KapG	$0{,}15\ V_0\ s_{ErbSt\,(D)}$	$0{,}15\ V_0\ s_{ErbSt\,(D)}$	$0{,}15\ V_0\ s_{ErbSt\,(D)}$	$0{,}15\ V_0\ s_{ErbSt\,(D)}$
CH-KapG	$V_0\ s_{ErbSt\,(D)}$	$V_0\ s_{ErbSt\,(D)}$	$V_0\ s_{ErbSt\,(D)}$	$V_0\ s_{ErbSt\,(D)}$
D-Grdst	$0{,}9\ V_0\ s_{ErbSt\,(D)}$	$0{,}9\ V_0\ s_{ErbSt\,(D)}$	$0{,}9\ V_0\ s_{ErbSt\,(D)}$	$0{,}9\ V_0\ s_{ErbSt\,(D)}$
AT-Grdst	$0{,}9\ V_0\ s_{ErbSt\,(D)}$	$0{,}9\ V_0\ s_{ErbSt\,(D)}$	$0{,}9\ V_0\ s_{ErbSt\,(D)}$	$0{,}9\ V_0\ s_{ErbSt\,(D)}$
FL-Grdst	$0{,}9\ V_0\ s_{ErbSt\,(D)}$	$0{,}9\ V_0\ s_{ErbSt\,(D)}$	$0{,}9\ V_0\ s_{ErbSt\,(D)}$	$0{,}9\ V_0\ s_{ErbSt\,(D)}$
CH-Grdst	$V_0\ s_{ErbSt\,CH}$	$V_0\ s_{ErbSt\,(D)}$	$V_0\ s_{ErbSt\,(D)}$	$V_0\ s_{ErbSt\,(D)}$
KG mit D-BS	$0{,}15\ V_0\ s_{ErbSt\,(D)}$	$0{,}15\ V_0\ s_{ErbSt\,(D)}$ $+ V_0 s_{StiftESt}$	$0{,}15\ V_0\ s_{ErbSt\,(D)}$	$0{,}15\ V_0\ s_{ErbSt\,(D)}$
KG mit AT-BS	$0{,}15\ V_0\ s_{ErbSt\,(D)}$	$0{,}15\ V_0\ s_{ErbSt\,(D)}$	$0{,}15\ V_0\ s_{ErbSt\,(D)}$	$0{,}15\ V_0\ s_{ErbSt\,(D)}$
KG mit FL-BS	$V_0 s_{WidSt\,(FL)}$	$V_0 s_{WidSt\,(FL)}$ $+ V_0 s_{SiftESt}$	$V_0 s_{WidSt\,(FL)}$	$0{,}15\ V_0\ s_{ErbSt\,(D)}$
KG mit CH-BS	$V_0\ s_{ErbSt\,(CH)}$	$V_0\ s_{ErbSt\,(D)}$	$V_0\ s_{ErbSt\,(D)}$	$V_0\ s_{ErbSt\,(D)}$

Tabelle 26: Formale Darstellung Verkehrsteuern bei Stiftung und direkter Nachfolge

	D-Holding	AT-Holding	FL-Holding	CH-Holding	direkte Nachfolge
D-KapG	$0{,}15\ V_0\ s_{ErbSt\,(D)}$	$0{,}15\ V_0\ s_{ErbSt\,(D)}$	$0{,}15\ V_0\ s_{ErbSt\,(D)}$	$V_0\ s_{ErbSt\,(D)}$	$0{,}15\ V_0\ s_{ErbSt\,(D)}$
AT-KapG	$0{,}15\ V_0\ s_{ErbSt\,(D)}$	$0{,}15\ V_0\ s_{ErbSt\,(D)}$	$0{,}15\ V_0\ s_{ErbSt\,(D)}$	$V_0\ s_{ErbSt\,(D)}$	$0{,}15\ V_0\ s_{ErbSt\,(D)}$
FL-KapG	$0{,}15\ V_0\ s_{ErbSt\,(D)}$	$0{,}15\ V_0\ s_{ErbSt\,(D)}$	$0{,}15\ V_0\ s_{ErbSt\,(D)}$	$V_0\ s_{ErbSt\,(D)}$	$0{,}15\ V_0\ s_{ErbSt\,(D)}$
CH-KapG	$V_0\ s_{ErbSt\,(D)}$	$V_0\ s_{ErbSt\,(D)}$	$V_0\ s_{ErbSt\,(D)}$	$V_0\ s_{ErbSt\,(D)}$	$V_0\ s_{ErbSt\,(D)}$
D-Grdst	$V_0 s_{GrESt\,(D)}$ $+V_0\ s_{ErbSt\,(D)}$	$V_0 s_{GrESt\,(D)}$ $+V_0\ s_{ErbSt\,(D)}$	$V_0 s_{GrESt\,(D)}$ $+V_0\ s_{ErbSt\,(D)}$	$V_0 s_{GrESt\,(D)}$ $+V_0\ s_{ErbSt\,(D)}$	$0{,}9\ V_0\ s_{ErbSt\,(D)}$
AT-Grdst	$V_0 s_{GrESt\,(AT)}$ $+V_0\ s_{ErbSt\,(D)}$	$V_0 s_{GrESt\,(AT)}$ $+V_0\ s_{ErbSt\,(D)}$	$V_0 s_{GrESt\,(AT)}$ $+V_0\ s_{ErbSt\,(D)}$	$V_0 s_{GrESt(AT)}$ $+V_0\ s_{ErbSt\,(D)}$	$0{,}9\ V_0\ s_{ErbSt\,(D)}$
FL-Grdst	$V_0 s_{WidSt\,(FL)}$ $+V_0\ s_{ErbSt\,(D)}$	$V_0 s_{WidSt\,(FL)}$ $+V_0\ s_{ErbSt\,(D)}$	$V_0 s_{WidSt\,(FL)}$ $+V_0\ s_{ErbSt\,(D)}$	$V_0 s_{WidSt\,(FL)}$ $+V_0\ s_{ErbSt\,(D)}$	$0{,}9\ V_0\ s_{ErbSt\,(D)}$
CH-Grdst	$V_0\ s_{ErbSt\,(D)}$	$V_0\ s_{ErbSt\,(D)}$	$V_0\ s_{ErbSt\,(D)}$	$V_0\ s_{ErbSt\,(D)}$	$V_0\ s_{ErbSt\,(D)}$
KG mit D-BS	$0{,}15\ V_0\ s_{ErbSt\,(D)}$	$0{,}15\ V_0\ s_{ErbSt\,(D)}$	$0{,}15\ V_0\ s_{ErbSt\,(D)}$	$V_0\ s_{ErbSt\,(D)}$	$0{,}15\ V_0\ s_{ErbSt\,(D)}$
KG mit AT-BS	$0{,}15\ V_0\ s_{ErbSt\,(D)}$	$0{,}15\ V_0\ s_{ErbSt\,(D)}$	$0{,}15\ V_0\ s_{ErbSt\,(D)}$	$V_0\ s_{ErbSt\,(D)}$	$0{,}15\ V_0\ s_{ErbSt\,(D)}$
KG mit FL-BS	$V_0 s_{WidSt\,(FL)}$ $+0{,}15\ V_0\ s_{ErbSt\,(D)}$	$V_0 s_{WidSt\,(FL)}$ $+\ 0{,}15\ V_0\ s_{ErbSt\,(D)}$	$V_0 s_{WidSt\,(FL)}$ $+0{,}15\ V_0\ s_{ErbSt\,(D)}$	$V_0 s_{WidSt\,(FL)}$ $+V_0\ s_{ErbSt\,(D)}$	$0{,}15\ V_0\ s_{ErbSt\,(D)}$
KG mit CH-BS	$0{,}15\ V_0\ s_{ErbSt\,(D)}$	$0{,}15\ V_0\ s_{ErbSt\,(D)}$	$0{,}15\ V_0\ s_{ErbSt\,(D)}$	$V_0\ s_{ErbSt\,(D)}$	$V_0\ s_{ErbSt\,(D)}$

Tabelle 27: Formale Darstellung Verkehrsteuern bei Holdinggesellschaft

Aufgrund des höheren Freibetrags und des niedrigeren Steuersatzes kommt es bei der Errichtung einer inländischen Familienstiftung zu einer niedrigeren Vekehrsteuerbelastung als bei der Errichtung einer österreichischen und liechtensteinischen Familienstiftung. Da bei der Nachfolge mittels Holding und bei der direkten Nachfolge die Beteiligungen an der Holding auf zwei Nachkommen übertragen werden, kommt es bei diesen Nachfolgevarianten zu einer Verdoppelung der Freibeträge. Bei Stiftungen erhöht sich die dargestellte Verkehrsteuerbelastung um die Schenkungsteuer und Stiftungseingangsteuer, die auf die vom Stifter übernommene Schenkungsteuer und Stiftungseingangsteuer entfällt.

Die laufenden Ertragsteuerbelastungen $S_{t\,(Ertrag)}$ umfassen sowohl die anteiligen Steuern, die durch die unternehmerische Tätigkeit der Kapitalgesellschaften und Kommanditgesellschaften entstehen, als auch die Steuern auf die Erträge aus den jeweiligen Grundstücken. Daneben sind in $S_{t\,(Ertrag)}$ auch die Steuern, die auf Ebene der Stiftung bzw. der Holding anfallen, sowie die Steuern auf Ebene der Nachkommen enthalten. Damit ergibt sich für die jährliche laufende Ertrag- und Vermögensteuerbelastung $S_{t\,(Ertrag)}$:

(41) $S_{t\,(Ertrag)} = rV_t[1 - (1 - s_u)(1 - s_{NFI})(1 - s_{nP})]$

mit

s_u = Steuersatz auf Unternehmensebene

s_{NFI} = Steuersatz des Nachfolgeinstruments (Stiftung/Holding)

s_{nP} = Steuersatz der Nachkommen

Aufgrund der Annahme, dass das Wachstum der Inflationsrate entspricht, und der Vollausschüttungsannahme hat das Vermögen V_t im Zeitpunkt t = 30, t = 60 und t = 90 denselben Wert wie im Zeitpunkt t = 0. Damit gilt:

(42) $V_t = V_0$

In den Zeitpunkten t = 30 und t = 60 stellt sich die Steuerbelastung der (fiktiven) Vermögensübertragung $S_{VÜ,t}$ wie folgt dar:

(43) $S_{VÜ,t} = S_{VÜ,t\,(VS)}$

Da bei der Auflösung der Nachfolgeinstrumente in t = 90 die in dem ausgekehrten Vermögen ruhenden stillen Reserven erfolgswirksam aufzulösen sind, gilt im Zeitpunkt der Vermögensauskehrung t = 90 Gleichung (33) entsprechend.

Auch wenn $V_t = V_0$ gilt, ergeben sich in Abhängigkeit von dem Nachfolgeinstrument und der Vermögensart in den Zeitpunkten t = 0, t = 30, t = 60 und t = 90 unterschiedliche Verkehrsteuerbelastungen, da zu den jeweiligen Zeitpunkten unterschiedliche Bemessungsgrundlagen gelten und bestimmte aperiodische Steuern nur bei der erstmaligen Vermögensübertragung erhoben werden.

IV. Modellanalysen

Im Folgenden werden die Steuerbelastungen im Zeitpunkt der Vermögensübertragung, im Zeitpunkt der Vermögensauskehrung sowie die laufenden Steuerbelastungen während des Bestehens der Nachfolgeinstrumente getrennt voneinander ermittelt, um die verschiedenen aperiodischen und periodischen Steuerwirkungen darzustellen. Im Anschluss daran wird aus den getrennt ermittelten aperiodischen und periodischen Steuerbelastungen der Kapitalwert abgeleitet.

1. Steuerbelastungen bei Vermögensübertragung

Die bei der erstmaligen Vermögensübertragung anfallenden Ertragsteuern sind je nach Art und Belegenheit des Vermögens für jedes Nachfolgeinstrument getrennt in Tabelle 28 abgebildet.

	D-Stiftung	AT-Stiftung	FL-Stiftung	D-Holding	AT-Holding	FL-Holding	CH-Holding	direkte Nachfolge
D-KapG	0	0	0	135.000	135.000	135.000	135.000	0
AT-KapG	0	0	0	135.000	135.000	135.000	135.000	0
FL-KapG	0	0	0	135.000	135.000	135.000	135.000	0
CH-KapG	0	0	0	135.000	135.000	135.000	135.000	0
D-Grdst	0	0	0	0	0	0	0	0
AT-GrdSt	0	0	0	62.500	62.5000	62.500	62.500	0
FL-GrdSt	0	0	0	105.000	105.000	105.000	105.000	0
CH-GrdSt	0	0	0	100.000	100.000	100.000	100.000	0
KG (D-BS)	0	0	0	0	0	0	225.000	0
KG (AT-BS)	0	0	0	0	0	0	0	0
KG (FL-BS)	0	0	0	70.000	70.000	70.000	70.000	0
KG (CH-BS)	0	0	0	105.875	105.875	105.875	105.875	0

Tabelle 28: Ausgangsfall: Ertragsteuerbelastungen bei Vermögensübertragung in t = 0

Aus ertragsteuerlicher Sicht im Zeitpunkt der erstmaligen Vermögensübertragung sind die Steuerbelastungen bei der Nachfolge mittels in- oder ausländischer Stiftung und der direkten Nachfolge am niedrigsten. Bei deutschen Grundstücken und bei Kommanditanteilen mit einer österreichischen Betriebstätte ist die Vermögensübertragung unabhängig vom Nachfolgeinstrument steuerneutral.

Die Verkehrsteuerbelastungen im Zeitpunkt t = 0 differieren je nach der Art und Belegenheit des zu übertragenden Vermögens und der verschiedenen Nachfolgeinstrumente unterschiedlich stark, was in Tabelle 29 verdeutlicht wird:

	D-Stiftung	AT-Stiftung	FL-Stiftung	D-Holding	AT-Holding	FL-Holding	CH-Holding	direkte Nachfolge
D-KapG	248.710	919.550	577.200	**105.000**	**105.000**	**105.000**	1.748.000	**105.000**
AT-KapG	248.710	588.300	577.200	**105.000**	**105.000**	**105.000**	1.748.000	**105.000**
FL-KapG	248.710	588.300	577.200	**105.000**	**105.000**	**105.000**	1.748.000	**105.000**
CH-KapG	2.715.840	7.632.200	7.485.000	**105.000**	**105.000**	**105.000**	1.748.000	1.748.000
D-Grdst	2.432.940	6.735.000	6.735.000	2.466.000	2.466.000	2.466.000	2.466.000	**1.886.000**
AT-GrdSt	2.432.940	6.735.000	6.735.000	2.466.000	2.466.000	2.466.000	2.466.000	**1.886.000**
FL-GrdSt	2.241.753	6.319.375	6.319.375	2.947.250	2.947.250	2.947.250	2.947.250	**1.886.000**
CH-GrdSt	4.572.000	7.485.000	7.485.000	2.116.000	2.116.000	2.116.000	2.116.000	2.116.000
KG (D-BS)	248.710	919.550	577.200	**105.000**	**105.000**	**105.000**	1.748.000	**105.000**
KG (AT-BS)	248.710	588.300	577.200	**105.000**	**105.000**	**105.000**	1.748.000	**105.000**
KG (FL-BS)	831.250	1.162.500	831.250	936.250	936.250	936.250	2.579.250	**105.000**
KG (CH-BS)	4.572.000	7.491.250	7.485.000	**105.000**	**105.000**	**105.000**	1.748.000	1.748.000

Tabelle 29: Ausgangsfall: Verkehrsteuerbelastung bei Vermögensübertragung in t = 0

Aus Tabelle 29 folgt, dass aus einer verkehrsteuerlichen Sicht die Nachfolge durch eine Stiftung im Vergleich zur direkten Nachfolge und zur Nachfolge durch eine Holding bei allen Vermögensarten eine höhere Steuerbelastung aufweist. Bei einer deutschen Familienstiftung wird die höhere Verkehrsteuerbelastung durch die Annahme, dass der Stifter die bei der Vermögensübertragung anfallenden Verkehrsteuern übernimmt, ausgelöst. Bei österreichischen und liechtensteinischen Stiftungen ist die höhere Verkehrsteuerbelastung insbesondere durch die Versagung des Steuerklassenprivilegs begründet.

Auch bei gemeinsamer Berücksichtigung der im Zeitpunkt t = 0 anfallenden Ertrag- und Verkehrsteuern (Tabelle 30) ergeben sich bei den Stiftungen höhere Steuerbelastungen als bei der Nachfolge durch eine Holding oder bei der direkten Nachfolge.

	D-Stiftung	AT-Stiftung	FL-Stiftung	D-Holding	AT-Holding	FL-Holding	CH-Holding	direkte Nachfolge
D-KapG	248.710	919.550	577.200	240.000	240.000	240.000	1.883.000	**105.000**
AT-KapG	248.710	588.300	577.200	240.000	240.000	240.000	1.883.000	**105.000**
FL-KapG	248.710	588.300	577.200	240.000	240.000	240.000	1.883.000	**105.000**
CH-KapG	2.715.840	7.632.200	7.485.000	**240.000**	**240.000**	**240.000**	1.883.000	1.748.000
D-Grdst	2.432.940	6.735.000	6.735.000	2.466.000	2.466.000	2.466.000	2.466.000	**1.886.000**
AT-GrdSt	2.432.940	6.735.000	6.735.000	2.528.500	2.528.500	2.528.500	2.528.500	**1.886.000**
FL-GrdSt	2.241.753	6.319.375	6.319.375	3.052.250	3.052.250	3.052.250	3.052.250	**1.886.000**
CH-GrdSt	4.572.000	7.485.000	7.485.000	2.216.000	2.216.000	2.216.000	2.216.000	**2.116.000**
KG (D-BS)	248.710	919.550	577.200	**105.000**	**105.000**	**105.000**	1.973.000	**105.000**
KG (AT-BS)	248.710	588.300	577.200	**105.000**	**105.000**	**105.000**	1.748.000	**105.000**
KG (FL-BS)	831.250	1.162.500	831.250	1.006.250	1.006.250	1.006.250	2.649.250	**105.000**
KG (CH-BS)	4.572.000	7.491.250	7.485.000	**210.875**	**210.875**	**210.875**	1.853.875	1.748.000

Tabelle 30: Ausgangsfall: Gesamtsteuerbelastung der Vermögensübertragung in t = 0

Die Vorteilhaftigkeit der einzelnen Nachfolgeinstrumente hängt bei der erstmaligen Vermögensübertragung im Zeitpunkt t = 0 von der Art und der Belegenheit des Vermögens ab, wobei die direkte Nachfolge bei allen Vermögensarten mit Ausnahme von Beteiligungen an schweizerischen Kapital- und Kommanditgesellschaften die geringste Gesamtsteuerbelastung aufweist. Bei Beteiligungen an schweizerischen Kapital- und Kommanditgesellschaften weisen deutsche, österreichische und liechtensteinische Holdinggesellschafen die geringste Steuerbelastung auf. Neben der direkten Nachfolge ergeben sich auch bei der Nachfolge durch eine deutsche, österreichische bzw. liechtensteinische Holdinggesellschaft bei Beteiligungen an Kommanditgesellschaften mit deutschen und österreichischen Betriebstätten dieselben Steuerbelastungen wie bei der direkten Nachfolge. Abbildung 3 veranschaulicht die aus den Gesamtsteuerbelastungen bei der erstmaligen Vermögensübertragung im Zeitpunkt t = 0 resultierenden Rangfolgen der einzelnen Nachfolgeinstrumente in Abhängigkeit von der Art und Belegenheit des Vermögens grafisch.

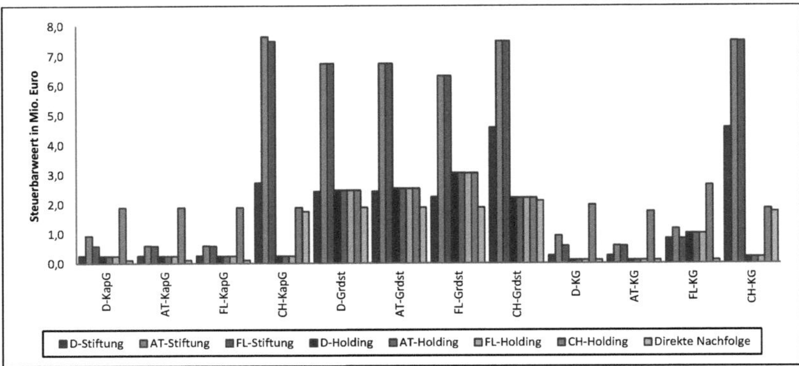

Abbildung 3: Ausgangsfall: Steuerbarwerte bei Vermögensübertragung in t = 0

Die Nachfolge durch eine österreichische oder liechtensteinische Stiftung ist bei Grundvermögen in allen vier Ländern, bei Beteiligungen an schweizerischen Kapitalgesellschaften und bei Anteilen an einer Kommanditgesellschaft mit schweizerischem Betriebsvermögen durch die höchste Steuerbelastung im Zeitpunkt der erstmaligen Vermögensübertragung gekennzeichnet.

Stehen die Ziele der Unternehmenskontinuität und der Vermeidung der Zersplitterung des Vermögens bei der Nachfolgeplanung im Vordergrund und wird deshalb die direkte Nachfolge als Nachfolgeinstrument ausgeschlossen, weisen deutsche, österreichische und liechtensteinische Holdinggesellschaften in den Fällen der Übertragung von Beteiligungen an deutschen, österreichischen, liechtensteinischen und schweizerischen Kapitalgesellschaften und von Anteilen an Kommanditgesellschaften mit deutschen, österreichischen und schweizerischen Betriebstätten die jeweils niedrigste Steuerbelastung auf. Bei schweizerischen Grundstücken ergeben sich bei der Holdinglösung unabhängig von dem Holdingstandort geringere Steuerbelastungen als bei der Stiftungslösung. Die geringere Steuerbelastung beim Einsatz einer deutschen, österreichischen bzw. liechtensteinischen Holding liegt insbesondere daran, dass sich bei der Übertragung der Holdinganteile auf zwei Kinder die Freibeträge verdoppeln und dass niedrigere Steuersätze anwendbar sind. Die höhere Steuerbelastung beim Einsatz einer schweizerischen Holding resultiert aus der Versagung der schenkungsteuerlichen Betriebsvermögensbegünstigungen. Bei deutschen, österreichischen und liechtensteinischen Grundstücken ergibt sich bei der deutschen Stiftung jeweils die geringste Steuerbelastung. Bei Anteilen an einer Kommanditgesellschaft mit einer liechtensteinischen Betriebstätte teilen sich die deutsche und liechtensteinische Stiftung den ersten Rang. Die geringere Steuerbelastung der deutschen Stiftung liegt zum einen daran, dass bei der Nachfolge durch eine Stiftung im Gegensatz zur Nachfolge durch eine Holding die österreichische Grunderwerbsteuer und die liechtensteinische Widmungsteuer auf die deutsche Schenkungsteuer anrechenbar sind. Bei der Nachfolge durch eine Holding werden die österreichische Grunderwerbsteuer bzw. die liechtensteinische Widmungsteuer und die deutsche Schenkungsteuer durch unterschiedliche Übertragungsvorgänge ausgelöst, so dass eine Anrechnung der ausländischen Steuern auf die deutsche Schenkungsteuer nicht möglich ist.

Bei dem Vergleich der Gesamtsteuerbelastungen bei der Vermögensübertragung auf Stiftungen (Abbildung 4) zeigt sich, dass sich am Stiftungsstandort Deutschland im Vergleich zu Österreich und Liechtenstein jeweils eine geringere Steuerbelastung ergibt.

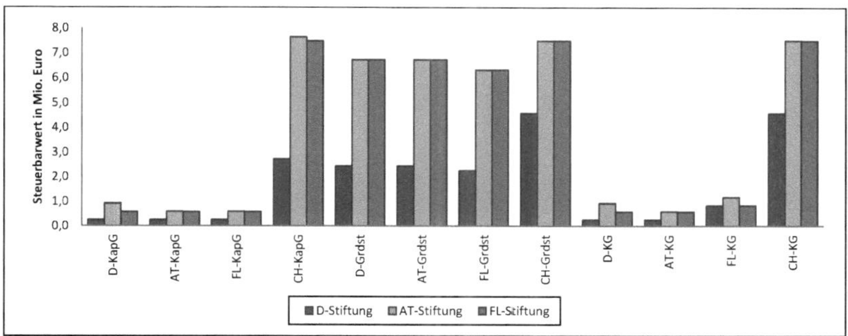

Abbildung 4: Ausgangsfall: Steuerbarwerte bei Vermögensübertragung in t = 0 (Stiftung)

Die niedrigeren Steuerbarwerte am Stiftungsstandort Deutschland sind durch das Steuerklassenprivileg begründet. Zwischen österreichischen und liechtensteinischen Stiftungen liegt überwiegend eine Indifferenzsituation vor, wobei bei Beteiligungen an deutschen und schweizerischen Kapitalgesellschaften sowie bei Anteilen an Kommanditgesellschaften mit deutschen und liechtensteinischen Betriebstätten der Einsatz einer liechtensteinischen Stiftung im Vergleich zu einer österreichischen Stiftung jeweils geringere Steuerbarwerte aufweist. Die geringere Steuerbelastung beim Einsatz einer liechtensteinischen Stiftung hat ihre Ursache in der Erhebung der österreichischen Stiftungseingangsteuer, für die bei der Übertragung von deutschem Vermögen in Deutschland keine Anrechnungsmöglichkeit gegeben ist und die bei der Übertragung von liechtensteinischem Betriebsvermögen eine Zusatzbelastung darstellt, da in Deutschland ein zu geringes Anrechnungsvolumen vorhanden ist. Bei der Beteiligung an einer schweizerischen Kapitalgesellschaft resultiert die geringere Steuerbelastung beim Einsatz einer liechtensteinischen Stiftung daraus, dass die durch die Übernahme der Steuer verursachte Erhöhung der Stiftungseingangsteuer nicht auf ausländisches Vermögen entfällt, so dass die Erhöhung nicht auf die deutsche Schenkungsteuer anrechenbar ist.

Bei dem Vergleich der Gesamtsteuerbelastungen im Zeitpunkt t = 0 bei der Nachfolge durch eine Holding zeigt sich, dass sich aus den Steuerbelastungen bei erstmaliger Vermögensübertragung kein Holdingstandort ermitteln lässt, an dem eine vergleichsweise niedrige Gesamtsteuerbelastung gegeben ist. (Abbildung 5).

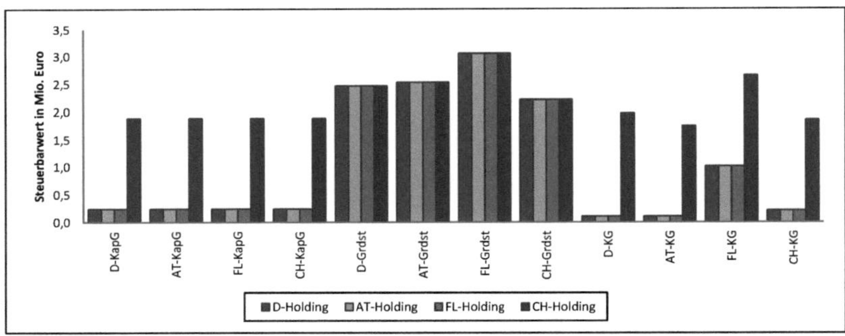

Abbildung 5: Ausgangsfall: Steuerbarwerte bei Vermögensübertragung in t = 0 (Holding)

Deutsche, österreichische und liechtensteinische Holdinggesellschaften weisen bei der erstmaligen Vermögensübertragung jeweils die gleiche Steuerbelastung auf. Bei deutschen, österreichischen, liechtensteinischen und schweizerischen Grundstücken kommt es auch bei einer schweizerischen Holding zu denselben Steuerbelastungen wie bei einer deutschen, österreichischen bzw. liechtensteinischen Holding.

2. Steuerbelastung während des Bestehens der Nachfolgeinstrumente

Während des Bestehens der Nachfolgeinstrumente fallen neben den jährlichen Ertragsteuern in den Zeitpunkten t = 30 und t = 60 auch Verkehrsteuern durch die Übertragung auf die nächste Generation bzw. durch die deutsche Erbersatzsteuer an. Die auf den Zeitpunkt t = 0 abgezinsten Ertragsteuerbarwerte bei Vollausschüttung sind für die Nachfolgeinstrumente je nach Art und Belegenheit des Vermögens in Tabelle 31 zusammengefasst. Den dargestellten Werten liegt die Annahme zugrunde, dass das DBA zwischen Deutschland und Liechtenstein noch nicht in Kraft getreten ist.

		D-Stiftung	AT-Stiftung	FL-Stiftung	D-Holding	AT-Holding	FL-Holding	CH-Holding	direkte Nachfolge
D-KapG	KESt	9.294.086	9.234.182	9.248.997	9.386.695	9.260.107	9.248.997	9.326.172	**9.234.182**
	TEV	9.572.132	9.514.664	9.529.084					
AT-KapG	KESt	8.705.963	8.641.615	10.323.026	8.802.719	8.667.539	10.323.026	8.735.925	**8.641.615**
	TEV	8.999.691	8.937.898	10.574.472					
FL-KapG	KESt	6.132.922	6.049.130	6.063.944	6.247.826	6.075.055	6.063.944	6.153.595	**6.049.130**
	TEV	6.495.265	6.414.547	6.428.966					
CH-KapG	KESt	8.214.378	8.270.406	12.303.870	**8.436.893**	**8.296.331**	**12.303.870**	8.366.170	8.270.406
	TEV	8.508.078	8.576.589	12.502.493					
D-Grdst	KESt	3.452.198	3.568.987	3.583.801	4.617.091	3.606.022	3.594.912	3.580.097	**4.444.259**
	TEV	3.611.046	3.737.177	3.751.596					
AT-GrdSt	KESt	4.204.019	4.320.807	4.335.621	4.320.807	4.320.807	4.335.621	4.320.807	**4.938.065**
	TEV	4.342.818	4.468.949	4.483.368					
FL-GrdSt	KESt	3.452.198	2.654.210	2.654.210	4.617.091	2.680.135	2.654.210	2.654.210	**4.444.259**
	TEV	3.611.046	2.846.795	2.846.795					
CH-GrdSt	KESt	3.438.041	3.569.072	3.583.886	4.617.091	4.261.436	4.250.325	4.235.511	**4.444.259**
	TEV	3.595.747	3.737.260	3.751.679					
KG (D-BS)	KESt	9.189.795	9.197.665	9.212.480	**9.208.776**	**9.234.701**	**9.223.590**	9.208.776	**8.888.518**
	TEV	9.470.621	9.479.121	9.493.540					
KG (AT-BS)	KESt	8.633.744	8.641.615	8.656.429	**8.641.615**	**8.641.615**	**8.656.429**	8.641.615	**9.876.131**
	TEV	8.929.398	8.937.898	8.952.318					
KG (FL-BS)	KESt	7.141.213	8.641.615	6.049.130	7.160.195	8.641.615	6.049.130	6.049.130	**8.888.518**
	TEV	7.476.668	8.937.898	6.414.547					
KG (CH-BS)	KESt	6.782.684	6.913.715	6.928.529	**8.270.406**	**8.296.331**	**8.285.220**	8.270.406	4.443.120
	TEV	7.114.563	7.256.076	7.270.495					

Tabelle 31: Ausgangsfall: Steuerbarwerte der laufenden Ertragsbesteuerung (ohne DBA D/FL)

Die Nachfolgeinstrumente mit den niedrigsten Gesamtsteuerbelastungen im Zeitpunkt t = 0 sind halbfett markiert. Für die einzelnen Vermögensarten sind die Nachfolgeinstrumente mit den jeweils geringsten laufenden Ertragsteuerbelastungen bei der Anwendung der Abgeltungsteuer für Stiftungszuwendungen hellgrau und bei der Anwendung des Teileinkünfteverfahrens für Stiftungszuwendungen dunkelgrau markiert. Im Vergleich zu den Gesamtsteuerbelastungen im Zeitpunkt t = 0 verändern sich bei isolierter Betrachtung der laufenden Ertragsteuerbarwerte bei Gültigkeit des Teileinkünfteverfahrens bzw. der Abgeltungsteuer für Stiftungszuwendungen zum Teil die Nachfolgeinstrumente mit den niedrigsten Steuerbelastungen.

Mit dem DBA D/FL ändern sich ab 1. 1. 2013 die laufenden Ertragsteuerbarwerte in den in Tabelle 32 durch Unterstreichung hervorgehobenen Konstellationen aus Vermögensart und Nachfolgeinstrument, wobei sich jeweils das Nachfolgeinstrument mit der geringsten laufenden Ertragsteuerbelastung im Vergleich zum Nicht-DBA-Fall ändert.

		D-Stiftung	AT-Stiftung	FL-Stiftung	D-Holding	AT-Holding	FL-Holding	CH-Holding	direkte Nachfolge
FL-GrdSt	KESt	2.537.422	2.654.210	2.654.210					
	TEV	2.720.663	2.846.795	2.846.795	2.654.210	2.680.135	2.654.210	2.654.210	1.106.127
KG (FL-BS)	KESt	6.041.259	8.641.615	6.049.130					
	TEV	6.406.046	8.937.898	6.414.547	6.049.130	8.641.615	6.049.130	6.049.130	2.765.317

Tabelle 32: Ausgangsfall: Steuerbarwerte der laufenden Ertragsbesteuerung (mit DBA D/FL)

Da die Erbersatzsteuer aus dem Stiftungsvermögen zu bezahlen ist, reduziert sich bei einer deutschen Stiftung ab t = 30 der ausschüttbare Betrag aufgrund der ratierlichen Zahlungsweise der Erbersatzsteuer um die jährliche Erbersatzsteuerrate, so dass sich die auf die Stiftungszuwendungen entfallende Kapitalertragsteuerbelastung bei deutschen Stiftungen entsprechend reduziert. Damit führt eine isolierte Betrachtung der Ertragsteuerbarwerte ohne der Erbersatzsteuer bzw. den Verkehrsteuerbelastungen in t = 30 bzw. t = 60 bei der periodischen Besteuerung zu unzutreffenden Ergebnissen. In Tabelle 33 sind die Summe der Verkehrsteuerbarwerte aufgrund der (fiktiven) Vermögensübertragungen in den Zeitpunkten t = 30 und t = 60 zusammengefasst:

	D-Stiftung	AT-Stiftung	FL-Stiftung	D-Holding	AT-Holding	FL-Holding	CH-Holding	direkte Nachfolge
D-KapG	31.483	0	0	69.168	69.168	69.168	438.446	438.446
AT-KapG	31.483	0	0	69.168	69.168	69.168	438.446	438.446
FL-KapG	31.483	0	0	69.168	69.168	69.168	438.446	438.446
CH-KapG	524.124	0	0	69.168	69.168	69.168	438.446	438.446
D-Grdst	467.154	0	0	438.446	438.446	438.446	438.446	384.313
AT-GrdSt	467.154	0	0	438.446	438.446	438.446	438.446	384.313
FL-GrdSt	467.154	0	0	438.446	438.446	438.446	438.446	384.313
CH-GrdSt	524.124	0	0	438.446	438.446	438.446	438.446	438.446
KG (D-BS)	31.483	0	0	69.168	69.168	69.168	438.446	0
KG (AT-BS)	31.483	0	0	69.168	69.168	69.168	438.446	0
KG (FL-BS)	31.483	0	0	69.168	69.168	69.168	438.446	0
KG (CH-BS)	524.124	0	0	69.168	69.168	69.168	438.446	438.446

Tabelle 33: Ausgangsfall: Summe der Verkehrsteuerbarwerte in t = 30 und t = 60

Aus verkehrsteuerlicher Sicht zeigt sich während des Bestehens der Nachfolgeinstrumente, dass mit einer österreichischen und liechtensteinischen Stiftung alle Vermögensarten verkehrsteuerneutral in einem selbstständigen Rechtsträger zur Sicherung der Unternehmenskontinuität und zur Vermeidung einer Zersplitterung des Vermögens gebündelt werden können.

Fasst man die ertrag- und verkehrsteuerlichen Steuerbarwerte während des Bestehens der Nachfolgeinstrumente zusammen, ergeben sich bis zum 31. 12. 2012 in den einzelnen Fallkonstellationen die in Tabelle 34 dargestellten Werte.

		D-Stiftung	AT-Stiftung	FL-Stiftung	D-Holding	AT-Holding	FL-Holding	CH-Holding	direkte Nachfolge
D-KapG	KESt	9.325.570	9.234.182	9.248.997	9.455.862	9.329.275	9.318.164	9.764.618	**9.672.629**
	TEV	9.603.615	9.514.664	9.529.084					
AT-KapG	KESt	8.737.446	8.641.615	10.323.026	8.871.887	8.736.707	10.392.194	9.174.371	**9.080.061**
	TEV	9.031.175	8.937.898	10.574.472					
FL-KapG	KESt	6.164.406	6.049.130	6.063.944	6.316.993	6.144.223	6.133.112	6.592.042	**6.487.576**
	TEV	6.526.748	6.414.547	6.428.966					
CH-KapG	KESt	8.738.502	8.270.406	12.303.870	**8.506.061**	**8.365.498**	**12.373.037**	8.804.616	8.708.852
	TEV	9.032.202	8.576.589	12.502.493					
D-Grdst	KESt	3.919.352	3.568.987	3.583.801	5.055.537	4.044.469	4.033.358	4.018.544	**4.828.572**
	TEV	4.078.199	3.737.177	3.751.596					
AT-GrdSt	KESt	4.671.172	4.320.807	4.335.621	4.759.254	4.759.254	4.774.068	4.759.254	**5.322.378**
	TEV	4.809.971	4.468.949	4.483.368					
FL-GrdSt	KESt	3.919.352	2.654.210	2.654.210	5.055.537	3.118.581	3.092.656	3.092.656	**4.828.572**
	TEV	4.078.199	2.846.795	2.846.795					
CH-GrdSt	KESt	3.962.164	3.569.072	3.583.886	5.055.537	4.699.882	4.688.771	4.673.957	**4.882.705**
	TEV	4.119.870	3.737.260	3.751.679					
KG (D-BS)	KESt	9.221.278	9.197.665	9.212.480	**9.277.944**	**9.303.869**	**9.292.758**	9.647.222	**8.888.518**
	TEV	9.502.104	9.479.121	9.493.540					
KG (AT-BS)	KESt	8.665.227	8.641.615	8.656.429	**8.710.782**	**8.710.782**	**8.725.597**	9.080.061	**9.876.131**
	TEV	8.960.881	8.937.898	8.952.318					
KG (FL-BS)	KESt	7.172.697	8.641.615	6.049.130	7.229.363	8.710.782	6.118.298	6.487.576	**8.888.518**
	TEV	7.508.152	8.937.898	6.414.547					
KG (CH-BS)	KESt	7.306.807	6.913.715	6.928.529	**8.339.574**	**8.365.498**	**8.354.388**	8.708.852	4.881.567
	TEV	7.638.686	7.256.076	7.270.495					

Tabelle 34: Ausgangsfall: Summe der laufenden Ertrag- und Verkehrsteuerbarwerte (ohne DBA D/FL)

Unterliegen die Stiftungszuwendungen der Abgeltungsteuer, ergibt sich bei allen Beteiligungen an Kapitalgesellschaften an den vier Standorten und bei allen Grundstücken an den vier Belegenheitsorten bei der Nachfolge durch eine österreichische Stiftung die jeweils geringste laufende Steuerbelastung. Bei Anteilen an einer Kommanditgesellschaft mit einer österreichischen oder liechtensteinischen Betriebstätte und der Anwendung der Abgeltungsteuer auf Stiftungszuwendungen führt der Einsatz einer Stiftung am Belegenheitsort des Betriebsvermögens zu den jeweils niedrigsten Steuerbelastungen. Bei Anteilen an einer Kommanditgesellschaft mit einer Betriebstätte in Deutschland bzw. der Schweiz führt unabhängig von der Art der Besteuerung der Stiftungszuwendungen die direkte Nachfolge zu den jeweils niedrigsten laufenden Steuerbelastungen.

Bei Anwendung des Teileinkünfteverfahrens auf Stiftungszuwendungen führt der Einsatz einer österreichische Stiftung bei allen Grundstücken an den vier Standorten zu den jeweils niedrigsten laufenden Steuerbelastungen, wobei bei liechtensteinischen Grundstücken aufgrund desselben Steuerbartwerts beim Einsatz einer liechtensteinischen Stiftung eine Indifferenzsituation gegeben ist. Bei Beteiligungen an österreichischen und schweizerischen Kapitalgesellschaften führt der Einsatz einer österreichischen Holding für den Zeitraum t = 1 bis t = 90 zu den jeweils niedrigsten Steuerbarwerten, wohingegen bei Beteiligungen an deutschen und liechtensteinischen Kapitalgesellschaften durch die Einschaltung einer liechtensteinische Holding die jeweils niedrigste Steuerbelastung erreicht wird. Bei Anteilen an einer Kommanditgesellschaft mit einer Betriebstätte in Österreich bzw. Liechtenstein weist grundsätzlich der Einsatz einer Holding mit Standort am Belegenheitsort des Betriebsvermögens die jeweils geringste laufende Steuerbelastung auf, wobei bei österreichischen Betriebstätten der Einsatz einer deutschen Holding zu den gleichen Ergebnissen führt wie eine österreichische Holding.

Seit dem 1. 1. 2013 ergeben sich für den Zeitraum t = 1 bis t = 90 die in Tabelle 35 dargestellten abweichenden durch Unterstreichung hervorgehobenen Steuerbarwerte:

<table>
<tr><th colspan="2"></th><th>D-Stiftung</th><th>AT-Stiftung</th><th>FL-Stiftung</th><th>D-Holding</th><th>AT-Holding</th><th>FL-Holding</th><th>CH-Holding</th><th>direkte Nachfolge</th></tr>
<tr><td rowspan="2">FL-GrdSt</td><td>KESt</td><td>3.004.575</td><td>2.654.210</td><td>2.654.210</td><td rowspan="2">3.092.656</td><td rowspan="2">3.118.581</td><td rowspan="2">3.092.656</td><td rowspan="2">3.092.656</td><td rowspan="2">1.490.439</td></tr>
<tr><td>TEV</td><td>3.187.817</td><td>2.846.795</td><td>2.846.795</td></tr>
<tr><td rowspan="2">KG (FL-BS)</td><td>KESt</td><td>6.072.743</td><td>8.641.615</td><td>6.049.130</td><td rowspan="2">6.118.298</td><td rowspan="2">8.710.782</td><td rowspan="2">6.118.298</td><td rowspan="2">6.487.576</td><td rowspan="2">2.765.317</td></tr>
<tr><td>TEV</td><td>6.437.530</td><td>8.937.898</td><td>6.414.547</td></tr>
</table>

Tabelle 35: Ausgangsfall: Summe der laufenden Ertrag- und Verkehrsteuerbarwerte (mit DBA D/FL)

Seit dem 1. 1. 2013 ergeben sich bei liechtensteinischem Grundvermögen und Betriebsvermögen einer Kommanditgesellschaft unabhängig von der Besteuerung der Stiftungszuwendungen bei der direkten Nachfolge die jeweils geringsten Steuerbelastungen.

Bei dem Vergleich der laufenden Ertrag- und Verkehrsteuerbarwerte beim Einsatz einer in- oder ausländischen Stiftung als Nachfolgeinstrument zeigt sich unter Berücksichtigung des DBA D/FL, dass es keinen Stiftungsstandort gibt, an dem sich für alle Vermögensarten die jeweils geringste laufende Steuerbelastung ergibt. Die beiden Abbildungen verdeutlichen dieses Ergebnis grafisch, wobei Abbildung 6 die Steuerbarwerte bei Gültigkeit der Abgeltungsteuer für Stiftungszuwendungen und Abbildung 7 die Steuerbarwerte bei Gültigkeit des Teileinkünfteverfahrens darstellt.

Für die Stiftungsstandorte ergeben sich bei Gültigkeit der Abgeltungsteuer und des Teileinkünfteverfahrens für Stiftungszuwendungen dieselben Rangfolgen. Bei Beteiligungen an österreichischen und schweizerischen Kapitalgesellschaften kommt es beim Einsatz einer liechtensteinischen Stiftung und bei liechtensteinischem Betriebsvermögen beim Einsatz einer österreichischen Stiftung zu höheren Steuerbelastungen als beim Einsatz einer deutschen Stiftung. Bei den anderen Vermögenswerten führt der Einsatz einer deutschen Stiftung jeweils zu einer höheren Steuerbelastung als der Einsatz einer österreichischen bzw. liechtensteinischen Stiftung. Damit lässt sich die Vermutung, dass der Stiftungsstandort Deutschland während des Bestehens der Stiftungen aufgrund der Erbersatzsteuer gegenüber den Standorten Österreich und Liechtenstein benachteiligt ist, im Ausgangsfall nicht bestätigen.

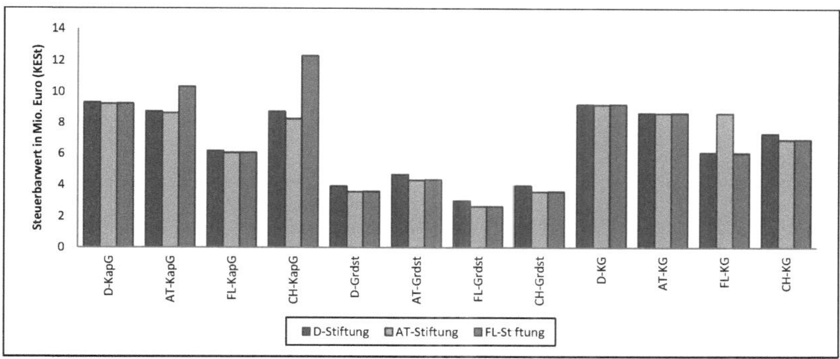

Abbildung 6: Ausgangsfall: Summe der laufenden Ertrag- und Verkehrsteuerbarwerte (Stiftungen mit KESt)

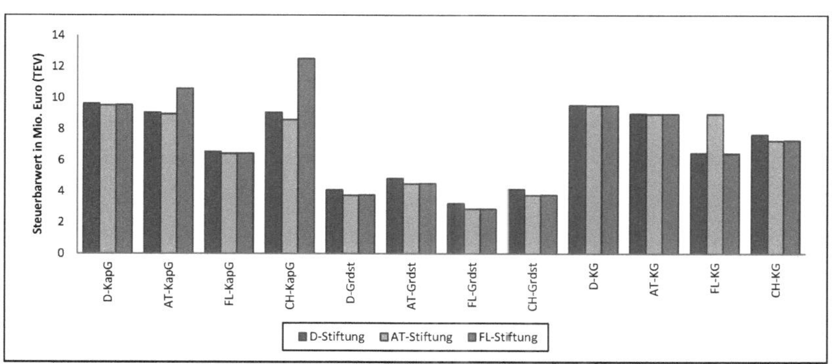

Abbildung 7: Ausgangsfall: Summe der laufenden Ertrag- und Verkehrsteuerbarwerte (Stiftungen mit TEV)

Aus dem Vergleich der während des Bestehens der Holdinggesellschaften anfallenden Steuerbarwerte lässt sich seit dem 1. 1. 2013 kein allgemeiner Holdingstandort ableiten, an dem die laufenden Ertrag- und Verkehrsteuerbarwerte jeweils am niedrigsten sind (Abbildung 8).

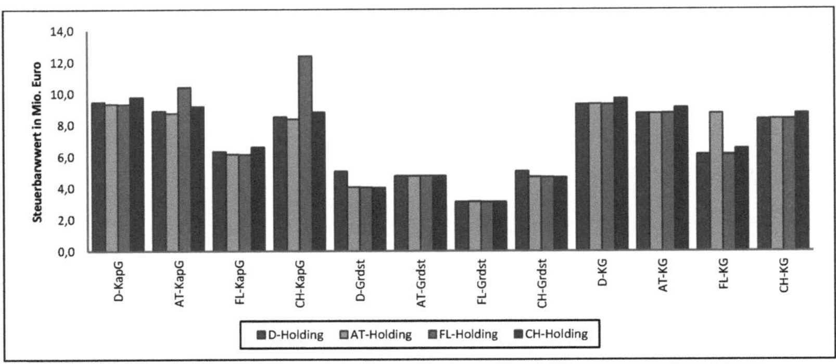

Abbildung 8: Ausgangsfall: Summe der laufenden Ertrag- und Verkehrsteuerbarwerte (Holding)

Während des Bestehens der Holdinggesellschaften kommt es bei den einzelnen Vermögensarten regelmäßig jeweils zu ähnlichen, wenn nicht sogar zu gleichen Steuerbelastungen. Davon abweichend ergibt sich beim Einsatz einer liechtensteinischen Holding bei Beteiligungen an einer österreichischen und schweizerischen Kapitalgesellschaft eine signifikant höhere Steuerbelastung als bei den anderen Holdingstandorten. Die höhere Steuerbelastung liegt daran, dass nach dem DBA AT/FL nur eine teilweise Quellensteuerentlastung gewährt wird und zwischen der Schweiz und Liechtenstein mangels DBA keine Quellensteuerreduktion vorgesehen ist. Bei liechtensteinischem Betriebsvermögen kommt es beim Einsatz einer österreichischen Holding zu einer vergleichsweise signifikant höheren Steuerbelastung als beim Einsatz einer in einem anderen Staat ansässigen Holding. Grund für diese höhere Steuerbelastung ist, dass nach dem DBA AT/FL für Gewinne aus einer liechtensteinischen Betriebstätte das Anrechnungsverfahren mit der Folge der Hochschleusung auf das österreichische Steuerniveau gilt, wogegen nach dem DBA D/FL und nach dem nationalen Steuerrecht der Schweiz liechtensteinische Betriebstättenergebnisse durch Freistellung von der deutschen bzw. schweizerischen Besteuerung ausgenommen werden, so dass es auf Ebene der deutschen bzw. schweizerischen Holding bei dem niedrigeren liechtensteinischen Steuerniveau bleibt.

In den Abbildung 9 und 10 werden die durch die Summe der laufenden Ertrag- und Verkehrsteuerbarwerte ausgelösten Rangfolgen der Nachfolgeinstrumente getrennt nach der Art und Belegenheit des Vermögens grafisch dargestellt. In Abbildung 9 werden die Steuerbarwerte unter Berücksichtigung der Abgeltungsteuer für Stiftungszuwendungen und in Abbildung 10 die Steuerbarwerte bei Gültigkeit des Teileinkünfteverfahrens für Stiftungszuwendungen seit dem 1. 1. 2013 dargestellt.

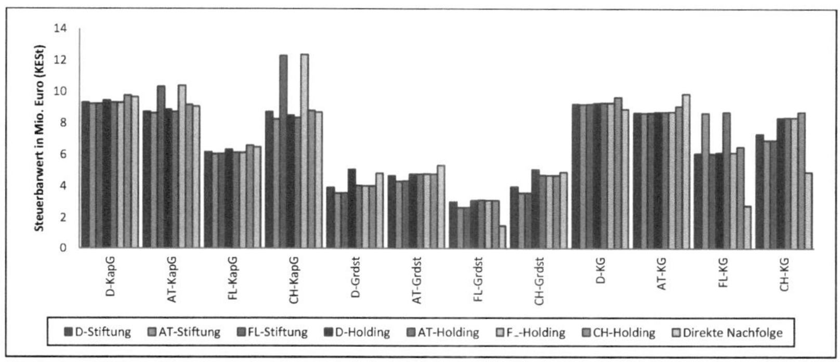

Abbildung 9: Ausgangsfall: Summe laufenden Ertrag- und Verkehrsteuerbarwerte (KESt)

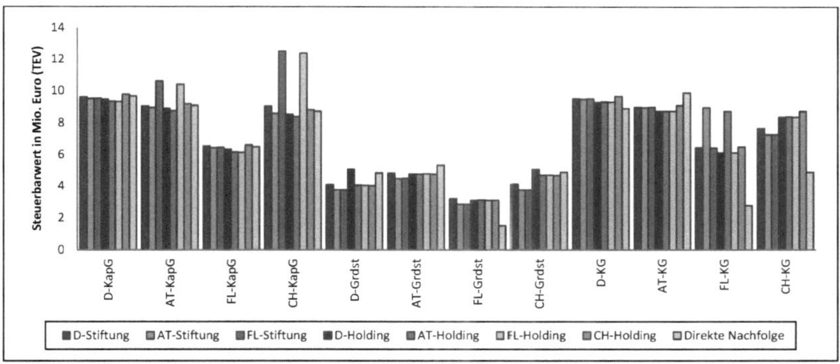

Abbildung 10: Ausgangsfall: Summe laufenden Ertrag- und Verkehrsteuerbarwerte (TEV)

Die Nachfolgeinstrumente mit den jeweils niedrigsten laufenden Ertrag- und Verkehrsteuerbarwerten unterscheiden sich je nach Art und Belegenheit des Vermögens sowie nach der Art der Besteuerung der Stiftungszuwendungen, so dass eine Aussage über die Vorteilhaftigkeit eines Nachfolgeinstruments nur bei Kenntnis der Vermögenszusammensetzung möglich ist.

3. Steuerbelastung bei Vermögensauskehrung

Bei der Auflösung der Nachfolgeinstrumente und der damit zusammenhängenden Auskehrung des Vermögens an die Anfallsberechtigten bzw. Gesellschafter können sich wie bei der Errichtung ertrag- und verkehrsteuerliche Konsequenzen ergeben. Bei der direkten Nachfolge kommt es im Zeitpunkt t = 90 zu einer weiteren Verkehrsteuerbelastung aufgrund der Übertragung auf die nachfolgende Generation. Folgende Tabelle 36 zeigt die Ertragsteuerbarwerte, die im Zeitpunkt t = 90 anfallen.

	D-Stiftung	AT-Stiftung	FL-Stiftung	D-Holding	AT-Holding	FL-Holding	CH-Holding	direkte Nachfolge
D-KapG	0	0	0	0	0	0	0	0
AT-KapG	0	0	0	0	0	0	0	0
FL-KapG	0	0	0	0	0	0	0	0
CH-KapG	0	0	0	0	0	0	0	0
D-Grdst	0	929	0	0	0	0	0	0
AT-GrdSt	0	929	0	0	0	0	0	0
FL-GrdSt	0	929	0	0	0	0	0	0
CH-GrdSt	0	929	0	0	0	0	0	0
KG (D-BS)	0	929	0	2.895	2.895	2.895	0	0
KG (AT-BS)	0	929	0	2.710	2.710	2.710	2.710	0
KG (FL-BS)	0	929	0	0	0	0	0	0
KG (CH-BS)	0	929	0	0	0	0	0	0

Tabelle 36: Ausgangsfall: Barwerte der Ertragsteuerbelastungen in t = 90

Dass in Tabelle 36 in den meisten Konstellationen keine Ertragsteuern anfallen, ergibt sich aus den Annahmen der Vollausschüttung und der Übereinstimmung der Wachstumsrate mit der Inflationsrate, so dass der Wert des Vermögens in t = 90 dem Wert im Zeitpunkt t = 0 entspricht. Bei der Auflösung einer österreichischen Stiftung kommt es bei Grundstücken und Anteilen an Kommanditgesellschaften zu einer Ertragsbesteuerung der gesamten in den Vermögenswerten ruhenden stillen Reserven.

Die im Zeitpunkt t = 90 anfallenden Verkehrsteuern werden in Tabelle 37 zusammengefasst.

	D-Stiftung	AT-Stiftung	FL-Stiftung	D-Holding	AT-Holding	FL-Holding	CH-Holding	direkte Nachfolge
D-KapG	0	0	0	4.905	4.905	4.905	4.905	4.905
AT-KapG	0	0	0	4.905	4.905	4.905	4.905	4.905
FL-KapG	0	0	0	4.905	4.905	4.905	4.905	4.905
CH-KapG	4.905	4.905	4.905	4.905	4.905	4.905	4.905	4.905
D-Grdst	3.543	3.543	3.543	7.878	7.878	7.878	7.878	3.543
AT-GrdSt	4.335	4.335	4.335	7.878	7.878	7.878	7.878	3.543
FL-GrdSt	3.543	3.543	3.543	3.543	3.543	3.543	3.543	3.543
CH-GrdSt	4.905	4.905	4.905	4.905	4.905	4.905	4.905	4.905
KG (D-BS)	0	0	0	0	0	0	0	0
KG (AT-BS)	0	0	0	0	0	0	0	0
KG (FL-BS)	0	0	0	0	0	0	0	0
KG (CH-BS)	4.905	4.905	4.905	4.905	4.905	4.905	4.905	4.905

Tabelle 37: Ausgangsfall: Barwerte der Verkehrsteuerbelastungen in t = 90

Die Auflösung einer deutschen, österreichischen, liechtensteinischen und schweizerischen Holding stellt in Deutschland und Österreich jeweils einen grunderwerbsteuerpflichtigen Vorgang dar, wohingegen die Vermögensauskehrung selbst keine Schenkungsteuerbelastung auslöst. Aufgrund der Annahme, dass das Vermögen nach der Liquidation der Holding sofort an die nächste Generation übertagen wird, kommt es im Zeitpunkt t = 90 zu einer Belastung mit Schenkungsteuer.

Dass in einigen Konstellationen aus Vermögensart und Nachfolgeinstrument in t = 90 keine Verkehrsteuern anfallen, liegt an dem Umstand, dass bei der Auskehrung des Stiftungsvermögens bzw. bei der Vermögensübertragung auf die nächste Generation im Zeitpunkt t = 90 bereits 16 Nachkommen beteiligt sind und damit die Summe der Freibeträge insgesamt 6.400.000 Euro beträgt. Soweit auf das in t = 90 zu übertragende Vermögen die Vergünstigungen für Betriebsvermögen anwendbar sind, kommt es bei der Auskehrung von Stiftungsvermögen in Form von Beteiligungen an deutschen, österreichischen und liechtensteinischen Kapitalgesellschaften und in Form von Anteilen an Kommanditgesellschaften mit deutschen, österreichischen und liechtensteinischen Betriebstätten ebenso wie bei der direkten Nachfolge durch Übertragung von Anteilen an Kommanditgesellschaften mit deutschen, österreichischen und liechtensteinischen Betriebstätten zu keinen Verkehrsteuerbelastungen.

Insgesamt ergeben sich bei der Vermögensauskehrung im Zeitpunkt t = 90 folgende Steuerbarwerte (Tabelle 38):

	D-Stiftung	AT-Stiftung	FL-Stiftung	D-Holding	AT-Holding	FL-Holding	CH-Holding	direkte Nachfolge
D-KapG	0	0	0	4.905	4.905	4.905	4.905	4.905
AT-KapG	0	0	0	4.905	4.905	4.905	4.905	4.905
FL-KapG	0	0	0	4.905	4.905	4.905	4.905	4.905
CH-KapG	4.905	4.905	4.905	4.905	4.905	4.905	4.905	4.905
D-Grdst	3.543	4.472	3.543	7.878	7.878	7.878	7.878	3.543
AT-GrdSt	4.335	5.264	4.335	7.878	7.878	7.878	7.878	3.543
FL-GrdSt	3.543	4.472	3.543	3.543	3.543	3.543	3.543	3.543
CH-GrdSt	4.905	5.834	4.905	4.905	4.905	4.905	4.905	4.905
KG (D-BS)	0	929	0	2.895	2.895	2.895	0	0
KG (AT-BS)	0	929	0	2.710	2.710	2.710	2.710	0
KG (FL-BS)	0	929	0	0	0	0	0	0
KG (CH-BS)	4.905	5.834	4.905	4.905	4.905	4.905	4.905	4.905

Tabelle 38: Ausgangsfall: Summe der Steuerbarwerte bei Vermögensauskehrung in t = 90

Aus den im Zeitpunkt t = 90 anfallenden Steuerbelastungen ergibt sich für die einzelnen Vermögensarten in den meisten Fällen keine eindeutige Rangfolge der Nachfolgeinstrumente. Nur bei österreichischen Grundstücken führt die direkte Nachfolge zu einer im Vergleich zu den anderen Nachfolgevarianten deutlich niedrigeren Steuerbelastung.

4. Kapitalwert nach Steuern

Aus den Steuerbelastungen bei der Vermögensübertragung, während des Bestehens der Nachfolgeinstrumente und bei der Vermögensauskehrung ergeben sich insgesamt folgende Steuerbarwerte (Tabelle 39).

		D-Stiftung	AT-Stiftung	FL-Stiftung	D-Holding	AT-Holding	FL-Holding	CH-Holding	direkte Nachfolge
D-KapG	KESt	9.574.280	10.153.732	9.826.197	9.700.768	9.574.180	9.563.070	11.652.523	9.782.534
	TEV	9.852.325	10.434.214	10.106.284					
AT-KapG	KESt	8.986.156	9.229.915	10.900.226	9.116.792	8.981.612	10.637.099	11.062.276	9.189.966
	TEV	9.279.885	9.526.198	11.151.672					
FL-KapG	KESt	6.413.116	6.637.430	6.641.144	6.561.899	6.389.128	6.378.017	8.479.947	6.597.482
	TEV	6.775.458	7.002.847	7.006.166					
CH-KapG	KESt	11.459.247	15.907.511	19.793.775	8.750.966	8.610.404	12.617.943	10.692.522	10.461.757
	TEV	11.752.947	16.213.694	19.992.399					
D-Grdst	KESt	6.355.835	10.308.458	10.322.344	7.529.416	6.518.347	6.507.236	6.492.422	6.718.114
	TEV	6.514.682	10.476.649	10.490.139					
AT-GrdSt	KESt	7.108.448	11.061.072	11.074.957	7.295.632	7.295.632	7.310.446	7.295.632	7.211.921
	TEV	7.247.247	11.209.214	11.222.704					
FL-GrdSt	KESt	6.164.647	8.978.057	8.977.128	8.111.330	6.174.374	6.148.449	6.148.449	6.718.114
	TEV	6.323.495	9.170.641	9.169.712					
CH-GrdSt	KESt	8.539.070	11.059.906	11.073.791	7.276.443	6.920.787	6.909.676	6.894.862	7.003.610
	TEV	8.696.775	11.228.094	11.241.584					
KG (D-BS)	KESt	9.469.988	10.118.144	9.789.680	9.385.839	9.411.764	9.400.654	11.620.222	8.993.518
	TEV	9.750.814	10.399.600	10.070.740					
KG (AT-BS)	KESt	8.913.937	9.230.844	9.233.629	8.818.492	8.818.492	8.833.306	10.830.770	9.981.131
	TEV	9.209.591	9.527.127	9.529.518					
KG (FL-BS)	KESt	8.003.947	9.805.044	6.880.380	8.235.613	9.717.032	7.124.548	9.136.826	8.993.518
	TEV	8.339.402	10.101.327	7.245.797					
KG (CH-BS)	KESt	11.883.713	14.410.799	14.418.434	8.555.353	8.581.278	8.570.168	10.567.632	6.634.472
	TEV	12.215.591	14.753.160	14.760.400					

Tabelle 39: Ausgangsfall: Steuerbarwerte gesamt (ohne DBA D/FL)

Die Nachfolgeinstrumente, die bei Berücksichtigung der Gesamtsteuerbarwerte die geringste Steuerbelastung aufweisen, sind bei der Anwendung der Abgeltungsteuer für Stiftungszuwendungen hellgrau und bei der Anwendung des Teileinkünfteverfahrens für Stiftungszuwendungen dunkelgrau markiert.

Aus gesamtsteuerlicher Sicht ergibt sich aufgrund der Steuerbarwerte bei fast allen Vermögenswerten eine Nachfolgevariante, bei der die Gesamtsteuerbelastung im Vergleich zu den anderen Nachfolgevarianten jeweils am niedrigsten ist. Nur bei liechtensteinischen Grundstücken und Anteilen an einer Kommanditgesellschaft mit einer österreichischen Betriebstätte teilen sich zwei Nachfolgeinstrumente mit jeweils unterschiedlichen Standorten den ersten Rang. Mit Ausnahme von deutschen, österreichischen und liechtensteinischen Grundstücken sowie Anteilen an einer Kommanditgesellschaft mit einer liechtensteinischen Betriebstätte ergibt sich bei allen anderen Vermögenswerten, unabhängig von der Anwendung der Abgeltungsteuer bzw. des Teileinkünfteverfahrens für Stiftungszuwendungen, beim Einsatz von Holdinggesellschaften bzw. bei der direkten Nachfolge die jeweils geringste Gesamtsteuerbelastung.

Mit den DBA D/FL verändern sich ab dem 1. 1. 2013 die Steuerbarwerte bei einem liechtensteinischen Grundstück und bei Anteilen an einer Kommanditgesellschaft mit einer liechtensteinischen Betriebstätte (Tabelle 40) wie folgt:

		D-Stiftung	AT-Stiftung	FL-Stiftung	D-Holding	AT-Holding	FL-Holding	CH-Holding	direkte Nachfolge
FL-GrdSt	KESt	5.249.871	8.978.057	8.977.128	6.148.449	6.174.374	**6.148.449**	**6.148.449**	3.379.982
	TEV	5.433.112	9.170.641	9.169.712					
KG (FL-BS)	KESt	6.903.993	9.805.044	**6.880.380**	7.124.548	9.717.032	**7.124.548**	9.136.826	2.870.317
	TEV	7.268.780	10.101.327	7.245.797					

Tabelle 40: Ausgangsfall: Steuerbarwerte gesamt (mit DBA D/FL)

In Tabelle 40 sind die veränderten Steuerbarwerte durch Unterstreichung hervorgehoben und die bisherigen Steuerbarwerte (ohne DBA D/FL) sind für beide Vermögensarten jeweils halbfett markiert. Das Nachfolgeinstrument mit den jeweils geringsten Gesamtsteuerbelastungen je Vermögensart ist durch graue Markierung hervorgehoben. Seit dem 1. 1. 2013 ergeben sich bei der direkten Nachfolge die jeweils geringsten Steuerbarwerte. Durch die abkommensrechtliche Freistellung von liechtensteinischen Grundstückerträgen und Betriebstättengewinnen in Deutschland unterbleibt ab dem 1. 1. 2013 eine Hochschleusung auf das höhere deutsche Steuerniveau.

Stehen die Ziele der Unternehmenskontinuität und der Vermeidung der Zersplitterung des Vermögens bei der Nachfolgeplanung im Vordergrund und wird deshalb die direkte Nachfolge ausgeschlossen, weisen Holdinggesellschaften im Vergleich zu den Stiftungslösungen regelmäßig niedrigere Steuerbelastungen auf. Nur bei deutschen und österreichischen Grundstücken haben die deutsche Stiftung und bei Anteilen an einer Kommanditgesellschaft mit einer liechtensteinischen Betriebstätte die liechtensteinische Stiftung jeweils den geringsten Steuerbarwert, sofern die Abgeltungsteuer auf Stiftungszuwendungen anzuwenden ist. Seit dem 1. 1. 2013 ergeben sich unabhängig von der Art der Besteuerung der Stiftungszuwendungen bei liechtensteinischen Grundstücken beim Einsatz einer deutschen Stiftung die geringsten Steuerbarwerte.

Ausgehend von den Steuerbarwerten ergeben sich für die einzelnen Nachfolgeinstrumente in Abhängigkeit von den einzelnen Vermögensarten folgende Kapitalwerte nach Steuern (Tabelle 41):

ohne DBA D/FL		D-Stiftung	AT-Stiftung	FL-Stiftung	D-Holding	AT-Holding	FL-Holding	CH-Holding	direkte Nachfolge
D-KapG	KESt	10.177.982	9.598.529	9.926.065	10.051.494	10.178.081	10.189.192	8.099.739	9.969.728
	TEV	9.899.937	9.318.047	9.645.978					
AT-KapG	KESt	10.766.105	10.522.347	8.852.036	10.635.470	10.770.649	9.115.163	8.689.985	10.562.296
	TEV	10.472.377	10.226.063	8.600.590					
FL-KapG	KESt	13.339.146	13.114.832	13.111.117	13.190.363	13.363.134	13.374.244	11.272.315	13.154.780
	TEV	12.976.803	12.749.415	12.746.096					
CH-KapG	KESt	8.293.015	3.844.751	-41.513	11.001.296	11.141.858	7.134.319	9.059.740	9.290.505
	TEV	7.999.315	3.538.568	-240.137					
D-Grdst	KESt	3.520.296	-432.328	-446.213	2.346.715	3.357.784	3.368.895	3.383.709	3.158.016
	TEV	3.361.449	-600.518	-614.008					
AT-GrdSt	KESt	2.767.683	-1.184.941	-1.198.826	2.580.499	2.580.499	2.565.685	2.580.499	2.664.210
	TEV	2.628.884	-1.333.083	-1.346.573					
FL-GrdSt	KESt	3.711.484	898.074	899.003	1.764.801	3.701.757	3.727.682	3.727.682	3.158.016
	TEV	3.552.636	705.489	706.418					
CH-GrdSt	KESt	1.337.061	-1.183.775	-1.197.660	2.599.688	2.955.344	2.966.454	2.981.269	2.872.520
	TEV	1.179.356	-1.351.963	-1.365.453					
KG (D-BS)	KESt	10.282.274	9.634.117	9.962.582	10.366.422	10.340.498	10.351.608	8.132.039	10.758.744
	TEV	10.001.448	9.352.661	9.681.521					
KG (AT-BS)	KESt	10.838.325	10.521.418	10.518.633	10.933.770	10.933.770	10.918.955	8.921.491	9.771.131
	TEV	10.542.670	10.225.134	10.222.744					
KG (FL-BS)	KESt	11.748.315	9.947.218	12.871.882	11.516.649	10.035.229	12.627.714	10.615.435	10.758.744
	TEV	11.412.860	9.650.934	12.506.465					
KG (CH-BS)	KESt	7.868.549	5.341.463	5.333.828	11.196.908	11.170.983	11.182.094	9.184.630	13.117.790
	TEV	7.536.670	4.999.102	4.991.861					
Veränderungen durch DBA D/FL									
FL-GrdSt	KESt	4.626.260	898.074	899.003	3.727.682	3.701.757	3.727.682	3.727.682	6.496.149
	TEV	4.443.019	705.489	706.418					
KG (FL-BS)	KESt	12.848.269	9.947.218	12.871.882	12.627.714	10.035.229	12.627.714	10.615.435	16.881.945
	TEV	12.483.482	9.650.934	12.506.465					

Tabelle 41: Ausgangsfall: Kapitalwerte nach Steuern

Bei österreichischen und liechtensteinischen Stiftungen als Nachfolgeinstrumente ergeben sich bei einzelnen Vermögensarten negative Kapitalwerte. Bei Beteiligungen an schweizerischen Kapitalgesellschaften resultiert der negative Kapitalwert bei der Nachfolge durch eine liechtensteinische Stiftung zum einen aus der hohen Schenkungsteuerbelastung im Zeitpunkt der Errichtung der liechtensteinischen Stiftung und zum anderen aus der hohen schweizerischen Quellensteuerbelastung, für die mangels DBA zwischen der Schweiz und Liechtenstein keine Möglichkeit zur Quellensteuerreduktion besteht. Bei deutschen, österreichischen und schweizerischen Grundstücken ergeben sich bei der Nachfolge durch eine österreichische und eine liechtensteinische Stiftung jeweils negative Kapitalwerte, die sich aus der hohen Schenkungsteuerbelastung wegen der Versagung des Steuerklassenprivilegs bei ausländischen Stiftungen im Zeitpunkt der Stiftungserrichtung und aus der bei Grundstücken üblicherweise niedrigeren Rendite (im Ausgangsfall 5 %) ergeben. Mit steigender Rendite erhöhen sich die Kapitalwerte, so dass der Einsatz der österreichischen bzw. liechtensteinischen Stiftung in den genannten Nachfolgekonstellationen ab einer kritischen Mindestrendite r_{min}, bei der sich ein Kapitalwert von 0 ergibt, rentabel ist. Für die Ermittlung der kritischen Mindestrendite r_{min} ist der Kapitalwert C_0 gleich null zu setzen, so dass gilt:

$$(44)\quad C_0 = 0\ bzw.$$

$$(45)\quad -S_{VÜ,0} + \sum_{t=1}^{90}\left(r_{min}V_t - S_{t\,(lfd)}\right)(1+i_s)^{-t} - S_{VÜ\,30}{}^{-30} - S_{VÜ,60}{}^{-60} - S_{VÜ,90}{}^{-90} = 0$$

Löst man Gleichung (45) nach der Rendite r_{min} auf, ergibt sich allgemein folgende Mindestrendite:

$$(46)\quad r_{min} = \frac{S_{VÜ,0} + S_{VÜ,30}{}^{-30} + S_{VÜ,60}{}^{-60} + S_{VÜ,90}{}^{-90} + \sum_{t=1}^{90} S_{t\,(lfd)}(1+i_s)^{-t}}{\sum_{t=1}^{90} V_t(1+i_s)^{-t}}$$

In Tabelle 42 sind für die Nachfolgekonstellationen mit negativen Kapitalwerten jeweils die Mindestrenditen zusammengefasst, die überschritten werden müssen, damit sich ein positiver Kapitalwert ergibt und der Einsatz einer österreichischen bzw. liechtensteinischen Stiftung bei Beteiligungen an schweizerischen Kapitalgesellschaften und bei deutschen, österreichischen und schweizerischen Grundstücken eine lohnende Handlungsalternative darstellt.

		AT-Stiftung	FL-Stiftung
CH-KapG	KESt	0,0670895115839594	0,1005466804966860
	TEV	0,0688805316085635	0,1032490140684550
D-GrdSt	KESt	0,0534333330884519	0,0535436023396640
	TEV	0,0548996774277004	0,0550097445471971
AT-GrdSt	KESt	0,0606649126599621	0,0607898844780025
	TEV	0,0623269650616048	0,0624517077970345
CH-GrdSt	KESt	0,0590620515677381	0,0591683449666998
	TEV	0,0606331186771518	0,0607392178815191

Tabelle 42: Ausgangsfall: Mindestrendite bei Konstellationen mit negativen Kapitalwerten

Wie sich aus den Werten in Tabelle 42 ergibt, ist bei Beteiligungen an schweizerischen Kapitalgesellschaften im Ausgangsfall eine Mindestrendite von ca. 10,06 % (bei Abgeltungsteuer für Stiftungszuwendungen) bzw. von ca. 10,33 % (bei Teileinkünfteverfahren für Stiftungszuwendungen) erforderlich, damit der Einsatz einer liechtensteinischen Stiftung keinen negativen Kapitalwert aufweist. Im Ausgangsfall (Wohngrundstücke) ergibt sich ab einer Rendite von ca. 6,08 % (Abgeltungsteuer für Stiftungszuwendungen) bzw. von ca. 6,24 % bei allen Wohngrundstücken unabhängig von der Belegenheit ein positiver Kapitalwert. Bei anderen Grundstücksarten ist eine Rendite von ca. 6,76 % (Abgeltungsteuer) bzw. 6,94 % (Teileinkünfteverfahren) notwendig, damit sich bei allen in- und ausländischen Grundstücken ein positiver Kapitalwert ergibt.

In Abbildung 11 werden die aus den Kapitalwerten resultierenden Rangfolgen in Abhängigkeit von der Art und Belegenheit des Vermögens bei der Nachfolge durch eine deutsche, österreichische oder liechtensteinische Stiftung seit dem 1. 1. 2013 bei Gültigkeit der Abgeltungsteuer für Stiftungszuwendungen grafisch darstellt.

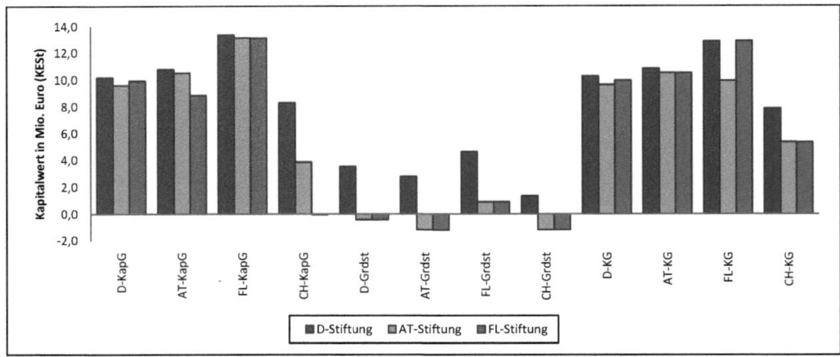

Abbildung 11: Ausgangsfall: Kapitalwerte nach Steuern bei Stiftungen

Bei Anwendung des Teileinkünfteverfahrens für Stiftungszuwendungen ergeben sich im Vergleich zur Abgeltungsteuer abweichende Kapitalwerte nach Steuern. Die Rangfolge zwischen den einzelnen Stiftungsstandorten verändert sich dadurch aber nicht.

Abbildung 11 zeigt, dass die deutsche Stiftung im Ausgangsfall bei einem Betrachtungszeitraum von 90 Jahren trotz der in Zeitabständen von jeweils 30 Jahren wiederkehrenden Erbersatzsteuer bei allen Vermögenswerten mit Ausnahme von Kommanditgesellschaften mit liechtensteinischen Betriebstätten im Vergleich zu österreichischen und liechtensteinischen Stiftungen jeweils die höchsten Kapitalwerte aufweist. Die höheren Kapitalwerte bei der deutschen Stiftung resultieren aus dem schenkungsteuerlichen Steuerklassenprivileg bei Errichtung einer Familienstiftung, dem im Vergleich zu der späteren nachteiligen Erhebung der Erbersatzsteuer mehr Gewicht zukommt.

In Abbildung 12 werden die aus den Kapitalwerten nach Steuern resultierenden Rangfolgen in Abhängigkeit von der Art und Belegenheit des Vermögens bei der Einschaltung einer Holding als Nachfolgeinstrument seit dem 1. 1. 2013 grafisch dargestellt.

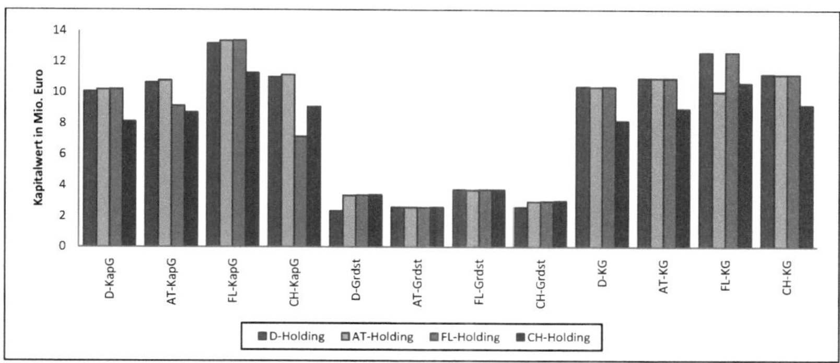

Abbildung 12: Ausgangsfall: Kapitalwerte nach Steuern bei Holdinggesellschaften

Im Gegensatz zu Stiftungen ergibt sich bei Holdinggesellschaften kein einheitliches Bild. Zum Teil weisen verschiedene Standorte sehr ähnliche Kapitalwerte nach Steuern auf, so dass sich der Holdingstandort mit dem maximalen Kapitalwert nur bei Kenntnis der Vermögenszusammensetzung im Einzelfall und der individuellen außersteuerlichen Präferenzen der Entscheidungsträger und Standortfaktoren bestimmen lässt.

Insgesamt stellen sich die aus dem Kapitalwert nach Steuern abgeleiteten Rangfolgen der einzelnen Nachfolgeinstrumente unter Einbezug der direkten Nachfolge in Abhängigkeit von der Art und der Belegenheit des Vermögens ab dem 1. 1. 2013 wie folgt dar.

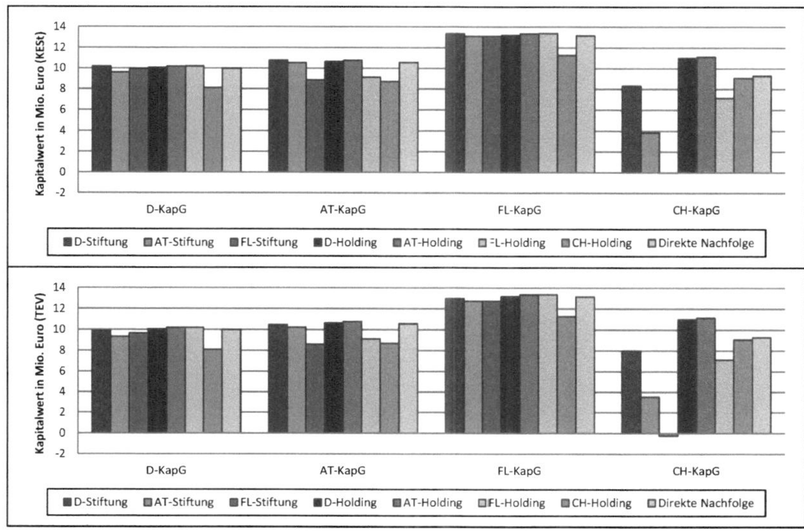

Abbildung 13: Ausgangsfall: Kapitalwerte nach Steuern (Beteiligungen an Kapitalgesellschaften)

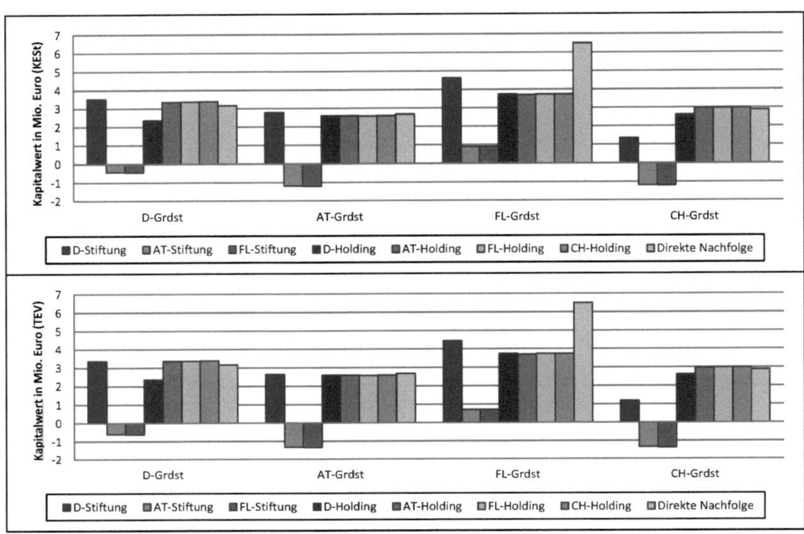

Abbildung 14: Ausgangsfall: Kapitalwerte nach Steuern (Grundstücke)

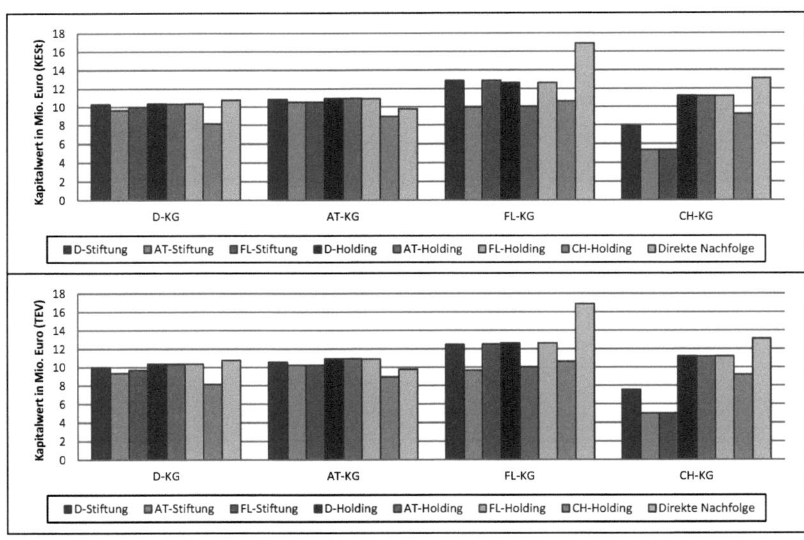

Abbildung 15: Ausgangsfall: Kapitalwerte nach Steuern (Anteile an Kommanditgesellschaften)

Die aus den Kapitalwerten nach Steuern resultierenden Rangfolgen der Nachfolgeinstrumente hängen im Ausgangsfall bei Vollausschüttung von der Art und Belegenheit des Vermögens ab. Bei deutschen und österreichischen Grundstücken sowie bei Kommanditgesellschaften mit liechtensteinischen Betriebstätten hängt die Rangfolge der Nachfolgeinstrumente von der Art der Besteuerung der Stiftungszuwendungen ab.

Zusammenfassend lassen sich im Ausgangsfall jeder Vermögensart, getrennt nach dem jeweiligen Belegenheitsort, folgende Nachfolgeinstrumente mit den jeweils höchsten Kapitalwerten nach Steuern zuordnen.

	Ohne DBA D/FL		**Mit DBA D/FL**	
	Nachfolgeinstrument mit max. Kapitalwert		**Nachfolgeinstrument mit max. Kapitalwert**	
	KESt	**TEV**	**KESt**	**TEV**
D-KapG	FL-Holding		FL-Holding	
AT-KapG	AT-Holding		AT-Holding	
FL-KapG	FL-Holding		FL-Holding	
CH-KapG	AT-Holding		AT-Holding	
D-Grdst.	D-Stiftung	CH-Holding	D-Stiftung	CH-Holding
AT-Grdst.	D-Stiftung	Direkte Nachfolge	D-Stiftung	Direkte Nachfolge
FL-Grdst.	FL-Holding/CH-Holding		Direkte Nachfolge	
CH-Grdst.	CH-Holding		CH-Holding	
KG (D-BS)	Direkte Nachfolge		Direkte Nachfolge	
KG (AT-BS)	D-Holding/AT-Holding		D-Holding/AT-Holding	
KG (FL-BS)	FL-Stiftung	FL-Holding	Direkte Nachfolge	
KG (CH-BS)	Direkte Nachfolge		Direkte Nachfolge	

Tabelle 43: Ausgangsfall: Nachfolgeinstrumente mit maximalen Kapitalwert nach Steuern

D. Sensitivitätsanalyse

I. Änderung des Ausschüttungsverhaltens von Stiftung und Holding

1. Vollthesaurierung

Als erste Abweichung zu dem in Kapitel C analysierten Ausgangsfall wird die Annahme der Vollausschüttung aufgehoben und durch die Annahme der vollständigen Thesaurierung auf Ebene der Stiftung bzw. der Holding ersetzt. Auf Ebene der operativ tätigen Kapital- und Kommanditgesellschaften verbleibt es bei der Annahme der Vollausschüttung. Für die thesaurierten Beträge wird vereinfachend angenommen, dass diese Beträge bis zu einer späteren Zuwendung bzw. Ausschüttung auf einem Konto der Stiftung bzw. Holding als Spareinlage aufbewahrt werden, wobei die Verzinsung der Inflationsrate entspricht. Damit entspricht der Betrag der jährlichen Rendite vor Steuern im Thesaurierungsfall dem Betrag der jährlichen Rendite im Vollausschüttungsfall.

Die Thesaurierung auf Ebene der Stiftung bzw. Holding bewirkt, dass sich die Bemessungsgrundlage für die Erbersatzsteuer bzw. die Schenkungsteuer in den Zeitpunkten t =30, t = 60 und t = 90 um die thesaurierten Beträge erhöht. Gleichung (42) verliert somit ihre Gültigkeit. Neben der Erhöhung der erbschaft- bzw. schenkungsteuerlichen Bemessungsgrundlage kann die Thesaurierung auch eine Erhöhung des anwendbaren Erbersatz- bzw. Schenkungsteuersatzes auslösen.

Da die thesaurierten Beträge annahmegemäß nicht in vergleichbare Assetklassen angelegt werden, sind auf die Erhöhungsbeträge der erbersatz- bzw. schenkungsteuerlichen Bemessungsgrundlage die Vergünstigungen für Betriebsvermögen und für Wohnbauten nicht anwendbar. Da Spareinlagen nicht als Verwaltungsvermögen gelten,[1] kann für die Beteiligung an einer deutschen, österreichischen und liechtensteinischen Holding, die begünstigte Beteiligungen an Kapital- bzw. Kommanditgesellschaften hält, auch bei Vollthesaurierung im Zeitpunkt t = 30 noch die Begünstigung für Betriebsvermögen in Anspruch genommen werden, so dass im Ergebnis auch auf die thesaurierten Beträge als Bestandteil des Unternehmenswerts der Holding in t = 30 die Vergünstigungen für Betriebsvermögen anwendbar sind. Ab t = 60 können die Vergünstigungen für Betriebsvermögen bei der Nachfolge durch eine deutsche, österreichische bzw. liechten-

[1] R E 13b.17 ErbStR.

steinische Holding generell nicht mehr beansprucht werden, da die übertragenden vier Gesellschafter jeweils über eine Beteiligungsquote von genau 25 % verfügen.

Im Gegensatz zum Vollausschüttungsfall ist die Hinzurechnungsbesteuerung nach den §§ 7 bis 14 AStG im Thesaurierungsfall zu beachten. Seit dem 1. 1. 2013 ist diese nur noch bei einer schweizerischen Holding, die Einkünfte aus der Vermietung und Verpachtung von deutschen und schweizerischen Grundstücken erzielt, anzuwenden. Bis zum 31. 12. 2012 gilt die Hinzurechnungsbesteuerung auch noch für Einkünfte einer schweizerischen Holding aus der Vermietung von liechtensteinischen Grundstücken.

In Tabelle 44 sind die Kapitalwerte nach Steuern für den Fall der vollständigen Thesaurierung zusammengefasst, wobei sich mangels tatsächlicher Stiftungszuwendungen eine Unterscheidung nach der Art der Besteuerung von Stiftungszuwendungen erübrigt.

ohne DBA D/FL	D-Stiftung	AT-Stiftung	FL-Stiftung	D-Holding	AT-Holding	FL-Holding	CH-Holding	direkte Nachfolge
D-KapG	11.774.405	12.767.818	13.090.906	12.494.373	12.650.962	**12.664.705**	9.417.045	8.600.499
AT-KapG	12.452.764	13.869.537	11.694.430	13.216.750	**13.383.967**	11.432.477	10.087.295	9.120.509
FL-KapG	16.515.773	18.959.153	18.949.136	17.918.149	18.177.268	**18.192.302**	14.475.548	12.177.610
CH-KapG	9.355.274	6.937.162	2.041.911	13.352.078	**13.517.388**	8.844.439	10.208.327	7.621.110
D-Grdst	**4.386.375**	1.458.638	1.440.305	3.238.166	4.421.115	4.434.115	**1.498.722**	2.566.673
AT-Grdst	**3.514.932**	481.104	462.772	3.522.318	3.522.318	3.504.985	3.522.318	**2.126.390**
FL-Grdst	4.577.562	3.995.625	3.256.681	2.656.252	5.531.268	**5.124.497**	**742.446**	2.566.673
CH-Grdst	2.021.493	486.815	468.998	3.484.993	3.750.800	3.763.491	**1.884.951**	2.280.186
KG (D-BS)	11.894.699	12.814.369	13.138.386	12.866.568	12.834.499	12.848.243	9.554.586	**9.614.429**
KG (AT-BS)	12.536.064	13.868.608	13.861.375	**13.568.331**	**13.568.331**	13.550.006	10.424.906	8.733.865
KG (FL-BS)	13.456.974	13.294.408	**18.716.203**	14.502.303	12.669.790	**17.470.313**	13.983.792	9.614.429
KG(CH-BS)	9.052.764	8.748.665	8.737.095	13.577.846	13.546.514	13.559.942	10.419.858	**10.729.541**
Veränderungen durch DBA D/FL								
FL-Grdst	6.284.154	3.995.625	3.256.681	5.564.073	5.531.268	5.124.497	5.142.003	**4.804.366**
KG (FL-BS)	16.057.348	13.294.408	18.716.203	17.470.313	12.669.790	17.470.313	13.983.792	**14.729.216**

Tabelle 44: Vollthesaurierung: Kapitalwerte nach Steuern

In Tabelle 44 sind die Nachfolgeinstrumente mit den höchsten Kapitalwerten nach Steuern je Vermögensart bei vollständiger Thesaurierung grau markiert und die durch das DBA D/FL geänderten Werte sind durch Unterstreichung hervorgehoben. Zum Vergleich mit dem Ausgangsfall sind die Nachfolgeinstrumente mit den höchsten Kapitalwerten nach Steuern bei Vollausschüttung halbfett hervorgehoben.

Bei der vollständigen Thesaurierung auf Ebene einer Stiftung bzw. Holding ergeben sich im Gegensatz zum Ausgangsfall bei allen Vermögensarten und Nachfolgeinstrumenten positive Kapitalwerte. Damit können im Vollthesaurierungsfall alle Nachfolgeinstrumente in die Nachfolgeplanung einbezogen werden.

Mit Ausnahme von Beteiligungen an schweizerischen Kapitalgesellschaften und Anteilen an einer Kommanditgesellschaft mit liechtensteinischer Betriebstätte kommt es bei allen anderen Vermögensarten bei der Vollthesaurierung im Vergleich zur Vollausschüttung zu einer Veränderung der Nachfolgeinstrumente mit den jeweils höchsten Kapitalwerten. Die direkte Nachfolge hat bei der Vollthesaurierung in weniger Fällen die höchsten Kapitalwerte nach Steuern. Dagegen gewinnt die Nachfolge insbesondere durch eine österreichische bzw. liechtensteinische Stiftung an Bedeutung.

Abbildung 16 bis Abbildung 18 stellen die aus den Kapitalwerten nach Steuern resultierenden Rangfolgen der Nachfolgeinstrumente je nach der Art und Belegenheit des Vermögens bei Gültigkeit des DBA zwischen Deutschland und Liechtenstein grafisch dar.

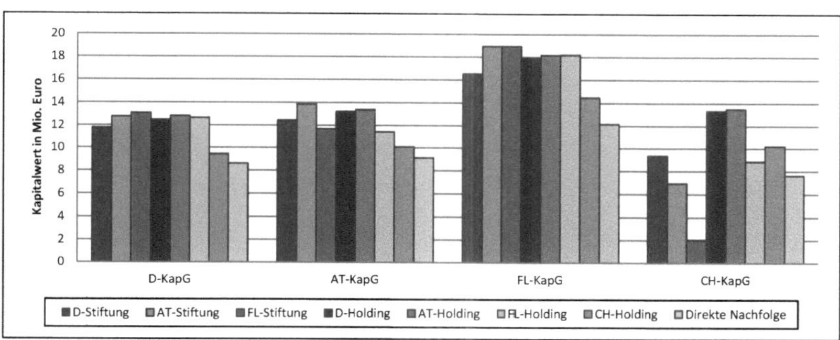

Abbildung 16: Vollthesaurierung: Kapitalwerte nach Steuern (Beteiligungen an KapG)

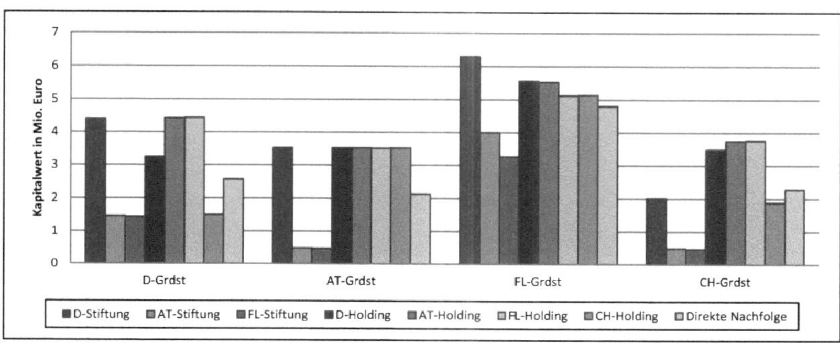

Abbildung 17: Vollthesaurierung: Kapitalwerte nach Steuern (Grundvermögen)

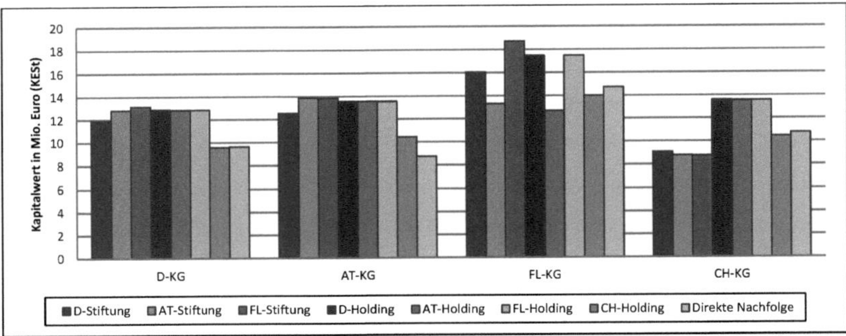

Abbildung 18: Vollthesaurierung: Kapitalwerte nach Steuern (Beteiligung an KG)

Im Fall der Vollthesaurierung ist zur Bestimmung des, den höchsten Kapitalwert aufweisenden Nachfolgeinstruments ebenso wie im Fall der Vollausschüttung die genaue Kenntnis über die Vermögenszusammensetzung erforderlich.

Abbildung 19 veranschaulicht die aus den Kapitalwerten nach Steuern resultierenden Rangfolgen von Stiftungen in Abhängigkeit von der Art und Belegenheit des Vermögens bei Gültigkeit des DBA zwischen Deutschland und Liechtenstein grafisch.

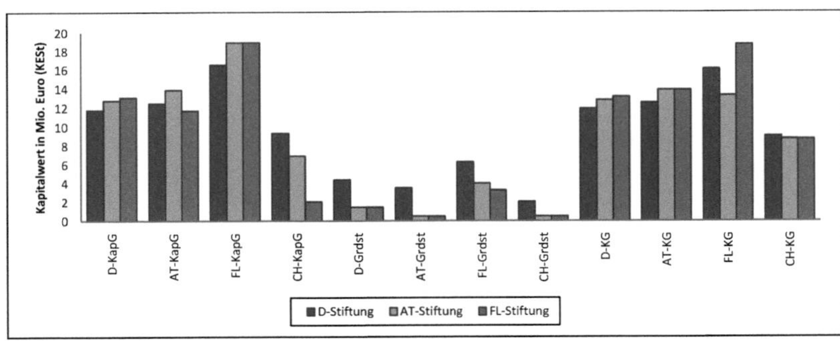

Abbildung 19: Vollthesaurierung: Kapitalwerte nach Steuern bei Stiftungen

Im Gegensatz zum Fall der Vollausschüttung weist die deutsche Stiftung bei der vollständigen Thesaurierung der Stiftungserträge im Vergleich zu einer österreichischen oder liechtensteinischen Stiftung nicht mehr regelmäßig die höchsten Kapitalwerte nach Steuern auf. Nur bei Grundstücken an allen vier Belegenheitsorten und bei Beteiligungen an schweizerischen Kapital- und Kommanditgesellschaften ergeben sich bei einer deutschen Stiftung jeweils die höchsten Kapitalwerte. Die vergleichsweise geringere Steuerbelastung bleibt bei der deutschen Stiftung bei den Vermögensarten erhalten, bei denen keine bzw. nur geringe schenkungsteuerliche Begünstigungen (schweizerisches Vermögen bzw. deutsche, österreichische und liechtensteinische Wohngrundstücke) zur Anwendung kommen. Bei Vermögensarten, auf die die schenkungsteuerlichen Betriebsvermögensvergünstigungen anwendbar sind, kommt es dagegen bei österreichischen bzw. liechtensteinischen Stiftungen zu den jeweils höchsten Kapitalwerten.

2. Quotale Thesaurierung

Zur Analyse der Entwicklung der Unterschiede zwischen Vollausschüttung und Vollthesaurierung werden im Folgenden die Kapitalwerte nach Steuern bei verschiedenen Thesaurierungsquoten analysiert. Bei einer Thesaurierungsquote von 50 % ergeben sich die in Tabelle 45 dargestellten Kapitalwerte nach Steuern.

ohne DBA D/FL		D-Stiftung	AT-Stiftung	FL-Stiftung	D-Holding	AT-Holding	FL-Holding	CH-Holding	direkte Nachfolge
D-KapG	KESt	11.137.380	11.188.940	*11.514.252*	11.339.225	11.481.540	**11.494.031**	8.946.692	9.396.126
	TEV	11.005.814	11.048.699	*11.374.208*					
AT-KapG	KESt	11.779.395	*12.201.708*	10.278.999	11.995.754	**12.147.729**	10.286.563	9.585.088	9.956.580
	TEV	11.640.403	*12.053.566*	10.153.276					
FL-KapG	KESt	15.092.975	***15.944.396***	15.937.635	15.582.916	15.797.414	**15.810.503**	13.082.055	12.878.374
	TEV	14.915.584	*15.752.679*	15.746.125					
CH-KapG	KESt	8.943.003	5.405.344	1.005.534	12.257.177	***12.411.134***	8.003.795	9.837.707	8.565.023
	TEV	8.808.288	5.254.136	907.020					
D-Grdst	KESt	**3.940.144**	511.867	495.758	2.791.153	3.888.161	*3.900.216*	**2.439.928**	2.861.056
	TEV	3.866.496	427.772	411.860					
AT-GrdSt	KESt	**3.125.446**	-352.810	-368.919	*3.050.120*	*3.050.120*	3.034.047	*3050.1200*	**2.394.012**
	TEV	3.061.222	-426.881	-442.793					
FL-GrdSt	KESt	4.131.332	2.380.676	2.132.884	2.209.238	*4.687.118*	**4.481.857**	**2.304.824**	2.861.056
	TEV	4.057.684	2.279.637	2.034.820					
CH-GrdSt	KESt	1.659.981	-340.307	-356.182	3.043.134	3.354.716	*3.366.624*	**2.389.188**	2.574.569
	TEV	1.587.968	-423.223	-438.903					
KG (D-BS)	KESt	11.251.228	11.230.009	*11.556.250*	**11.691.358**	11.662.212	11.674.703	9.039.759	**10.203.197**
	TEV	11.118.346	11.089.281	*11.415.720*					
KG (AT-BS)	KESt	11.858.232	*12.200.779*	12.195.770	**12.329.170**	**12.329.170**	12.312.515	9.877.419	9.269.108
	TEV	11.718.328	*12.052.637*	12.047.826					
KG (FL-BS)	KESt	12.798.638	11.626.579	***15.701.446***	13.096.102	11.430.629	**15.081.708**	12.508.268	10.203.197
	TEV	12.641.127	11.478.437	*15.509.729*					
KG (CH-BS)	KESt	8.595.005	7.063.432	7.053.806	*12.469.057*	12.440.259	12.452.601	10.007.022	**12.107.884**
	TEV	8.442.857	6.894.636	6.885.204					
Veränderungen durch DBA D/FL									
FL-GrdSt	KESt	*5.461.845*	2.380.676	2.132.884	4.716.602	4.687.118	4.481.857	4.493.555	**5.604.029**
	TEV	*5.372.745*	2.279.637	2.034.820					
KG (FL-BS)	KESt	14.619.207	11.626.579	*15.701.446*	15.081.708	11.430.629	15.081.708	12.508.268	**15.994.547**
	TEV	14.440.557	11.478.437	*15.509.729*					

Tabelle 45: Thesaurierungsquote 50 %: Kapitalwerte nach Steuern

Die Nachfolgeinstrumente mit den höchsten Kapitalwerten nach Steuern bei Vollausschüttung sind durch Fettdruck und bei Vollthesaurierung durch Kursivdruck hervorgehoben. Bei einer 50%igen Thesaurierung sind die Nachfolgeinstrumente mit den höchsten Kapitalwerten nach Steuern grau markiert.

Bei einer Thesaurierungsquote von 50 % entsprechen die Nachfolgeinstrumente mit den höchsten Kapitalwerten nach Steuern je Vermögensart in etwa zur Hälfte den Nachfolgeinstrumenten mit der niedrigsten Steuerbelastung bei Vollausschüttung bzw. bei Vollthesaurierung. Nur bei Anteilen an einer Kommanditgesellschaft mit einer deutschen Betriebstätte ergeben sich bei einer Thesaurierungsquote von 50 %, bei der Vollausschüttung und im Fall der Vollthesaurierung jeweils bei verschiedenen Nachfolgeinstrumenten die höchsten Kaptalwerte nach Steuern.

Bei einer Thesaurierungsquote von 50 % kommt es bei österreichischen und schweizerischen Grundstücken noch zu negativen Kapitalwerten. Zur Vermeidung von negativen Kapitalwerten ist der Kapitalwert beim Einsatz einer liechtensteinischen Stiftung bei österreichischen Grundstücken und bei Gültigkeit des Teileinkünfteverfahrens für Stiftungszuwendungen gleich null zu setzen und nach der kritischen Thesaurierungsquote $TQ_{krit.}$ aufzulösen.

Formal stellt sich die kritische Thesaurierungsquote $TQ_{krit.}$ wie folgt dar:

$$(47)\quad TQ_{krit.} = \frac{s_{aperiodisch} - \sum_{t=1}^{90}\left(rV_t\left(1-s_{KSt}^{AT}\right)-s_{FL}\right)\left(1-s_{nP}^{D}\right)}{\sum_{t=1}^{90}\left(rV_t s_{nP}^{D} - rV_t s_{KSt}^{AT} s_{nP}^{D} - s_{FL} s_{nP}^{D}\right)}$$

Durch Einsetzen der entsprechenden Werte ergibt sich für die kritische Thesaurierungsquote ein Wert von 74,45 %.

In Tabelle 46 sind die Nachfolgeinstrumente mit den höchsten Kapitalwerten nach Steuern für die einzelnen Vermögensarten jeweils in Abhängigkeit von der Thesaurierungsquote zusammengefasst. Mit dem DBA zwischen Deutschland und Liechtenstein verändern sich die Nachfolgeinstrumente mit den höchsten Kapitalwerten nach Steuern in Abhängigkeit von der Thesaurierungsquote bei liechtensteinischen Grundstücken und Anteilen an Kommanditgesellschaften mit liechtensteinischen Betriebstätten ab dem 1. 1. 2013 (Tabelle 47).

Ohne DBA D/FL		Nachfolgeinstrumente mit max. Kapitalwerten in Abhängigkeit von der Thesaurierungsquote			
D-KapG	KESt TEV	FL-Holding KESt: 0 %-46 % TEV: 0 %-64 %	FL-Stiftung KESt: 47 %-100 % TEV: 65 %-100 %		
AT-KapG	KESt TEV	AT-Holding KEST: 0 %-40 % TEV:0 %-60 %	AT-Stiftung KESt: 41 %-100 % TEV: 61 %-100 %		
FL-KapG	KESt TEV	FL-Holding KESt: 0 %-33 % TEV:0 %-54 %	AT-Stiftung KESt: 34-100 % TEV: 55 %-100 %		
CH-KapG	KESt TEV	AT-Holding 0 %-100 %			
D-Grdst	KESt TEV	CH-Holding 0 %	FL-Holding 1 %-2 %	D-Stiftung KESt:0 %-76 % TEV: 3 %-29 %	FL-Holding KESt:77 %-100 % TEV: 30 %-100 %
AT-GrdSt	KESt TEV	Direkte Nachfolge 0 %-1 %	D-Stiftung KESt: 0 %-96 % TEV: 2 %-90 %	D-Holding AT-Holding CH-Holding KESt: 97 %-100 % TEV: 91 %-100 %	
FL-GrdSt	KESt TEV	FL-Holding CH-Holding 0 %	FL-Holding 1 %-16 %	AT-Holding 17 %-100 %	
CH-GrdSt	KESt TEV	CH-Holding 0 %	FL-Holding 1 %-100 %		
KG (D-BS)	KESt TEV	Direkte Nachfolge 0 %-11 %	D-Holding KESt: 12 %-74 % TEV: 12 %-80 %	FL-Stiftung KEST: 75 %-100 % TEV: 81 %-100 %	
KG (AT-BS)	KESt TEV	D-Holding AT-Holding KESt: 0 %-72 % TEV: 0 %-79 %	AT-Stiftung KESt: 73 %-100 % TEV: 80 %-100 %		
KG (FL-BS)	KESt TEV	FL-Holding 0 %-12 %	FL-Stiftung KESt: 0 %-100 % TEV: 13 %-100 %		
KG (CH-BS)	KESt TEV	Direkte Nachfolge 0 %-42 %	D-Holding 43 %-100 %		

Tabelle 46: NFI mit max. KW nach Steuern je nach Thesaurierungsquote (ohne DBA D/FL)

Mit DBA D/FL		Nachfolgeinstrumente mit höchstem Kapitalwerten in Abhängigkeit von der Thesaurierungsquote	
FL-GrdSt	KESt TEV	Direkte Nachfolge KESt: 0 %-54 % TEV: 0 %-56 %	D-Stiftung KESt: 55 %-100 % TEV: 57 %-100 %
KG (FL-BS)	KESt TEV	Direkte Nachfolge KESt: 0 %-53 % TEV: 0 %-55 %	FL-Stiftung KESt: 54 %-100 % TEV: 56 %-100 %

Tabelle 47: NFI mit max. KW nach Steuern je nach Thesaurierungsquote (mit DBA D/FL)

Aus Tabelle 46 und Tabelle 47 folgt, dass mit steigenden Thesaurierungsquoten insbesondere österreichische bzw. liechtensteinische Stiftungen an Bedeutung gewinnen. Die österreichische Holding hat im Vergleich zu den jeweils anderen Nachfolgeinstrumenten bei den unterschiedlichen Thesaurierungsquoten am häufigsten den höchsten Kapitalwert nach Steuern.

Neben der Kenntnis über die Vermögenszusammensetzung ist zur Bestimmung der Nachfolgevariante mit den höchsten Kapitalwerten nach Steuern die erwartete Ausschüttungsintensität zu schätzen.

II. Veränderung der Rendite

Verändert sich die Rendite im Vergleich zum Ausgangsfall, kommt es je nach Thesaurierungsverhalten des Nachfolgeinstruments zu unterschiedlichen Steuerwirkungen. Im Vollausschüttungsfall wirkt sich eine Veränderung der Rendite nur auf die laufende Ertragsbesteuerung aus, wohingegen eine Veränderung der Rendite im Thesaurierungsfall sowohl die laufende Besteuerung als auch die aperiodische Besteuerung durch Erhöhung der erbschaft- bzw. schenkungsteuerlichen Bemessungsgrundlage beeinflusst.

In Tabelle 48 bis Tabelle 51 werden die Nachfolgeinstrumente mit den jeweils höchsten Kapitalwerten nach Steuern bei Renditen von 1 % bis zu 50 % für den Fall der Vollausschüttung, der hälftigen Thesaurierung und der Vollthesaurierung jeweils getrennt nach der Vermögensart und der Belegenheit des Vermögens gezeigt.[1]

Ohne DBA D/FL		Nachfolgeinstrumente mit max. Kapitalwertem bei Renditen von 1 % bis 50 % (Vollausschüttung ohne DBA D/FL)
D-KapG	KESt	D-Stiftung KESt: 1 %-8 % / FL-Holding KESt: 9 %-50 %
	TEV	D-Stiftung TEV: 1 % / FL-Holding TEV: 2 %-50 %
AT-KapG	KESt	D-Stiftung KEST: 1 %-9 % / AT-Holding KESt: 10 %-50 %
	TEV	D-Stiftung TEV:1 %-2 % / AT-Holding TEV: 3 %-50 %
FL-KapG	KESt	D-Stiftung 1 %-6 % / FL-Holding KESt: 7 %-50 %
	TEV	FL-Holding TEV: 1 %-50 %
CH-KapG	KESt	D-Holding 1 % / AT-Holding 2 %-50 %
	TEV	D-Holding 1 % / AT-Holding 2 %-50 %
D-Grdst	KESt	Direkte Nachfolge KESt: 1 %-2 % / D-Stiftung KESt: 3 %-50 %
	TEV	Direkte Nachfolge TEV: 1 %-3 % / D-Stiftung TEV: 4 % / CH-Holding 5 %-50 %
AT-GrdSt	KESt	Direkte Nachfolge KESt: 1 %-4 % / D-Stiftung 5 %-50 %
	TEV	Direkte Nachfolge TEV: 1 %-5 % / D-Stiftung 6 % / D-Holding/AT-Holding/CH-Holding 7 %-50 %
FL-GrdSt	KESt	D-Stiftung 1 %-4 % / FL-Holding CH-Holding 5 %-50 %
	TEV	D-Stiftung 1 % / Direkte Nachfolge 2 % / AT-Holding 3 % / CH-Holding 4 % / FL-Holding CH-Holding 5 %-50 %
CH-GrdSt	KESt	Direkte Nachfolge 1 %-3 % / CH-Holding KESt: 4 %-23 % / D-Stiftung KESt: 24 %-50 %
	TEV	Direkte Nachfolge 1 %-3 % / CH-Holding TEV: 4 %-36 % / D-Stiftung TEV: 37 %-50 %
KG (D-BS)	KESt	Direkte Nachfolge 1 %-50 %
	TEV	Direkte Nachfolge 1 %-50 %
KG (AT-BS)	KESt	D-Holding/AT-Holding 1 %-50 %
	TEV	D-Holding/AT-Holding 1 %-50 %
KG (FL-BS)	KESt	FL-Stiftung KESt:1 %-50 %
	TEV	FL-Stiftung TEV: 1 %-6 % / FL-Holding 7 %-50 %
KG (CH-BS)	KESt	D-Holding 1 %-5 % / Direkte Nachfolge 6 %-50 %
	TEV	D-Holding 1 %-5 % / Direkte Nachfolge 6 %-50 %

Tabelle 48: Renditeänderung: NFI mit max. KW nach Steuern (Vollausschüttung ohne DBA D/FL)

[1] Dass bei Grundstücken bei einer Rendite von 1 % und z. T. auch bei 2 % bei allen Nachfolgeinstrumenten negative Kapitalwerte auftreten, wird hier nicht berücksichtigt.

Mit DBA D/FL		Nachfolgeinstrumente mit max. Kapitalwertem bei Renditen von 1 % bis 50 % (Vollausschüttung mit DBA D/FL)	
FL-GrdSt	KESt / TEV	D-Stiftung 1 %-2 %	Direkte Nachfolge 3 %-50 %
KG (FL-BS)	KESt / TEV	Direkte Nachfolge 1 %-50 %	

Tabelle 49: Renditeänderung: NFI mit max. KW nach Steuern (Vollausschüttung mit DBA D/FL)

Ohne DBA D/FL		Nachfolgeinstrumente mit max. Kapitalwertem bei Renditen von 1 % bis 50 % (Thesaurierungsquote: 50 %)				
D-KapG	KESt / TEV	D-Stiftung 1 %	FL-Holding KESt:2 %-9 % TEV: 2 %-17 %	FL-Stiftung KESt: 10 %-50 % TEV: 18 %-50 %		
AT-KapG	KESt / TEV	D-Stiftung 1 %	AT-Holding KESt: 2 %-8 % TEV: 2 %-15 %	AT-Stiftung KESt:9 %-50 % TEV: 16 %-50 %		
FL-KapG	KESt / TEV	FL-Holding KESt: 1 %-4 % TEV: 1 %-11 %	AT-Stiftung 5 %	FL-Holding 6 %	AT-Stiftung KESt: 7 %-50 % TEV: 12-50 %	
CH-KapG	KESt / TEV	D-Holding 1 %	AT-Holding 2 %-50 %			
D-Grdst	KESt / TEV	Direkte Nachfolge 1 %	D-Stiftung KESt: 2 %-8 % TEV: 2 %-3 %	FL-Holding: 9 %-12 %, 14 %-16 % D-Stiftung: 13 %; 17 %-34 %	FL-Holding 4 %-38 %	AT-Stiftung KESt: 35 %-50 % TEV: 39 %-50 %
AT-GrdSt	KESt / TEV	Direkte Nachfolge KESt: 1 % TEV: 1 %-2 %	D-Stiftung KESt: 2 %-39 % TEV: 3 %-5 %	D-Holding / AT-Holding / CH-Holding 6 %-13 %, 16 %-43 % D-Sifting 14 %-15 %	AT-Stiftung KESt: 40 %-50 % TEV: 44 %-50 %	
FL-GrdSt	KESt / TEV	AT-Holding KESt: 1 %-24 % TEV: 1 %-29 %	AT-Stiftung KESt: 25 %-50 % TEV: 30 %-50 %			
CH-GrdSt	KESt / TEV	Direkte Nachfolge 1 %	D-Holding 2 %	FL-Holding KESt: 3 %-19 % TEV: 3 %-20 %	AT-Stiftung KESt: 20 %-50 % TEV: 21 %-50 %	
KG (D-BS)	KESt / TEV	D-Holding KESt: 1 %-14 % TEV: 1 %-20 %	FL-Stiftung KESt:15 %-50 % TEV: 21 %-50 %			
KG (AT-BS)	KESt / TEV	D-Holding AT-Holding KESt: 1 %-14 % TEV: 1 %-19 %	AT-Stiftung KESt: 15 %-50 % TEV: 20 %-50 %			
KG (FL-BS)	KESt / TEV	FL-Stiftung 1 %-50 %				
KG (CH-BS)	KESt / TEV	D-Holding 1 %-12 %	Direkte Nachfolge 13 %-50 %			
Mit DBA D/FL						
FL-GrdSt	KESt / TEV	D-Stiftung 1 %-4 %	Direkte Nachfolge 5 %-50 %			
KG (FL-BS)	KESt / TEV	FL-Stiftung KESt: 1 %-3 % TEV: 1 %-2 %	Direkte Nachfolge KESt: 4 %-50 % TEV: 3 %-50 %			

Tabelle 50: Renditeänderung: NFI mit max. KW nach Steuern (TQ: 50 %)

Im Vollausschüttungsfall (Tabelle 48) haben bei Kommanditgesellschaften mit deutschen und österreichischen Betriebstätten unabhängig von der Art der Besteuerung von Stiftungszuwendungen bei im Vergleich zum Ausgangsfall abweichenden Renditen jeweils die gleichen Nachfolgeinstrumente den höchsten Kapitalwert nach Steuern. Bei Anwendung des Teileinkünfteverfahrens verändert sich das Nachfolgeinstrument mit dem höchsten Kapitalwert nach Steuern (FL-Holding) nicht bei einer im Vergleich zum Ausgangsfall abweichenden Rendite und bei Anwendung der Abgeltungsteuer auf Stiftungszuwendungen. Eine vom Ausgangsfall abweichende Rendite führt bei Anteilen an einer Kommanditgesellschaft mit einer liechtensteinischen Betriebstätte nicht zu einer

Veränderung des Nachfolgeinstruments mit dem höchsten Kapitalwert (FL-Stiftung). Seit dem 1. 1. 2013 kommt es bei der direkten Nachfolge bei Anteilen an einer Kommanditgesellschaft mit einer liechtensteinischen Betriebstätte unabhängig von der Art der Besteuerung von Stiftungszuwendungen und der Höhe der Rendite zu den höchsten Kapitalwerten nach Steuern (Tabelle 49).

Im Vergleich zur Vollausschüttung reduzieren sich bei der hälftigen Thesaurierung (Tabelle 50) die Fälle, in denen sich die Nachfolgeinstrumente mit den höchsten Kapitalwerten bei Renditeänderungen verändern. Nur bei Anteilen an einer Kommanditgesellschaft mit einer liechtensteinischen Betriebstätte weist die liechtensteinische Stiftung bis zum 31. 12. 2012 unabhängig von der Höhe der Rendite den höchsten Kapitalwert nach Steuern auf.

Ohne DBA D/FL	Nachfolgeinstrumente mit max. Kapitalwertem bei Renditen von 1 % bis 50 % (Vollthesaurierung)		
D-KapG	FL-Holding 1 %-4 %	FL-Stiftung 5 %-50 %	
AT-KapG	D-Holding 1 %	AT-Holding 2 %-4 %	AT-Stiftung 5 %-50 %
FL-KapG	FL-Holding 1 %-2 %	AT-Stiftung 3 %-50 %	
CH-KapG	D-Holding 1 %	AT-Holding 2 %-50 %	
D-Grdst	Direkte Nachfolge 1 %	FL-Holding 2 %-17 %	AT-Stiftung 18 %-50 %
AT-GrdSt	Direkte Nachfolge 1 %	D-Sifting 2 %-4 %, 7 %, 10 %, 14 % D-Holding/AT-Holding/CH-Holding 5 %-6 %, 8 %-9 %, 11 %-13 %, 15 %-19 %	AT-Stiftung 20 %-50 %
FL-GrdSt	AT-Holding 1 %-11 %	AT-Stiftung 12 %-50 %	
CH-GrdSt	D-Holding 1 %-2 %	FL-Holding 3 %-13 %	AT-Stiftung 14 %-50 %
KG (D-BS)	D-Holding 1 %-7 %	FL-Stiftung 8 %-50 %	
KG (AT-BS)	D-Holding AT-Holding 1 %-7 %	AT-Stiftung 8 %-50 %	
KG (FL-BS)	FL-Stiftung 1 %-50 %		
KG (CH-BS)	D-Holding 1 %-29 %	AT-Stiftung 30 %-50 %	
Mit DBA D/FL			
FL-GrdSt	D-Stiftung 1 %-13 %	AT-Stiftung 14 %-50 %	
KG (FL-BS)	FL-Stiftung 1 %-50 %		

Tabelle 51: Renditeänderung: NFI mit max. KW nach Steuern (Vollthesaurierung)

Bei Vollthesaurierung ergeben sich bei einer liechtensteinischen Stiftung bei Anteilen an einer Kommanditgesellschaft mit einer liechtensteinischen Betriebstätte unabhängig von der Höhe der Rendite und dem DBA D/FL die höchsten Kapitalwerte nach Steuern.

Insbesondere bei niedrigen Renditen kommt es je nach Art und Belegenheit des Vermögens bei abweichenden Renditen zu einer Veränderung des Nachfolgeinstruments mit den jeweils höchsten Kapitalwerten. Mit steigenden Renditen nimmt die Häufigkeit der Veränderung des Nachfolgeinstruments mit den höchsten Kapitalwerten ab.

Mit steigender Rendite und steigender Thesaurierungsquote gewinnt die österreichische Stiftung an Bedeutung. Im Fall der Vollausschüttung ergeben sich bei einer österreichischen Stiftung bei keiner Vermögensart die höchsten Kapitalwerte nach Steuern, wohingegen die österreichische Stiftung bei Vollthesaurierung in neun (bzw. seit dem 1. 1. 2013 in acht) der zwölf Konstellationen aus Art und Belegenheit des Vermögens bei höheren Renditen jeweils die höchsten Kapitalwerte nach Steuern hat. Im Vergleich zum Fall der hälftigen Thesaurierung weist die österreichische Stiftung bei Vollthesaurierung bereits bei geringeren Renditen die jeweils höchsten Kapitalwerte auf.

III. Veränderung des Werts des Vermögens

In den folgenden Tabellen werden die Nachfolgeinstrumente mit den höchsten Kapitalwerten je nach der Art und Belegenheit des Vermögens für Vermögenswerte von einer Mio. Euro bis 200 Mio. Euro bei Vollausschüttung (Tabelle 52 bis Tabelle 54), bei hälftiger Thesaurierung (Tabelle 55) und bei Vollthesaurierung (Tabelle 56) dargestellt:

Ohne DBA D/FL		Nachfolgeinstrumente mit max. KW nach Steuern bei Vermögenswerten von 1 Mio. bis 200 Mio. Euro (Vollausschüttung)		
D-KapG	KESt	D-Stiftung/ Direkte Nachfolge (1 Mio.)	D-Stiftung (2-6 Mio., 13-73 Mio., 86-139 Mio., 179-200 Mio.)	FL-Holding (7-12 Mio., 74-85 Mio., 140-178 Mio.)
	TEV	Direkte Nachfolge (1-3 Mio.)		FL-Holding (4-200 Mio.)
AT-KapG	KESt	D-Stiftung/ Direkte Nachfolge (1 Mio.)	D-Stiftung (2-6 Mio., 12-73 Mio., 86-139 Mio., 179-200 Mio.)	AT-Holding (7-11 Mio., 74-85 Mio., 140-178 Mio.)
	TEV	Direkte Nachfolge (1-3 Mio.)		AT-Holding (4-200 Mio.)
FL-KapG	KESt	D-Stiftung/ Direkte Nachfolge (1 Mio.)	D-Stiftung (2-4 Mio., 14-42 Mio., 49-73 Mio., 86-89 Mio., 108-139 Mio., 179-200 Mio.)	FL-Holding (5-13 Mio., 43-48 Mio., 74-85 Mio., 90-107 Mio., 140-178 Mio.)
	TEV	Direkte Nachfolge (1-3 Mio.)		FL-Holding (4-200 Mio.)
CH-KapG	KESt / TEV	Direkte Nachfolge (1 Mio.)		AT-Holding (2-200 Mio.)
D-Grdst	KESt	CH-Holding (1-3 Mio., 13 Mio., 16-26 Mio., 30-53 Mio., 59-105 Mio.)	D-Stiftung (4-12 Mio., 54-58 Mio., 106-200 Mio.)	Direkte Nachfolge (14-15 Mio., 27-29 Mio.)
	TEV	CH-Holding (1-5 Mio., 8-13 Mio., 16-26 Mio., 30-200 Mio.)	D-Stiftung (6 Mio.)	Direkte Nachfolge (7 Mio., 14-15 Mio., 27-29 Mio.)
AT-GrdSt	KESt	D-Holding/AT-Holding/CH-Holding (1-2 Mio.)	D-Stiftung (4-6 Mio., 8-12 Mio.)	Direkte Nachfolge (3 Mio., 7 Mio., 13-200 Mio.)
	TEV	D-Holding/AT-Holding/CH-Holding (1-2 Mio.)	D-Stiftung (6 Mio.)	Direkte Nachfolge (3-5 Mio., 7-200 Mio.)
FL-GrdSt	KESt	FL-Holding /CH-Holding (1-11 Mio., 15-30-200 Mio.)		D-Stiftung (12-14 Mio.)
	TEV	FL-Holding / CH-Holding (1-200 Mio.)		
CH-GrdSt	KESt / TEV	CH-Holding (1-200 Mio.)		

Tabelle 52: Änderung Vermögenswerte: NFI mit max. KW nach Steuern bei Beteiligungen an Kapitalgesellschaften und Grundvermögen (Vollausschüttung ohne DBA D/FL)

Ohne DBA D/FL		Nachfolgeinstrumente mit max. KW nach Steuern bei Vermögenswerten von 1 Mio. bis 200 Mio. Euro (Vollausschüttung)	
KG (D-BS)	KESt	D-Stiftung (1 Mio.)	Direkte Nachfolge (2-200 Mio.)
	TEV	Direkte Nachfolge (1-200 Mio.)	
KG (AT-BS)	KESt	D-Stiftung (1-2 Mio., 27-36 Mio.)	D-Holding/AT-Holding (3-26 Mio., 37-200 Mio.)
	TEV	D-Holding/AT-Holding (1-200 Mio.)	
KG (FL-BS)	KESt	FL-Stiftung (1-200 Mio.)	
	TEV	FL-Holding (1-17 Mio.)	FL-Stiftung (18-200 Mio.)
KG (CH-BS)	KESt / TEV	Direkte Nachfolge (1-200 Mio.)	

Tabelle 53: Änderung Vermögenswerte: NFI mit max. KW nach Steuern bei Kommanditanteilen (Vollausschüttung ohne DBA D/FL)

Mit DBA D/FL		Nachfolgeinstrumente mit max. KW nach Steuern bei Vermögenswerten von 1 Mio. bis 200 Mio. Euro (Vollausschüttung)
FL-GrdSt	KESt / TEV	Direkte Nachfolge (1-200 Mio.)
KG (FL-BS)	KESt	Direkte Nachfolge (1-200 Mio.)

Tabelle 54: Änderung Vermögenswerte: NFI mit max. KW nach Steuern (Vollausschüttung mit DBA D/FL)

Ohne DBA		Nachfolgeinstrumente mit max. KW nach Steuern bei Vermögenswerten von 1 Mio. bis 200 Mio. Euro (Thesaurierungsquote: 50 %)		
D-KapG	KESt	D-Stiftung (1 Mio.)	FL-Holding (2-9 Mio., 31-85 Mio.)	FL-Stiftung (10-30 Mio., 86-200 Mio.)
	TEV	FL-Holding (1-14 Mio., 31-200 Mio.)	FL-Stiftung (15-30 Mio.)	
AT-KapG	KESt	D-Stiftung (1 Mio.)	AT-Holding (2-8 Mio., 31-33 Mio., 41-85 Mio.)	AT-Stiftung (9-30 Mio., 34-40 Mio., 86-200 Mio.)
	TEV	D-Holding (1 Mio.)	AT-Holding (2-13 Mio., 31-200 Mio.)	AT-Stiftung (14-30 Mio.)
FL-KapG	KESt	FL-Holding (1-6 Mio.)	AT-Stiftung (7-16 Mio.)	FL-Stiftung (17-200 Mio.)
	TEV	FL-Holding (1-12 Mio., 31-100 Mio.)	AT-Stiftung (13-15 Mio.)	FL-Stiftung (16-30 Mio., 101-200 Mio.)
CH-KapG	KESt / TEV	D-Holding (1 Mio.)	AT-Holding (2-200 Mio.)	
D-Grdst	KESt	FL-Holding (1-2 Mio., 13 Mio., 15 Mio., 18-32 Mio., 35-64 Mio.)	D-Stiftung (3-12 Mio., 14 Mio., 16-17 Mio., 33-34 Mio., 65-200 Mio.)	
	TEV	FL-Holding (1-3 Mio., 9-64 Mio.)	D-Stiftung (4-8 Mio., 65-200 Mio.)	
AT-GrdSt	KESt	D-Holding / AT-Holding / CH-Holding (1-2 Mio., 13 Mio., 15 Mio-16 Mio., 19-22 Mio., 24-26 Mio., 30-34 Mio., 37-45 Mio.)	D-Stiftung (3-12 Mio., 14 Mio., 17-18 Mio., 23 Mio., 27-29 Mio., 35-36 Mio., 46-200 Mio.	
	TEV	D-Holding / AT-Holding / CH-Holding (1-3 Mio., 9 Mio., 13-16 Mio., 19-35 Mio.37-67 Mio.)	D-Stiftung (4-8 Mio., 10- 12 Mio., 17-18 Mio., 36 Mio., 68-200 Mio.)	
FL-GrdSt	KESt	AT-Holding (1-3 Mio., 6-200 Mio.)	AT-Stiftung (4-5 Mio.)	
	TEV	AT-Holding (1-4 Mio., 6-200 Mio.)	AT-Stiftung (5 Mio.)	
CH-GrdSt	KESt / TEV	FL-Holding (1 Mio.)	AT-Holding (2-200 Mio.)	
KG (D-BS)	KESt	D-Holding (1-15 Mio., 31-200 Mio.)	FL-Stiftung (16-30 Mio.)	
	TEV	D-Holding (1-200 Mio.)		
KG (AT-BS)	KESt	D-Holding/AT-Holding (1-15 Mio., 31-200 Mio.)	FL-Stiftung (16-30 Mio.)	
	TEV	D-Holding/AT-Holding (1-28 Mio., 31-200 Mio.)	FL-Stiftung (29-30 Mio.)	
KG (FL-BS)	KESt	FL-Stiftung (1-200 Mio.)		
	TEV	FL-Holding (1 Mio.)	FL-Stiftung (2-200 Mio.)	
KG (CH-BS)	KESt / TEV	Direkte Nachfolge (1-2 Mio.)	D-Holding (3-200 Mio.)	
Mit DBA D/FL				
FL-GrdSt	KESt	Direkte Nachfolge (1-4 Mio., 7-200 Mio.)	D-Stiftung (5-6 Mio.)	
	TEV	Direkte Nachfolge (1-200 Mio.)		
KG (FL-BS)	KESt	Direkte Nachfolge (1-18 Mio.)	FL-Stiftung (19-200 Mio.)	
	TEV	Direkte Nachfolge (1-37 Mio.)	FL-Stiftung (38-200 Mio.)	

Tabelle 55: Änderung Vermögenswerte: NFI mit max. KW nach Steuern (TQ: 50 %)

<table>
<tr><th>Ohne DBA</th><th colspan="6">Nachfolgeinstrumente mit max. KW nach Steuern bei Vermögenswerten von 10 Mio. bis 200 Mio. Euro (Vollthesaurierung)</th></tr>
<tr><td>D-KapG</td><td colspan="3">FL-Holding (1-2 Mio., 28-29 Mio., 33-57 Mio., 65-85 Mio.)</td><td colspan="3">FL-Stiftung (3-27 Mio., 30-32 Mio., 58-64 Mio., 86-200 Mio.)</td></tr>
<tr><td>AT-KapG</td><td colspan="3">D-Holding (1Mio.)</td><td colspan="3">AT-Stiftung (2-200 Mio.)</td></tr>
<tr><td>FL-KapG</td><td colspan="3">AT-Stiftung (1-18 Mio.)</td><td colspan="3">FL-Stiftung (19-200 Mio.)</td></tr>
<tr><td>CH-KapG</td><td colspan="3">D-Holding (1 Mio.)</td><td colspan="3">AT-Holding (2-200 Mio.)</td></tr>
<tr><td>D-Grdst</td><td colspan="3">FL-Holding (1-2 Mio., 7-11 Mio., 13-46 Mio.)</td><td colspan="3">D-Stiftung 3-6 Mio., 12 Mio., 47-200 Mio.)</td></tr>
<tr><td>AT-GrdSt</td><td colspan="2">D-Holding/AT-Holding/CH-Holding (1-2 Mio., 8-10 Mio., 12-26 Mio., 28 Mio., 30-32 Mio., 34-36 Mio.)</td><td colspan="2">D-Stiftung (3-7 Mio., 11 Mio., 27 Mio., 29 Mio., 37-200 Mio.)</td><td colspan="2">FL-Holding (33 Mio.)</td></tr>
<tr><td>FL-GrdSt</td><td colspan="3">AT-Holding (1 Mio., 6-48 Mio.)</td><td colspan="3">AT-Stiftung (2-5 Mio., 49-200 Mio.)</td></tr>
<tr><td>CH-GrdSt</td><td colspan="6">FL-Holding (1-200 Mio.)</td></tr>
<tr><td>KG (D-BS)</td><td colspan="3">D-Holding (1-6 Mio.)</td><td colspan="3">FL-Stiftung (7-200 Mio.)</td></tr>
<tr><td>KG (AT-BS)</td><td colspan="2">D-Holding/AT-Holding (1-5 Mio.)</td><td colspan="2">AT-Stiftung (6-15 Mio.)</td><td colspan="2">FL-Stiftung (16-200 Mio.)</td></tr>
<tr><td>KG (FL-BS)</td><td colspan="6">FL-Stiftung (1-200 Mio.)</td></tr>
<tr><td>KG (CH-BS)</td><td colspan="6">D-Holding (1-200 Mio.)</td></tr>
<tr><td colspan="7">Mit DBA D/FL</td></tr>
<tr><td>FL-GrdSt</td><td colspan="3">D-Holding (1 Mio.)</td><td colspan="3">D-Stiftung (2-200 Mio.)</td></tr>
<tr><td>KG (FL-BS)</td><td colspan="6">FL-Stiftung (1-200 Mio.)</td></tr>
</table>

Tabelle 56: Änderung Vermögenswerte: NFI mit max. KW nach Steuern (Vollthesaurierung)

Für jede Vermögensart an den verschiedenen Belegenheitsorten gibt es in Abhängigkeit von der Ausschüttungsintensität und der Art der Besteuerung von Stiftungszuwendungen für Vermögenswerte mit einem Wert von einer Mio. bis zu 200 Mio. Euro ein bis drei Varianten für das Nachfolgeinstrument mit dem jeweils höchsten Kapitalwert nach Steuern bzw. eine Kombination aus gleichwertigen Nachfolgeinstrumenten mit den jeweils höchsten Kapitalwerten nach Steuern. Mit steigendem Wert des Vermögens nimmt die Intensität der Veränderung des Nachfolgeinstruments mit den jeweils höchsten Kapitalwerten nach Steuern ab. Bei der Betrachtung von Vermögenswerten bis zu 500 Mio. Euro kommt es bei folgenden Vermögensarten noch zu einer Veränderung des Nachfolgeinstruments mit dem höchsten Kapitalwert nach Steuern.

<table>
<tr><th colspan="4">Veränderung der Nachfolgeinstrumente mit den max. KW nach Steuern bei Vermögenswerten zwischen 200 Mio. und 500 Mio.</th></tr>
<tr><td colspan="2"><u>Vollausschüttung</u></td><td colspan="2"></td></tr>
<tr><td>KG (AT-BS)</td><td>KESt</td><td>D-Holding/AT-Holding (bis 352 Mio.)</td><td>D-Stiftung (ab 353 Mio.)</td></tr>
<tr><td colspan="2"><u>Thesaurierung 50 %</u></td><td colspan="2"></td></tr>
<tr><td>D-KapG</td><td>TEV</td><td>FL-Holding (bis 340 Mio.)</td><td>FL-Stiftung (ab 341 Mio.)</td></tr>
<tr><td>AT-KapG</td><td>TEV</td><td>AT-Holding (bis 331 Mio.)</td><td>AT-Stiftung (ab 332 Mio.)</td></tr>
<tr><td>KG (D-BS)</td><td>KESt</td><td>D-Holding (bis 352 Mio.)</td><td>FL-Stiftung (ab 353 Mio.)</td></tr>
<tr><td>KG (AT-BS)</td><td>KESt</td><td>D-Holding/AT-Holding (bis 331 Mio.)</td><td>FL-Stiftung (ab 332 Mio.)</td></tr>
</table>

Tabelle 57: Änderung Vermögenswerte: Veränderung der NFI mit max. KW nach Steuern (Vermögenswerte: 200 bis 500 Mio. Euro)

Bei Vollthesaurierung bleiben die Nachfolgeinstrumente mit den jeweils höchsten Kapitalwerten nach Steuern bei Vermögenswerten zwischen 200 und 500 Mio. unverändert. Aus der stichprobenartigen Überprüfung der Nachfolgeinstrumente mit den höchsten Kapitalwerten bei Vermögenswerten über 500 Mio. Euro ergibt sich, dass sich die

Nachfolgeinstrumente mit den jeweils höchsten Kapitalwerten nach Steuern bei Vermögenswerten über 500 Mio. Euro bei den einzelnen Vermögensarten nicht mehr ändern.

Im Vergleich zum Ausgangsfall wird der Anwendungsbereich einer Stiftung als Nachfolgeinstrument bei höheren Vermögenswerten erweitert. Folgende Tabellen veranschaulichen die Rangfolgen der einzelnen Nachfolgeinstrumente je Vermögensart bei einem Vermögenswert von 500 Mio. Euro seit dem 1. 1. 2013 für den Fall der Vollausschüttung (Tabelle 58) und den Fall der Vollthesaurierung (Tabelle 59). Die Nachfolgeinstrumente mit den höchsten Kapitalwerten nach Steuern sind für den Ausgangsfall (Vermögenswert = 10 Mio. Euro) durch Fettdruck hervorgehoben und bei einem Vermögenswert von 500 Mio. Euro grau markiert.

Vollausschüttung		D-Stiftung	AT-Stiftung	FL-Stiftung	D-Holding	AT-Holding	FL-Holding	CH-Holding	Direkte Nachfolge
D-KapG	KESt	1	7	5	4	3	2	8	6
	TEV	4	7	6	3	2	1	8	5
AT-KapG	KESt	1	4	7	3	2	6	8	5
	TEV	3	5	7	2	1	6	8	4
FL-KapG	KESt	1	6	5	4	3	2	8	7
	TEV	4	7	6	3	2	1	8	5
CH-KapG	KESt	5	7	8	2	1	6	4	3
	TEV	6	7	8	2	1	5	4	3
D-Grdst	KESt	1	8	7	6	4	3	2	5
	TEV	4	8	7	6	3	2	1	5
AT-Grdst	KESt	2	8	7	3	3	6	3	1
	TEV	2	8	7	3	3	6	3	1
FL-Grdst	KESt	2	8	7	3	6	3	3	1
	TEV	2	8	7	3	6	3	3	1
CH-GrdSt	KESt	6	8	7	5	3	2	1	4
	TEV	6	8	7	5	3	2	1	4
KG (D-BS)	KESt	2	7	6	3	5	4	8	1
	TEV	5	7	6	2	4	3	8	1
KG (AT-BS)	KESt	1	6	5	2	2	4	8	7
	TEV	4	6	5	1	1	3	8	7
KG (FL-BS)	KESt	3	6	2	4	7	4	8	1
	TEV	3	6	2	4	7	4	8	1
KG (CH-BS)	KESt	6	8	7	2	4	3	5	1
	TEV	6	8	7	2	4	3	5	1

Tabelle 58: Rangfolge der Nachfolgeinstrumente: (V_0 = 500 Mio. Euro, Vollausschüttung)

Vollthesaurierung	D-Stiftung	AT-Stiftung	FL-Stiftung	D-Holding	AT-Holding	FL-Holding	CH-Holding	Direkte Nachfolge
D-KapG	6	2	1	5	3	4	8	7
AT-KapG	4	1	5	3	2	6	7	8
FL-KapG	6	2	1	5	4	3	7	8
CH-KapG	5	6	8	2	1	4	3	7
D-Grdst	1	6	5	4	3	2	8	7
AT-Grdst	1	8	7	2	2	5	2	6
FL-Grdst	1	2	7	3	4	6	5	8
CH-GrdSt	4	7	6	3	2	1	8	5
KG (D-BS)	6	2	1	3	5	4	8	7
KG(AT-BS)	6	2	1	3	3	5	7	8
KG (FL-BS)	4	6	1	2	7	2	8	5
KG (CH-BS)	6	5	4	1	3	2	8	7

Tabelle 59: Rangfolge der Nachfolgeinstrumente: (V_0 = 500 Mio. Euro, Vollthesaurierung)

Aus Tabelle 58 und Tabelle 59 ergibt sich, dass sich bei einem Vermögenswert von 500 Mio. Euro im Vergleich zum Ausgangsfall die Nachfolge durch Holdinggesellschaften zugunsten der Nachfolge durch Stiftungen an Bedeutung verliert.

IV. Änderung der schenkungsteuerlichen Vergünstigungen

Im Ausgangsfall wurde davon ausgegangen, dass die Regelverschonung für Unternehmensvermögen und die Vergünstigung bei zu Wohnzwecken vermieteten Grundvermögen anwendbar sind. Diese Annahmen werden im Folgenden aufgehoben.

1. Nichtanwendbarkeit der schenkungsteuerlichen Vergünstigungen

Zu dem geltenden Erbschaft- und Schenkungsteuergesetz bestehen insbesondere zu den Verschonungsregelungen für Betriebsvermögen verfassungsrechtliche Bedenken, da durch die bloße Wahl bestimmter Gestaltungen die Verschonungsregelungen für Betriebsvermögen, unabhängig von der Art und Zusammensetzung sowie der Bedeutung des Vermögens für das Gemeinwohl, beansprucht werden können.[1] Unter Berücksichtigung dieser verfassungsrechtlichen Bedenken wird der Ausgangsfall um die Annahme modifiziert, dass in Deutschland keine schenkungsteuerlichen Vergünstigungen anwendbar sind und somit sowohl die Regelverschonung für Betriebsvermögen als auch der Abschlag bei zu Wohnzwecken vermietetem Grundvermögen nicht anwendbar sind.

a) Änderung der Kapitalwerte im Vergleich zum Ausgangsfall

Entfallen die schenkungsteuerlichen Vergünstigungen für Betriebsvermögen und für Wohngrundstücke, erhöht sich die schenkungsteuerliche Bemessungsrundlage im Zeitpunkt t = 0. Aufgrund der Annahme, dass die Schenkungsteuern bzw. die Stiftungseingangsteuer in t = 0 von dem Stifter übernommen wird, erhöht sich die Bemessungsgrundlage zusätzlich um die erhöhten übernommenen Steuern. Zudem kann es durch die Erhöhung der schenkungsteuerlichen Bemessungsgrundlage aufgrund des progressiv ausgestalteten Schenkungsteuertarifs zu einer Erhöhung des Steuersatzes kommen. Auch bei den späteren Vermögensübertragungen erhöhen sich durch den Wegfall der schenkungsteuerlichen Vergünstigungen die Bemessungsgrundlage und der Steuersatz der Schenkungsteuer. Da sich die schenkungsteuerliche Bemessungsgrundlage und der Schenkungsteuersatz erhöhen, erhöhen sich die aperiodischen Steuerbelastungen und reduzieren sich gleichzeitig die laufenden Ertragsteuerbelastungen. Damit erhöht sich die Gewichtung der aperiodischen Steuerwirkungen im Vergleich zu den periodischen Steuerwirkungen.

---

[1] BFH, Beschluss v. 5. 10. 2011, II R 9/11, DStR 49 (2011), S. 2193; vgl. auch *Wachter, T.*, Verfassungswidrigkeit, 2011, S. 2331-2334; *Geck, R.*, Verfassungsrecht, 2012, S. 93-96.

In Tabelle 60 sind die im Vergleich zum Ausgangsfall durch die Versagung der schenkungsteuerlichen Vergünstigungen von Betriebsvermögen und von Wohngrundstücken veränderten Kapitalwerte nach Steuern bei Vollausschüttung zusammengefasst.

Ohne DBA D/FL		D-Stiftung	AT-Stiftung	FL-Stiftung	D-Holding	AT-Holding	FL-Holding	CH-Holding	direkte Nachfolge
D-KapG	KESt	7.336.467	2.522.174	3.013.360	8.039.216	8.165.803	8.176.914	8.099.739	8.326.728
	TEV	7.068.274	2.241.692	2.733.273					
AT-KapG	KESt	7.924.590	3.495.992	1.939.331	8.623.191	8.758.371	7.102.884	8.689.985	8.919.296
	TEV	7.640.715	3.199.708	1.687.884					
FL-KapG	KESt	10.497.631	6.088.476	6.198.412	11.178.085	11.350.855	11.361.966	11.272.315	11.511.780
	TEV	10.145.141	5.723.060	5.833.390					
CH-KapG	KESt	8.293.015	3.617.451	-41.513	8.989.018	9.129.580	5.122.041	9.059.740	9.290.505
	TEV	7.999.315	3.311.268	-240.137					
D-Grdst	KESt	3.193.306	-1.183.690	-1.197.575	2.345.353	3.356.422	3.367.532	3.382.346	2.872.520
	TEV	3.035.598	-1.351.881	-1.365.371					
AT-GrdSt	KESt	2.441.486	-1.935.511	-1.949.396	2.579.137	2.579.137	2.564.322	2.579.137	2.378.714
	TEV	2.303.826	-2.083.653	-2.097.143					
FL-GrdSt	KESt	3.384.494	146.711	147.640	1.763.438	3.700.394	3.726.319	3.726.319	2.872.520
	TEV	3.226.786	-45.873	-44.944					
CH-GrdSt	KESt	1.337.061	-1.183.775	-1.197.660	2.599.688	2.955.344	2.966.454	2.981.269	2.872.520
	TEV	1.179.356	-1.351.963	-1.365.453					
KG (D-BS)	KESt	7.440.758	2.557.762	3.049.877	8.349.239	8.323.314	8.334.425	8.127.134	8.672.392
	TEV	7.169.785	2.276.306	2.768.816					
KG (AT-BS)	KESt	7.996.809	3.495.063	3.605.928	8.916.586	8.916.586	8.901.772	8.916.586	7.684.779
	TEV	7.711.008	3.198.779	3.310.039					
KG (FL-BS)	KESt	9.680.527	3.931.469	6.628.851	9.499.465	8.018.046	10.610.530	10.610.530	8.672.392
	TEV	9.354.925	3.635.185	6.263.435					
KG (CH-BS)	KESt	7.868.549	5.312.963	5.333.828	9.184.630	9.158.705	9.169.816	9.184.630	13.117.790
	TEV	7.536.670	4.970.602	4.991.861					
Mit DBA D/FL									
FL-GrdSt	KESt	4.299.270	146.711	147.640	3.726.319	3.700.394	3.726.319	3.726.319	6.210.653
	TEV	4.117.168	-45.873	-44.944					
KG (FL-BS)	KESt	10.780.481	3.931.469	6.628.851	10.610.530	8.018.046	10.610.530	10.610.530	14.795.594
	TEV	10.425.547	3.635.185	6.263.435					

Tabelle 60: Keine ErbSt-Vergünstigungen: Kapitalwerte nach Steuern (Vollausschüttung)

Die im Ausgangsfall für die einzelnen Vermögensarten geltenden Nachfolgeinstrumente mit den höchsten Kapitalwerten nach Steuern sind durch hellgraue Markierung hervorgehoben. Die Nachfolgeinstrumente mit den höchsten Kapitalwerten nach Steuern ohne die Anwendung der schenkungsteuerlichen Vergünstigungen sind dunkelgrau markiert und die veränderten Kapitalwerte nach Steuern bei Gültigkeit des DBA D/FL seit dem 1. 1. 2013 sind durch Unterstreichung hervorgehoben.

Im Vergleich zum Ausgangsfall ergeben sich in dem Fall, dass die schenkungsteuerlichen Betriebsvermögensbegünstigungen nicht anwendbar sind, bei allen Beteiligungen an Kapitalgesellschaften jeweils bei der direkten Nachfolge die höchsten Kapitalwerte nach Steuern. Bei Grundvermögen hat bei Gültigkeit der Abgeltungsteuer für Stiftungszuwendungen die schweizerische Holding die höchsten Kapitalwerte nach Steuern, wobei bei österreichischem Grundvermögen die deutsche und österreichische Holding und bei liechtensteinischen Grundstücken bis zum 31. 12. 2012 die liechtensteinische Holding dieselben Kapitalwerte nach Steuern aufweisen. Bei Anteilen an Kommanditgesellschaften ergeben sich je nach dem Belegenheitsort des Betriebsvermögens entweder bei der direkten Nachfolge bzw. bei verschiedenen Holdinggesellschaften jeweils die höchsten Kapitalwerte nach Steuern. Seit dem 1. 1. 2013 kommt es bei der direkten Nachfolge bei allen Kommanditgesellschaften mit Ausnahme von solchen mit einem österreichischen Betriebsvermögen zu den höchsten Kapitalwerten nach Steuern. Die Nachfolge durch eine Stiftung führt bei Vollausschüttung bei keiner Vermögensart zu den höchsten Kapitalwerten nach Steuern.

b) Veränderung des Ausschüttungsverhaltens der Stiftung bzw. Holding

In Tabelle 61 werden die Nachfolgeinstrumente mit den höchsten Kapitalwerten nach Steuern bei Versagung der schenkungsteuerlichen Vergünstigungen in Abhängigkeit von der Thesaurierungsquote gezeigt.

Ohne DBA D/FL	Nachfolgeinstrumente mit max. KW nach Steuern in Abhängigkeit von der Thesaurierungsquote			
D-KapG	Direkte Nachfolge 0 %-5 %	FL-Holding 6 %-73 %	CH-Holding 74 %	AT-Holding 75 %-100 %
AT-KapG	Direkte Nachfolge 0 %-5 %	AT-Holding 6 %-69 %	CH-Holding 70 %	AT-Holding 71 %-100 %
FL-KapG	Direkte Nachfolge 0 %-3 %	FL-Holding 4 %-100 %		
CH-KapG	Direkte Nachfolge 0 %-5 %	AT-Holding 6 %-100 %		
D-Grdst	CH-Holding 0 %	FL-Holding 1 %-100 %		
AT-GrdSt	D-Holding/AT-Holding/CH-Holding 0 %-100 %			
FL-GrdSt	FL-Holding/ CH-Holding 0 %-	FL-Holding 1 %-16 %	AT-Holding 17 %-100 %	
CH-GrdSt	CH-Holding 0 %	FL-Holding 1 %-100 %		
KG (D-BS)	Direkte Nachfolge 0 %-11 %	D-Holding 12 %-100 %		
KG (AT-BS)	D-Holding/AT-Holding/CH-Holding 0 %-100 %			
KG (FL-BS)	FL-Holding/CH-Holding 0 %-100 %			
KG (CH-BS)	Direkte Nachfolge 0 %-100 %			
Mit DBA D/FL				
FL-GrdSt (**KESt** / **TEV**)	Direkte Nachfolge KESt: 0 %-55 % TEV: 0 %-57 %	D-Stiftung KESt: 56 %-100 % TEV: 58 %-100 %		
KG (FL-BS)	Direkte Nachfolge 0 %-76 %	D-Holding/FL-Holding/CH-Holding 77 %-100 %		

Tabelle 61: Keine ErbSt-Vergünstigungen: NFI mit max. KW nach Steuern (TQ: 0 % bis 100 %)

Sind die schenkungsteuerlichen Vergünstigungen nicht anwendbar, kommt es bei der Nachfolge durch eine Stiftung im Vergleich zum Ausgangsfall nur bei liechtensteinischen Grundstücken seit dem 1. 1. 2013 ab einer Thesaurierungsquote von 57 % bzw. 59 % zu den höchsten Kapitalwerten nach Steuern. Bei allen anderen Vermögensarten ergeben sich bei der Nachfolge durch eine Stiftung nicht die höchsten Kapitalwerte nach

Steuern. Im Vergleich zum Ausgangsfall reagieren die Nachfolgeinstrumente mit den höchsten Kapitalwerten nach Steuern bei den einzelnen Vermögensarten weniger stark auf Veränderungen des Thesaurierungsverhaltens. Mit Ausnahme von liechtensteinischen Grundstücken, Anteilen an einer Kommanditgesellschaft mit einer deutschen und seit dem 1. 1. 2013 liechtensteinischen Betriebstätte sowie den Ausreißern bei Beteiligungen an deutschen und österreichischen Kapitalgesellschaften verändert sich das jeweilige Nachfolgeinstrument mit den höchsten Kapitalwerten nach Steuern bei einer Thesaurierungsquote über 5 % nicht mehr.

c) Veränderung der Rendite

Nachfolgend werden die Nachfolgeinstrumente mit den höchsten Kapitalwerten nach Steuern bei Versagung der schenkungsteuerlichen Vergünstigungen je nach Art und Belegenheit des Vermögens für Renditen von 1 % bis 50 % bei Vollausschüttung (Tabelle 62), bei hälftiger Thesaurierung (Tabelle 63 und Tabelle 64) und bei Vollthesaurierung (Tabelle 65) gezeigt.

<table>
<tr><th colspan="2">Ohne DBA D/FL</th><th colspan="3">Nachfolgeinstrumente mit max. Kapitalwert nach Steuern bei Renditen von 1 % bis 50 % (Vollausschüttung)</th></tr>
<tr><td rowspan="2">D-KapG</td><td>KESt</td><td colspan="3" rowspan="2">Direkte Nachfolge
1 %-50 %</td></tr>
<tr><td>TEV</td></tr>
<tr><td rowspan="2">AT-KapG</td><td>KESt</td><td colspan="3" rowspan="2">Direkte Nachfolge
1 %-50 %</td></tr>
<tr><td>TEV</td></tr>
<tr><td rowspan="2">FL-KapG</td><td>KESt</td><td colspan="3" rowspan="2">Direkte Nachfolge
1 %-50 %</td></tr>
<tr><td>TEV</td></tr>
<tr><td rowspan="2">CH-KapG</td><td>KESt</td><td colspan="3" rowspan="2">Direkte Nachfolge
1 %-50 %</td></tr>
<tr><td>TEV</td></tr>
<tr><td rowspan="2">D-Grdst</td><td>KESt</td><td rowspan="2">Direkte Nachfolge
1 %-2 %</td><td colspan="2" rowspan="2">CH-Holding
3 %-50 %</td></tr>
<tr><td>TEV</td></tr>
<tr><td rowspan="2">AT-GrdSt</td><td>KESt</td><td rowspan="2">Direkte Nachfolge
1 %-3 %</td><td colspan="2" rowspan="2">D-Holding/AT-Holding/CH-Holding
4 %-50 %</td></tr>
<tr><td>TEV</td></tr>
<tr><td rowspan="2">FL-GrdSt</td><td>KESt</td><td rowspan="2">AT-Holding
1 %-3 %</td><td rowspan="2">CH-Holding
4 %</td><td rowspan="2">FL-Holding/CH-Holding
5 %-50 %</td></tr>
<tr><td>TEV</td></tr>
<tr><td rowspan="2">CH-GrdSt</td><td>KESt</td><td rowspan="2">Direkte Nachfolge
1 %-3 %</td><td rowspan="2">CH-Holding
KEST: 4 %-23 %
TEV: 4 %-36 %</td><td rowspan="2">D-Stiftung
KESt: 24 %-50 %
TEV: 37 %-50 %</td></tr>
<tr><td>TEV</td></tr>
<tr><td rowspan="2">KG (D-BS)</td><td>KESt</td><td colspan="3" rowspan="2">Direkte Nachfolge
1 %-50 %</td></tr>
<tr><td>TEV</td></tr>
<tr><td rowspan="2">KG (AT-BS)</td><td>KESt</td><td colspan="3" rowspan="2">D-Holding/AT-Holding/CH-Holding
1 %-50 %</td></tr>
<tr><td>TEV</td></tr>
<tr><td rowspan="2">KG (FL-BS)</td><td>KESt</td><td colspan="3" rowspan="2">FL-Holding/CH-Holding
1 %-50 %</td></tr>
<tr><td>TEV</td></tr>
<tr><td rowspan="2">KG (CH-BS)</td><td>KESt</td><td colspan="3" rowspan="2">Direkte Nachfolge
1 %-50 %</td></tr>
<tr><td>TEV</td></tr>
<tr><th colspan="2">Mit DBA D/FL</th><th colspan="3">Nachfolgeinstrumente mit max. KW nach Steuern bei Renditen von 1 % bis 50 % (Vollausschüttung)</th></tr>
<tr><td rowspan="2">FL-GrdSt</td><td>KESt</td><td rowspan="2">D-Stiftung
1 %-2 %</td><td colspan="2" rowspan="2">Direkte Nachfolge
3 %-50 %</td></tr>
<tr><td>TEV</td></tr>
<tr><td rowspan="2">KG (FL-BS)</td><td>KESt</td><td colspan="3" rowspan="2">Direkte Nachfolge
1 %-50 %</td></tr>
<tr><td>TEV</td></tr>
</table>

Tabelle 62: Keine ErbSt-Vergünstigungen: NFI mit max. KW nach Steuern bei Renditen von 1 % bis 50 % (Vollausschüttung)

Sind die schenkungsteuerlichen Vergünstigungen für Betriebsvermögen und für Wohngrundstücke nicht anwendbar, wirkt sich die Höhe der Rendite bei Vollausschüttung im

Vergleich zu einer Renditeänderung bei Anwendung des 85%igen Verschonungsabschlags und der Begünstigung für Wohngrundstücke in geringerem Umfang auf das Nachfolgeinstrument mit dem jeweils höchsten Kapitalwert nach Steuern aus. Bei Beteiligungen an Kapitalgesellschaften und bei Anteilen an einer Kommanditgesellschaft führt eine Änderung der Rendite in dem Bereich von 1 % bis zu 50 % zu keiner Veränderung des Nachfolgeinstruments mit dem jeweils maximalen Kapitalwert nach Steuern. Bei Beteiligungen an Kapitalgesellschaften ergeben sich im Vergleich zu den Renditeänderungen bei Anwendung des 85%igen Verschonungsabschlags für Betriebsvermögen abweichende Nachfolgeinstrumente mit den jeweils höchsten Kapitalwerten nach Steuern. Bei Anteilen an Kommanditgesellschaften ist das Nachfolgeinstrument mit dem maximalen Kapitalwert nach Steuern (direkte Nachfolge) bei deutschen Betriebstätten insgesamt und bei schweizerischen Betriebstätten ab einer Rendite von 6 % identisch. Bei österreichischen und liechtensteinischen Betriebstätten weichen die einsetzbaren Nachfolgeinstrumente mit den höchsten Kapitalwerten nach Steuern vom Fall der Anwendbarkeit des 85%igen Verschonungsabschlags ab.

Entfällt der Abschlag in Höhe von 10 % für in der EU bzw. im EWR belegene Wohngrundstücke, ergeben sich bei deutschen, österreichischen und liechtensteinischen Grundstücken unabhängig von der Art der Besteuerung von Stiftungszuwendungen je nach Höhe der Rendite nahezu bei denselben Nachfolgeinstrumenten jeweils die höchsten Kapitalwerte nach Steuern wie bei Gültigkeit des 10%igen Abschlags für EU- bzw. EWR-Wohngrundstücke bei Anwendung des Teileinkünfteverfahrens für Stiftungszuwendungen. Da der 10%ige Abschlag nicht auf schweizerische Grundstücke anwendbar ist, kommt es bei diesen zu keinen abweichenden Rangfolgen. Im Gegensatz dazu ergeben sich bei Beteiligungen an schweizerischen Kapitalgesellschaften und bei Anteilen an einer Kommanditgesellschaft mit einer schweizerischen Betriebstätte trotz der Nichtanwendbarkeit des Verschonungsabschlags für Betriebsvermögen zum Teil abweichende Nachfolgeinstrumente mit den höchsten Kapitalwerten nach Steuern, da die Betriebsvermögensbegünstigungen durch Zwischenschaltung einer EU- bzw. EWR-Holding auch auf schweizerisches Vermögen übertragen werden können.[1]

---

[1] Vgl. dazu auch *Jülicher, M.*, § 13b ErbStG, 2012, Rz. 194.

Ohne DBA D/FL		Nachfolgeinstrumente mit max. KW nach Steuern bei Renditen von 1 % bis 50 % (Thesaurierungsquote: 50 %)						
D-KapG	KESt TEV	Direkte Nachfolge 1 %	FL-Holding 2 %-40 %	CH-Holding 41 %	AT-Holding 42 %-50 %			
AT-KapG	KESt TEV	D-Holding 1 %	AT-Holding 2 %-13 %	CH-Holding 14 %	AT-Holding 15 %-38 %	CH-Holding 39 %	AT-Holding KESt: 40 %-49 % TEV: 40 %-50 %	AT-Stiftung 50 %
FL-KapG	KESt TEV	FL-Holding 1 %-10 %	CH-Holding 11 %	FL-Holding KESt: 12 %-38 % TEV: 12 %-45 %	FL-Stiftung KESt: 39 %-50 % TEV: 46 %-50 %			
CH-KapG	KESt TEV	Direkte Nachfolge 1 %	AT-Holding 2 %-50 %					
D-Grdst	KESt TEV	Direkte Nachfolge 1 %	FL-Holding KESt: 2 %-38 % TEV: 2 %-43 %	AT-Stiftung KESt: 39 %-50 % TEV: 44 %-50 %				
AT-GrdSt	KESt TEV	Direkte Nachfolge 1 %	D-Holding/AT-Holding/CH-Holding KESt: 2 %-43 % TEV: 2 %-49 %	AT-Stiftung KESt: 44 %-50 % TEV: 50 %				
FL-GrdSt	KESt TEV	AT-Holding KESt: 1 %-31 % TEV: 1 %-32 %	AT-Stiftung KESt: 32 %-50 % TEV: 33 %-50 %					
CH-GrdSt	KESt TEV	Direkte Nachfolge 1 %	D-Holding 2 %	FL-Holding KESt: 3 %-19 % TEV: 3 %-20 %	AT-Stiftung KESt: 20 %-50 % TEV: 21 %-50 %			
KG (D-BS)	KESt TEV	D-Holding 1 %-50 %						
KG (AT-BS)	KESt TEV	D-Holding/AT-Holding/CH-Holding KESt: 1 %-49 % TEV: 1 %-50 %	FL-Stiftung 50 %					
KG (FL-BS)	KESt TEV	FL-Holding/CH-Holding KESt: 1 %-31 % TEV: 1 %-34 %	FL-Stiftung KESt: 32 %-50 % TEV: 35 %-50 %					
KG (CH-BS)	KESt TEV	Direkte Nachfolge 1 %-50 %						

Tabelle 63: Keine ErbSt-Vergünstigungen: NFI mit max. KW nach Steuern bei Renditen von 1 % bis 50 % (TQ: 50 % ohne DBA D/FL)

Mit dem DBA D/FL verändern sich ab dem 1. 1. 2013 die Nachfolgeinstrumente mit den jeweils höchsten Kapitalwerten nach Steuern wie folgt:

Mit DBA D/FL		Nachfolgeinstrumente mit max. KW nach Steuern bei Renditen von 1 % bis 50 % (Thesaurierungsquote: 50 %)	
FL-GrdSt	KESt TEV	D-Stiftung 1 %-4 %	Direkte Nachfolge 5 %-50 %
KG (FL-BS)	KESt	Direkte Nachfolge 1 %-50 %	

Tabelle 64: Keine ErbSt-Vergünstigungen: NFI mit max. KW nach Steuern bei Renditen von 1 % bis 50 % (TQ: 50 % mit DBA D/FL)

Bei der hälftigen Thesaurierung (Tabelle 63 und Tabelle 64) und bei der Vollthesaurierung (Tabelle 65) sind die Nachfolgeinstrumente mit den höchsten Kapitalwerten nach Steuern bei deutschen, österreichischen und liechtensteinischen Grundstücken ähnlich wie bei Gültigkeit des 10%igen Abschlags für Wohngebäude. Bei schweizerischen Grundstücken ergeben sich je nach Rendite die jeweils identischen Nachfolgeinstrumente mit den höchsten Kapitalwerten.

Ohne DBA D/FL	Nachfolgeinstrumente mit max. KW nach Steuern bei Renditen von 1 % bis 50 % (Vollthesaurierung)					
D-KapG	FL-Holding 1 %-25 %	FL-Stiftung 26 %-50 %				
AT-KapG	D-Holding 1 %	AT-Holding 2 %-6 %	D-Holding 7 %	AT-Holding 8 %-24 %	AT-Stiftung 25 %-50 %	
FL-KapG	FL-Holding 1 %-4 %	D-Holding 5 %	FL-Holding 6 %-14 %	CH-Holding 15 %	FL-Holding 16 %-18 %	FL-Stiftung 19 %-50 %
CH-KapG	D-Holding 1 %	AT-Holding 2 %-17 %	CH-Holding 19 %	AT-Holding 20 %-25 %	AT-Stiftung 26 %-50 %	
D-Grdst	FL-Holding 1 %-19 %	AT-Stiftung 20 %-50 %				
AT-GrdSt	Direkte Nachfolge 1 %	D-Holding/AT-Holding/ CH-Holding 2 %-21 %	AT-Stiftung 21 %-50 %			
FL-GrdSt	AT-Holding 1 %-14 %	AT-Stiftung 15 %-50 %				
CH-GrdSt	D-Holding 1 %-2 %	FL-Holding 3 %-13 %	AT-Stiftung 14 %-50 %			
KG (D-BS)	D-Holding 1 %-26 %	FL-Stiftung 27 %-50 %				
KG (AT-BS)	D-Holding/AT-Holding/CH-Holding 1 %-24 %	FL-Stiftung 25 %-50 %				
KG (FL-BS)	FL-Holding/CH-Holding 1 %-14 %	FL-Stiftung 15 %-50 %				
KG (CH-BS)	Direkte Nachfolge 1 %-16 %	FL-Stiftung 17 %-50 %				
Mit DBA D/FL						
FL-GrdSt	D-Stiftung 1 %-13 %	AT-Stiftung 14 %-50 %				
KG (FL-BS)	D-Holding/FL-Holding/CH-Holding 1 %-14 %	FL-Stiftung 15 %-50 %				

Tabelle 65: Keine ErbSt-Vergünstigungen: NFI mit max. KW nach Steuern bei Rendite von 1 % bis 50 % (Vollthesaurierung)

Sind die schenkungsteuerlichen Vergünstigungen für Betriebsvermögen und Wohngrundstücke nicht anwendbar, gewinnen die österreichische und liechtensteinische Stiftung mit steigenden Renditen und steigenden Thesaurierungsquoten an Bedeutung, wohingegen bei der Anwendbarkeit der Regelverschonung für Betriebsvermögen und des Abschlags für vermietete Wohngrundstücke die österreichische Stiftung bei den meisten Vermögensarten mit steigenden Renditen und steigenden Thesaurierungsquoten jeweils die höchsten Kapitalwerte nach Steuern hat. Die deutsche Stiftung weist in beiden Alternativen bei hohen Renditen und Thesaurierungsquoten bei keiner Vermögensart die höchsten Kapitalwerte nach Steuern auf. Damit zeigt sich, dass sich mit steigenden Renditen und Thesaurierungsquoten die erbschaftsteuerlichen Vorteile einer deutschen Stiftung bei Errichtung durch die alle 30 Jahre wiederkehrende Erbersatzsteuer vollständig aufheben und zu einer Benachteiligung der inländischen Stiftung führen.

d) Veränderung des Werts des Vermögens

Sind die schenkungsteuerlichen Vergünstigungen für Betriebsvermögen und für vermietete Wohngrundstücke nicht anwendbar, wirkt sich eine Veränderung des Vermögens im Vergleich zu dem Fall, dass die Regelverschonung für Betriebsvermögen und der Abschlag für vermietete Wohngrundstücke anwendbar sind, weniger stark auf die Nachfolgeinstrumente mit den höchsten Kapitalwerten nach Steuern aus. Da im Fall der Nichtanwendbarkeit der schenkungsteuerlichen Vergünstigungen die Bemessungsgrundlage der Schenkungsteuer im Vergleich zum Ausgangsfall bereits erhöht ist und damit ein höherer Schenkungsteuersatz gilt, führt eine Veränderung des Vermögenswerts bei den aperiodischen Steuerwirkungen zu geringeren Veränderungen.

In den folgenden Tabellen werden die Nachfolgeinstrumente mit den höchsten Kapitalwerten bei Vermögenswerten von einer Mio. bis zu 200 Mio. Euro bei Versagung der schenkungsteuerlichen Vergünstigungen (Regelverschonung bei Betriebsvermögen und Abschlag für vermietete Wohngrundstücke) bei Vollausschüttung (Tabelle 66 und 67), bei hälftiger Thesaurierung (Tabelle 68) und bei Vollthesaurierung (Tabelle 69) gezeigt.

Ohne DBA D/FL		**Nachfolgeinstrumente mit max. KW nach Steuern bei Vermögenswerten von 1 Mio. bis 200 Mio. Euro (Vollausschüttung)**
D-KapG	KESt	Direkte Nachfolge 1-200 Mio.
	TEV	
AT-KapG	KESt	Direkte Nachfolge 1-200 Mio.
	TEV	
FL-KapG	KESt	Direkte Nachfolge 1-200 Mio.
	TEV	
CH-KapG	KESt	Direkte Nachfolge 1-200 Mio.
	TEV	
D-Grdst	KESt	CH-Holding 1-200 Mio.
	TEV	
AT-GrdSt	KESt	D-Holding/AT-Holding/CH-Holding 1-200 Mio.
	TEV	
FL-GrdSt	KESt	FL-Holding/CH-Holding 1-200 Mio.
	TEV	
CH-GrdSt	KESt	CH-Holding 1-200 Mio.
	TEV	
KG (D-BS)	KESt	Direkte Nachfolge 1-200 Mio.
	TEV	
KG (AT-BS)	KESt	D-Holding/AT-Holding/CH-Holding 1-200 Mio.
	TEV	
KG (FL-BS)	KESt	FL-Holding/CH-Holding 1-200 Mio.
	TEV	
KG (CH-BS)	KESt	Direkte Nachfolge 1-200 Mio.
	TEV	

Tabelle 66: Keine ErbSt-Vergünstigungen: NFI mit max. KW nach Steuern bei Vermögen von 1 Mio. bis 200 Mio. Euro (Vollausschüttung ohne DBA D/FL)

Mit dem DBA D/FL verändern sich die Nachfolgeinstrumente mit den höchsten Kapitalwerten nach Steuern seit dem 1. 1. 2013 wie folgt:

Mit DBA D/FL		**Nachfolgeinstrumente mit max. KW nach Steuern bei Vermögenswerten von 1 Mio. bis 200 Mio. Euro (Vollausschüttung)**
FL-GrdSt	KESt	Direkte Nachfolge 1-200 Mio.
	TEV	
KG (FL-BS)	KESt	Direkte Nachfolge 1-200 Mio.
	TEV	

Tabelle 67: Keine ErbSt-Vergünstigungen: NFI mit max. KW nach Steuern bei Vermögen von 1 Mio. bis 200 Mio. Euro (Vollausschüttung mit DBA D/FL)

Die Nachfolgeinstrumente mit den höchsten Kapitalwerten nach Steuern stellen sich bei einer Thesaurierungsquote von 50 % für die einzelnen Vermögenswerte wie folgt dar:

Ohne DBA D/FL		Nachfolgeinstrumente mit max. KW nach Steuern bei Vermögenswerten von 10 Mio. bis 200 Mio. Euro (Thesaurierung: 50 %)			
D-KapG	KESt / TEV	CH-Holding 1 Mio.	FL-Holding 2-25 Mio.	CH-Holding 26 Mio.	FL-Holding 27-200 Mio.
AT-KapG	KESt / TEV	CH-Holding 1-2Mio.	AT-Holding 3-200 Mio.		
FL-KapG	KESt / TEV	FL-Holding 1-200 Mio.			
CH-KapG	KESt / TEV	CH-Holding 1 Mio.	AT-Holding 2-24 Mio.	CH-Holding 25 Mio.	AT-Holding 26-200 Mio.
D-Grdst	KESt / TEV	FL-Holding 1-200 Mio.			
AT-GrdSt	KESt / TEV	D-Holding/AT-Holding/CH-Holding 1-200 Mio.			
FL-GrdSt	KESt / TEV	AT-Holding 1-200 Mio.			
CH-GrdSt	KESt / TEV	FL-Holding 1-200 Mio.			
KG (D-BS)	KESt / TEV	D-Holding 1-200 Mio.			
KG (AT-BS)	KESt / TEV	D-Holding/AT-Holding/CH-Holding 1-200 Mio.			
KG (FL-BS)	KESt	FL-Holding/CH-Holding 1-3 Mio.	FL-Stiftung 4 Mio.-	FL-Holding/CH-Holding 5-200 Mio.	
	TEV	FL-Holding/CH-Holding 1-200 Mio.			
KG (CH-BS)	KESt / TEV	Direkte Nachfolge 1-200 Mio.			
Mit DBA D/FL					
FL-GrdSt	KESt / TEV	Direkte Nachfolge 1-200 Mio.			
KG (FL-BS)	KESt / TEV	Direkte Nachfolge 1-200 Mio.			

Tabelle 68: Keine ErbSt-Vergünstigungen: NFI mit max. KW nach Steuern bei Vermögen von 1 Mio. bis 200 Mio. Euro (TQ: 50 %)

Bei Vollausschüttung reagieren die Nachfolgeinstrumente im Fall, dass die schenkungsteuerlichen Vergünstigungen für Betriebsvermögen und für vermietete Wohngrundstücke nicht anwendbar sind, bei allen Vermögensarten nicht auf eine Veränderung des Vermögenswerts. Auch bei hälftiger Thesaurierung wirkt sich eine Veränderung des Vermögenswerts bei den meisten Vermögensarten nicht auf das Nachfolgeinstrument mit den höchsten Kapitalwerten nach Steuern aus. Nur bei Beteiligungen an deutschen, österreichischen und schweizerischen Kapitalgesellschaften sowie bei Anteilen an einer Kommanditgesellschaft mit einer liechtensteinischen Betriebstätte kommt es bei bestimmten Vermögenswerten zu einem Wechsel des Nachfolgeinstruments mit dem maximalen Kapitalwert nach Steuern.

Ohne DBA	Nachfolgeinstrumente mit max. KW nach Steuern bei Vermögenswerten von 10 Mio. bis 200 Mio. Euro (Vollthesaurierung)							
D-KapG	FL-Holding 1-33 Mio.	D-Holding 34 Mio.	FL-Holding 35-200 Mio.					
AT-KapG	CH-Holding 1 Mio.	AT-Holding 2-200 Mio.						
FL-KapG	FL-Holding 1-3 Mio.	FL-Stiftung 4 Mio.	FL-Holding 5-200 Mio.					
CH-KapG	D-Holding 1 Mio.-	AT-Holding 2- 200 Mio.						
D-Grdst	FL-Holding 1-200 Mio.							
AT-GrdSt	D/-Holding/AT-Holding/ CH-Holding 1-32 Mio.	FL-Holding 33 Mio.	D/-Holding/AT-Holding/ CH-Holding 34-64Mio.	FL-Holding 65 Mio.	D/-Holding/AT-Holding/ CH-Holding 66-200 Mio.			
FL-GrdSt	AT-Holding 1-2 Mio.	AT-Stiftung 3-4 Mio.	AT-Holding 5-200 Mio.					
CH-GrdSt	FL-Holding 1-200 Mio.							
KG (D-BS)	D-Holding 1-28 Mio.	FL-Holding 29 Mio.-	D-Holding 30-200 Mio.					
KG (AT-BS)	D/-Holding/AT-Holding/CH-Holding 1-200 Mio.							
KG (FL-BS)	FL-Holding/ CH-Holding 1 Mio.	FL-Stiftung 2 -4 Mio.	FL-Holding/ CH-Holding 5-26 Mio.	FL-Stiftung 27-200 Mio.				
KG (CH-BS)	Direkte Nachfolge 1-3 Mio.	FL-Stiftung 4 Mio.-	Direkte Nachfolge 5-52 Mio.	FL-Stiftung 53-200 Mio.				
Mit DBA D/FL								
FL-GrdSt	D-Holding 1 Mio.	D-Stiftung 2-5 Mio.	D-Holding 6 Mio.	D-Stiftung 7-11 Mio.	D-Holding 12-13 Mio.	D-Stiftung 14-22 Mio.	D-Holding 23-26 Mio.	D-Stiftung 27-200 Mio.
KG (FL-BS)	D-Holding/FL-Holding/ CH-Holding 1 Mio.	FL-Stiftung 2-4 Mio.	D-Holding/FL-Holding/ CH-Holding 5-26 Mio.	FL-Stiftung 27-200 Mio.				

Tabelle 69: Keine ErbSt-Vergünstigungen: NFI mit max. KW nach Steuern bei Vermögen von 1 Mio. bis 200 Mio. Euro (Vollthesaurierung)

Im Fall der Vollthesaurierung sind die Nachfolgeinstrumente mit den höchsten Kapitalwerten auch bei deutschen und schweizerischen Grundstücken sowie bei Anteilen an einer Kommanditgesellschaft mit einer österreichischen Betriebstätte nicht von der Höhe des Vermögenswerts abhängig. Bei den anderen Vermögensarten wirkt sich die Höhe des Vermögenswerts auf die Nachfolgeinstrumente mit den jeweils höchsten Kapitalwerten nach Steuern aus, wobei bei den einzelnen Vermögensarten in Abhängigkeit von der Höhe des Vermögenswerts jeweils zwei unterschiedliche Nachfolgevarianten den höchsten Kapitalwert nach Steuern aufweisen.

2. Optionsverschonung für Betriebsvermögen

a) Änderung der Kapitalwerte im Vergleich zum Ausgangsfall

Kann bei Beteiligungen an Kapitalgesellschaften und bei Anteilen an einer Kommanditgesellschaft anstelle der Regelverschonung die Optionsverschonung angewendet werden, reduzieren sich die aperiodischen Steuerbelastungen, so dass sich diese weniger stark auf den Kapitalwert auswirken und die periodischen Steuerbelastungen damit an Bedeutung gewinnen.

In Tabelle 70 sind die bei Anwendbarkeit der Optionsverschonung von Betriebsvermögen veränderten Kapitalwerte nach Steuern bei Vollausschüttung zusammengefasst.

Ohne DBA D/FL		D-Stiftung	AT-Stiftung	FL-Stiftung	D-Holding	AT-Holding	FL-Holding	CH-Holding	direkte Nachfolge
D-KapG	KESt	10.450.304	10.186.829	10.503.265	10.156.494	10.283.081	10.294.192	8.099.739	**10.074.728**
	TEV	10.171.630	9.906.347	10.223.178					
AT-KapG	KESt	11.038.428	10.779.397	9.429.236	10.740.470	10.875.649	9.220.163	8.689.985	**10.667.296**
	TEV	10.744.070	10.483.113	9.177.790					
FL-KapG	KESt	13.611.469	13.371.882	13.688.317	13.295.363	13.468.134	13.479.244	11.272.315	**13.259.780**
	TEV	13.248.496	13.006.465	13.323.296					
CH-KapG	KESt	8.293.015	3.852.026	-41.513	11.106.296	11.246.858	7.239.319	9.059.740	**9.290.505**
	TEV	7.999.315	3.545.843	-240.137					
KG (D-BS)	KESt	10.554.596	10.222.417	10.539.782	10.471.422	10.445.498	10.456.608	8.132.039	**10.863.744**
	TEV	10.273.140	9.940.961	10.258.721					
KG (AT-BS)	KESt	11.110.647	10.778.468	11.095.833	11.038.770	11.038.770	11.023.955	**8.921.491**	9.876.131
	TEV	10.814.363	10.482.184	10.799.944					
KG (FL-BS)	KESt	11.771.928	9.947.218	12.871.882	11.621.649	10.140.229	**12.732.714**	**10.615.435**	10.863.744
	TEV	11.435.843	9.650.934	12.506.465					
KG (CH-BS)	KESt	7.868.549	5.341.463	5.333.828	11.301.908	11.275.983	11.287.094	9.184.630	**13.117.790**
	TEV	7.536.670	4.999.102	4.991.861					
Mit DBA D/FL									
KG (FL-BS)	KESt	12.871.882	9.947.218	12.871.882	12.732.714	10.140.229	12.732.714	10.615.435	16.986.945
	TEV	12.506.465	9.650.934	12.506.465					

Tabelle 70: Optionsverschonung: Kapitalwerte nach Steuern (Vollausschüttung)

Die Nachfolgeinstrumente mit den höchsten Kapitalwerten nach Steuern sind bei Anwendbarkeit der Regelverschonung (Ausgangsfall) durch hellgraue Markierung, bei Versagung der Betriebsvermögensvergünstigungen durch Fettdruck und bei Anwendbarkeit der Optionsverschonung durch dunkelgraue Markierung hervorgeben. Bei den meisten Vermögensarten sind die Nachfolgeinstrumente mit den höchsten Kapitalwerten nach Steuern bei der Optionsverschonung mit denjenigen bei der Regelverschonung identisch. Nur bei Beteiligungen an deutschen, österreichischen und liechtensteinischen Kapitalgesellschaften und bei Anteilen an einer Kommanditgesellschaft mit einer österreichischen Betriebstätte weichen die Nachfolgeinstrumente mit den jeweils höchsten Kapitalwerten nach Steuern bei der Anwendung der Abgeltungsteuer für Stiftungszuwendungen bei Optionsverschonung und Regelverschonung voneinander ab.

b) Veränderung des Ausschüttungsverhaltens der Stiftung bzw. Holding

In Tabelle 71 werden die Nachfolgeinstrumente mit den jeweils höchsten Kapitalwerten in Abhängigkeit von der Thesaurierungsquote bei der Optionsverschonung gezeigt:

Ohne DBA D/FL		Nachfolgeinstrumente mit max. KW nach Steuern in Abhängigkeit von der Thesaurierungsquote		
D-KapG	KESt	FL-Stiftung KESt: 1 %-100 % TEV: 10 %-100 %		
	TEV	FL-Holding 0 %-9 %	FL-Stiftung KESt: 1 %-100 % TEV: 10 %-100 %	
AT-KapG	KESt	D-Stiftung 0 %-24 %	AT-Stiftung KESt: 25 %-100 % TEV: 50 %-100 %	
	TEV	AT-Holding 0 %-49 %	AT-Stiftung KESt: 25 %-100 % TEV: 50 %-100 %	
FL-KapG	KESt	FL-Stiftung KESt: 0 %-100 % TEV: 15 %-100 %		
	TEV	FL-Holding 0 %-14 %	FL-Stiftung KESt: 0 %-100 % TEV: 15 %-100 %	
CH-KapG	KESt	AT-Holding 0 %-100 %		
	TEV	AT-Holding 0 %-100 %		
KG (D-BS)	KESt	Direkte Nachfolge KESt: 0 %-9 % TEV: 0 %-12 %	FL-Stiftung KESt: 10 %-100 % TEV: 30 %-100 %	
	TEV	Direkte Nachfolge KESt: 0 %-9 % TEV: 0 %-12 %	D-Holding 13 %-29 %	FL-Stiftung KESt: 10 %-100 % TEV: 30 %-100 %
KG (AT-BS)	KESt	D-Stiftung 0 %-4 %	FL-Stiftung KESt: 5 %-100 % TEV: 32 %-100 %	
	TEV	D-Holding/AT-Holding 0 %-31 %	FL-Stiftung KESt: 5 %-100 % TEV: 32 %-100 %	
KG (FL-BS)	KESt	FL-Stiftung KESt: 0 %-100 % TEV: 25 %-100 %		
	TEV	FL-Holding 0 %-24 %	FL-Stiftung KESt: 0 %-100 % TEV: 25 %-100 %	
KG (CH-BS)	KESt	Direkte Nachfolge 0 %-38 %	D-Holding 39 %-100 %	
	TEV	Direkte Nachfolge 0 %-38 %	D-Holding 39 %-100 %	
Mit DBA D/FL				
KG (FL-BS)	KESt	Direkte Nachfolge KESt: 0 %-56 % TEV: 0 %-58 %	FL-Stiftung KESt: 57 %-100 % TEV: 59 %-100 %	
	TEV	Direkte Nachfolge KESt: 0 %-56 % TEV: 0 %-58 %	FL-Stiftung KESt: 57 %-100 % TEV: 59 %-100 %	

Tabelle 71: Optionsverschonung: NFI mit max. KW nach Steuern in Abhängigkeit von der Thesaurierungsquote

Bei der Anwendung der Optionsverschonung wirkt sich die Art der Besteuerung von Stiftungszuwendungen im Vergleich zum Ausgangsfall (Regelverschonung) bei niedrigeren Thesaurierungsquoten stärker auf die Nachfolgeinstrumente mit den jeweils höchsten Kapitalwerten aus. Wie im Ausgangsfall gewinnt die Nachfolge durch eine ausländische Stiftung mit steigenden Thesaurierungsquoten an Bedeutung, wobei liechtensteinische bzw. österreichische Stiftungen bei der Optionsverschonung bereits bei niedrigeren Thesaurierungsquoten jeweils die höchsten Kapitalwerte nach Steuern aufweisen. Im Vergleich zum Ausgangsfall kommt es bei der Optionsverschonung beim Einsatz einer liechtensteinischen Stiftung häufiger zu den höchsten Kapitalwerten.

c) Veränderung der Rendite

In den folgenden Tabellen werden die Nachfolgeinstrumente mit den höchsten Kapitalwerten je nach Art und Belegenheit des Vermögens bei der Anwendung der Optionsverschonung für Renditen von 1 % bis zu 50 % bei Vollausschüttung (Tabelle 72), bei hälftiger Thesaurierung (Tabelle 73) und bei Vollthesaurierung (Tabelle 74) gezeigt.

Ohne DBA D/FL		Nachfolgeinstrumente mit max. KW nach Steuern bei Renditen von 1 % bis 50 % (Vollausschüttung)		
D-KapG	KESt	D-Stiftung: 1 %-3 %	FL-Stiftung KESt: 4 %-50 %	
	TEV	D-Stiftung: 1 %-3 %	FL-Stiftung TEV: 4 %-7 %	FL-Holding 8 %-50 %
AT-KapG	KESt	D-Stiftung: KESt: 1 %-29 %	AT-Holding KESt: 30 %-50 %	
	TEV	D-Stiftung: TEV: 1 %-6 %	AT-Holding TEV: 7 %-50 %	
FL-KapG	KESt	D-Stiftung: 1 %-2 %	FL-Stiftung KESt: 3 %-50 %	
	TEV	D-Stiftung: 1 %-2 %	FL-Stiftung TEV: 3 %-5 %	FL-Holding 6 %-50 %
CH-KapG	KESt	D-Holding 1 %	AT-Holding 2 %-50 %	
	TEV	D-Holding 1 %	AT-Holding 2 %-50 %	
KG (D-BS)	KESt	D-Stiftung 1 %	Direkte Nachfolge KESt: 2 %-50 %	
	TEV	Direkte Nachfolge TEV: 1 %-50 %		
KG (AT-BS)	KESt	D-Stiftung KESt: 1 %-50 %		
	TEV	D-Stiftung TEV: 1 %-2 %	D-Holding/AT-Holding 3 %-50 %	
KG (FL-BS)	KESt	FL-Stiftung KESt: 1 %-50 %		
	TEV	FL-Stiftung TEV: 1 %-3 %	FL-Holding 4 %-50 %	
KG (CH-BS)	KESt	D-Holding 1 %-5 %	Direkte Nachfolge 6 %-50 %	
	TEV	D-Holding 1 %-5 %	Direkte Nachfolge 6 %-50 %	
Mit DBA D/FL				
KG (FL-BS)	KESt	Direkte Nachfolge 1 %-50 %		
	TEV	Direkte Nachfolge 1 %-50 %		

Tabelle 72: Optionsverschonung: NFI mit max. KW nach Steuern bei Renditen von 1 % bis 50 % (Vollausschüttung)

Im Vergleich zum Ausgangsfall haben bei der Anwendung der Optionsverschonung bei Beteiligungen an deutschen und österreichischen Kapitalgesellschaften sowie bei Anteilen an einer Kommanditgesellschaft mit einer liechtensteinischen Betriebstätte grundsätzlich die gleichen Nachfolgeinstrumente den jeweils höchsten Kapitalwert nach Steuern, wobei die deutsche bzw. liechtensteinische Stiftung bei der Anwendung der Optionsverschonung für eine größere Bandbreite an Renditen jeweils den höchsten Kapitalwert nach Steuern haben. Bei Beteiligungen an schweizerischen Kapitalgesellschaften und Anteilen an Kommanditgesellschaften mit schweizerischer und seit dem 1. 1. 2013 liechtensteinischer Betriebstätte ergeben sich bei Anwendung der Optionsverschonung im Vergleich zum Ausgangsfall bei identischen Renditen bei denselben Nachfolgeinstrumenten jeweils die höchsten Kapitalwerte nach Steuern. Bei Anteilen an einer Kommanditgesellschaft mit einer deutschen Betriebstätte ergeben sich bei identischen Renditen bei Gültigkeit des Teileinkünfteverfahrens für Stiftungszuwendungen bei allen Renditen und bei Gültigkeit der Abgeltungsteuer für Stiftungszuwendungen ab einer Rendite von 2 % bei der direkten Nachfolge jeweils die höchsten Kapitalwerte.

Ohne DBA D/FL		Nachfolgeinstrumente mit max. KW nach Steuern bei Renditen von 1 % bis 50 % (Thesaurierungsquote: 50 %)		
D-KapG	KESt / TEV	FL-Stiftung: 1 %-50 %		
AT-KapG	KESt / TEV	D-Stiftung 1 %-5 %	AT-Holding 6 %-9 %	AT-Stiftung KESt: 6 %950 % TEV: 10 %-50 %
FL-KapG	KESt / TEV	FL-Stiftung 1 %-50 %		
CH-KapG	KESt / TEV	D-Holding 1 %	AT-Holding 2 %-50 %	
KG (D-BS)	KESt / TEV	D-Stiftung 1 %	FL-Stiftung 2 %-50 %	
KG (AT-BS)	KESt / TEV	FL-Stiftung 1 %-50 %		
KG (FL-BS)	KESt / TEV	FL-Stiftung 1 %-50 %		
KG (CH-BS)	KESt / TEV	D-Holding 1 %-15 %	Direkte Nachfolge 16 %-50 %	
Mit DBA D/FL				
KG (FL-BS)	KESt / TEV	Direkte Nachfolge 1 %-50 %		

Tabelle 73: Optionsverschonung: NFI mit max. KW nach Steuern bei Renditen von 1 % bis 50 % (TQ: 50 %)

Ohne DBA D/FL	Nachfolgeinstrumente mit max. KW nach Steuern bei Renditen von 1 % bis 50 % (Vollthesaurierung)	
D-KapG	FL-Stiftung: 3 %-50 %	
AT-KapG	D-Stiftung: 1 %-2 %	AT-Stiftung: 3 %-50 %
FL-KapG	FL-Stiftung: 1 %-50 %	
CH-KapG	D-Holding: 1 %	AT-Holding:2 %-50 %
KG (D-BS)	FL-Stiftung: 1 %-50 %	
KG (AT-BS)	FL-Stiftung: 1 %-50 %	
KG (FL-BS)	FL-Stiftung: 1 %-50 %	
KG (CH-BS)	D-Holding: 1 %-31 %	AT-Stiftung: 32 %-50 %
Mit DBA D/FL		
KG (FL-BS)	FL-Stiftung: 1 %-50 %	

Tabelle 74: Optionsverschonung: NFI mit max. KW nach Steuern bei Renditen von 1 % bis 50 % (Vollthesaurierung)

Im Vergleich zum Ausgangsfall haben im Fall der hälftigen Thesaurierung und im Vollausschüttungsfall bei Anwendung der Optionsverschonung nur bei Beteiligungen an schweizerischen Kapitalgesellschaften und bei Anteilen an einer Kommanditgesellschaft mit einer liechtensteinischen Betriebstätte bis zum 31. 12. 2012 bei identischen Renditen die gleichen Nachfolgeinstrumente die jeweils höchsten Kapitalwerte. Bei allen anderen Vermögensarten weichen die Nachfolgeninstrumente mit den höchsten Kapitalwerten nach Steuern bei Anwendung der Optionsverschonung im Vergleich zur Regelverschonung (Ausgangsfall) bei identischen Renditen teilweise voneinander ab.

d) Veränderung des Werts des Vermögens

In folgenden Tabellen sind die Nachfolgeinstrumente mit den höchsten Kapitalwerten nach Steuern bei Vermögenswerten von einer Mio. bis zu 200 Mio. Euro bei der Anwendung der Optionsverschonung für den Fall der Vollausschüttung (Tabelle 75), den Fall der hälftigen Thesaurierung (Tabelle 76) und den Fall der Vollthesaurierung (Tabelle 77) zusammengefasst.

Ohne DBA D/FL		Nachfolgeinstrumente mit max. KW nach Steuern bei Vermögenswerten von 1 Mio. bis 200 Mio. Euro (Vollausschüttung)		
D-KapG	KESt	D-Stiftung/Direkte Nachfolge (1 Mio.)	D-Stiftung (2-3 Mio.)	FL-Stiftung (4-200 Mio.)
	TEV	Direkte Nachfolge (1-3 Mio.)	FL-Holding (4-102 Mio.)	FL-Stiftung (103-200 Mio.)
AT-KapG	KESt	D-Stiftung/Direkte Nachfolge (1 Mio.)		D-Stiftung (2-200 Mio.)
	TEV	Direkte Nachfolge (1-3 Mio.)		AT-Holding (4-200 Mio.)
FL-KapG	KESt	D-Stiftung/Direkte Nachfolge (1 Mio.)	D-Stiftung (2 Mio.)	FL-Stiftung (3-200 Mio.)
	TEV	Direkte Nachfolge (1-3 Mio.)		FL-Holding (4-200 Mio.)
CH-KapG	KESt / TEV	Direkte Nachfolge (1 Mio.)		AT-Holding (2-200 Mio.)
KG (D-BS)	KESt	D-Stiftung (1 Mio.)		Direkte Nachfolge (2-200 Mio.)
	TEV	Direkte Nachfolge (1-200 Mio.)		
KG (AT-BS)	KESt	D-Stiftung (1-200 Mio.)		
	TEV	D-Holding/AT-Holding (1-200 Mio.)		
KG (FL-BS)	KESt	FL-Stiftung (1-200 Mio.)		
	TEV	FL-Holding (1-200 Mio.)		
KG (CH-BS)	KESt / TEV	Direkte Nachfolge (1-200 Mio.)		
Mit DBA D/FL				
KG (FL-BS)	KESt / TEV	Direkte Nachfolge (1-200 Mio.)		

Tabelle 75: Optionsverschonung: NFI mit max. KW nach Steuern bei Änderung des Vermögens (Vollausschüttung)

Ohne DBA D/FL		Nachfolgeinstrumente mit max. KW nach Steuern bei Vermögenswerten von 1 Mio. bis 200 Mio. Euro (Thesaurierung 50 %)		
D-KapG	KESt	FL-Stiftung (1-200 Mio.)		
	TEV	FL-Holding (1 Mio.)		FL-Stiftung (2-200 Mio.)
AT-KapG	KESt	D-Stiftung (1 Mio.)		AT-Stiftung (2-200 Mio.)
	TEV	D-Holding (1 Mio.)	AT-Holding (2 Mio.)	AT-Stiftung (3-200 Mio.)
FL-KapG	KESt	FL-Stiftung (1-200 Mio.)		
	TEV	FL-Holding (1 Mio.)		FL-Stiftung (2-200 Mio.)
CH-KapG	KESt / TEV	D-Holding (1 Mio.)		AT-Holding (2-200 Mio.)
KG (D-BS)	KESt	D-Stiftung (1 Mio.)		FL-Stiftung (2-200 Mio.)
	TEV	D-Holding (1-2 Mio.)		FL-Stiftung (3-200 Mio.)
KG (AT-BS)	KESt	D-Holding/AT-Holding (1 Mio.)		FL-Stiftung (2-200 Mio.)
	TEV	D-Holding/AT-Holding (1-2 Mio.)		FL-Stiftung (3-200 Mio.)
KG (FL-BS)	KESt	FL-Stiftung (1-200 Mio.)		
	TEV	FL-Holding (1 Mio.)		FL-Stiftung (2-200 Mio.)
KG (CH-BS)	KESt / TEV	Direkte Nachfolge (1-2 Mio.)		D-Holding (3-200 Mio.)
Mit DBA D/FL				
KG (FL-BS)	KESt	Direkte Nachfolge (1-81 Mio.)		FL-Stiftung (82-200 Mio.)
	TEV	Direkte Nachfolge (1-200 Mio.)		

Tabelle 76: Optionsverschonung: NFI mit max. KW nach Steuern bei Änderung des Vermögens (TQ: 50 %)

Ohne DBA D/FL	Nachfolgeinstrumente mit max. KW nach Steuern bei Vermögenswerten von 1 Mio. bis 200 Mio. Euro (Vollthesaurierung)	
D-KapG	FL-Stiftung (1-200 Mio.)	
AT-KapG	AT-Stiftung (1-200 Mio.)	
FL-KapG	FL-Stiftung (1-200 Mio.)	
CH-KapG	D-Holding (1 Mio.)	AT-Holding (2-200 Mio.)
KG (D-BS)	FL-Stiftung (1-200 Mio.)	
KG (AT-BS)	D-Holding/AT-Holding (1 Mio.)	FL-Stiftung (2-200 Mio.)
KG (FL-BS)	FL-Stiftung (1-200 Mio.)	
KG (CH-BS)	D-Holding (1-200 Mio.)	
Mit DBA D/FL		
KG (FL-BS)	FL-Stiftung (1-200 Mio.)	

Tabelle 77: Optionsverschonung: NFI mit max. KW nach Steuern bei Änderung des Vermögens (Vollthesaurierung)

Im Vergleich zum Ausgangsfall (Regelverschonung) reagieren die Nachfolgeinstrumente mit den jeweils höchsten Kapitalwerten nach Steuern bei der Anwendung der Optionsverschonung weniger stark auf unterschiedliche Vermögenswerte. Bis zum 31. 12. 2012 können je nach der Art und Belegenheit des Vermögens sowie der Art der Besteuerung von Stiftungszuwendungen bei Vermögenswerten von einer Mio. bis zu drei Mio. unterschiedliche Nachfolgeinstrumente jeweils den höchsten Kapitalwert nach Steuern aufweisen. Bei Vermögenswerten ab vier Mio. hängt das Nachfolgeinstrument mit den jeweils maximalen Kapitalwerten nach Steuern nicht mehr von der Höhe des Vermögenswerts ab. Mit dem DBA D/FL kommt es seit dem 1. 1. 2013 bei Beteiligungen an deutschen Kapitalgesellschaften bei Vermögenswerten zwischen 102 Mio. und 103 Mio. Euro und bei Anteilen an einer Kommanditgesellschaft mit einer liechtensteinischen Betriebstätte bei Vermögenswerten zwischen 82 Mio. und 83 Mio. Euro zu einer Veränderung des jeweiligen Nachfolgeinstruments mit den höchsten Kapitalwerten nach Steuern.

E. Zusammenfassung der Ergebnisse

Ausgehend von dem der Untersuchung zugrundeliegenden Modell lassen sich für die Unternehmensnachfolgeplanung folgende Ergebnisse zusammenfassen: Im Rahmen der Unternehmensnachfolgeplanung sind in Abhängigkeit von der Art und Belegenheit des Vermögens und in Abhängigkeit von der Art des Nachfolgeinstruments unterschiedliche Steuerarten aus verschiedenen Steuerrechtsordnungen zu berücksichtigen.

Bei der erstmaligen Vermögensübertragung können neben den deutschen und schweizerischen Schenkungsteuern die liechtensteinische Widmungsteuer, die österreichische Stiftungseingangsteuer, die deutsche und österreichische Grunderwerbsteuer Steuerbelastungen auslösen. Zudem können sich bei der erstmaligen Vermögensübertragung Ertragsteuerbelastungen ergeben, sofern die Vermögensübertragung die Auflösung von stillen Reserven bedingt. Während der Existenz der Nachfolgeinstrumente lösen insbesondere die laufenden Ertrag- und Vermögensteuern der verschiedenen Rechtsordnungen Steuerwirkungen aus. Daneben führen die Vermögensübertragungen auf die jeweils nachfolgende Generation in den Zeitpunkten t = 30 und t = 60 zu verkehrsteuerlichen Belastungen aufgrund der deutschen Schenkungsteuer und der österreichischen Grunderwerbsteuer. Bei der Auflösung der Nachfolgeinstrumente kommen insbesondere Ertragsteuern auf die in den Vermögenswerten ruhenden stillen Reserven, Schenkungsteuer und deutsche bzw. österreichische Grunderwerbsteuer zur Anwendung.

Aus der periodenübergreifenden Analyse der Steuerwirkungen über die gesamte Laufzeit der eingesetzten Nachfolgeinstrumente ergibt sich bei Anwendung der Regelverschonung für Betriebsvermögen und dem Abschlag für vermietete Wohngebäude, dass die Nachfolgeinstrumente mit den höchsten Kapitalwerten nach Steuern neben der Art und Belegenheit des Vermögens auch von der Art der Besteuerung der Stiftungszuwendungen an die Begünstigten abhängen. Neben der Kenntnis über die Zusammensetzung des Vermögens ist aus steuerlicher Sicht zur Bestimmung des Nachfolgeinstruments mit den jeweils höchsten Kapitalwerten nach Steuern die spätere Einflussmöglichkeit der Begünstigten einzuschätzen.

Die Nachfolgeinstrumente mit den höchsten Kapitalwerten nach Steuern hängen für die einzelnen Vermögensarten zudem von der Ausschüttungsintensität ab. Mit steigender Thesaurierungsquote gewinnt bei Beteiligungen an Kapital- und Kommanditgesellschaften insbesondere die österreichische und liechtensteinische Stiftung an Bedeutung. Bei Grundstücken und Beteiligungen an schweizerischen Kapital- und Kommanditgesellschaften erhöht sich mit steigenden Thesaurierungsquoten die Attraktivität einer Holding, wobei der Holdingstandort von der Belegenheit des Vermögens abhängt. Zur Bestimmung des Nachfolgeinstruments mit den höchsten Kapitalwerten nach Steuern ist somit auch die Ausschüttungsintensität bei den einzelnen Nachfolgeinstrumenten zu schätzen.

Mit zunehmenden Renditen und steigenden Thesaurierungsquoten erhöht sich die Attraktivität der österreichische Stiftung. Ergeben sich beim Einsatz einer österreichischen Stiftung im Fall der Vollausschüttung unabhängig von der Rendite bei keiner Vermögensart die jeweils höchsten Kapitalwerte nach Steuern, weist die österreichische Stiftung bei Vollausschüttung und höheren Renditen bei den meisten Vermögensarten die höchsten Kapitalwerte nach Steuern auf. Für die Bestimmung des Nachfolgeinstruments mit dem jeweils höchsten Kapitalwert nach Steuern ist somit auch die Rendite bzw. Renditeentwicklung zu schätzen.

Die Nachfolgeinstrumente mit den höchsten Kapitalwerten nach Steuern sind von der Höhe des Vermögenswerts abhängig. Insbesondere bei der Gültigkeit der Abgeltungssteuer für Stiftungszuwendungen schwanken die Nachfolgeinstrumente mit den jeweils höchsten Kapitalwerten nach Steuern bei vergleichsweise niedrigen Vermögenswerten je nach Vermögensart zum Teil stark. Sowohl bei höheren Vermögenswerten als auch bei hohen Thesaurierungsquoten reduzieren sich die Schwankungen.

Sind die schenkungsteuerlichen Vergünstigungen für Betriebsvermögen und für vermietete Wohngrundstücke nicht anwendbar, erhöht sich die Attraktivität der liechtensteinischen Stiftung bei steigenden Renditen und Thesaurierungsquoten. Bei abweichenden Vermögenswerten ergeben sich geringere Schwankungen der Nachfolgeinstrumente mit den höchsten Kapitalwerten nach Steuern und es kommt je nach Thesaurierungsquote zu einer Veränderung zugunsten der direkten Nachfolge bzw. einer Holding. Ist dagegen die Optionsverschonung für Betriebsvermögen anwendbar, ergeben sich in vielen Fällen bei der liechtensteinischen Stiftung die höchsten Kapitalwerte nach Steuern.

Anhang

I. Überblick über die einschlägigen Steuerarten

1. Deutschland

Einkommensteuer: Die Einkommensteuer dient der Ertragsbesteuerung von natürlichen Personen. Bemessungsgrundlage ist das Einkommen natürlicher Personen. Der Steuertarif ist grundsätzlich progressiv ausgestaltet, wobei der Höchststeuersatz bei 45 % liegt. Bei Kapitalerträgen gilt ein gesonderter proportionaler Steuertarif mit einem Steuersatz von 25 % (Abgeltungsteuer).

Körperschaftsteuer: Die Körperschaftsteuer dient der Ertragsbesteuerung von juristischen Personen. Bemessungsgrundlage ist das Einkommen juristischer Personen. Der Steuertarif ist proportional ausgestaltet und liegt bei einheitlich 15 %.

Gewerbesteuer: Die Gewerbesteuer wird bei inländischen gewerblichen Einkünften zusätzlich zur Einkommen- bzw. Körperschaftsteuer erhoben. Der Steuersatz hängt von dem jeweiligen kommunalen Hebesatz der Gemeinde, in dem eine inländische Betriebsstätte belegen ist, ab. Die Gewerbesteuer ist auf die Einkommensteuer bis zu einem Hebesatz von 380 % anrechenbar.

Personengesellschaften: Personengesellschafen werden nach dem Transparenzprinzip direkt auf Ebene der Gesellschafter besteuert. Die Gewerbesteuer wird auf Ebene der Personengesellschaft erhoben und ist bei natürlichen Personen als Gesellschafter bis zu einem Hebesatz von 380 % anteilig auf die Einkommensteuer anrechenbar.

Erbschaft- und

Schenkungsteuer: Die Erbschaft- und Schenkungsteuer fällt bei Erwerben von Todes wegen und bei freigebigen Zuwendungen unter Lebenden an, wenn entweder der Erblasser/Schenker oder der Erbe/Zuwendungsempfänger im Inland ansässig sind (unbeschränkte Steuerpflicht). Die Errichtung einer Stiftung stellt ebenso wie die Aufhebung einer Stiftung einen schenkungsteuerpflichtigen Vorgang dar. Bemessungsgrundlage ist der gemeine Wert des übertragenen Vermögens. Für Betriebsvermögen und für vermietete Wohngrundstücke innerhalb der EU bzw. des EWR sind Steuerentlastungen vorgesehen. Der Steuertarif ist progressiv ausgestaltet und hängt von dem Verwandtschaftsverhältnis zwischen der zuwendenden Person und dem Empfänger der Zuwendung ab und liegt zwischen 7 % und 50 %.

Bei inländischen Familienstiftungen fällt nach der Errichtung der Familienstiftung alle 30 Jahre die Erbersatzsteuer an. Bei der Erbersatzsteuer wird eine Vermögensübertragung auf zwei Kinder fingiert.

Grunderwerbsteuer: Die Grunderwerbsteuer wird bei einem Erwerb von inländischem Grundvermögen erhoben. Der Steuersatz liegt zwischen 3,5 % und 5 %. Zur Vermeidung einer Doppelbesteuerung sind Erwerbe, die bereits der Schenkungsteuer unterliegen, von der Grunderwerbsteuer befreit.

2. Österreich

Einkommensteuer: Die Einkommensteuer dient der Ertragsbesteuerung von natürlichen Personen. Bemessungsgrundlage ist das Einkommen natürlicher Personen. Der Steuertarif ist grundsätzlich progressiv ausgestaltet, wobei der Höchststeuersatz bei 50 % liegt. Bei Kapitalerträgen und bei Gewinnen aus der Veräußerung von Grundstücken gilt ein gesonderter proportionaler Steuertarif mit einem Steuersatz von 25 %.

Körperschaftsteuer: Die Körperschaftsteuer dient der Ertragsbesteuerung von juristischen Personen. Der Steuertarif ist proportional ausgestaltet und liegt bei einheitlich 25 %. Die Körperschaftsteuer beträgt mindestens 5 % von einem Viertel der gesetzlichen Mindesthöhe des Grund- bzw. Stammkapitals. Für österreichische Privatstiftungen gelten teilweise Sonderregelungen.

Personengesellschaften: Personengesellschafen werden nach dem Transparenzprinzip direkt auf Ebene der Gesellschafter besteuert.

Grunderwerbsteuer: Die Grunderwerbsteuer wird bei einem Erwerb von österreichischem Grundvermögen erhoben. Der Steuersatz liegt bei 2 %, 3,5 % oder 6 %.

Stiftungseingangsteuer: Der Stiftungseingangsteuer unterliegen Vermögensübertragungen auf eine österreichische Stiftung sowie Vermögensübertragungen auf eine ausländische Stiftung, sofern der Stifter in Österreich ansässig ist. Bemessungsgrundlage ist grundsätzlich der gemeine Wert. Von der Stiftungseingangsteuer ausgenommen ist österreichisches und ausländisches Grundvermögen. Der Steuersatz liegt bei österreichischen Stiftungen, die ihre Offenlegungspflichten erfüllen, bei einheitlich 2,5 % und bei österreichischen und ausländischen Stiftungen, die ihre Offenlegungspflichten nicht erfüllen, bei einheitlich 25 %.

3. Liechtenstein

Vermögen- und Erwerbsteuer: Die Vermögen- und Erwerbsteuer dient der Vermögens- und Erwerbsbesteuerung von natürlichen Personen. Die Vermögensteuer umfasst das Vermögen von natürlichen Personen, wobei sich die sachliche Steuerpflicht bei beschränkt Steuerpflichtigen nur auf liechtensteinische Betriebstätten und Grundstücke erstreckt. Bemessungsgrundlage für die Vermögensteuer ist der Verkehrswert und für die Erwerbsteuer der steuerpflichtige Erwerb (Einkommen). Bei betrieblichen Erwerben ist ein Eigenkapitalzinsabzug in Höhe von 4 % des modifizierten Eigenkapitals als Aufwand abzugsfähig. Ausgenommen von der Vermögen- und Erwerbsteuer sind ausländische Grundstücke und Betriebstätten. Bei der Erwerbsteuer sind Kapitaleinkünfte (Dividenden, Veräußerungsgewinne) steuerfrei. Die Vermögensteuer ist als Sollertragsteuer ausgestaltet, so dass die Vermögenswerte mit einem standardisierten Sollertrag in die Bemessungsgrundlage der Erwerbsteuer einfließen. Der Steuersatz liegt bei beschränkt Steuerpflichtigen auf Landesebene bei 4 % zuzüglich des Gemeindezuschlags, so dass sich eine Steuerbelastung von 10 % bis 14 % ergibt. Bei unbeschränkt Steuerpflichtigen gilt ein progressiver Steuertarif, wobei der Höchststeuersatz auf Landesebene bei 7 % liegt und sich durch die Gemeindezuschläge (150 % bis 250 %) auf 17,5 % bis 24,5 % erhöht.

Ertragsteuer: Der Ertragsteuer unterliegen die Erträge von juristischen Personen. Bemessungsgrundlage ist der Reinertrag (modifizierter handelsrechtlicher Gewinn). Erträge aus ausländischen Betriebstätten und ausländischen Grundstücken sind von der Ertragsteuer befreit. Zudem sind laufende Gewinnanteile (Dividenden) und Gewinne aus der Veräußerung von Beteiligungen an Kapitalgesellschaften ertragsteuerfrei. Bei der Ermittlung des steuerpflichtigen Reinertrags ist ein Eigenkapitalzinsabzug in Höhe von 4 % des modifizierten Eigenkapitals abzugsfähig. Der Steuertarif ist proportional ausgestaltet und der Steuersatz liegt bei einheitlich 12,5 %.

Grundstücks-gewinnsteuer: Die Grundstücksgewinnsteuer wird bei Übertragungen von liechtensteinischen Grundstücken anstelle der Vermögen- und Erwerbsteuer bzw. der Ertragsteuer erhoben. Bemessungsgrundlage ist die Differenz zwischen dem Veräußerungspreis einerseits und den historischen Anschaffungskosten und den wertvermehrenden Aufwendungen andererseits. In Höhe der bisher vorgenommenen Abschreibungen unterliegt der Grundstücksgewinn bei natürlichen Personen der Vermögen- und Erwerbsteuer und bei juristischen Personen der Ertragsteuer. Der Steuertarif ist progressiv ausgestaltet und entspricht dem Tarif für alleinstehende natürliche Personen ohne Kinder. Auf diesen Tarif wird ein Gemeindezuschlag von 200 % erhoben. Der Steuersatz liegt somit bei Grundstücksgewinnen, die den Grundfreibetrag von 15.000 CHF übersteigen, zwischen 3 % und 21 %.

Personengesell-schaften: Personengesellschafen werden nach dem Transparenzprinzip direkt auf Ebene der Gesellschafter besteuert.

Widmungsteuer: Die Widmungsteuer entsteht, wenn durch eine Vermögensübertragung auf eine juristische Person die liechtensteinische Vermögensteuerpflicht endet. Der Steuertarif ist proportional ausgestaltet und der Steuersatz liegt auf Landesebene bei 2,5 % des vermögensteuerlichen Wertes zuzüglich eines Gemeindezuschlags (150 % bis 250 %). Die Steuerbelastung liegt somit zwischen 6,25 % und 8,75 %. Zur Vermeidung der einmaligen Widmungsteuer kann zur Vermögensbesteuerung optiert werden.

4. Schweiz

In der Schweiz erheben sowohl der Bund als auch die Kantone und Gemeinden jeweils eigene Steuern. Die Ertragsteuern auf Ebene der Kantone und Gemeinden sind durch das Bundesgesetz über die Harmonisierung der direkten Steuern der Kantone und Gemeinden (StHG) harmonisiert.

Einkommensteuer: Die Einkommensteuer dient der Ertragsbesteuerung von natürlichen Personen. Eine Einkommensteuer wird sowohl auf Bundesebene als auch auf kantonaler und kommunaler Ebene erhoben. Bemessungsgrundlage ist jeweils das steuerpflichtige Einkommen natürlicher Personen. Der Steuertarif ist in der Regel progressiv ausgestaltet, wobei sowohl auf Bundesebene als auch in jedem Kanton und jeder Gemeinde unterschiedliche Steuertarife gelten bzw. unterschiedliche Steuersätze anwendbar sind.

Vermögensteuer: Eine Vermögensteuer wird nur von den Kantonen und Gemeinden erhoben. Die Vermögensteuer umfasst das Vermögen von natürlichen Personen. Der Steuertarif ist überwiegend progressiv ausgestaltet. Einige Kantone wenden aber auch proportionale Steuertarife an.

Gewinnsteuer: Mit der Gewinnsteuer werden die Erträge von juristischen Personen besteuert. Bei Beteiligungserträgen, die aus Beteiligungen von mindestens 10 % am Stammkapital einer anderen Gesellschaft stammen, ist ein Beteiligungsabzug möglich. Die Steuern des Bundes, der Kantone und Gemeinden sind bei der Ermittlung des Gewinns abziehbar. Auf Bundesebene gilt für Kapitalgesellschaften ein linearer Steuersatz von einheitlich 8,5 %. Bei Vereinen, Stiftungen und sonstigen juristischen Personen reduziert sich der proportionale Steuersatz auf 4,25 %. Auf Ebene der Kantone und Gemeinden sind die Steuertarife der Gewinnsteuern überwiegend proportional ausgestaltet. Davon abweichend gibt es auch Kantone, in denen je nach Ertragsintensität oder je nach Höhe des Gewinns unterschiedliche Steuersätze anwendbar sind. Für Holdinggesellschaften und Verwaltungsgesellschaften sind auf kantonaler und kommunaler Ebene Steuererleichterungen in Form der vollen oder teilweisen Steuerbefreiung des Gewinns von der Gewinnsteuer vorgesehen.

Kapitalsteuer: Eine Kapitalsteuer wird nur von den Kantonen und Gemeinden erhoben. Bemessungsgrundlage für die Kapitalsteuern ist das Eigenkapital. Die Steuertarife der kantonalen und kommunalen Kapitalsteuern sind größtenteils proportional ausgestaltet. In manchen Kantonen ist die Gewinnsteuer auf die Kapitalsteuer anrechenbar. Bei Holdinggesellschaften und Verwaltungsgesellschaften ist ein reduzierter Kapitalsteuersatz anwendbar.

Grundstücks-gewinnsteuer: Die Grundstücksgewinnsteuer wird nur auf kantonaler und kommunaler Ebene erhoben. Gegenstand der Grundstücksgewinnsteuer sind Veräußerungen oder diesen gleichstellte Rechtsvorgänge. Die Grundstücksgewinnsteuer wird entweder nach dem monistischen oder dem dualistischen System erhoben. Bei dem monistischen System unterliegen Veräußerungsgewinne aus Grundstücken des Privatvermögens ebenso wie Wertzuwachsgewinne (Differenz zwischen Veräußerungspreis und Anschaffungskosten) aus Betriebsgrundstücken der speziellen Grundstücksgewinnsteuer und sind von der Einkommen- bzw. Gewinnsteuer befreit. In Höhe der vorgenommenen Abschreibungen sind Gewinne aus der Veräußerung von Betriebsgrundstücken einkommen- bzw. gewinnsteuerpflichtig. Beim dualistischen System unterliegen nur Veräußerungsgewinne aus Grundstücken des Privatvermögens der speziellen Grundstücksgewinnsteuer, wohingegen Gewinne aus der Veräußerung von Betriebsgrundstücken insgesamt nur der Einkommen- bzw. Gewinnsteuer unterliegen. Bemessungsgrundlage ist die Differenz zwischen dem Veräußerungspreis einerseits und den Anschaffungskosten sowie den anrechenbaren Aufwendungen andererseits. Der Steuertarif ist überwiegend progressiv ausgestaltet.

Personengesellschaften: Personengesellschafen werden grundsätzlich nach dem Transparenzprinzip direkt auf Ebene der Gesellschafter besteuert. Sind die Gesellschafter beschränkt steuerpflichtig, werden die auf diese Gesellschafter entfallenden Gewinnanteile nach den Regelungen für juristische Personen besteuert.

Erbschaft- und Schenkungsteuer: Die nicht harmonisierten Erbschaft- und Schenkungsteuern werden nur auf kantonaler Ebene und zum Teil auch von den Gemeinden erhoben, wobei der Kanton Luzern nur eine Erbschaftsteuer kennt und der Kanton Schwyz auf eine Besteuerung von Erbschaften und Schenkungen insgesamt verzichtet. Die Errichtung einer Stiftung stellt in allen, eine Schenkungsteuer erhebenden Kantonen einen schenkungsteuerpflichtigen Vorgang dar. Bemessungsgrundlage ist in der Regel der gemeine Wert des übertragenen Vermögens. Die Steuertarife sind überwiegend progressiv ausgestaltet. Der anzuwendende Steuersatz richtet sich in der Regel nach dem Verwandtschaftsverhältnis des Erwerbers zum Erblasser/Schenker.

Handänderungsteuer: Die Handänderungsteuer wird nur auf kantonaler und kommunaler Ebene erhoben. Gegenstand der Handänderungsteuer ist jeder Eigentumsübergang von Grundstücken, die in einem eine Handänderungsteuer erhebenden Kanton bzw. Gemeinde belegen sind. Bemessungsgrundlage für die Handänderungsteuer ist der Kaufpreis, der Verkehrswert oder der amtliche Steuer- bzw. Katasterwert des Grundstücks. Der Steuersatz ist grundsätzlich proportional ausgestaltet und liegt zwischen 1 % und 3 %. In einigen Kantonen ist der Tatbestand der Schenkung von der Handänderungsteuer befreit.

II. Formale Darstellung der einzelnen Steuerbelastungen

Im Folgenden werden die den Berechnungen zugrundeliegenden Formeln für die einzelnen Vermögensarten und Nachfolgeinstrumente dargestellt, wobei sich der Kapitalwert nach Steuern allgemein wie folgt darstellt:

(1) $C_0 = \sum_{t=1}^{90}(rV_0 - S_t)(1 + i_s)^{-t} - S_{VÜ,0} - S_{VÜ,30}{}^{-30} - S_{VÜ,60}{}^{-60} - S_{VÜ,90}{}^{-90}$

Diese allgemeine Formel konkretisiert sich bei den einzelnen Nachfolgeinstrumenten wie folgt:

1. Deutsche Stiftungen

a) Steuerbelastungen in den Zeitpunkten t = 0, t = 30, t = 60 und t = 90

Die Steuerbelastung bei Stiftungserrichtung ($S_{VÜ,0}$) ermittelt allgemein wie folgt:

(2) $S_{VÜ,0} = V_{0\,stpfl}\ s_{ErbSt\,(D)} + S_{übern} s_{ErbSt\,(D)}$

Bei österreichischen Grundstücken verändert sich Gleichung (2) wie folgt:

(3) $S_{VÜ,0} = max\ \{V_{0\,stpfl}\ s_{ErbSt\,(D)}; V_0\ s_{GrESt(AT)}\} + S_{übern} s_{ErbSt\,(D)}$

Bei liechtensteinischen Grundstücken und bei Anteilen an einer Kommanditgesellschaft mit einer liechtensteinischen Betriebstätte ergibt sich in t = 0 folgende Steuerbelastung:

(4) $S_{VÜ,0} = max\ \{V_{0\,stpfl}\ s_{ErbSt\,(D)}; (V_0 - SR_0) s_{WidSt\,(FL)}\} + S_{übern} s_{ErbSt\,(D)}$

Bei schweizerischen Grundstücken und Anteilen an einer Kommanditgesellschaft mit einer schweizerischen Betriebstätte stellt sich die Steuerbelastung im Zeitpunkt t = 0 wie folgt dar:

(5) $S_{VÜ,0} = max\ \{V_{0\,stpfl}\ s_{ErbSt\,(D)}; V_o s_{ErbSt\,(CH)}\} + S_{übern} s_{ErbSt\,(D)}$

Die Steuerbelastung in den Zeitpunkten t = 30 und t = 60 ($S_{VÜ,30}$ und $S_{VÜ,60}$) ermittelt sich wie folgt:

(6) $S_{VÜ,30} = V_{30\,stpfl}\ s_{ErbSt\,(D)}$

(7) $S_{VÜ,60} = V_{60\,stpfl}\ s_{ErbSt\,(D)}$

Im Zeitpunkt t = 90 ergibt sich folgende Steuerbelastung bei der Vermögensauskehrung:

(8) $S_{VÜ,90} = V_{90\,stpfl}\ s_{ErbSt\,(D)} + (V_{90} - V_0)s_{KESt\,(D)}$

Bei österreichischen Grundstücken verändert sich Gleichung (8) wie folgt:

(9) $S_{VÜ,90} = max\{V_{90\,stpfl}\ s_{ErbSt\,(D)};\ V_{90}s_{GrESt(AT)}\} + (V_{90} - V_0)s_{KESt\,(D)}$

b) Laufende Besteuerung

ba) Beteiligungen an Kapitalgesellschaften:

Für den Zeitraum t = 1 bis t = 29 ermittelt sich die laufende Steuerbelastung (S_t) bei Beteiligungen an Kapitalgesellschaften wie folgt:

(10) $S_t = rV_t[1 - (1 - s_{KapG})(1 - s_{QSt})(1 - s_{D-Stiftung})(1 - s_{nP})]$

Für den Zeitraum t = 30 bis t = 59 erweitert sich die Formel (10) um die jährliche Rate der im Zeitpunkt t = 30 anfallenden Erbersatzsteuer, so dass gilt:

(11) $S_t = rV_t[1 - (1 - s_{kapG})(1 - s_{QSt})(1 - s_{D-Stiftung} - 0{,}0652\, S_{VÜ,30})(1 - s_{nP})]$

Für den Zeitraum t = 60 bis t = 89 erweitert sich Formel (10) um die jährliche Rate der im Zeitpunkt t = 60 anfallenden Erbersatzsteuer, so dass gilt:

(12) $S_t = rV_t[1 - (1 - s_{KapG})(1 - s_{QSt})(1 - s_{D-Stiftung} - 0{,}0652\, S_{VÜ,60})(1 - s_{nP})]$

In t = 90 gilt wieder Gleichung (10).

bb) Grundstücke und Anteile an Kommanditgesellschaften:

Für den Zeitraum t = 1 bis t =29 ermittelt sich die laufende Steuerbelastung (S_t) bei Grundstücken und Anteilen an Kommanditgesellschaften allgemein wie folgt:

(13) $S_t = rV_t[1 - (1 - s_{D-Stiftung})(1 - s_{nP})]$

Für den Zeitraum t = 30 bis t = 59 erweitert sich die Formel (13) um die jährliche Rate der im Zeitpunkt t = 30 anfallenden Erbersatzsteuer, so dass gilt:

(14) $S_t = rV_t[1 - (1 - s_{D-Stiftung} - 0{,}0652\, S_{VÜ,30})(1 - s_{nP})]$

Für den Zeitraum t = 60 bis t = 89 erweitert sich Formel (13) um die jährliche Rate der im Zeitpunkt t = 60 anfallenden Erbersatzsteuer so dass gilt:

(15) $S_t = rV_t\left[1-\left(1-s_{D-Stiftung}-0{,}0652\, S_{VÜ,60}\right)(1-s_{nP})\right]$

In t = 90 gilt wieder Gleichung (13).

2. Österreichische Stiftung

a) Steuerbelastungen in den Zeitpunkten t = 0, t = 90

Die Steuerbelastung bei Stiftungserrichtung ($S_{VÜ,0}$) ermittelt allgemein wie folgt:

(16) $S_{VÜ,0} = max\ \{V_{0\,stpfl}\ s_{ErbSt\,(D)}; V_0\ s_{StiftESt}\} + S_{übern} s_{ErbSt\,(D)} + S_{übern} s_{StiftESt}$

Bei Beteiligungen an deutschen Kapitalgesellschaften und Anteilen an einer Kommanditgesellschaft mit deutschen Betriebstätten verändert sich Gleichung (16) wie folgt:

(17) $S_{VÜ,0} = V_{0\,stpfl}\ s_{ErbSt\,(D)} + V_0\ s_{StiftESt} + S_{übern} s_{ErbSt\,(D)} + S_{übern} s_{StiftESt}$

Bei deutschen Grundstücken ermittelt sich die Steuerbelastung bei Stiftungserrichtung ($S_{VÜ,0}$) wie folgt:

(18) $S_{VÜ,0} = V_{0\,stpfl}\ s_{ErbSt\,(D)} + S_{übern} s_{ErbSt\,(D)}$

Bei österreichischen Grundstücken verändert sich Gleichung (16) wie folgt:

(19) $S_{VÜ,0} = max\ \{V_{0\,stpfl}\ s_{ErbSt\,(D)}; V_0\ s_{GrESt(AT)}\} + S_{übern} s_{ErbSt\,(D)}$

Bei liechtensteinischen Grundstücken ergibt sich im Zeitpunkt t = 0 folgende Steuerbelastung ($S_{VÜ,0}$):

(20) $S_{VÜ,0} = max\ \{V_{0\,stpfl}\ s_{ErbSt\,(D)}; (V_0 - SR_0) s_{WidSt\,(FL)}\} + S_{übern} s_{ErbSt\,(D)}$

Bei schweizerischen Grundstücken stellt sich die Steuerbelastung im Zeitpunkt t = 0 wie folgt dar:

(21) $S_{VÜ,0} = max\ \{V_{0\,stpfl}\ s_{ErbSt\,(D)}; V_o s_{ErbSt(CH)}\} + S_{übern} s_{ErbSt\,(D)}$

Bei Anteilen an einer Kommanditgesellschaft mit liechtensteinischer Betriebstätte ergeben sich im Zeitpunkt t = 0 folgende Steuerbelastungen:

(22) $S_{VÜ,0} = max\ \{V_{0\,stpfl}\ s_{ErbSt\,(D)}; (V_0 - SR_0)s_{WidSt\,(FL)} + V_0\ s_{StiftESt}\} + S_{übern}s_{ErbSt\,(D)} + S_{übern}s_{StiftESt}$

Bei Anteilen an einer Kommanditgesellschaft mit einer schweizerischen Betriebstätte verändern sich die Steuerbelastungen im Zeitpunkt t = 0 wie folgt:

(23) $S_{VÜ,0} = max\ \{V_{0\,stpfl}\ s_{ErbSt\,(D)}; V_o s_{ErbSt\,(CH)} + V_0\ s_{StiftESt}\} + S_{übern}s_{ErbSt\,(D)} + S_{übern}s_{StiftESt}$

Im Zeitpunkt t = 90 ergibt sich folgende Steuerbelastung bei der Vermögensauskehrung ($S_{VÜ,90}$):

(24) $S_{VÜ,90} = V_{90\,stpfl}\ s_{ErbSt\,(D)} + (V_{90} - V_0)s_{KESt\,(D)}$

Bei österreichischen Grundstücken verändert sich Gleichung (24) wie folgt:

(25) $S_{VÜ,90} = max\{V_{90\,stpfl}\ s_{ErbSt\,(D)};\ V_{90}s_{GrESt(AT)}\} + (V_{90} - V_0)s_{KESt\,(D)} + SR_0 s_{KESt\,(AT)}$

Bei deutschen, schweizerischen und liechtensteinischen Grundstücken verändert sich Gleichung (24) wie folgt:

(26) $S_{VÜ,90} = V_{90\,stpfl.}\ s_{ErbSt\,(D)} + (V_{90} - V_0)s_{KESt\,(D)} + SR_0 s_{KESt\,(AT)}$

b) Laufende Besteuerung

ba) Beteiligungen an Kapitalgesellschaften:

Die laufende Steuerbelastung (S_t) bei Beteiligungen an Kapitalgesellschaften ermittelt sich allgemein wie folgt:

(27) $S_t = rV_t[1 - (1 - s_{KapG})(1 - s_{QSt})(1 - s_{AT-Stiftung})(1 - s_{nP})]$

bb) Grundstücke und Anteile an Kommanditgesellschaften:

Die laufende Steuerbelastung (S_t) bei Grundstücken und Anteilen an Kommanditgesellschaften ermittelt sich allgemein wie folgt:

(28) $S_t = rV_t[1 - (1 - s_{AT-Stiftung})(1 - s_{nP})]$

3. Liechtensteinische Stiftung

a) Steuerbelastungen in den Zeitpunkten t = 0, t = 90

Die Steuerbelastung bei Stiftungserrichtung ($S_{VÜ,0}$) ermittelt allgemein wie folgt:

(29) $S_{VÜ,0} = V_{0\,stpfl}\; s_{ErbSt\,(D)} + S_{übern} s_{ErbSt\,(D)}$

Bei österreichischen Grundstücken verändert sich Gleichung (29) wie folgt:

(30) $S_{VÜ,0} = max\,\{V_{0\,stpfl}\; s_{ErbSt\,(D)}; V_0\; s_{GrESt(AT)}\} + S_{übern} s_{ErbSt\,(D)}$

Bei liechtensteinischen Grundstücken und bei Anteilen an einer Kommanditgesellschaft mit einer liechtensteinischen Betriebstätte ergibt sich in t = 0 folgende Steuerbelastung:

(31) $S_{VÜ,0} = max\,\{V_{0\,stpfl}\; s_{ErbSt\,(D)}; (V_0 - SR_0) s_{WidSt\,(FL)}\} + S_{übern} s_{ErbSt\,(D)}$

Bei schweizerischen Grundstücken und Anteilen an einer Kommanditgesellschaft mit einer schweizerischen Betriebstätte stellt sich die Steuerbelastung in t = 0 wie folgt dar:

(32) $S_{VÜ,0} = max\,\{V_{0\,stpfl}\; s_{ErbSt\,(D)}; V_o s_{ErbSt(CH)}\} + S_{übern} s_{ErbSt\,(D)}$

Im Zeitpunkt t = 90 ergibt sich folgende Steuerbelastung bei der Vermögensauskehrung:

(33) $S_{VÜ,90} = V_{90\,stpfl}\; s_{ErbSt\,(D)} + (V_{90} - V_0) s_{KESt\,(D)}$

Bei österreichischen Grundstücken verändert sich Gleichung (33) wie folgt:

(34) $S_{VÜ,90} = max\{V_{90\,stpfl}\; s_{ErbSt\,(D)};\; V_{90}\; s_{GrESt\,(AT)}\} + (V_{90} - V_0) s_{KESt\,(D)}$

b) Laufende Besteuerung

ba) Beteiligungen an Kapitalgesellschaften:

Die laufende Steuerbelastung (S_t) bei Beteiligungen an Kapitalgesellschaften ermittelt sich allgemein wie folgt:

(35) $S_t = rV_t[1 - (1 - s_{KapG})(1 - s_{QSt})(1 - s_{FL-Stiftung})(1 - s_{nP})]$

bb) Grundstücke und Anteile an Kommanditgesellschaften:

Die laufende Steuerbelastung (S_t) bei Grundstücken und Anteilen an Kommanditgesellschaften ermittelt sich allgemein wie folgt:

(36) $S_t = rV_t\left[1 - \left(1 - s_{FL-Stiftung}\right)(1 - s_{nP})\right]$

4. Deutsche, österreichische, liechtensteinische und schweizerische Holding

Die Steuerwirkungen bei der Errichtung einer deutschen, österreichischen und liechtensteinischen Holding sind in den Zeitpunkten t = 0, t = 30, t = 60 und t = 90 jeweils identisch, so dass die folgenden Darstellungen für die drei Holdinggesellschaften entsprechend gelten. Bei einer schweizerischen Holding ergeben sich nur bei Anteilen an einer Kommanditgesellschaft mit einer österreichischen Betriebstätte Abweichungen im Vergleich zu einer deutschen, österreichischen und liechtensteinische Holding.

a) Steuerbelastungen in den Zeitpunkten t = 0, t = 30, t = 60 und t = 90

Die Steuerbelastung im Zeitpunkt t = 0 ($S_{VÜ,0}$) ermittelt sich bei Beteiligungen an Kapitalgesellschaften wie folgt:

(37) $S_{VÜ,0} = SR_0\, s_{ESt\,(D)} + V_{0\,stpfl}\, s_{ErbSt\,(D)}$

Bei deutschen Grundstücken ergibt sich in t = 0 folgende Steuerbelastung:

(38) $S_{VÜ,0} = SR_0\, s_{ESt\,(D)} + V_0 s_{GrESt(D)} + V_{0\,stpfl}\, s_{ErbSt\,(D)}$

Bei österreichischen Grundstücken verändert sich Gleichung (37) wie folgt:

(39) $S_{VÜ,0} = SR_0\, s_{ESt\,(AT)} + V_0 s_{GrESt(AT)} + V_{0\,stpfl}\, s_{ErbSt\,(D)}$

Bei liechtensteinischen Grundstücken ergibt sich im Zeitpunkt t = 0 bis zum 31. 12. 2012 folgende Steuerbelastung:

(40) $S_{VÜ,0} =$
$max\{SR_0 s_{GrdstGSt\,(FL)}; SR_0 s_{ESt\,(D)}\} + (V_0 - SR_0)\, s_{WidSt\,(FL)} + V_{0\,stpfl}\, s_{ErbSt\,(D)}$

Seit dem 1. 1. 2013 verändert sich Gleichung (40) mit dem DBA D/FL wie folgt:

(41) $S_{VÜ,0} = SR_0 s_{GrdstGSt\,(FL)} + (V_0 - SR_0) s_{WidSt\,(FL)} + V_{0\,stpfl}\, s_{ErbSt\,(D)}$

Bei Anteilen an einer Kommanditgesellschaft mit einer deutschen und österreichischen Betriebstätte ermittelt sich die in t = 0 anfallende Steuerbelastung bei der Errichtung einer deutschen, österreichischen und liechtensteinischen Holding wie folgt:

(42) $S_{VÜ,0} = V_{0\,stpfl}\ s_{ErbSt\,(D)}$

Gleichung (42) gilt auch für Anteile an einer Kommanditgesellschaft mit einer österreichischen Betriebstätte, die in eine schweizerische Holding eingebracht werden. Im Gegensatz dazu gilt bei Anteilen an einer Kommanditgesellschaft (mit einer deutschen Betriebstätte), die in eine schweizerische Holding eingebracht werden, Gleichung (37) entsprechend.

Bei Anteilen an einer Kommanditgesellschaft mit einer liechtensteinischen Betriebstätte stellt sich die Steuerbelastung im Zeitpunkt t = 0 wie folgt dar:

(43) $S_{VÜ,0} = SR_0 s_{ESt\,(FL)} + (V_0 - SR_0) s_{WidSt\,(FL)} + V_{0\,stpfl}\ s_{ErbSt\,(D)}$

Bei Anteilen an einer Kommanditgesellschaft mit einer schweizerischen Betriebstätte ermittelt sich die in t = 0 anfallende Steuerbelastung wie folgt:

(44) $S_{VÜ,0} = SR_0 s_{GSt\,(CH)} + V_{0\,stpfl}\ s_{ErbSt\,(D)}$

Die Steuerbelastung in den Zeitpunkten t = 30 und t = 60 ($S_{VÜ,30}$ und $S_{VÜ,60}$) ermittelt sich wie folgt:

(45) $S_{VÜ,30} = V_{30\,stpfl}\ s_{ErbSt\,(D)}$

(46) $S_{VÜ,60} = V_{60\,stpfl}\ s_{ErbSt\,(D)}$

Im Zeitpunkt t = 90 ergibt sich bei der Auflösung einer Holding allgemein folgende Steuerbelastung:

(47) $S_{VÜ,90} = (V_{90} - V_0) s_{Holding} + (V_{90} - V_0)(1 - s_{Holding}) s_{KESt\,(D)} + V_{90\,stpfl}\ s_{ErbSt\,(D)}$

Bei Anteilen an Kommanditgesellschaften mit deutschen und österreichischen Betriebstätten verändert sich Gleichung (47) bei der Auflösung einer deutschen, österreichischen und liechtensteinischen Holding wie folgt:

(48) $S_{VÜ,90} = (V_{90} - V_0 + SR_0)\ s_{Holding} + (V_{90} - V_0 + SR_0)(1 - s_{Holding}) s_{KESt\,(D)} + V_{90\,stpfl}\ s_{ErbSt\,(D)}$

Gleichung (48) gilt auch bei der Auflösung einer schweizerischen Holding, die über Anteile an einer Kommanditgesellschaft mit österreichischer Betriebstätte verfügt.

Bei österreichischen Grundstücken verändert sich Gleichung (48) wie folgt:

(49) $S_{VÜ,90} = (V_{90} - V_0 + SR_0)\, s_{Holding} + (V_{90} - V_0 + SR_0)(1 - s_{Holding}) s_{KESt\,(D)} + V_{90} s_{GrESt(AT)} + max\ \{V_{90\,stpfl}\ s_{ErbSt\,(D)}; V_{90} s_{GrESt(AT)}\}$

b) Laufende Besteuerung

ba) Beteiligungen an Kapitalgesellschaften:

Die laufende Steuerbelastung (S_t) bei Beteiligungen an Kapitalgesellschaften ermittelt sich allgemein wie folgt:

(50) $S_t = rV_t[1 - (1 - s_{KapG})(1 - s_{QSt})(1 - s_{Holding})(1 - s_{KESt\,(D)})]$

bb) Grundstücke und Anteile an Kommanditgesellschaften:

Die laufende Steuerbelastung (S_t) bei Grundstücken und Anteilen an Kommanditgesellschaften ermittelt sich allgemein wie folgt:

(51) $S_t = rV_t[1 - (1 - s_{Holding})(1 - s_{KESt\,(D)})]$

5. Direkte Nachfolge

a) Steuerbelastungen in den Zeitpunkten t = 0, t = 30, t = 60 und t = 90

Die Steuerbelastung bei Vermögensübertragung in t = 0 ($S_{VÜ,0}$) ermittelt allgemein wie folgt:

(52) $S_{VÜ,0} = V_{0\,stpfl}\ s_{ErbSt\,(D)}$

Bei österreichischen Grundstücken verändert sich Gleichung (52) wie folgt:

(53) $S_{VÜ,0} = max\ \{V_{0\,stpfl}\ s_{ErbSt\,(D)}; V_0\ s_{GrESt(AT)}\}$

Die Steuerbelastung in den Zeitpunkten t = 30 und t = 60 ($S_{VÜ,30}$ und $S_{VÜ,60}$) ermittelt sich wie folgt:

(54) $S_{VÜ,30} = V_{30\,stpfl}\ s_{ErbSt\,(D)}$

(55) $S_{VÜ,60} = V_{60\,stpfl}\ s_{ErbSt\,(D)}$

Bei österreichischen Grundstücken verändern sich Gleichung (54) und (55) wie folgt:

(56) $S_{VÜ,30} = max\ \{V_{30\,stpfl}\ s_{ErbSt\,(D)}; V_{30}\ s_{GrESt(AT)}\}$

(57) $S_{VÜ,60} = max\ \{V_{60\,stpfl}\ s_{ErbSt\,(D)}; V_{60}\ s_{GrESt(AT)}\}$

Im Zeitpunkt t = 90 ergibt sich folgende Steuerbelastung:

(58) $S_{VÜ,90} = V_{90\,stpfl}\ s_{ErbSt\,(D)}$

Bei österreichischen Grundstücken verändert sich Gleichung (58) wie folgt:

(59) $S_{VÜ,90} = max\{V_{90\,stpfl}\ s_{ErbSt\,(D)};\ V_{90} s_{GrESt(AT)}\}$

b) Laufende Besteuerung

Die laufende Steuerbelastung (S_t) bei Beteiligungen an Kapitalgesellschaften ermittelt sich allgemein wie folgt:

(60) $S_t\ = rV_t[1 - (1 - s_{KapG})(1 - s_{KESt\,(D)})]$

Die laufende Steuerbelastung (S_t) bei Grundstücken und Anteilen an Kommanditgesellschaften ermittelt sich allgemein wie folgt:

(61) $S_t\ = rV_t s_{nP}$

Literaturverzeichnis

Ah, Julia von [Besteuerung, 2011]: Die Besteuerung Selbständigerwerbender (Buchreihe: Grundzüge des Steuerrechts, Bd. 5), 2., erw. Aufl., Zürich/Basel/Genf: Schulthess, 2011

Albach, Horst/Freund, Werner [Generationswechsel, 1989]: Generationswechsel und Unternehmenskontinuität – Chancen, Risiken, Maßnahmen: eine empirische Untersuchung bei Mittel- und Großunternehmen gefördert von der Bertelsmann-Stiftung, Gütersloh: Verl. Bertelsmann-Stiftung, 1989

Althuber, Franz/Kirchmayr, Sabine/Toifl, Gerald [Österreich, 2007]: Österreich, in: Handbuch Stiftungsrecht, 2007, S. 1231-1282

Arnold, Nikolaus/Ludwig, Christian [Stiftungsbesteuerung, 2008]; Die neue Stiftungsbesteuerung, in: taxlex 4 (2008), S. 270-272

Arnold, Nikolaus/Ludwig, Christian [Stiftungshandbuch, 2010]: Stiftungshandbuch: Stiftungsrechtliche und steuerliche Bestimmungen Österreich und Liechtenstein, Wien: Linde, 2010

Arnold, Nikolaus/Stangl, Christian/Tanzer, Michael [Privatstiftungs-Steuerrecht, 2010]: Privatstiftungs-Steuerrecht: Systematische Kommentierung, 2. Aufl., Wien: LexisNexis, 2010

Bachmann, Carmen [Steuerplanung, 2008]: Ertrag- und Erbschaftsteuern bei der internationalen Steuerplanung mittelständischer Unternehmen, in: ZfB 78 (2008), Special Issue 2, S. 91-122

Bader, Axel/Täuber, Janine [Schweiz, 2012]: Analyse attraktiver Holding-Standorte in Europa – Schweiz, in: IWB 2012, S. 101-105

Balz, Ulrich/Bernau-Henkel, Detlef [Mittelstand, 2006]: Unternehmensnachfolge im Mittelstand, in: *Frank Borowicz/Klaus Mittermair* (Hrsg.), Management, 2006, S. 58-72

Bamberger, Heinz Georg/Roth, Herbert (Hrsg.) [BGB-Kommentar, 2007]: Kommentar zum Bürgerlichen Gesetzbuch, 3 Bände, 2. Aufl., München: Beck, 2007

Baßler, Johannes [Bedeutung, 2008]: Die Bedeutung des § 6 AStG bei der Planung der Unternehmensnachfolge, in: FR 90 (2008), S. 851-864

Beiser, Reinhold [Grenzüberschreitende Einbringungen, 2010]: Grenzüberschreitende Einbringungen und Umwandungen nach dem AbgÄG 2010, in: ÖStZ 63 (2010), S. 363-369

Benecke, Andreas [Entstrickung, 2007]: Entstrickung und Verstrickung bei Wirtschaftsgütern des Betriebsvermögens, in: NWB (Nr. 37 v. 10. 9. 2007) Fach 3, S. 14733-14756

Berger, Hanno/Kleinert, Jens [Ausländische Familienstiftung, 2011]: Ausländische Familienstiftung als Instrument der Steuergestaltung, in: *Siegfried Grotherr*, (Hrsg.), Handbuch Steuerplanung, 2011, S. 1503-1521

Berndt, Hans/Götz, Hellmut [Stiftung, 2009]: Stiftung und Unternehmen: Zivilrecht, Steuerrecht, Gemeinnützigkeit, 8. Aufl., Herne/Berlin: NWB, 2009

Beschorner, Dieter/Stehr, Christopher [Internationalisierungsstrategien, 2007]: Internationalisierungsstrategien für kleine und mittlere Unternehmen, in: BB 62 (2007), S. 315-321

Bieler, Stefan [Unternehmernachfolge, 1996]: Die Unternehmernachfolge als finanzwirtschaftliches Problem (zugl. Diss. Univ. Erlangen-Nürnberg, 1996), Wiesbaden: DUV, 1996

Birkenfeld, Wolfram, et al. [Entstrickungsbesteuerung, 2010]: Die Systematik der sog. Entstrickungsbesteuerung, in: DB 63 (2010), S. 1776-1789

Birnbaum, Ralf [Begünstigung, 2010]: Die Begünstigung unternehmerischen Vermögens durch das Erbschaftsteuerreformgesetz, Baden-Baden: Nomos, 2010

Bisle, Michael [Erbschaftsteuerreform, 2009]: Erbschaftsteuerreform – ein Blick über die Grenze, in: IWB (Nr. 1 v. 14. 1. 2009), Fach 10, Internationales Steuerrecht, Gruppe 2, S. 2041-2048

Blohm, Hans/Lüder, Klaus/Schaefer, Christina [Investition, 2012]: Investition: Schwachstellenanalyse des Investitionsbereichs und Investitionsrechnung, 10., bearb. und aktualisierte Aufl., München: Vahlen, 2012

Blumers, Wolfgang [Familienstiftung, 2012]: Die Familienstiftung als Instrument der Nachfolgeregelung, in: DStR 50 (2012), S. 1-7

Bodis, Andrei/Mayr, Gunter [Auswirkungen, 2012]: Auswirkungen der Grundstücksbesteuerung auf Körperschaften, in: *Werner Doralt*, Steuerrecht, 2012, S. XXXIX-L

Bornheim, Wolfgang [Kapitalgesellschaft, 2001]: Die Kapitalgesellschaft als Instrument der privaten Vermögensverwaltung: Gestaltungsüberlegungen und Steuerbelastungsanalyse unter Berücksichtigung laufender Steuern sowie möglicher Erbschaft- und Schenkungsteuern (Teil I), in: DStR 39 (2001), S. 1950-1956

Bornheim, Wolfgang [Vermögensverwaltung, 2001]: Die Kapitalgesellschaft als Instrument der privaten Vermögensverwaltung: Gestaltungsüberlegungen und Steuerbelastungsanalyse unter Berücksichtigung laufender Steuern sowie möglicher Erbschaft- und Schenkungsteuern (Teil II), in: DStR 39 (2001), S. 1990-1996

Borowicz, Frank/Mittermair, Klaus (Hrsg.) [Management, 2006]: Strategisches Management von Mergers & Acquisitions: State of the Art in Deutschland und Österreich, Wiesbaden: Gabler, 2006

Brähler, Gernot [Steuerrecht, 2012]: Internationales Steuerrecht: Grundlagen für Studium und Steuerberaterprüfung, 7., aktualisierte Aufl., Wiesbaden: Gabler, 2012

Brandmüller, Gerhard/Lindner, Reinhold [Gewerbliche Stiftungen, 2005]: Gewerbliche Stiftungen: Unternehmensträgerstiftung - Stiftung & Co. KG - Familienstiftung, 3., überarb. Aufl., Berlin: E. Schmidt, 2005

Bremer, Sven [Erhaltung, 2003]: Die Erhaltung von Familienvermögen über Anstalten, Stiftungen und Trusts im Fürstentum Liechtenstein, in: *Siegfried Grotherr*, (Hrsg.), Internationale Steuerplanung, 2003, S. 1577-1601

Bruckner, Karl E./Fries, Rudolf [Privatstiftung, 2007]: Die österreichische Privatstiftung für Familienunternehmen, in: *Erwin J. Frasl/Hannah Rieger* (Hrsg.), Handbuch, 2007, S. 177-204

Brülisauer, Peter/Kriesi, Marcel R. [Personenunternehmen, 2007]: Internationale Personenunternehmen im Einkommens- und Gewinnsteuerrecht der Schweiz (1. Teil), in: IFF Forum für Steuerrecht 7 (2007), S. 271-284

Bur Bürgin, Franziska et al. [Erbschaft-/Schenkungsteuer, 2009]: Erbschaft-/Schenkungsteuern in der Schweiz und in Deutschland unter Berücksichtigung des Doppelbesteuerungsabkommens zwischen den beiden Staaten, in: Zerb 11 (2009), S. 49-54

Burgstaller, Eva/Huemer, Edgar [Stiftungseingangssteuergesetz, 2011]: Das Stiftungseingangssteuergesetz (StiftEG), in: *Günter Cerha* et al. (Hrsg.), Stiftungsbesteuerung, 2011, S. 29-60

Burki, Nico H. [Schweiz, 2010]: Schweiz, in: *Franz Wassermeyer/Stefan Richter/Helder Schnittker* (Hrsg.), Personengesellschaften, 2010, S. 1249-1273

Busch, Michaela/Heuer, Carl-Heinz [Familienstiftung, 2003]: Die österreichische Privatstiftung und die liechtensteinische Familienstiftung im Lichte des deutschen Steuerrechts, in: Stiftung & Sponsoring, 5 (2003), Die Roten Seiten zu Heft 1/2003, S. 1-9

Campenhausen, Axel Freiherr von [Grundlagen, 2009]: § 1 Allgemeine Grundlagen, in: *Werner Seifart/Axel Freiherr von Campenhausen* (Hrsg.), Handbuch, 2009, S. 1-6

Canete, Bernhard [Schachtelbefreiung, 2011]: Internationale Schachtelbefreiung für Dividenden, in: *Markus Stefaner/Markus Schragl* (Hrsg.), Beteiligungserträge, 2011, S. 27-42

Cerha, Günter et al. (Hrsg.) [Stiftungsbesteuerung, 2011]: Stiftungsbesteuerung : Privatstiftungen und BBG 2011, Ausländische Stiftungen, Einsatzmöglichkeiten, 2., aktualisierte und erw. Aufl., Linde: Wien, 2011

Cordewener, Axel [Abkommen, 2005]: Das Abkommen über den Europäischen Wirtschaftsraum: eine unerkannte Baustelle des deutschen Steuerrechts, in: FR 87 (2005), S. 236-241

Corsten, Martina [Nachfolgeplanung, 2010]: Nachfolgeplanung in Familienunternehmen: Eine Analyse auf Basis des Erbschaftsteuerreformgesetzes und des Europarechts, Berlin: ESV, 2010 (zugl. Diss. Univ. Mannheim, 2010)

Credit Suisse [Übersicht, 2012]: Übersicht kantonale Erbschafts- und Schenkungssteuer: Stand 1. Januar 2012, https://www.credit-suisse.com/ch/privatebanking /beratung/doc/erbrecht_steuertabelle_de.pdf (2012-07-10)

Debatin, Helmut/Wassermeyer, Franz (Hrsg.) [Doppelbesteuerung, 1954/2012]: Doppelbesteuerung: Kommentar zu allen deutschen Doppelbesteuerungsabkommen, 6 Bände, Stand: März 2012 (117. Lfg.), München: Beck, 1954/2012

Deininger, Rainer/Götzenberger, Anton-Rudolf [Vermögensnachfolgeplanung, 2006]: Internationale Vermögensnachfolgeplanung mit Auslandsstiftungen und Trusts, Angelbachtal: Zerb-Verlag, 2006

Deutscher AnwaltVerein [Praxisleitfaden, 2008]: Praxisleitfaden Internationales Steuerrecht 2007/2008, Stuttgart et al.: Boorberg, 2008

Djanani, Christiana/Pummerer, Erich (Hrsg.) [Internationale Steuerplanung, 2011]: Internationale Steuerplanung (Reihe: Handbuch der österreichischen Steuerlehre, Band V), 2., aktualisierte Auflage, Wien: LexisNexis, 2011

Djanani, Christiana/Pummerer Erich/Wittmann, Alexandra [Außensteuerrecht, 2011]: Das Außensteuerrecht Österreichs, in: *Christiana Djanani/Erich Pummerer* (Hrsg.), Internationale Steuerplanung, 2011, S. 1-47

Dötsch, Ewald et al. [Umwandlungssteuerrecht, 2012]: Umwandlungssteuerrecht: Umstrukturierung von Unternehmen, Verschmelzung, Spaltung, Formwechsel, Einbringung, 7., vollständig überarb. und aktualisierte Aufl., Stuttgart: Schäffer-Poeschel, 2012

Donati, Davide G. S. [Aspekte, 2002]: Aspekte ordentlicher Besteuerung ausländischer Personengesellschaften in der Schweiz, in: StR 57 (2002), S. 138-147

Doralt, Werner [Steuerrecht, 2012]: Steuerrecht 2012/2013: Ein systematischer Überblick, 14. Aufl., Wien: Manz, 2012

Doralt, Werner [Einkommensteuer, 2012]: Einkommensteuer, in: *Werner Doralt/Hans Georg Ruppe/Gunter Mayr*, Grundriss I, 2012, S. 17-322

Doralt, Werner/Ruppe, Hans Georg, Mayr, Gunter [Grundriss I, 2012]: Grundriss des österreichischen Steuerrechts: Bd. I: Einkommensteuer, Körperschaftsteuer, Umgründungssteuergesetz, Internationales Steuerrecht, 10. Aufl., Wien: Manz, 2012

Drüen, Klaus Dieter (Hrsg.) [Jahrbuch, 2010]: Jahrbuch der Fachanwälte für Steuerrecht 2009/2010, Herne: NWB, 2010

Ehmcke, Torsten (Bearb.) [§ 6 EStG, 2012]: § 6 EStG, in *Bernd Heuermann/Peter Brandis* (Hrsg.), Blümich, Bd. 1, 1977/2012, S. 1-332

Ehrenhöfer, Robert/Schneider, Christopher [Wege, 2007]: Wege zur Außerfamiliären Unternehmensnachfolge: Alternativen bei der Gestaltung des Generationenwechsels, in: *Erwin J. Frasl/Hannah Rieger* (Hrsg.), Handbuch, 2007, S. 258-270

Eisele, Dirk (Bearb.) [§ 21 ErbStG, 2012]: § 21 Anrechnung ausländischer Erbschaftsteuer in: *Reinhard Kapp/Jürgen Ebeling*, Erbschaftsteuer, , Stand: Juli 2012 (59. Lfg.), 2012

Erle, Bernd/Sauter, Thomas (Hrsg.) [Körperschaftsteuergesetz, 2010]: Körperschaftsteuergesetz: Die Besteuerung der Kapitalgesellschaft und ihrer Anteilseigner (Reihe: Heidelberger Kommentar), 3., neu bearb. Aufl., Heidelberg: C. F. Müller, 2010

Esch, Günter/Baumann, Wolfgang/Schulze zur Wiesche, Dieter [Vermögensnachfolge, 2009]: Handbuch der Vermögensnachfolge: Bürgerlich-rechtliche und steuerrechtliche Gestaltung der Vermögensnachfolge von Todes wegen und unter Lebenden, 7., völlig neu bearb. Und erw. Aufl.: Berlin: ESV, 2009

ESTV [Grundstückgewinne, 2008]: Steuerinformationen: Die Besteuerung der Grundstückgewinne (Stand der Gesetzgebung: 1. Januar 2008), 2008, http://www.estv.admin.ch/dokumentation/00079/00080/00736/index.html?lang=de&download=NHzLpZeg7t,lnp6I0NTU042l2Z6ln1acy4Zn4Z2qZpnO2Yuq2Z6gpJCDdYR6gWym162epYbg2c_JjKbNoKSn6A-- (2011-05-04)

ESTV [Erbschafts- und Schenkungssteuern, 2009]: Steuerinformationen: Die Erbschafts- und Schenkungssteuern (Stand der Gesetzgebung: 1. Januar 2009), 2009, http://www.estv.admin.ch/dokumentation/00079/00080/00736/index.html?lang=de&download=NHzLpZeg7t,lnp6I0NTU042l2Z6ln1acy4Zn4Z2qZpnO2Yuq2Z6gpJCDdYR6fmym162epYbg2c_JjKbNoKSn6A-- (2011-04-05)

ESTV [Juristische Personen, 2012]: Steuerinformationen: Die Besteuerung der juristischen Personen (Stand der Gesetzgebung: 1. Januar 2012), 2012, http://www.estv.admin.ch/dokumentation/00079/00080/00736/index.html?lang=de&download=NHzLpZeg7t,lnp6I0NTU042l2Z6ln1acy4Zn4Z2qZpnO2Yuq2Z6gpJCDdYR6gmym162epYbg2c_JjKbNoKSn6A-- (2011-07-13)

Europäische Kommission [Abschlussbericht, 2002]: Abschlussbericht der Sachverständigengruppe zur Übertragung von kleinen und mittleren Unternehmen, Mai 2002, http://ec.europa.eu/enterprise/entrepreneurship/support_measures/transfer_business/transfer_com_02/final_report_de.pdf (2010-03-09)

Fischer, Lutz/Kleineidam, Hans-Joachim/Warneke, Perygrin [Steuerlehre, 2005]: Internationale Betriebswirtschaftliche Steuerlehre, 5., neu bearb. und wesentlich erw. Aufl., Berlin: E. Schmidt, 2005

Fischer, Michael et. al. (Hrsg.) [Haufe-Kommentar, 2012]: Haufe Erbschaft- und Schenkungsteuergesetz-Kommentar, 4. Aufl., Freiburg: Haufe, 2012

Flämig, Christian [Familienstiftungen, 1986]: Die Familienstiftungen unter dem Damoklesschwert der Erbersatzsteuer, in: DStZ 74 (1986), S. 11-17

Flick, Hans [Unternehmernachfolge, 1991]: Die Planung der Unternehmernachfolge: ein von der Praxis ignoriertes Thema, in: HB Nr. 114 v. 18. 6. 1991, S. 7

Flick, Hans/Piltz, Detlev J. (Hrsg.) [Erbfall, 2008]: Der internationale Erbfall: Erbrecht, Internationales Privatrecht, Erbschaftsteuerrecht, 2. Aufl., München: Beck, 2008

Forsthoff, Ulrich (Bearb.) [Art. 54 AEUV, 2011]: Art. 54 AEUV in: *Eberhard Grabitz/Meinhard Hilf/Martin Nettesheim* (Hrsg.), Europäische Union, Bd. 1, 1984/2011, S. 1-16

Fraberger, Friedrich/Petritz, Michael (Hrsg.) [Estate Planning, 2011]: Handbuch Estate Planning: Nationale und grenzüberschreitende Vermögensnachfolge durch Erben, Schenken, Stiften, Wien: Linde, 2011

Fraberger, Friedrich/Rohner, Helga [Unternehmensgründung, 2010]: Steuerliche Konsequenzen der Unternehmensgründung, in: *Michael Tumpel* (Hrsg.) Gründung, 2010, S. 59-66

Franz, Willy [§ 3 GrEStG, 2010]: § 3 Allgemeine Ausnahmen von der Besteuerung, in: *Armin Pahlke/Willy Franz*, Grunderwerbsteuergesetz, 2010, S. 214-283

Frasl, Erwin J./Rieger, Hannah (Hrsg.) [Handbuch, 2007]: Family Business Handbuch: Zukunftssicherung von Familienunternehmen über Generationen, Wien: Linde, 2007

Friedrich, Katja/Steidle, Birgit/Gunzelmann, Ursin [Aspekte, 2006]; Steuerrechtliche Aspekte bei der Entscheidung über Strategien bei der Unternehmensnachfolge, in: BB 61 (2006), BB-Special 6, S. 18-25

Freund, Werner [Unternehmensnachfolgen, 2004]: Unternehmensnachfolgen in Deutschland - Neubearbeitung der Daten des IfM Bonn, in *Institut für Mittelstandsforschung Bonn* (Hrsg.), Jahrbuch, 2004, S. 57-88

Freundl, Fabian [Die Stiftung, 2004]: Die Stiftung – Das Gestaltungsinstrument der Unternehmensnachfolge, in: DStR 42 (2004), S. 1509-1514

Gahleitner, Gerald/Fugger, Roland [Schenkungsmeldegesetz, 2008]: Das neue österreichische Schenkungsmeldegesetz und seine Auswirkungen auf unentgeltliche Vermögensübertragungen, in: ZEV 15 (2008), S. 405-411

Gebel, Dieter [Betriebsvermögensnachfolge, 2002]: Betriebsvermögensnachfolge: Erbfall und vorweggenommene Erbfolge; Einkommensteuer und Erbschaftsteuer, 2., neu bearb. und erw. Aufl., München: Vahlen, 2002

Gebel, Dieter (Bearb.) [§ 10 ErbStG, 2012]: § 10 Steuerpflichtiger Erwerb, in: *Max Troll//Dieter Gebel/Marc Jülicher* (Hrsg.), Erbschaftsteuer, Stand: März 2012 (44. Lfg.), 2012

Gebel, Dieter (Bearb.) [§ 20 ErbStG, 2012]: § 20 Steuerschuldner, in: *Max Troll//Dieter Gebel/Marc Jülicher* (Hrsg.), Erbschaftsteuer, Stand: März 2012 (44. Lfg.), 2012

Geck, Reinhard [Verfassungsrecht, 2012]: Die Erbschaftsteuer und das Verfassungsrecht – eine unendliche Geschichte!, in: NZG 15 (2012), S. 93-96

Geck, Reinhard (Bearb.) [§ 1 ErbStG, 2012]: § 1 Steuerpflichtige Vorgänge, in: *Reinhard Kapp/Jürgen Ebeling*, Erbschaftsteuer, Stand: Juli 2012 (59. Lfg.), 2012

Geck, Reinhard (Bearb.) [§ 13a ErbStG, 2012]: § 13a Steuerbefreiungen für Betriebsvermögen, Betriebe der Land- und Forstwirtschaft und Anteile an Kapitalgesellschaften, in: *Reinhard Kapp/Jürgen Ebeling*, Erbschaftsteuer, Stand: Juli 2012 (59. Lfg.), 2012

Geck, Reinhard (Bearb.) [§ 15 ErbStG, 2012]: § 15 Steuerklassen, in: *Reinhard Kapp/Jürgen Ebeling*, Erbschaftsteuer, Stand: Juli 2011 (59. Lfg.), 2012

Gesmann-Nuissl, Dagmar [Unternehmensnachfolge, 2006]: Unternehmensnachfolge – ein Überblick über die zivil- und gesellschaftsrechtlichen Gestaltungsalternativen, in: BB 61 (2006), BB-Special 6, S. 2-8

Geuenich, Marcus [Kündigung, 2007]: Kündigung des ErbSt-DBA mit Österreich, in: IWB (Nr. 22 v. 28. 11. 2007), Fach 5, Land Österreich, Gruppe 2 S. 717-722

Götz, Andreas [Doppelbesteuerungsabkommen, 2005]: Die Doppelbesteuerungsabkommen zwischen Deutschland und Österreich, in: *Otmar Thömmes/Michael Lang/Josef Schuch* (Hrsg.), Steuerstandort, 2005, S. 297-317

Götz, Hellmut [Teil I, 2004]: Die unternehmensverbundene Stiftung im Zivil- und Steuerrecht – Teil I, in: INF 58 (2004), S. 628-632

Götz, Hellmut [Teil II, 2004]: Die unternehmensverbundene Stiftung im Zivil- und Steuerrecht – Teil II, in: INF 58 (2004), S. 669-673

Götz, Hellmut [Familienstiftung, 2005]: Die Familienstiftung als Instrument der Unternehmensnachfolge, in: NWB (Nr. 33 v. 15. 8. 2005) Fach 2, S. 8797-8811

Götzenberger, Anton-Rudolf [Vermögensübertragung, 2010]: Optimale Vermögensübertragung: Erbschaft- und Schenkungsteuer, 3. Aufl., Herne: 2010

Gottschalk, Paul Richard [Qualifikation, 2009]: Internationale Unternehmensnachfolge: Qualifikation ausländischer Erwerbe und Bewertung von Produktivvermögen mit Auslandsberührung, in: ZEV 16 (2009), S. 157-165

Grabitz, Eberhard/Hilf, Meinhard/Nettesheim, Martin (Hrsg.) [Europäische Union, 1984/2011]: Das Recht der Europäischen Union: Kommentar, 3 Bände, Stand: Oktober 2011 (46. Lfg.), München: C. H. Beck, 1984/2011

Gräfe, Maren [Auswirkungen, 2010]: Auswirkungen der Behaltensregelungen auf Unternehmensvermögen nach der Erbschaftsteuerreform, in: ZEV 17 (2010), S. 301-608

Greminger, Bernhard j./Bärtschi, Bettina (Bearb.) [Art. 11 DBG, 2008]: Art. 11 Ausländische Handelsgesellschaften und andere ausländische Personengesamtheiten ohne juristische Persönlichkeit, in: *Martin Zweifel/Peter Athanas* (Hrsg.), DBG-Kommentar, 2008, S. 110-112

Groll, Klaus Michael (Hrsg.) [Praxis-Handbuch, 2010]: Praxis-Handbuch Erbrechtsberatung, 3., neubearb. Aufl., Köln: O. Schmidt, 2010

Grotherr Siegfried (Hrsg.) [Internationale Steuerplanung, 2003]: Handbuch der internationalen Steuerplanung, 2. Aufl., Herne/Berlin: NWB, 2003

Grotherr, Siegfried [Wegzugsbesteuerung, 2007]: Neuregelungen bei der Wegzugsbesteuerung (§ 6 AStG) durch das SEStEG, in: IWB (Nr. 2 v. 24. 1. 2007) Fach 3, Land Deutschland, Gruppe 1, S. 2153-2174

Grotherr, Siegfried [Änderungen, 2009]: International relevante Änderungen durch das Jahressteuergesetz 2009, in: IWB (Nr. 9 v. 13. 5. 2009), Fach 3, Land Deutschland, Gruppe 1, 2009, S. 2373-2390

Grotherr, Siegfried et al. [Internationales Steuerrecht, 2010]: Internationales Steuerrecht, (Buchreihe: Grüne Reihe, Bd. 17), 3. Aufl., Achim: Fleischer, 2010

Grotherr, Siegfried (Hrsg.) [Handbuch Steuerplanung, 2011]: Handbuch der internationalen Steuerplanung, 3. Aufl., Herne: NWB, 2011

Guldan, Andreas, 2004: Optimale Unternehmensnachfolge bei Familienunternehmen als steuerliches Gestaltungsproblem, Lohmar/Köln: Eul, 2004 (zugl. Diss. European Business School, 2004)

Haas, Sebastian [Destinatäre, 2010]: Die Besteuerung der Destinatäre der Familienstiftung, in: DStR 48 (2010), S. 1011-1013

Haase, Florian (Hrsg.) [Außensteuergesetz, 2009]: Außensteuergesetz, Doppelbesteuerungsabkommen, Heidelberg: C.F. Müller, 2009

Hamm, Michael/Peters, Stefanie [Auslaufmodell, 2008]: Die schweizerische Familienstiftung – ein Auslaufmodell?, in: successio 2 (2008), S. 248-256

Hammerl, Christian/Mayr, Gunter [Grundstücksbesteuerung, 2012]: StabG 2012: Die neue Grundstücksbesteuerung, in: *Werner Doralt*, Steuerrecht, 2012, S. XV-XXXVIII

Hannes, Frank/Onderka, Wolfgang [Bewertung, 2009]: Bewertung und Verschonung des Betriebsvermögens: Erste Erkenntnisse aus den Erlassen der Finanzverwaltung, in: ZEV 16 (2009), S. 421-428

Hannes, Frank/Stalleiken, Jörg [Drittlandsgesellschaften, 2010]: Drittlandsgesellschaften im erbschaftsteuerlichen Verschonungssystem – auch unter Berücksichtigung jüngster Erlassaussagen der Finanzverwaltung, in: Ubg 3 (2010), S. 572-578

Haratsch, Andreas/Koenig, Christian/Pechstein, Matthias [Europarecht, 2010]: Europarecht, 7., völlig neu bearbeitete Aufl., Tübingen: Mohr Siebeck, 2010

Hardt, Christoph (Bearb.) [Art. 3 Schweiz, 2012]: Art. 3 Schweiz, in: *Helmut Debatin/Franz Wassermeyer* (Hrsg.), Doppelbesteuerung, Bd. 5, 1954/2012, S. 1-28

Haritz, Detlef/Menner, Stefan (Hrsg.) [Umwandlungssteuergesetz, 2010]: Umwandlungssteuergesetz: Kommentar, 3., völlig neu bearb. Aufl., München: Beck, 2010

Hartmann, Winfried [Stiftungsleistungen, 2011]: Stiftungsleistungen an Destinatäre, in. ErbStB 9 (2011), S. 93 f.

Haunold, Peter/Wehinger, Claudia [Liechtensteinische Stiftung, 2011]: Die liechtensteinische Stiftung, in: *Günter Cerha* et al. (Hrsg.), Stiftungsbesteuerung, 2011, S. 227-262

Hauser, Hans-Eduard/Kay, Rosemarie [IfM-Materialien Nr. 198, 2010]: Unternehmensnachfolgen in Deutschland 2010 bis 2014 - Schätzung mit weiterentwickeltem Verfahren -, IfM-Materialien Nr. 198, 2010, http://www.ifm-bonn.org/assets/documents/IfM- Materialien-198.pdf (2012-01-11)

Hecht, Stephan A./Cölln, Thomas von [Auswirkungen, 2009]: Auswirkungen des Erbschaftsteuerreformgesetzes auf die Bewertung von ausländischem Grundbesitz, in: BB 64 (2009), S. 1212-1217

Heinhold, Michael [Privatstiftung, 1999]: Die österreichische Privatstiftung – „Tax haven" für deutsche Steuerpflichtige?, in: IWB (Nr. 20 v. 27. 10. 1999) Fach 3, Land Deutschland, Gruppe 1, S. 1555-1574

Heinicke, Wolfgang (Bearb.) [§ 32b EStG, 2012]: § 32b Progressionsvorbehalt, in: *Heinrich Weber-Grellet* (Hrsg.), Schmidt: EStG, 2012, S. 1871-1882

Hennerkes, Brun-Hagen/Sorg, Martin H. [Stiftung, 1986]: Die Stiftung als Rechtsform für Familienunternehmen (I) in: DB 39 (1986), S. 2217-2221

Herlinghaus, Andreas (Bearb.) [§ 20 UmwStG, 2008]: § 20 UmwStG, in: *Thomas Rödder/Andreas Herlinghaus/Ingo van Lishaut* (Hrsg.), Umwandlungssteuergesetz, 2008, S. 883-1084

Hering, Thomas/Olbrich, Michael [Unternehmensnachfolge, 2003]: Unternehmensnachfolge, München/Wien: Oldenbourg, 2003

Hering, Thomas/Olbrich, Michael [Unternehmensnachfolgeplanung, 2006]: Unternehmensnachfolgeplanung aus betriebswirtschaftlicher Sicht, in: BB 61 (2006), BB-Special 6, S. 25-29

Herzig, Norbert/Heyeres, Ralf/Watrin, Christoph [Unternehmenskontinuität, 1994]: Sicherung der Unternehmenskontinuität in der Generationennachfolge: Substanz- und ertragsteuerliche Aspekte; Ergebnisse eines durch die Stiftung Industrieforschung geförderten Forschungsvorhabens, (Buchreihe: Stiftung Industrieforschung, Bd. 6), Köln: Dt. Wirtschaftsdienst, 1994

Heuermann, Bernd/Brandis, Peter (Hrsg.) [Blümich, 1977/2012]: Blümich: EStG, KStG, GewStG: Einkommensteuergesetz, Körperschaftsteuergesetz, Gewerbesteuergesetz; Kommentar, 5 Bände, Stand: Februar 2012 (114. Lfg.), München: Vahlen, 1977/2012

Hey, Johanna [Hinzurechnungsbesteuerung, 2009]: Hinzurechnungsbesteuerung bei ausländischen Familienstiftungen gemäß § 15 AStG . d. F. des JStG 2009 – europa- und verfassungswidrig!, in: IStR 18 (2009), S. 181-190

Hey, Johanna [Europa, 2011]: Erbschaftsteuer: Europa und der Rest der Welt, in: DStR (49) 2011, S. 1149-1157

Hey, Johanna/Bauersfeld, Heide [Personen(handels)gesellschaften, 2005]: Die Besteuerung von Personen(handels)gesellschaften in den Mitgliedstaaten der Europäischen Union, der Schweiz und den USA, in: IStR 14 (2005), S. 649-657

Heyeres, Ralf [Zusammenwirken, 1996]: Zusammenwirken von Einkommensteuer und Erbschaftsteuer als Gestaltungsproblem der Unternehmensnachfolge, Bergisch Gladbach/Köln: Eul, 1996 (zugl. Diss. Univ. Köln, 1995)

Hilber, Klaus [Adaptierung, 2011]: Adaptierung der neuen Kapitalbesteuerung durch AbgÄG 2011 und BBG 2012, in: ecolex 2011, S. 1150 f.

Hirschler, Klaus/Six, Martin [Internationale Umgründungen, 2010]: Internationale Umgründungen, in: *Michael Tumpel* (Hrsg.) Gründung, 2010, S. 307-348

Höhn, Ernst/Waldburger, Robert [Steuerrecht, Bd. I, 2001]: Steuerrecht Bd. I: Grundlagen – Grundbegriffe – Steuerarten (Schriftenreihe: Finanzwirtschaft und Finanzrecht, Bd. 8), 9., vollständig neu bearb. und erw. Aufl., Bern/Stuttgart/Wien: Haupt, 2001

Höhn, Ernst/Waldburger, Robert [Steuerrecht, Bd. II, 2002]: Steuerrecht Bd. II: Steuern bei Vermögen, Erwerbstätigkeit, Unternehmen, Vorsorge, Versicherung, (Schriftenreihe: Finanzwirtschaft und Finanzrecht, Bd. 8), 9., überarb. und erw. Aufl., Bern/Stuttgart/Wien: Haupt, 2001

Hölzerkopf, Florian/Bauer, Daniel [Erbschaftsteuerreform, 2009]: Überblick über die Erbschaftsteuerreform und erste Gestaltungshinweise, in: BB 64 (2009), S. 20-26

Hohenwarter, Daniela, [Internationale Einbringungen, 2006]: Internationale Einbringungen nach dem AbgÄG 2005: Teil I: Der Anwendungsbereich von § 16 UmgrStG, in: RdW 24 (2006), S. 596-601

Hofmeister, Ferdinand (Bearb.) [§ 8 GewStG, 2012]: § 8 GewStG, in: *Bernd Heuermann/Peter Brandis* (Hrsg.), Blümich, Bd. 4, 1977/2012, S. 1-94

Horn, Hans-Joachim [§ 12 Bewertung, 2012]: § 12 Bewertung, in: *Michael Fischer* et al. (Hrsg.), Haufe-Kommentar, 2012, S. 463-699

Horschitz, Harald/Groß, Walter/Schnur, Peter [Bewertungsrecht, 2010]: Bewertungsrecht, Erbschaftseuer, Grundsteuer, 17., neu bearb. Aufl., Stuttgart: Schäffer-Poeschel, 2010

Hosp, Thomas/Langer, Matthias [Steuerstandort, 2011]: Steuerstandort Liechtenstein: Das neue Steuerrecht mit Doppelbesteuerungs- und Informationsabkommen, Wiesbaden: Gabler, 2011

Hosp, Thomas/Langer, Matthias [Privatvermögensstrukturen, 2011]: Die Privatvermögensstrukturen in Liechtenstein, in: IWB 2011, S. 378-384

Hosp, Thomas/Langer, Matthias [Doppelbesteuerungsabkommen, 2011]: Die Liechtensteinischen Doppelbesteuerungsabkommen, in: liechtenstein-journal 3 (2011), S. 2-7

Hosp, Thomas/Langer, Matthias [DBA Liechtenstein, 2011]: Das DBA zwischen Deutschland und Liechtenstein, in: IWB 2011, S. 878-885

Huber, Christian [Internationale Umgründungen, 2006]: Internationale Umgründungen im UmgrStG idF AbgÄG 2005 – Teil 2, in: ÖStZ 59 (2006), S. 211-215

Hübner, Stefan/Six, Martin [Liquidation, 2011]: Die Liquidation von Privatstiftungen, in: *Günter Cerha* et al. (Hrsg.), Stiftungsbesteuerung, 2011, S. 165-184

Iffland-Zinser, Bettina [Nachfolgeplanung, 2007]: Grenzüberschreitende Nachfolgeplanung anhand eines Entscheidungsmodells: Steuerliche Optimierung der Übertragung der Beteiligung an einer deutschen Familienkapitalgesellschaft durch deutsch-österreichische Gestaltungsansätze, Hamburg: Dr. Kovač, 2007 (zugl. Diss. Univ. Erlangen-Nürnberg)

Institut für Mittelstandsforschung Bonn (Hrsg.) [Jahrbuch, 2004]: Jahrbuch zur Mittelstandsforschung 1/2004, Schriften zur Mittelstandsforschung Nr. 106 NF, Wiesbaden: DUV, 2004

Jacobs, Otto H. [Unternehmensbesteuerung, 2009]: Unternehmensbesteuerung und Rechtsform, 4., neu bearb. Aufl., München: Beck, 2009

Jacobs, Otto H. [Internationale Unternehmensbesteuerung, 2011]: Internationale Unternehmensbesteuerung: Deutsche Investitionen im Ausland; Ausländische Investitionen im Inland, 7., neu bearb. und erw. Aufl., München: Beck, 2011

Jakob, Dominique [Stiftungsrecht, 2009]: Das Stiftungsrecht der Schweiz zwischen Tradition und Funktionalismus, in: ZEV 16 (2009), S. 165-170

Jesse, Lenhard [Richtlinien-Umsetzungsgesetz, 2005]: Richtlinien-Umsetzungsgesetz: EURLUmsG: Anpassung des § 43b EStG (Kapitalertragsteuerbefreiung) an die geänderte Mutter-Tochter-Richtlinie, in: IStR 14 (2005), S. 151-158

Jülicher, Marc [Brennpunkte, 1999]: Brennpunkte der Besteuerung der inländischen Familienstiftung im ErbStG, in: StuW 76 (1999), S. 363-373

Jülicher, Marc [Privatstiftung, 2001]: Die Österreichische Privatstiftung: Charme und Risiken eines Gestaltungsinstruments, in: PIStB 3 (2001), S. 137-143

Jülicher, Marc [Stiftungen, 2008]: V. Ausländische Stiftungen, in: *Hans Flick/Detlev J. Piltz* (Hrsg.), Erbfall, 2008, S. 440-450

Jülicher, Marc (Bearb.) [§ 1 ErbStG, 2012]: § 1 Steuerpflichtige Vorgänge, in: *Max Troll//Dieter Gebel/Marc Jülicher* (Hrsg.), Erbschaftsteuer, Stand: März 2012 (44. Lfg.), 2012

Jülicher, Marc (Bearb.) [§ 13a ErbStG, 2012]: § 13a Steuerbefreiung für Betriebsvermögen, Betriebe der Land- und Forstwirtschaft und Anteile an Kapitalgesellschaften, in: *Max Troll//Dieter Gebel/Marc Jülicher* (Hrsg.), Erbschaftsteuer, Stand: März 2012 (44. Lfg.), 2012

Jülicher, Marc (Bearb.) [§ 13b ErbStG, 2012]: § 13b Begünstigtes Vermögen, in: *Max Troll//Dieter Gebel/Marc Jülicher* (Hrsg.), Erbschaftsteuer, Stand: März 2012 (44. Lfg.), 2012

Jülicher, Marc (Bearb.) [§ 15 ErbStG, 2012]: § 15 Steuerklassen, in: *Max Troll//Dieter Gebel/Marc Jülicher* (Hrsg.), Erbschaftsteuer, Stand: März 2012 (44. Lfg.), 2012

Jülicher, Marc (Bearb.) [§ 21 ErbStG, 2012]: § 21 Anrechnung ausländischer Erbschaftsteuern, in: *Max Troll//Dieter Gebel/Marc Jülicher* (Hrsg.), Erbschaftsteuer, Stand: März 2012 (44. Lfg.), 2012

Jülicher, Marc (Bearb.) [§ 24 ErbStG, 2012]: § 24 Verrentung der Steuerschuld in den Fällen das § 1 Abs. 1 Nr. 4, in: *Max Troll//Dieter Gebel/Marc Jülicher* (Hrsg.), Erbschaftsteuer, Stand: März 2012 (44. Lfg.), 2012

Kahle, Holger [Ertragsbesteuerung, 2005]: Die Ertragsbesteuerung der Beteiligung an einer Personengesellschaft (Teil A), in: StuB 7 (2005), S. 666-672

Kapp, Reinhard/Ebeling, Jürgen (Hrsg.) [Erbschaftsteuer, 2010]: Erbschaftsteuer- und Schenkungsteuergesetz: Kommentar, Stand: Juli 2012 (59. Lfg.), Köln: O. Schmidt, 2012

Kellersmann, Dietrich/Schnitger, Arne [Bedenken, 2005]: Europarechtliche Bedenken hinsichtlich der Besteuerung ausländischer Familienstiftungen, in: IStR 14 (2005), S. 253-261

Kellersmann, Dietrich/Schnitger, Arne [Besteuerung, 2007]: Besteuerung ausländischer Familienstiftungen, in: *Andreas Richter/Thomas Wachter* (Hrsg.), Handbuch Stiftungsrecht, 2007, S. 607-650

Kempert, Wolf [Praxishandbuch, 2008]: Praxishandbuch für die Nachfolge im Familienunternehmen: Leitfaden für Unternehmer und Nachfolger; mit Fallbeispielen und Checklisten, Wiesbaden: Gabler, 2008

Kessler, Wolfgang/Müller, Matthias [Zahlungen, 2011]: Zahlungen einer Familienstiftung als Einkünfte aus Kapitalvermögen – Schuldner der Kapitalertragsteuer, in: DStR 49 (2011), S. 614-616

Kirchhain, Christian [Stiftungsbezüge, 2006]: Stiftungsbezüge als Kapitaleinkünfte?, in: BB 61 (2006), S. 2387-2389

Kirchhain, Christian [§ 15 AStG, 2011]: § 15 Steuerpflicht von Stiftern, Bezugsberechtigten und Anfallsberechtigten, in: *Jörg Manfred Mössner, /Sven Fuhrmann* (Hrsg.), Außensteuergesetz, 2011, S. 919-994

Kinzl, Ulrich-Peter [Nachfolgeplanung, 2005]: Nachfolgeplanung mit Familienstiftungen: § 15 AStG zwischen Hindernis und Europarechtswidrigkeit, in: IStR 14 (2005), S. 624-629

Klein-Blenkers, Friedrich [Zahlen, 2001]: Unternehmensnachfolge in Zahlen, in: ZEV 8 (2001), S. 329-334

Knörzer, Patrick/Stöckl, Birgit [Revision, 2009]: Die Besteuerung der liechtensteinischen Stiftung und deren Beteiligter nach der geplanten Revision des liechtensteinischen Steuergesetzes, in: LJZ 30 (2009), S. 62-69

Kögel, Rainer [Unternehmensnachfolge, 2010]: § 40 Unternehmensnachfolge, in: *Stephan Scherer* (Hrsg.), Erbrecht, 2010, S. 1310-1367

Kofler, Herbert/Kanduth-Kristen, Sabine/Kofler, Georg [Körperschaftsteuer, 2010]: Körperschaftsteuer, in: *Herbert Kofler/Sabine Urnik/Sbine Kanduth-Kristen* (Hrsg.), Theorien, 2010, S. 377-490

Kofler, Herbert/Urnik, Sabine (Hrsg.) [Methoden, 2010]: Theorien und Methoden, Steuerarten und Abgabeverfahren (Reihe: Handbuch der österreichischen Steuerlehre, Band I Teil 2), 3., aktualisierte Aufl., Wien: LexisNexis, 2010

Kofler, Herbert/Urnik, Sabine [Begriffsbestimmungen, 2010]: Begriffsbestimmungen und Abgrenzungen, in: *Michael Tumpel* (Hrsg.) Gründung, 2010, S. 473-498

Kofler, Herbert/Urnik, Sabine [Liquidation, 2010]: Liquidation von Unternehmen, in: *Michael Tumpel* (Hrsg.) Gründung, 2010, S. 473-498

Kofler, Herbert/Urnik, Sabine/Kanduth-Kristen, Sabine (Hrsg.) [Theorien, 2010]: Theorien und Methoden, Steuerarten und Abgabeverfahren (Reihe: Handbuch der österreichischen Steuerlehre, Band I Teil 1), 3., aktualisierte Aufl., Wien: LexisNexis, 2010

Kofler, Herbert/Kanduth-Kristen, Sabine/Kofler, Georg [OECD-Musterabkommen, 2011]: Das OECD-Musterabkommen unter Berücksichtigung der von Österreich abgeschlossenen Abkommen, in: *Christiana Djanani/Erich Pummerer* (Hrsg.), Internationale Steuerplanung, 2011, S. 121-169

Kofler, Herbert/Urnik, Sabine/Rohn, Eva [Unentgeltliche Übertragung, 2010]: Unentgeltliche Übertragung eines Personenunternehmens/Mitunternehmeranteils/Kapitalgesellschaftsanteils, in: *Michael Tumpel* (Hrsg.) Gründung, 2010, S. 451-472

Kommission der Europäischen Gemeinschaften [Mitteilung, 1994]: Mitteilung der Kommission – Integriertes Programm für die KMU, vom 3. 6. 1994, KOM(94) 207 endg., Brüssel, 1994

Kommission der Europäischen Gemeinschaften [Kontinuität, 2006]: Mitteilung der Kommission an den Rat, das Europäische Parlament, den Europäischen Wirtschafts- und Sozialausschuss und den Ausschuss der Regionen – Umsetzung des Lissabon-Programms der Gemeinschaft für Wachstum und Beschäftigung – Unternehmensübertragung - Kontinuität durch Neuanfang, vom 14. 3. 2006, KOM(2006) 117 endgültig, Brüssel, 2006

Koop, Fritz [Überblick, 2004]: Überblick über die Handlungsalternativen der familienexternen Nachfolgeregelung, in: *Schlecht & Partner/Taylor Wessing* (Hrsg.), Handbuch, 2004, S. 35-43

Korezkij, Leonid [Reinvestitionsklausel, 2009]: Überlegungen zur Reinvestitionsklausel nach § 13a Abs. 5 ErbStG, in: DStR 47 (2009), S. 2412-2415

Korn, Klaus/Strahl, Martin [Hinweise, 2011]: Hinweise und Dispositionen zum Jahresende 2011, in: NWB 2011, S. 4090-4167

Koropp, Christian/Grichnik, Dietmar [Nachfolgeentscheidung, 2007]: Nachfolgeentscheidung im Familienunternehmen, in: WiSt 36 (2007), S. 295-302

Krapf, Roger [Liechtensteiner Steuerrecht, 2008]: Liechtensteiner Steuerrecht, die Umstrukturierung für Verbandspersonen im Besonderen, in: STR 63 (2008), S. 606-627

Kruschwitz, Lutz [Investitionsrechnung, 2011]: Investitionsrechnung, 13., aktualisierte Aufl., München: Oldenbourg, 2011

Kubaile, Heiko/Suter, Roland/Jakob, Walter [Investitionsstandort Schweiz, 2009]: Der Steuer- und Investitionsstandort Schweiz, 2., aktualisierte und erw. Aufl., Herne: NWB, 2009

Kulosa, Egmont (Bearb.) [§ 6 EStG, 2012]: § 6 Bewertung, in: *Heinrich Weber-Grellet* (Hrsg.), Schmidt: EStG, 2012, S. 488-628

Kulischek, Stefan [Beteiligungserträge, 2011]: Behandlung von internationalen Beteiligungserträgen und Ausgaben bei Privatstiftungen, in: *Markus Stefaner/Markus Schragl* (Hrsg.), Beteiligungserträge, 2011, S. 193-215

Kußmaul, Heinz [Betriebswirtschaftliche Steuerlehre, 2010]: Betriebswirtschaftliche Steuerlehre, 6., völlig überarb. und aktualisierte Aufl., München: Oldenbourg, 2010

Kußmaul, Heinz/Meyering, Stephan [Stiftung, 2004]: Die Besteuerung der Stiftung – Teil I: Rechtliche Einordnung, in: StB 55 (2004), S. 6-10

Kußmaul, Heinz/Meyering, Stephan [Besteuerung, 2004]: Die Besteuerung der Stiftung: Die privatnützige Stiftung, in: StB 55 (2004), S. 56-60

Kußmaul, Heinz/Meyering, Stephan [Familienstiftung, 2004]: Die Besteuerung der Stiftung: Die Familienstiftung und die unternehmensverbundene Stiftung, in: StB 55 (2004), S. 135-140

Landolf, Urs [Unternehmensstiftung, 1987]: Die Unternehmensstiftung im schweizerischen Steuerrecht, Bern: Haupt, 1987 (zugl. Diss. Hochschule St. Gallen, 1987)

Landsittel, Ralph [Auswirkungen, 2009]: Auswirkungen des Erbschaftsteuerreformgesetzes auf die Unternehmensnachfolge, in: Zerb 11 (2009), S. 11-21

Lang, Michael [Durchgriff, 2011]: Steuerlicher „Durchgriff" durch liechtensteinische Stiftungen?, in: ÖStZ 64 (2011), S. 107-116

Lang, Michael/Stefaner, Markus C. (Bearb.) [Art. 13 Österreich, 2012]: Art. 13 Österreich, in: *Helmut Debatin/Franz Wassermeyer* (Hrsg.), Doppelbesteuerung, Bd. 4, 1954/2012, S. 64-74

Lang, Michael [Besteuerung, 2005]: Die Besteuerung von Privatstiftungen in Österreich, in: *Otmar Thömmes/Michael Lang/Josef Schuch* (Hrsg.), Steuerstandort, 2005, S. 261-276

Langenmayr, Dominika [Steuerbelastungsanalyse, 2009]: Quantitative Steuerbelastungsanalyse der Übertragung von Unternehmensvermögen nach der Erbschaftsteuerreform, in: DStR 47 (2009), S. 1387-1394

Laudan, Diether [Konzerngesellschaften, 2011]: Wahl der Sitzstaaten von Konzerngesellschaften als steuerliches Entscheidungsproblem, in: *Siegfried Grotherr*, (Hrsg.), Handbuch Steuerplanung, 2011, S. 197-214

Lenz, Martin (Bearb.) [§ 11 KStG, 2010]: § 11 Auflösung und Abwicklung (Liquidation) in: *Bernd Erle/Thomas Sauter* (Hrsg.), Körperschaftsteuergesetz, 2010, S. 1025-1045

Lindberg, Klaus (Bearb.) [§ 43b EStG, 2012]: § 43b EStG, in: *Bernd Heuermann/Peter Brandis* (Hrsg.), Blümich, Bd. 3, 1977/2012, S. 1-12

Linn, Alexander [Anmerkung, 2011]: Anmerkung, in: IStR 10 (2011), S. 846 f.

Locher, Peter [Internationales Steuerrecht, 2005]: Einführung in das internationale Steuerrecht der Schweiz, 3., überarb. Aufl., Bern: Stämpfli, 2005

Locher, Peter [Interkantonales Steuerrecht, 2009]: Einführung in das interkantonale Steuerrecht: unter Berücksichtigung des Steuerharmonisierungs- und des bernischen sowie des tessinischen Steuergesetzes, 3. Aufl., Bern: Stämpfli, 2009

Löwe, Christian von [Familienstiftung, 1999]: Familienstiftung und Nachfolgeplanung: Deutschland - Österreich - Schweiz - Liechtenstein, Düsseldorf: IDW, 1999 (zugl. Diss. Univ. Stuttgart, 1998)

Löwe, Christian von [Privatstiftung, 2005]: Österreichische Privatstiftung mit Stiftungsbeteiligten in Deutschland, in: IStR 14 (2005), S. 577-584

Löwe, Christian von [Besteuerungsaspekte, 2007]: § 24 Besteuerungsaspekte der österreichischen Privatstiftung aus deutscher Sicht, in: *Andreas Richter/Thomas Wachter* (Hrsg.): Handbuch Stiftungsrecht, 2007, S. 651-671

Löwe, Christian von [Steuerliche Behandlung, 2009]: Die steuerliche Behandlung der Familienstiftung, in: *Thomas Wachter* (Hrsg.), Festschrift Spiegelberger, 2009, S. 1370-1389

Löwenstein, Ulrich/Looks, Christian/Heinsen, Oliver (Hrsg.) [Betriebsstättenbesteuerung, 2011]: Betriebsstättenbesteuerung: Inboundinvestitionen, Outboundinvestitionen, Steuergestaltungen, Branchenbesonderheiten, 2. Aufl., München: Beck, 2011

Lommer, Sebastian [Familien-Kapitalgesellschaft, 2003]: Die Unternehmensnachfolge in eine Familien-Kapitalgesellschaft nach Gesellschafts-, Zivil- und Steuerrecht, in: BB 58 (2003), S. 1909-1916

Luckey, Jörg/Lohmann, Adrian [Vermeidung, 2011]: Vermeidung der Versagung der Entlastungsberechtigung von deutschen Quellensteuern auf Dividenden und Vergütungen nach § 50d Abs. 3 EStG, in: *Siegfried Grotherr*, (Hrsg.), Handbuch Steuerplanung, 2011, S. 1091-1122

Ludwig, Christian/Jorde, Thomas [Überlegungen, 2009]: die „neue" österreichische Stiftungsbesteuerung und Überlegungen aus deutscher Sicht, in: IStR 18 (2009), S. 19-23

Lüdicke, Jochen/Fürwentsches, Alexander [Erbschaftsteuerrecht, 2009]: Das neue Erbschaftsteuerrecht, in: DB 62 (2009), S. 12-18

Mäusli-Allenspach, Peter [Widmung, 1996]: Steuerliche Überlegungen bei der Widmung von Vermögenswerten an ausländische Stiftungen, STR 51 (1996), S. 115-127

Mäusli-Allenspach, Peter [Überblick, 2010]: Erbschafts- und Schenkungssteuern in der Schweiz – ein Überblick: Teil 1: Schweizerische Erbschafts- und Schenkungssteuern, in: successio 4 (2010), S. 179-192

Mäusli-Allenspach, Peter/Oertli, Mathias [Steuerrecht, 2010]: Das schweizerische Steuerrecht: Ein Grundriss mit Beispielen, 6., aktualisierte und überarb. Aufl., Muri: COSMOS, 2010

Maier, Jochen [Besonderheiten, 2011]: Besonderheiten bei gewerblichen Personengesellschaften, in: *Ulrich Löwenstein/Christian Looks/Oliver Heinsen* (Hrsg.), Betriebsstättenbesteuerung, 2011, S. 198-265

Marschner, Ernst [Behandlung, 2011]: Behandlung von internationalen Beteiligungserträgen und Ausgaben bei natürlichen Personen, in: *Markus Stefaner/Markus Schragl* (Hrsg.), Beteiligungserträge, 2011, S. 169-192

Marschner, Ernst [Vermögenszuwachssteuer, 2011]: Vermögenszuwachssteuer- grenzüberschreitende Aspekte: Beschränkte Steuerpflicht – Wegzugsbesteuerung – grenzüberschreitende Depotentnahmen/-übertragungen, in: SWK 2011,S. S 353-S 358

Marschner, Ernst [Budgetbegleitgesetz, 2011]: Für Stiftungen relevante Änderungen durch das Budgetbegleitgesetz 2012, in: ZfS 7 (2011), S. 155-157

Martinek, Michael/Rawer, Peter/Weitemeyer, Birgit (Hrsg.) [Festschrift Reuter, 2010]: Festschrift für Dieter Reuter zum 70. Geburtstag am 16. Oktober 2010, Berlin/New York: De Gruyter, 2010

Mayr, Gunter [Körperschaftsteuergesetz, 2012]: Körperschaftsteuergesetz, in: *Werner Doralt/Hans Georg Ruppe/Gunter Mayr*, Grundriss I, 2012, S. 323-433

Mayr, Gunter [Umgründungssteuergesetz, 2012]: Umgründungssteuergesetz, in: *Werner Doralt/Hans Georg Ruppe/Gunter Mayr*, Grundriss I, 2012, S. 435-523

Meincke, Jens Peter [Erbschaftsteuer-Kommentar, 2012]: Erbschaftsteuer- und Schenkungsteuergesetz: Kommentar, 16., neubearb. Aufl., München: Beck, 2012

Menner, Stefan (Bearb.) [§ 20 UmwStG, 2010]: § 20 Einbringung von Unternehmensteilen in eine Kapitalgesellschaft oder Genossenschaft, in: Detlef *Haritz/Stefan Menner* (Hrsg.), Umwandlungssteuergesetz, 2010, S. 590-767

Meyn, Christian/Richter, Andreas/Koss, Claus [Die Stiftung, 2009]: Die Stiftung: Umfassende Erläuterungen, Beispiele und Musterformulare für die Rechtspraxis (Reihe: Haufe Recht: Handbuch), 2., überarb. und erg. Aufl., Freiburg/München/Berlin: Haufe, 2009

Milatz, Jürgen E./Herbst, Catarina [Destinatäre, 2011]: Die Besteuerung der Destinatäre einer ausländischen Familienstiftung – Zugleich Urteilsbesprechung der Entscheidung des BFH vom 3. 11. 2010 – I R 98/09, in: BB 66 (2011), S. 1500-1506

Möller, Jürgen [Unternehmensnachfolge, 2007]: Unternehmensnachfolge: Planung, Strategie, Prozess, (Buchreihe: Forum Wirtschaft, Bd. 11), München: M-Press Meidenbauer, 2007

Möllmann, Peter [Unternehmensbewertung, 2010]: Erbschaft- und schenkungsteuerliche Unternehmensbewertung anhand von Börsenkursen und stichtagsnahen Veräußerungsfällen, in: BB 65 (2010), S. 407-413

Mössner, Jörg Manfred/Fuhrmann, Sven (Hrsg.) [Außensteuergesetz, 2011]: Außensteuergesetz Kommentar, 2. Aufl., Herne: NWB, 2011

Mooshammer, Harald,/Tumpel, Michael [Budgetbegleitgesetz, 2011]: Der Ministerialentwurf der steuerlichen Vorschriften zum Budgetbegleitgesetz 2012, in: SWK 2011, S. T167-T174

Müller-Gattermann, Gert [SEStEG, 2009]: Das SEStEG im Überblick: Entstrickung und Verstrickung sowie neues Umwandlungssteuerrecht, in: *Wolfgang Spindler/Klaus Tipke/Thomas Rödder* (Hrsg.), Rechtsberatung, 2009, S. 939-955

Mutscher, Axel [Voraussetzungen, 2007]: Die tatbestandlichen Voraussetzungen eines Ausschlusses bzw. einer Beschränkung des deutschen Besteuerungsrechts am Beispiel des § 1 Abs. 4 S. 1 Nr. 2 Buchst. b UmwStG, in: IStR 16 (2007), S. 799-802

Neininger, Monika [Steuerplanung, 2003]: Steuerplanung auf den Todesfall, Düsseldorf: IDW, 2003 (zugl. Diss. Univ. Hohenheim, 2002)

Neufang, Bernd [Bewertung, 2009]: Bewertung des Betriebsvermögens und von Anteilen an Kapitalgesellschaften, in: BB 64 (2009), S. 2006

Niehaves, Dieter/Beil, Andreas [DBA, 2012]: Das neue DBA Deutschland – Liechtenstein, in: DStR (50) 2012, S. 209-215

Niehus, Ulrich/Wilke, Helmuth [Kapitalgesellschaften, 2012]: Die Besteuerung der Kapitalgesellschaften, 3., überarb. und aktualisierte Aufl., Stuttgart: Schäffer-Poeschel, 2012

Nitzschke, Dirk (Bearb.) [§ 20 UmwStG, 2012]: § 20 UmwStG 2006, in *Bernd Heuermann/Peter Brandis* (Hrsg.), Blümich, Bd. 5, 1977/2012, S. 1-50

Nitzschke, Dirk (Bearb.) [§ 21 UmwStG, 2012]: § 21 UmwStG 2006, in *Bernd Heuermann/Peter Brandis* (Hrsg.), Blümich, Bd. 5, 1977/2012, S. 1-20

OECD [OECD-MK, 2010]: Model Tax Convention on Income and on Capital: Condensed Version 2010, Paris: OECD, 2010

Oertzen, Christian von/Müller, Thorsten, [Familienstiftung, 2003]: Die Familienstiftung nach Stiftungszivilrechts- und Unternehmenssteuerreform, in: Stiftung & Sponsoring, 5 (2003), Die Roten Seiten zu Heft 6/2003, S. 1-13

Oesterhelt, Stefan [Umsetzung, 2010]: Umsetzung von Art. 103 FusG durch die kantonalen Gesetzgeber, in: STR 65 (2010), S. 522-544

Onderka, Wolfgang [Gestaltung, 2009]: Die Gestaltung der Unternehmensnachfolge nach der Erbschaftsteuerreform, in: NZG 12 (2009), S. 521-526

Opel, Andrea [Steuerliche Behandlung, 2009]: Steuerliche Behandlung von Familienstiftungen, Stiftern und Begünstigten – in nationalen und internationalen Verhältnissen: Unter Einbezug des liechtensteinischen Stiftungsrechts, (Buchreihe: Basler Studien zur Rechtswissenschaft, Reihe B: Öffentliches Recht, Bd. 78), Basel: Helbing Lichtenhahn, 2009 (zugl. Diss. Univ. Basel, 2008)

Orth, Manfred [Stiftungen, 2001]: Stiftungen und Unternehmenssteuerreform, in: DStR 39 (2001), S. 326-337

Orth, Manfred [Stiftungssteuerrecht, 2007]: Stiftungssteuerrecht: Änderungen durch die Unternehmensteuerreform 2008 und die Reform des Spendenrechts, in: WPg 60 (2007), S. 969-975

Pahlke, Armin [§ 1 GrEStG, 2010]: § 1 Erwerbsvorgänge, in: *Armin Pahlke/Willy Franz*, Grunderwerbsteuergesetz, 2010, S. 15-167

Pahlke, Armin [§ 11 GrEStG, 2010]: § 11 Steuersatz, Abrundung, in: *Armin Pahlke/Willy Franz*, Grunderwerbsteuergesetz, 2010, S. 498-500

Pahlke, Armin/Franz, Willy [Grunderwerbsteuergesetz, 2010]: Grunderwerbsteuergesetz: Kommentar, 4., überarb. Aufl., München: Beck, 2010

Patt, Joachim [Vor §§ 20-23 UmwStG, 2012]: Vor §§ 22-23 UmwStG, in: *Ewald Dötsch* et al., Umwandlungssteuerrecht, 2012, S. 727-768

Patt, Joachim [§ 20 UmwStG, 2012]: § 20 UmwStG, in: *Ewald Dötsch* et al., Umwandlungssteuerrecht, 2012, S. 769-990

Patt, Joachim [§ 21 UmwStG, 2012]: § 21 UmwStG, in: *Ewald Dötsch* et al., Umwandlungssteuerrecht, 2012, S. 991-1041

Payer, Andreas [Gestaltungsmöglichkeiten, 2004]: Gestaltungsmöglichkeiten bei der Betriebsübergabe, in: SWK 2004, S. W 107-W 112

Peter, Natalie [Stiftung, 2003]: Die liechtensteinische Stiftung und der Trust im Schweizer Steuerrecht, in: FStR (3) 2003, S. 163-175

Philipp, Christoph [§ 13a ErbStG, 2009]: § 13a ErbStG, in: *Hermann-Ulrich Viskorf* et al. (Hrsg.), Erbschaftsteuer, 2009, S. 525-583

Piltz, Jürgen Detlev [Privatstiftung, 2000]: Die österreichische Privatstiftung in der Nachfolgeplanung – für Steuerinländer tabu?, in: ZEV 7 (2000), S. 378-381

Pöllath, Reinhard/Richter, Andreas [Familienstiftung, 2009]: § 13 Familienstiftung, in: *Werner Seifart/Axel Freiherr von Campenhausen* (Hrsg.), Handbuch, 2009, S. 453-501

Pöllath, Reinhard/Richter, Andreas [Errichtung, 2009]: § 40 Errichtung einer Stiftung und Zustiftung, in: *Werner Seifart/Axel Freiherr von Campenhausen* (Hrsg.), Handbuch, 2009, S. 788-839

Pöllath, Reinhard/Richter, Andreas [Besteuerung, 2009]: § 41 Besteuerung von Stiftungen und Destinatären während des Bestehens der Stiftung, in: *Werner Seifart/Axel Freiherr von Campenhausen* (Hrsg.), Handbuch, 2009, S. 840-882

Pöllath, Reinhard/Richter, Andreas [Aufhebung, 2009]: § 42 Aufhebung einer Stiftung, in: *Werner Seifart/Axel Freiherr von Campenhausen* (Hrsg.), Handbuch, 2009, S. 883-901

Puchner, Christoph [Substanzauszahlungen, 2011]: Substanzauszahlungen im Bereich der Privatstiftungen, in: *Friedrich Fraberger/Michael Petritz* (Hrsg.) [Estate Planning, 2011, S. 443-471

Rabback, Dieter E. (Bearb.) [§ 21 UmwStG, 2008]: § 21 UmwStG, in: *Thomas Rödder/Andreas Herlinghaus/Ingo van Lishaut* (Hrsg.), Umwandlungssteuergesetz, 2008, S. 1085-1139

Rasche, Ralf (Bearb.) [Anhang 8, 2008]: Anhang 8 Grunderwerbsteuerrechtliche Behandlung von Übertragungsvorgängen, in: *Thomas Rödder/Andreas Herlinghaus/Ingo van Lishaut* (Hrsg.), Umwandlungssteuergesetz, 2008, S. 1778-1794

Rautenstrauch, Gabriele [Unternehmensnachfolge, 2002]: Optimale Gestaltung der Unternehmensnachfolge: Übertragung von Einzelunternehmen und Mitunternehmeranteilen hinsichtlich Erbschaft- und Einkommensteuer, Wiesbaden: DUV, 2002 (zugl. Diss. Univ. Bamberg, 2002)

Reich, Markus [Steuerrecht, 2012]: Steuerrecht, 2., aktualisierte und erweiterte Aufl., Zürich/Basel/Genf: Schulthess, 2012

Reiß, Wolfram [Verkehrsteuern, 2010]: § 15 Spezielle Verkehrsteuern in: *Klaus Tipke/Joachim Lang* (Hrsg.), Steuerrecht, 2010, S. 693-727

Reiter, Christian/Kulischek, Stefan [Gestaltungsinstrument, 2011]: Die österreichische Privatstiftung - Gestaltungsinstrument der Nachfolgeplanung auch für deutsche Staatsbürger? (Teil 2), in: ZfS 7 (2011), S. 60-66

Rengers, Jutta (Bearb.) [§ 1 KStG, 2012]: § 1 KStG, in: *Bernd Heuermann/Peter Brandis* (Hrsg.), Blümich, Bd. 4, 1977/2012, S. 1-44

Rengers, Jutta (Bearb.) [§ 8 KStG, 2012]: § 8 KStG, in: *Bernd Heuermann/Peter Brandis* (Hrsg.), Blümich, Bd. 4, 1977/2012, S. 1-200

Richner, Felix [Erbschaftsteuerrecht, 2000]: Das Internationale Erbschaftsteuerrecht der Schweiz, in: ASA 69 (2000), S. 129-173

Richter, Andreas [Deutschland, 2007]: Deutschland, in: *Andreas Richter/Thomas Wachter* (Hrsg.), Handbuch Stiftungsrecht, 2007, S. 763-824

Richter, Andreas [§ 21 ErbStG, 2009]: § 21 ErbStG, in: *Hermann-Ulrich Viskorf* et al. (Hrsg.), Erbschaftsteuer, 2009, S. 584-651

Richter, Andreas/Escher, Jens [Wegzugsbesteuerung, 2007]: Deutsche Wegzugsbesteuerung bei natürlichen Personen nach dem SEStEG im Lichte der EuGH-Rechtsprechung, in: FR 89 (2007), S. 674-683

Richter, Andreas/Gollan, Anna Katharina [Kapitalerträge, 2010]: Die Besteuerung der Kapitalerträge von Familienstiftungen, in: *Michael Martinek/Peter Rawert/Birgit Weitemeyer* (Hrsg.), Festschrift Reuter, 2010, S. 1155-1166

Richter, Andreas/Wachter, Thomas (Hrsg.) [Handbuch Stiftungsrecht, 2007]: Handbuch des internationalen Stiftungsrechts, Angelbachtal: Zerb, 2007

Richter, Andreas/Eichler, Anna Katharina/Fischer, Hardy [Unternehmensteuerreform, 2008]: Unternehmensteuerreform, Erbschaftsteuerreform, Abgeltungssteuer: Auswirkungen der aktuellen Steuerreformen und Reformvorhaben auf Stifter und rechtsfähige Stiftungen, in: Stiftung & Sponsoring, 10 (2008), Die Roten Seiten zu Heft 2/2008, S. 1-17

Ritzer, Claus (Bearb.) [Anhang 6, 2008]: Anhang 6 Entstrickungs- und Verstrickungsregeln im EStG und KStG, in: *Thomas Rödder/Andreas Herlinghaus/Ingo van Lishaut* (Hrsg.), Umwandlungssteuergesetz, 2008, S. 1726-1766

Rohde, Andreas/Gemeinhardt, Gereon [Betriebsvermögen, 2009]: Betriebsvermögen nach neuem Erbschaftsteuerrecht – Erbschaftsteuererlass vom 25. 6. 2009, in. StuB 11 (2009), S. 710-715

Rödder, Thomas/Herlinghaus, Andreas/Lishaut, Ingo van (Hrsg.) [Umwandlungssteuergesetz, 2008]: Umwandlungssteuergesetz: Kommentar, Köln: O. Schmidt, 2008

Rödl, Christan/Scheffler, Wolfram/Winter, Michael (Hrsg.) [Familienunternehmen, 2008]: Internationale Familienunternehmen: Recht, Steuern, Bilanzierung, Finanzierung, Nachfolge, Strategien [Festschrift für Bernd Rödl zum 65. Geburtstag], München: Beck, 2008

Safarik, Frantisek J. [Kapitalvermögen, 2012]: Besteuerung von Kapitalvermögen und Liegenschaften, in: *Jörg Weigell/Jürg Brand/Frantisek J. Safarik* (Hrsg.) Steuerstandort Schweiz, 2012, S. 53-66

Safarik, Frantisek J. [Schenkungen, 2012]: E. Besteuerung von Erbschaften und Schenkungen, in: *Jörg Weigell/Jürg Brand/Frantisek J. Safarik* (Hrsg.) Steuerstandort Schweiz, 2012, S. 79-94

Sauter, Thomas (Bearb.) [§ 1 KStG, 2010]: § 1 KStG, in: *Bernd Erle/Thomas Sauter* (Hrsg.), Körperschaftsteuergesetz, 2010, S. 85-118

Schaumburg, Harald [Internationales Steuerrecht, 2011]: Internationales Steuerrecht: Außensteuerrecht, Doppelbesteuerungsrecht, 3 , völlig überarb. Aufl., Köln: Otto Schmidt, 2011

Schauer, Martin (Hrsg.) [Kurzkommentar, 2009]: Kurzkommentar zum liechtensteinischen Stiftungsrecht, Basel: Helbing Lichtenhahn, 2009

Scheffler, Wolfram [Steuerlehre, 2009]: Internationale betriebswirtschaftliche Steuerlehre, 3., vollständig überarb. Aufl., München: Vahlen, 2009

Scheffler, Wolfram [Besteuerung, 2010]: Besteuerung von Unternehmen, Bd. 3: Steuerplanung, Heidelberg et al.: Müller, 2010

Scherer, Stephan (Hrsg.) [Erbrecht, 2010]: Münchener Anwaltshandbuch Erbrecht, 3., überarb. Aufl., München: Beck, 2010

Scherer, Thomas B. (Bearb.): [Art. 6 Schweiz, 2012]: Art. 6 Schweiz, in: *Helmut Debatin/Franz Wassermeyer* (Hrsg.), Doppelbesteuerung, Bd. 5, 1954/2012, S. 1-16

Scherer, Thomas B. (Bearb.): [Art. 7 Schweiz, 2012]: Art. 7 Schweiz, in: *Helmut Debatin/Franz Wassermeyer* (Hrsg.), Doppelbesteuerung, Bd. 5, 1954/2012, S. 1-40

Scherer, Thomas B. (Bearb.): [Art. 13 Schweiz, 2012]: Art. 13 Schweiz, in: *Helmut Debatin/Franz Wassermeyer* (Hrsg.), Doppelbesteuerung, Bd. 5, 1954/2012, S. 1-36

Schiffer, K. Jan [Beratungs-Know-how, 2005]: Aktuelles Beratungs-Know-how Gemeinnützigkeits- und Stiftungsrecht, in: DStR 43 (2005), S. 508-513

Schiffer, K. Jan [Beraterpraxis, 2009]: Die Stiftung in der Beraterpraxis, (Buchreihe: AnwaltsPraxis), Bonn: Dt. Anwalt-Verl., 2009

Schiffer, K. Jan [Ersatzerbschaftsteuer, 2012]: Ersatzerbschaftsteuer, in: *Michael Fischer* et al. (Hrsg.), Haufe-Kommentar, 2012, S. 34-57

Schiffer, K. Jan [Familienstiftung, 2012]: Familienstiftung (§ 15 Abs. 2 ErbStG), in: *Michael Fischer* et al. (Hrsg.), Haufe-Kommentar, 2012, S. 954-960

Schiffer, K. Jan [§ 24 ErbStG, 2012]: § 24 Verrentung der Steuerschuld in den Fällen des § 1 Abs. 1 Nr. 4, in: *Michael Fischer* et al. (Hrsg.), Haufe-Kommentar, 2012, S. 1069-1071

Schiffer, K. Jan/Schubert, Michael von [Verständnis, 2002]: Stiftung und Unternehmensnachfolge: Verständnis und Missverständnisse, in: BB 57 (2002), S. 265-268

Schiffers, Joachim [Unternehmensvermögen, 2009]: Bewertung von Unternehmensvermögen nach der Erbschaftsteuerreform: Hinweise zur Bewertung von Unternehmensvermögen insbesondere nach den gleichlautenden Ländererlassen, in: DStZ 97 (2009), S. 548-559

Schindhelm, Malte/Stein, Klaus [Stiftung, 2010]: Stiftung und Trust als Instrument der Nachfolgeplanung, in: *Klaus Michael Groll* (Hrsg.), Praxis-Handbuch, 2010, S. 766-827

Schlecht & Partner/Taylor Wessing (Hrsg.) [Handbuch, 2004]: Unternehmensnachfolge: Handbuch für die Praxis, Berlin: E. Schmidt, 2004

Schmidt, Christian [Personengesellschaften, 2002]: Personengesellschaften im Abkommensrecht (Teil 2), in: WPg 55 (2002). S. 1232-1242

Schmidt, Christian [Gestaltung, 2008]: Steuerliche Gestaltung der Unternehmensnachfolge im internationalen Familienunternehmen, in: *Christian Rödl/Wolfram Scheffler/Michael Winter* (Hrsg.), Familienunternehmen, 2008, S. 255-280

Schmidt, Lutz/Hageböke, Jens [Sacheinlagen, 2003]: Offene Sacheinlagen als entgeltliche Anschaffungsvorgänge? Zugleich kritische Anmerkungen u. a. zum BFH-Urteil vom 5. 6. 2002, I R 6/01, in: DStR 41 (2003), S. 1813-1818

Schmitt, Joachim [§ 20 UmwStG, 2009]: § 20 UmwStG, in: *Joachim Schmitt/Robert Hörtnagl/Rolf-Christian Stratz*, Umwandlungsgesetz, 2009, S. 1577-1688

Schmitt, Joachim/Götz, Helmut [Familienstiftung, 1997]: Die Familienstiftung als Instrument der Unternehmensnachfolge, in: INF 51 (1997), S. 11-16

Schmitt, Joachim/Hörtnagl, Robert/Stratz, Rolf-Christian [Umwandlungsgesetz, 2009]: Umwandlungsgesetz – Umwandlungssteuergesetz: Kommentar, 5. Aufl., München: Beck, 2009

Schneeloch, Dieter [Steuerlehre, 2009]: Betriebswirtschaftliche Steuerlehre, Bd. 2: betriebliche Steuerpolitik, 3., völlig neubearb. Aufl., München: Vahlen, 2009

Schneider, Dieter [Investition, 1992]: Investition, Finanzierung und Besteuerung, 7., vollst. überarb. und erw. Aufl., Wiesbaden: Gabler, 1992

Schönfeld, Jens [Aspekte, 2007]: Ausgewählte internationale Aspekte der neuen Regelungen über die Kapitalertragsteuer, in: IStR 16 (2007), S. 850-853

Schönfeld, Jens (Bearb.) [§ 8 AStG, 2011]: § 8, in: *Franz Wassermeyer/Hubertus Baumhoff/ Jens Schönfeld* (Hrsg.), Außensteuerrecht, Bd. 2, 1973/2011, S. 249-356

Schönfeld, Jens (Bearb.) [§ 15 AStG, 2011]: § 15, in: *Franz Wassermeyer/Hubertus Baumhoff/Jens Schönfeld* (Hrsg.), Außensteuerrecht, Bd. 2, 1973/2011, S. 112-134

Schönfeld, Jens (Bearb.) [§ 50d Abs. 3 EStG, 2011]: § 50d Abs. 3 EStG, in: *Franz Wassermeyer/Hubertus Baumhoff/Jens Schönfeld* (Hrsg.), Außensteuerrecht, Bd. 4, 1973/2011

Schönherr, Frank/Lemaitre, Claus [Grundzüge, 2007]: Grundzüge und ausgewählte Aspekte bei Einbringungen in Kapitalgesellschaften nach dem SEStEG, in: GmbHR 98 (2007), S. 459-467

Scholten, Gerd/Korezkij, Leonid [Nachversteuerung, 2009]: Nachversteuerung nach § 13a und 19a ErbStG als Risiko- und Entscheidungsfaktor, in: DStR 47 (2009), S. 991-1002

Schuch, Josef/Haslinger, Katharina (Bearb.) [Art. 7 Österreich, 2012]: Art. 7 Österreich, in: *Helmut Debatin/Franz Wassermeyer* (Hrsg.), Doppelbesteuerung, Bd. 4, 1954/2012, S. 27-36

Schuch, Josef/Haslinger, Katharina (Bearb.) [Art. 10 Österreich, 2012]: Art. 10 Österreich, in: *Helmut Debatin/Franz Wassermeyer* (Hrsg.), Doppelbesteuerung, Bd. 4, 1954/2012, S. 41-55

Schuch, Josef/Haslinger, Katharina (Bearb.) [Art. 23 Österreich, 2012]: Art. 23 Österreich, in: *Helmut Debatin/Franz Wassermeyer* (Hrsg.), Doppelbesteuerung, Bd. 4, 1954/2012, S. 133-151

Schuchter, Yvonne [Stiftungseingangssteuer, 2010]: Stiftungseingangssteuer, in: *Herbert Kofler/ Sabine Urnik* (Hrsg.), Steuerlehre Band I Teil 2, 2010, S. 19-31

Schütz, Robert [Familienstiftungen, 2008]: Die Besteuerung ausländischer, insbesondere liechtensteinischer Familienstiftungen und ihrer Begünstigten in Deutschland, in: DB 61 (2008), S. 603-607

Schulte, Wilfried (Bearb.) [§ 8 KStG, 2010]: § 8 KStG, in: *Bernd Erle/Thomas Sauter* (Hrsg.), Körperschaftsteuergesetz, 2010, S. 322-501

Schulz, Kay Alexander [Außensteuergesetz, 2010]: Die Besteuerung ausländischer Familienstiftungen nach dem Außensteuergesetz: Analysen und Perspektiven (zugl. Diss. Univ. Halle-Wittenberg, 2010), Wiesbaden: Gabler, 2010

Schulz, Peter/Werz, Ralf Stefan [Ausnahmetatbestand, 2008]: Ausländische Familienstiftungen: Der neue Ausnahmetatbestand des § 15 Abs. 6 AStG, in: ErbStB 6 (2008), S. 177-182

Schwarz, Günter Christian [Stiftung, 2001]: Die Stiftung als Instrument für die mittelständische Unternehmensnachfolge, in: BB 56 (2001), S. 2381-2390

Schwarz, Günter Christian/Backert, Wolfram (Bearb.) [§ 80 BGB, 2007]: § 80 BGB, in: *Heinz Georg Bamberger/Herbert Roth* (Hrsg.), BGB-Kommentar, Bd. 1, 2007, S. 306-326

Schweizerische Steuerkonferenz [Steuersystem, 2011]: Das schweizerische Steuersystem, 14. Aufl., 2011 http://www.estv.admin.ch/dokumentation/00079/00080/00746/index.html?lang=de&download=NHzLpZeg7t,lnp6I0NTU042l2Z6ln1acy4Zn4Z2qZpnO2Yuq2Z6gpJCDdYR,e2ym162epYbg2c_JjKbNoKSn6A-- (2011 05 16)

Seer, Roman/Versin, Volker [Familienstiftung, 2006]: Die Familienstiftung im Steuerrecht, in: SteuerStud 27 (2006), S. 281-290

Seidel, Karsten [Stiftungssteuerrecht, 2010]: Stiftungs- und Stiftungssteuerrecht – aktuelle Beratungsaspekte: Gesetzgebung, Finanzverwaltung und Rechtsprechung, in: ErbStB 8 (2010), S. 204-215

Seifart, Werner/Campenhausen Axel Freiherr von (Hrsg.) [Handbuch, 2009]: Stiftungsrechts-Handbuch, 3., völlig überarb. Aufl., München: Beck, 2009

Slabon, Gerhard/Lappe, Astrid [Familiengesellschaft, 2006], Die Familiengesellschaft – ein Instrument zur dauerhaften Sicherung des Familienvermögens, in: Erbfolgebesteuerung 14 (2006), S. 74-82

Söffing, Matthias [Privatstiftung (Teil 1), 2007]: Die österreichische Privatstiftung (Teil 1) in: SAM 9 (2007), S. 140-143

Söffing, Matthias [Privatstiftung (Teil 2), 2007]: Die österreichische Privatstiftung (Teil 2) in: SAM 9 (2007), S. 181-183

Söffing, Matthias [Privatstiftung, 2007]: Die österreichische Privatstiftung - Ertrag- und erbschaftsteuerliche Aspekte beim Blick ins Nachbarland, in: ErbStB 5 (2007), S. 219-224

Söffing, Matthias [Trusts, 2008]: Trusts und ausländische Stiftungen in: *Deutscher AnwaltVerein*, Praxisleitfaden, 2008, S. 281-323

Söffing, Matthias/Thonemann, Susanne [Begünstigung, 2009]: Begünstigung unternehmerischen Vermögens nach dem ErbStG, in: DB 62 (2009), S. 1836-1842

Söffing, Matthias/Thonemann, Susanne [Anwendung, 2009]: Anwendung der geänderten Vorstiften des Erbschaftsteuer- und Schenkungsteuergesetzes: Eine Besprechung der gleichlautenden Ländererlasse vom 25. 6. 2009, in: ErbStB 7 (2009), S. 325-336

Sommer, Michael/Godron, Axel [Unternehmensnachfolge, 2005]: Planung der Unternehmensnachfolge, in: DSWR 34 (2005), S. 221-226

Sothen, Ulf von [Steuerrecht, 2010]: § 35 Steuerrecht, in: *Stephan Scherer* (Hrsg.), Erbrecht, 2010, S. 994-1135

Spiegelberger, Sebastian [Unternehmensnachfolge, 2007]: Unternehmensnachfolge, in: StBg 50 (2007), S. 349-355

Spiegelberger, Sebastian [Unternehmensnachfolge, 2009]: Unternehmensnachfolge: Gestaltungen nach Zivil- und Steuerrecht, 2. Aufl., München: Beck, 2009

Spindler, Wolfgang/Tipke, Klaus/Rödder, Thomas (Hrsg.) [Rechtsberatung, 2009]: Steuerzentrierte Rechtsberatung: Festschrift für Harald Schaumburg zum 65. Geburtstag, Köln: O. Schmidt, 2009

Stadler, Rainer/Elser, Thomas, [Regierungsentwurf, 2006]: Der Regierungsentwurf des SEStEG: Einführung eines allgemeinen Entstrickungs- und Verstrickungstatbestandes und andere Änderungen des EStG, in: BB 61 (2006), BB-Special 8, S. 18-25

Staringer, Claus [Veräußerungsgewinne, 2003]: Seminar D: Abkommensrechtliche Behandlung von Veräußerungsgewinnen aus Anteilen an Kapitalgesellschaften, in: IStR 12 (2003), S. 521-523

Steckel, Rudolf/Partl, Rainer [Einbringung, 2010]: Einbringung in Kapitalgesellschaften (Art. III UmgrStG, in *Michael Tumpel* (Hrsg.) Gründung, 2010, S. 142-183

Stefaner, Markus/Schragl, Markus (Hrsg.) [Beteiligungserträge, 2011]: Grenzüberschreitende Beteiligungserträge, Wien: Linde, 2011

Stefaner, Markus/Schragl, Markus [Hintergrund, 2011]: Hintergrund und historische Entwicklung, in: *Markus Stefaner/Markus Schragl* (Hrsg.), Beteiligungserträge, 2011, S. 17-25

Steiner, Anton [Auswirkungen, 2008]: Österreichisches Schenkungsmeldegesetz: Auswirkungen auf deutsche Steuerpflichtige, in: ErbStB 6 (2008), S. 246-250

Stieglitz, Alexander [Gesellschafter, 2011]: Beteiligungserträge ausländischer Gesellschafter ohne Betriebstätte, in: *Markus Stefaner/Markus Schragl* (Hrsg.), Beteiligungserträge, 2011, S. 255-276

Stiftung Familienunternehmen [Bedeutung, 2011]: Die volkswirtschaftliche Bedeutung der Familienunternehmen, 2011, http://www.familienunternehmen.de/media/public/pdf/studien/Die_volkswirtschaftliche_Bedeutung_der_Familienunternehmen.pdf (2012-01-11)

Stuhrmann, Gerd (Bearb.) [§ 16 EStG, 2012]: § 16 EStG, in: *Bernd Heuermann/Peter Brandis* (Hrsg.), Blümich, Bd. 2, 1977/2012, S. 11-86, 89-94, 107 f., 113-144

Thömmes, Otmar [Erbschaftsteuer, 2010]: Erbschaftsteuer und ausländische Familienstiftung, in: *Klaus Drüen* (Hrsg.), Jahrbuch, 2010, S. 107-122

Thömmes, Otmar/Stockmann, Frank [Familienstiftung, 1999]: Familienstiftung und Gemeinschaftsrecht: Verstößt § 15 Abs. 2 Satz 1 ErbStG gegen Diskriminierungsverbote des EGV?, in: IStR 8 (1999), S. 261-268

Thömmes, Otmar/Lang, Michael/Schuch, Josef (Hrsg.) [Steuerstandort, 2005]: Investitions- und Steuerstandort Österreich: wirtschaftliche und steuerliche Rahmenbedingungen, 2. Aufl., München: Beck, 2005

Thoma, Katrin/Seidel, Karsten [Aktuelle Beratungsaspekte, 2006]: Gemeinnützigkeits- und Stiftungsrecht: Aktuelle Beratungsaspekte, in: ErbStB 4 (2006), S. 356-360

Tipke, Klaus/Lang, Joachim (Hrsg.) [Steuerrecht, 2010]: Steuerrecht, 20., völlig überarb. Aufl., Köln: O. Schmidt, 2010

Toifl, Gerald/Schuchter, Yvonne [Österreich, 2010]: Österreich, in: *Franz Wassermeyer/Stefan Richter/Helder Schnittker* (Hrsg.), Personengesellschaften, 2010, S. 1173-1218

Troll, Max/Gebel, Dieter/Jülicher, Marc (Hrsg.) [Erbschaftsteuer, 2012]: Erbschaftsteuer- und Schenkungsteuergesetz: Kommentar / Troll; Gebel; Jülicher, Stand: März 2012 (44. Lfg.), München: Vahlen, 2012

Trompeter, Frank [Erbschaftsteuerplanung, 2003]: Die Wahl unterschiedlicher Kapitalanlageformen als Instrument der internationalen Erbschaftsteuerplanung, in: *Siegfried Grotherr* (Hrsg.), Internationale Steuerplanung, 2003, S. 1521-1549

Trompeter, Frank [Kapitalanlageformen, 2011]: Die Wahl unterschiedlicher Kapitalanlageformen als Instrument der internationalen Erbschaftsteuerplanung, in: *Siegfried Grotherr* (Hrsg.), Internationale Steuerplanung, 2011, S. 1901-1930

Trossen, Nils (Bearb.) [§ 1 UmwStG, 2008]: § 1 UmwStG, in: *Thomas Rödder/Andreas Herlinghaus/Ingo van Lishaut* (Hrsg.), Umwandlungssteuergesetz, 2008, S. 108-168

Tumpel, Michael (Hrsg.) [Gründung, 2010]: Gründung, Umgründung und Beendigung von Unternehmen (Reihe: Handbuch der österreichischen Steuerlehre, Band III), 2., aktualisierte Aufl., Wien: LexisNexis, 2010

Turner, Nikolaus/Doppstadt, Joachim [Stiftung, 1996]: Die Stiftung - eine Möglichkeit individueller Nachfolgegestaltung, in: DStR 34 (1996), S. 1448-1453

Urnik, Sabine/Rohn, Eva [Sonstige Einkünfte, 2010]: 4.2.1.2.4 Sonstige Einkünfte (§ 29 EStG), in: *Herbert Kofler/ Sabine Urnik/Sabine Kanduth-Kristen* (Hrsg.), Theorien, 2010, S. 186-198

Urnik, Sabine/Rohn, Eva [Grunderwerbsteuergesetz, 2010]: Grunderwerbsteuergesetz, in: *Herbert Kofler/ Sabine Urnik* (Hrsg.), Methoden, 2010, S. 119-138

Varro, Daniel [Stiftungseingangssteuer, 2011]: Stiftungseingangssteuer: Handbuch inklusive Kommentierung, Wien: Manz, 2011

Viskorf, Hermann-Ulrich [Rechtsstaatsprinzip, 2009]: Das Rechtsstaatsprinzip und der Wettstreit um den „richtigen" gemeinen Wert beim Betriebsvermögen, ZEV 16 (2009), S. 591-596

Viskorf, Hermann-Ulrich et al. (Hrsg.) [Erbschaftsteuer, 2009]: Erbschaftsteuer- und Schenkungsteuergesetz, Bewertungsgesetz (Auszug), Kommentar, 3. Aufl., Herne: NWB, 2009

Viskorf, Stephan [§ 13b ErbStG, 2009]: § 13b ErbStG, in: *Hermann-Ulrich Viskorf* et al. (Hrsg.), Erbschaftsteuer, 2009, S. 584-651

Vituschek, Michael [Steuerbelastung, 2004]: Die Steuerbelastung von Personenunternehmen und Kapitalgesellschaften: Ermittlung, Vergleich und Analyse unter besonderer Berücksichtigung des Generationenwechsels im Unternehmen, 2004 (zugl. Diss. Univ. Mannheim, 2003) http://madoc.bib.uni-mannheim.de/madoc/volltexte/2004/107/ (2010-03-22)

Vogel, Klaus [Art. 23, 2008]: Abschnitt V. Methoden zur Vermeidung der Doppelbesteuerung, in: *Klaus Vogel/Moris Lehner* (Hrsg.): Doppelbesteuerungsabkommen, 2008, S. 1516-1666

Vogel, Klaus/Lehner, Moris (Hrsg.) [Doppelbesteuerungsabkommen, 2008]: Doppelbesteuerungsabkommen: DBA der Bundesrepublik Deutschland auf dem Gebiet der Steuern vom Einkommen und Vermögen: Kommentar auf der Grundlage der Musterabkommen, 5., völlig neubearb. Aufl., München, Beck, 2008

Wacker, Roland (Bearb.) [§ 16 EStG, 2012]: § 16 Veräußerung des Betriebs, in: in: *Heinrich Weber-Grellet* (Hrsg.), Schmidt: EStG, 2012, S. 1278-1416

Wacker, Roland (Bearb.) [§ 34 EStG, 2012]: § 34 Außerordentliche Einkünfte, in: *Heinrich Weber-Grellet* (Hrsg.), Schmidt: EStG, 2012, S. 1950-1964

Wachter, Thomas [Nachlassplanung, 2000]: Steueroptimale Nachlassplanung mit einer österreichischen Privatstiftung, in: DStR 38 (2000), S. 1037-1047

Wachter, Thomas [Erbersatzsteuer, 2007]: Erbersatzsteuer für Familienstiftungen, in: *Andreas Richter/Thomas Wachter* (Hrsg.), Handbuch Stiftungsrecht, 2007, S. 541-606

Wachter, Thomas (Hrsg.) [Festschrift Spiegelberger, 2009]: Festschrift für Sebastian Spiegelberger zum 70. Geburtstag: Vertragsgestaltung im Zivil- und Steuerrecht, Bonn: Zerb-Verl., 2009

Wachter, Thomas [Verfassungswidrigkeit, 2011]: Mögliche Verfassungswidrigkeit des Erbschaft- und Schenkungsteuergesetzes, in: DStR 49 (2011), S. 2331-2334

Wachter, Thomas [§ 13a Steuerbefreiung, 2012]: § 13a Steuerbefreiung für Betriebsvermögen, Betriebe der Land- und Forstwirtschaft und Anteile an Kapitalgesellschaften, in: *Michael Fischer* et al. (Hrsg.), Haufe-Kommentar, 2012, S. 745-817

Wählholz, Eckhard [Vererbung, 2009]: Die Vererbung und Übertragung von Betriebsvermögen nach den gleichlautenden Ländererlassen zum ErbStRG, in: DStR 47 (2009), S. 1605-1611

Wagner, Klaus J. (Bearb.) [§ 32b EStG, 2012]: § 32b EStG, in: *Bernd Heuermann/Peter Brandis* (Hrsg.), Blümich, Bd. 3, 1977/2012, S. 1-30

Wassermeyer, Franz [Anwendung, 2000]: Die Anwendung der Anrechnungs- und Befreiungsmethode im neuen DBA Deutschland-Österreich, in: SWI 10 (2000), S. 150-153

Wassermeyer, Franz [Auskehrungen, 2006]: Anwendung des § 20 Abs. 1 Nr. 9 EStG auf Auskehrungen von Stiftungen, in: DStR 44 (2006), S. 1733-1736

Wassermeyer, Franz [Merkwürdigkeiten, 2007]: Merkwürdigkeiten bei der Wegzugsbesteuerung, in: IStR 16 (2007), S. 833-836

Wassermeyer, Franz [Entstrickung, 2008]: Entstrickung versus Veräußerung und Nutzungsüberlassung steuerrechtliche gesehen, in: IStR 17 (2008), S. 176-180

Wassermeyer, Franz [Vermeidung, 2008]: IV. Vermeidung der Doppelbesteuerung, in: *Hans Flick/Detlev J. Piltz* (Hrsg.), Erbfall, 2008, S. 387-440

Wassermeyer, Franz (Bearb.) [§ 6 AStG, 2011]: § 6, in: *Franz Wassermeyer/Hubertus Baumhoff/ Jens Schönfeld* (Hrsg.), Außensteuerrecht, Bd. 2, 1973/2011, S. 1-94, S. 101-220

Wassermeyer, Franz (Bearb.) [§ 8 AStG, 2011]: § 8, in: *Franz Wassermeyer/Hubertus Baumhoff/ Jens Schönfeld* (Hrsg.), Außensteuerrecht, Bd. 2, 1973/2011, S. 119, 123-154, 165-236

Wassermeyer, Franz (Bearb.) [§ 15 AStG, 2011]: § 15, in: *Franz Wassermeyer/Hubertus Baumhoff/Jens Schönfeld* (Hrsg.), Außensteuerrecht, Bd. 3, 1973/2011, S. 1-112, 135-150

Wassermeyer, Franz (Bearb.) [Art. 10 MA, 2012]: Art.10 MA, in: *Helmut Debatin/Franz Wassermeyer* (Hrsg.), Doppelbesteuerung, Bd. 1, 1954/2012, S. 31-106

Wassermeyer, Franz (Bearb.) [Art. 13 MA, 2012]: Art.13 MA, in: *Helmut Debatin/Franz Wassermeyer* (Hrsg.), Doppelbesteuerung, Bd. 1, 1954/2012, S. 23-76

Wassermeyer, Franz/Baumhoff, Huberts/Schönfeld, Jens (Hrsg.) [Außensteuerrecht, 1973/2011]: Außensteuerrecht: Kommentar / Flick; Wassermeyer; Baumhoff; Schönfeld, 4 Bände, Stand: November 2011 (68. Lfg.), Köln: O. Schmidt, 1973/2011

Wassermeyer, Franz/Richter, Stefan/Schnittker, Helder (Hrsg.) [Personengesellschaften, 2010]: Personengesellschaften im Internationalen Steuerrecht, Köln: O. Schmidt, 2010

Watrin, Christoph [Erbschaftsteuerplanung, 1997]: Erbschaftsteuerplanung internationaler Familienunternehmen (zugl. Diss. Univ. Köln, 1996), Düsseldorf: IDW, 1997

Weber-Grellet, Heinrich (Hrsg.) [Schmidt: EStG, 2012]: Einkommensteuergesetz: Kommentar, begründet von Ludwig Schmidt, 31., völlig neubearb. Aufl., München: Beck, 2012

Weber-Grellet, Heinrich (Bearb.) [§ 17 EStG, 2012]: § 17 Veräußerung von Anteilen an Kapitalgesellschaften, in: *Heinrich Weber-Grellet* (Hrsg.), Schmidt: EStG, 2012, S. 1417-1467

Weigell, Jörg (Bearb.) [Vor Art. 1, 2012]: Vor Art. 1 E Schweiz, in: *Helmut Debatin/Franz Wassermeyer* (Hrsg.), Doppelbesteuerung, Bd. 5, 1954/2012, S. 1-14

Weigell, Jörg/Brand, Jürg/Safarik, Frantisek J. (Hrsg.) [Steuerstandort Schweiz, 2012]: Investitions- und Steuerstandort Schweiz: Wirtschaftliche und steuerrechtliche Rahmenbedingungen, 3. Aufl., München/Bern: Beck/Stämpfli, 2012

Wenz, Martin/Daisenberger, Gabriele [Schlussanhang, 2010]: Schlussanhang III, in: *Wolfgang Zöllner/Ulrich Noack* (Hrsg.), Kölner Kommentar, 2010, S. 191-327

Wenz, Martin/Knörzer, Patrick [Steuerrecht, 2009]: Anhang Steuerrecht, in: *Martin Schauer* (Hrsg.), Kurzkommentar, 2009, S. 251-280

Wenz, Martin/Linn, Alexander [§ 15 AStG, 2009]: § 15 AStG, in: *Florian Haase* (Hrsg.), Außensteuergesetz, 2009, S. 475-515

Werner, Rüdiger [Stiftungen, 2006]: Stiftungen als Instrument der Unternehmens- und Vermögensnachfolge, in: ZEV 13 (2006), S. 539-544

Werner, Rüdiger [Familienstiftung, 2010]: Die liechtensteinische Familienstiftung, in: IStR 19 (2010), S. 589-596

Wiedermann, K./Migglautsch, R. [Zuwendungen, 2011]: Zuwendungen von Privatstiftungen, Substanzauszahlungen und Substiftungen, in: *Günter Cerha* et al. (Hrsg.), Stiftungsbesteuerung, 2011, S. 107-130

Wiese, Götz Tobias [Entlastung, 2012]: Entlastung ausländischer Gesellschaften von deutscher Quellensteuer, in: GmbHR 103 (2012), S. 376-384

Wiese, Götz Tobias/Lukas, Philipp [Erbschaftsteuerreform, 2009]: Erbschaftsteuerreform 2009 und Unternehmensnachfolge - ein Überblick, in: GmbHR 100 (2009), S. 57-65

Zöllner, Werner/Noack, Ulrich (Hrsg.) [Kölner Kommentar, 2010]: Kölner Kommentar zum Aktiengesetz, Bd. 8/2 – 2. Teillieferung (Reihe: Kölner Kommentare zum Unternehmens- und Gesellschaftsrecht), 3. Aufl., Köln: Heymanns, 2010

Zwosta, Max-Burkhard (Bearb.) [Art. 10 Schweiz, 2012]: Art. 10 Schweiz, in: *Helmut Debatin/Franz Wassermeyer* (Hrsg.), Doppelbesteuerung, Bd. 5, 1954/2012, S. 1-34

Zweifel, Martin/Athanas, Peter (Hrsg.) [DBG-Kommentar, 2008]: Bundesgesetz über die direkte Bundessteuer (DBG) Art. 1-82, Bd. I/2a. (Reihe: Kommentar zum schweizerischen Steuerrecht), 2. Aufl., Basel: Helbing Lichtenhahn, 2008

Quellenverzeichnis

I. Deutsche Quellen

Abgabenordnung (AO), in der Fassung der Bekanntmachung vom 1. Oktober 2002 (dBGBl. I 2002, S. 3866, ber. dBGBl. I 2003, S. 61), zuletzt geändert durch Gesetz zur Änderungen der Vorschriften über Verkündung Bekanntmachungen sowie der Zivilprozessordnung, des Gesetzes betreffend die Einführung der Zivilprozessordnung und der Abgabenordnung vom 22. 12. 2011 (dBGBl. I 2011, S. 3044)

Bewertungsgesetz (dBewG), in der Fassung der Bekanntmachung vom 1. Februar 1991 (dBGBl. I 1991, S. 230), zuletzt geändert durch Beitreibungsrichtlinie-Umsetzungsgesetz (BeitrRLUmsG) vom 7. 12. 2011 (dBGBl. I 2011, S. 2592)

Bürgerliches Gesetzbuch (BGB), in der Fassung und Bekanntmachung vom 2. Januar 2002 (BGBl. I 2002, S. 2, ber. S. 2909 und dBGBl. I 2003, S. 738), zuletzt geändert durch Gesetz zur Änderung des Bürgerlichen Gesetzbuchs zum besseren Schutz der Verbraucherinnen und Verbraucher vor Kostenfallen im elektronischen Geschäftsverkehr und zur Änderung des Wohnungseigentumsgesetzes vom 10. 5. 2012 (dBGBl. I 2012, S. 1084)

Einkommensteuergesetz (dEStG), in der Fassung der Bekanntmachung vom 8. Oktober 2009 (dBGBl. I 2009, S. 3366, ber. dBGBl. I 2009, S. 3862), zuletzt geändert durch Gesetz zur Verbesserung der Eingliederungschancen am Arbeitsmarkt vom 20. 12. 2011 (dBGBl. I 2011, S. 2854)

Entwurf eines Gesetzes zur Reform des Erbschaftsteuer- und Bewertungsrechts (Erbschaftsteuerreformgesetz – ErbStRG), BT-Drs. 16/7918 v. 28. 1. 2008, http://dip21.bundestag.de/dip21/btd/16/079/1607918.pdf (2012-07-14)

Erbschaftsteuer- und Schenkungsteuergesetz (ErbStG), in der Fassung der Bekanntmachung vom 27. Februar 1997 (dBGBl. I 1997, S. 378), zuletzt geändert durch Beitreibungsrichtlinie-Umsetzungsgesetz (BeitrRLUmsG) vom 7. 12. 2011 (dBGBl. I 2011, S. 2592)

Gesetz über die Besteuerung bei Auslandsbeziehungen (Außensteuergesetz, AStG), vom 8. September 1972 (dBGBl. I 1972, S. 1713), zuletzt geändert durch Art. 7 Jahressteuergesetz 2010 (JStG 2010) vom 8. 12. 2010 (dBGBl. I 2010, S. 1768)

Gewerbesteuergesetz (GewStG), in der Fassung der Bekanntmachung vom 15. Oktober 2002 (dBGBl. I 2002, S. 4167), zuletzt geändert durch Beitreibungsrichtlinie-Umsetzungsgesetz (BeitrRLUmsG) vom 7. 12. 2011 (dBGBl. I 2011, S. 2592)

Grunderwerbsteuergesetz (dGrEStG), in der Fassung der Bekanntmachung vom 26. Februar 1997 (dBGBl. I 1997, S. 418, ber. dBGBl. I 1997, S. 1804), zuletzt geändert durch Steuervereinfachungsgesetz 2011 vom 1. 11. 2011 (dBGBl. I 2011, S. 2131)

Grundgesetz für die Bundesrepublik Deutschland (GG) vom 23. Mai 1949 (dBGBl. S. 1), zuletzt geändert durch Gesetz zur Änderung des Grundgesetzes (Artikel 91e) vom 21. 7. 2010 (dBGBl. I 2010, S. 944)

Körperschaftsteuergesetz (dKStG), in der Fassung der Bekanntmachung vom 15. Oktober 2002 (dBGBl. I 2002, S. 4144), zuletzt geändert durch Beitreibungsrichtlinie-Umsetzungsgesetz (BeitrRLUmsG) vom 7. 12. 2011 (dBGBl. I 2011, S. 2592)

Umwandlungssteuergesetz (UmwStG) vom 7. Dezember 2006 (dBGBl. I 2006, S. 2782), zuletzt geändert durch Art. 4 Gesetz zur Beschleunigung des Wirtschaftswachstums (Wachstumsbeschleunigungsgesetz) vom 22. 12. 2009 (dBGBl. I 2009, S. 3950)

II. Österreichische Quellen

Bundesgesetz betreffend die Erhebung einer Erbschafts- und Schenkungssteuer (Erbschafts- und Schenkungssteuergesetz 1955) (öErbStG) vom 30. Juni 1955 (öBGBl. Nr. 141/1955), zuletzt geändert durch Budgetbegleitgesetz (öBGBl. I Nr. 52/2009)

Bundesgesetz betreffend die Erhebung einer Grunderwerbsteuer (Grunderwerbsteuergesetz 1987 – GrEStG 1987), (öGrEStG) vom 2. Juli 1987 (öBGBl. Nr. 309/1987), zuletzt geändert durch 1. Stabilitätsgesetz 2012 – 1. StabG 2012 (öBGBl. I Nr. 22/2012)

Bundesgesetz, mit dem abgabenrechtliche Maßnahmen bei der Umgründung von Unternehmen getroffen und das Einkommensteuergesetz 1988, das Körperschaftsteuergesetz 1988, das Bewertungsgesetz 1955, das Strukturverbesserungsgesetz und das Finanzstrafgesetz geändert werden (Umgründungssteuergesetz – UmgrStG) (öBGBl. 1991 Nr. 699/1991), zuletzt geändert durch Budgetbegleitgesetz 2012 (öBGBl. I Nr. 112/2011)

Bundesgesetz über allgemeine Bestimmungen und das Verfahren für die von den Abgabenbehörden des Bundes, der Länder und Gemeinden verwalteten Abgaben (Bundesabgabenordnung – BAO) vom 28. Juni 1961 (öBGBl. Nr. 194/1961), zuletzt geändert durch 1. Stabilitätsgesetz 2012 – 1. StabG 2012 (öBGBl. I Nr. 22/2012)

Bundesgesetz über die Besteuerung des Einkommens natürlicher Personen (Einkommensteuergesetz 1988 – EStG 1988) (öEStG) vom 7. Juli 1988 (öBGBl. Nr. 400/1988), zuletzt geändert durch 1. Stabilitätsgesetz 2012 – 1. StabG 2012 (öBGBl. I Nr. 22/2012)

Bundesgesetz über die Besteuerung des Einkommens von Körperschaften (Körperschaftsteuergesetz 1988 – KStG 1988) (öKStG) vom 7. Juli 1988 (öBGBl. Nr. 401/1988), zuletzt geändert durch 1. Stabilitätsgesetz 2012 – 1. StabG 2012 (öBGBl. I Nr. 22/2012)

Bundesgesetz über die Bewertung von Vermögenschaften (Bewertungsgesetz 1955 - BewG 1955) (öBewG) vom 13. Juli 1955 (öBGBl. Nr. 1489/1955), zuletzt geändert durch 1. Stabilitätsgesetz 2012 – 1. StabG 2012 (öBGBl. I Nr. 22/2012)

Bundesgesetz über ein Stiftungseingangssteuergesetz (StiftEG) (öBGBl. I Nr. 85/2008), zuletzt geändert durch Kundmachung: Aufhebung des letzten Satzes des § 1 Abs. 5 des Stiftungseingangssteuergesetzes durch den Verfassungsgerichtshof (öBGBl. I Nr. 5/2012)

Bundesgesetz über Privatstiftungen und Änderungen des Firmenbuchgesetzes, des Rechtspflegergesetzes, des Gerichtsgebührengesetzes, des Einkommensteuergesetzes, des Körperschaftsteuergesetzes, des Erbschafts- und Schenkungssteuergesetzes und der Bundesabgabenordnung (Privatstiftungsgesetz - PSG) öBGBl. Nr.694/1993, zuletzt geändert durch Budgetbegleitgesetz 2011 (BudBG 2011) (öBGBl. I Nr. 111/2010)

Kundmachung: Aufhebung des § 1 Abs. 1 Z 2 des Erbschafts- und Schenkungssteuergesetzes 1955 durch den Verfassungsgerichtshof, öBGBl. I, Nr. 39/2007

Verordnung des Bundesministers für Finanzen zur Einbehaltung von Kapitalertragsteuer und deren Erstattung bei Mutter- und Tochtergesellschaften im Sinne der Mutter-Tochter-Richtlinie (KESt-VO) (öBGBl. Nr.56/1995)

Verordnung des Bundesministers für Finanzen betreffend die Entlastung von der Abzugsbesteuerung auf Grund von Doppelbesteuerungsabkommen (DBA-Entlastungsverordnung) (DBA-VO) (öBGBl. III Nr. 92/2005)

III. Liechtensteinische Quellen

Bericht und Antrag der Regierung an den Landtag des Fürstentums Liechtenstein betreffend die Totalrevision des Gesetzes über die Landes- und Gemeindesteuern (Steuergesetz; SteG) sowie die Abänderung weiterer Gesetze, (BuA) Nr. 48/2010, http://www.llv.li/pdf-llv-rk-bua_048_2010.pdf (2010-08-03)

Finanzgesetz für das Jahr 2012 (FinG) vom 24. November 2011 (LGBl. 2011 Nr. 535)

Gesetz über die Landes- und Gemeindesteuern (Steuergesetz; SteG a. F.) vom 30. Januar 1961 (LGBl. 1961 Nr. 7), zuletzt geändert durch Gesetz betreffend die Abänderung des Gesetzes über die Landes- und Gemeindesteuern vom 24. 4. 2008 (LGBl. 2008 Nr. 149)

Gesetz über die Landes- und Gemeindesteuern (Steuergesetz; SteG) vom 23. September 2010 (LGBl. 2010 Nr. 340), zuletzt geändert durch Gesetz über die Abänderung des Steuergesetzes vom 16. 3. 2011 (LGBl. 2011 Nr. 385)

Verordnung über die Landes- und Gemeindesteuern (Steuerverordnung; SteV) vom 21. Dezember 2010 (LGBl. 2010, Nr. 437), zuletzt geändert durch Verordnung über die Abänderung der Steuerverordnung vom 16 8. 2011, (LGBl. 2011 Nr. 417)

IV. Schweizerische Quellen

1. Bundesebene

Bundesgesetz über die direkte Bundessteuer (DBG) vom 14. Dezember 1990 (AS 1991, S. 1184), zuletzt geändert durch Verordnung des EFD über den Ausgleich der Folgen der kalten Progression für die natürlichen Personen bei der direkten Bundessteuer für das Steuerjahr 2012 (Verordnung über die kalte Progression, VKP) vom 22. 9. 2011 (AS 2011, S. 4503)

Bundesgesetz über die Harmonisierung der direkten Steuern der Kantone und der Gemeinden (StHG) vom 14. Dezember 1990 (AS 1991, S. 1256), zuletzt geändert durch Bundesgesetz über die steuerliche Entlastung von Familien mit Kindern vom 25. 9. 2009 (AS 2010, S. 455)

Bundesgesetz über die Verrechnungssteuer (VStG) vom 13. Oktober 1965 (BBl. II 1963, S. 953), zuletzt geändert durch Bundesgesetz über die Verbesserung der steuerlichen Rahmenbedingungen für unternehmerische Tätigkeiten und Investitionen (Unternehmenssteuerreformgesetz II) vom 23. 3. 2007 (AS 2008, S. 2893)

Schweizer Zivilgesetzbuch (ZGB) vom 10. Dezember 1907 (AS 24, S. 233), zuletzt geändert Beschluss der Bundesversammlung der Schweizerischen Eidgenossenschaft vom 30. 9. 2011 (AS 2012, S. 2569, ber. AS 2012, S. 3227)

Verordnung über die Steuerentlastung schweizerischer Dividenden aus wesentlichen Beteiligungen ausländischer Gesellschaften (Steuerentlastungs-VO) vom 22. Dezember 2004 (AS 2005, S. 15), zuletzt geändert durch Verordnung über die Anpassung von Bundesratsverordnungen an die Totalrevision der Bundesrechtspflege vom 8. November 2006 (AS 2006, S. 4705)

Verordnung zum schweizerisch-deutschen Doppelbesteuerungsabkommen (VO zum DBA D/CH) vom 30. April 2003 (AS 2003, S. 1337), zuletzt geändert durch Verordnung über die Anpassung von Bundesratsverordnungen an die Totalrevision der Bundesrechtspflege vom 8. November 2006 (AS 2006, S. 4705)

Verordnung über die Verrechnungssteuer (Verrechnungssteuerverordnung, VStV) vom 19. Dezember 1966 (AS 1966, S. 1585), zuletzt geändert durch Verordnung über die Stempelabgaben vom 15. Februar 2012 (AS 2012, 791)

2. Kantonsebene

Steuergesetz des Kantons Aargau (StG-AG) vom 15. Dezember 1998 (AGS 1999, S. 245), zuletzt geändert durch Einführungsgesetz zur Schweizerischen Zivilprozessordnung (EG ZPO) vom 23. 3. 2010 (AGS 2010/5-7), https://gesetzessammlungen.ag.ch/frontend/versions/1427 (2012-07-15)

Steuergesetz des Kantons Appenzell Innerrhoden (StG-AI) vom 25. April 1999 (Gesetzessammlung Appenzell Innerrhoden – Januar 2001 (ohne Seitenangabe)), zuletzt geändert durch Landsgemeindebeschluss vom 25. 4. 2010 (Gesetzessammlung Appenzell Innerrhoden – Januar 2011 (ohne Seitenangabe)), http://www.ai.ch/dl.php/de/4d20432e49323/640.000.pdf (2012-07-15)

Steuergesetz des Kantons Appenzell Ausserrhoden (StG-AR) vom 21. Mai 2000 (Ausserrhodische Gesetzessammlung 2000 (ohne Seitenangabe)), zuletzt geändert durch Beschluss des Kantonsrats vom 11. 3. 2012(ABl. Nr. 14/2012, S. 456), http://www.bgs.ar.ch/frontend/versions/722 (2012-07-15)

Gesetz über die Erbschafts- und die Schenkungssteuer des Kantons Basel-Landschaft (ESchG-BL) vom 7. Januar 1980 (GS 27.476), zuletzt geändert Beschluss des Landrats vom 7. 5. 2009 (GS 37.59), http://www.baselland.ch/fileadmin/baselland/files/docs/recht/sgs_3/334.0.pdf (2012-07-15)

Gesetz über die Staats- und Gemeindesteuern (Steuergesetz) des Kantons Basel-Landschaft (StG-BL) vom 7. Februar 1974 (GS 25.427), zuletzt geändert durch Beschluss des Landrats vom 22. 9. 2011 (GS 37.0748), http://www.baselland.ch/fileadmin/baselland/files/docs/recht/sgs_3/331.0.pdf (2012-07-15)

Gesetz über die Handänderungssteuer (Handänderungssteuergesetz) des Kantons Basel-Stadt (HÄStG-BS) vom 26. Juni 1996 (Systematische Gesetzessammlung (ohne Jahr und Seitenangabe)), zuletzt geändert durch Grossratsbeschluss vom 8. 9. 2010, http://www.gesetzessammlung.bs.ch/frontend/versions/2048 (2012-07-15)

Gesetz über die direkten Steuern (Steuergesetz) des Kantons Basel-Stadt (StG-BS) vom 12. April 2000 (Systematische Gesetzessammlung (ohne Jahr und Seitenangabe)), zuletzt geändert durch Grossratsbeschluss vom 21. 9. 2011, http://www.gesetzessammlung.bs.ch/frontend/versions/2176 (2012-07-15)

Gesetz über die Erbschafts- und Schenkungssteuer des Kantons Bern (ESchG-BE) vom 23. November 1999 (BAG 00-125), zuletzt geändert durch Gesetz betreffend die Einführung des Schweizerischen Zivilgesetzbuches (EG ZGB) (Änderung) vom 16. 6. 2011 (BAG 11-116 (II.)), http://www.sta.be.ch/belex/d/6/662_1.html (2012-07-15)

Gesetz betreffend die Handänderungssteuer des Kantons Bern (HÄStG-BE) vom 18. März 1992 (GS 1992/67), zuletzt geändert durch Gesetz betreffend die Einführung des Schweizerischen Zivilgesetzbuches (EG ZGB) (Änderung) vom 16. 6. 2011 (BAG 11-116 (II.)), http://www.sta.be.ch/belex/d/2/215_326_2.html (2012-07-15)

Steuergesetz des Kantons Bern (StG-BE) vom 21. Mai 2000 (BAG 00-124), zuletzt geändert durch Gesetz zur Berichtigung des Steuergesetzes vom 11. 5. 2012 (BAG 12-43), http://www.sta.be.ch/belex/d/6/661_11.html (2012-07-15)

Gesetz über die direkten Kantonssteuern des Kantons Freiburg (DStG-FR) vom 6. Juni 2000 (Systematische Gesetzessammlung des Kantons Freiburg (ohne Jahr und Seitenangabe)), zuletzt geändert durch Gesetz zur Anpassung der freiburgischen Gesetzgebung an die Änderung des Schweizerischen Zivilgesetzbuches im Sachenrecht vom 8. 9. 2011(ASF 2011_107), http://bdlf.fr.ch/frontend/versions/1983 (2012-07-15)

Gesetz über die Erbschafts- und Schenkungssteuer des Kantons Freiburg (ESchG-FR) vom 14. September 2007 (ASF 2007_90), zuletzt geändert durch Gesetz zur Anpassung der freiburgischen Gesetzgebung an die Änderung des Schweizerischen Zivilgesetzbuches im Steuerrecht vom 8. 9. 2011 (ASF 2011_107), http://bdlf.fr.ch/ frontend/versions/2009 (2012-07-15)

Gesetz über die Handänderungs- und Grundpfandrechtssteuern des Kantons Freiburg (HÄStG-FR) vom 1. Mai 1996 (Systematische Gesetzessammlung (ohne Jahr und Seitenangabe), zuletzt geändert durch Gesetz zur Anpassung der freiburgischen Gesetzgebung an die Änderung des Schweizerischen Zivilgesetzbuches im Steuerrecht vom 8. 9. 2011 (ASF 2011_107), http://bdlf.fr.ch/frontend/versions/1985 (2012-07-15)

Loi établissant le budget administratif de l'Etat de Genève pour l'exercice 2012 (LBu-2012) vom 16. Dezember 2011 (Recueil systematique Genevois (ohne Jahr und Seitenangabe)), http://www.geneve.ch/legislation/rsg/f/rsg_d3_70.html (2012-07-15)

Loi générale sur les contributions publiques des Kantons Genf (LCP-GE) vom 9. November 1887 (Recueil systematique Genevois (ohne Jahr und Seitenangabe)), zuletzt geändert durch Gesetz/Beschluss vom 21. 2. 2012 (Recueil systematique Genevois (ohne Jahr und Seitenangabe)), http://www.geneve.ch/legislation/rsg/f/rsg_d3_05.html (2012-07-15)

Loi sur les droits d'enregistrement des Kantons Genf (LDE-GE) vom 9 Oktober 1969 (Recueil systematique Genevois (ohne Jahr und Seitenangabe)), zuletzt geändert durch Gesetz/Beschluss vom 27. 11. 2011 (Recueil systematique Genevois (ohne Jahr und Seitenangabe)), http://www.geneve.ch/legislation/rsg/f/rsg_d3_30.html (2012-07-05)

Loi sur l'imposition des personnes morales des Kantons Genf (LIPM-GE) vom 23. September 1994 (Recueil systematique Genevois (ohne Jahr und Seitenangabe)), zuletzt geändert durch Gesetz/Beschluss vom 27. 9. 2009 (Recueil systematique Genevois (ohne Jahr und Seitenangabe)), http://www.geneve.ch/legislation/rsg/f/rsg_d3_15.html (2012-07-15)

Loi sur l'imposition des personnes physiques des Kantons Genf (LIPP-GE) vom 27. September 2009 (Recueil systematique Genevois (ohne Jahr und Seitenangabe)), zuletzt geändert durch Gesetz/Beschluss vom 15. 5. 2011 (Recueil systematique Genevois (ohne Jahr und Seitenangabe)), http://www.geneve.ch/legislation/rsg/f/rsg_d3_08.html (2012-07-15)

Steuergesetz des Kantons Glarus (StG-GL) vom 7. Mai 2000 (SBE 7. Bd. Heft 6, S. 197), zuletzt geändert durch Beschluss der Landsgemeinde vom 1. Mai 2011, http://gs.gl.ch/pdf/vi/gs_vi_c_1_1_ausgabe_2011.pdf (2012-07-15)

Gesetz über die Gemeinde- und Kirchensteuern des Kantons Graubünden (GKStG-GR) vom 31. August 2006 (ABl. 2006, S. 3463), http://www.gr.ch/DE/institutionen/verwaltung/dfg/stv/Gesetzgebung/720-200-10.pdf (2012-07-15)

Steuergesetz für den Kanton Graubünden (StG-GR) vom 8. Juni 1986 (Systematische Gesetzessammlung (ohne Jahr und Seitenangabe), zuletzt geändert durch Großratsbeschluss vom 19. 10. 2010 (ABl. 2010 Nr, 43 S. 4013, ABl. 2011, Nr. 9, S. 932), http://www.gr-lex.gr.ch/frontend/versions/1369 (2012-07-15)

Loi d'impôt des Kantons Jura (LI-JU) vom 26. Mai 1988 (Recueil systématique jurassien (ohne Jahr und Seitenangabe)), zuletzt geändert durch Loi portant adaptation du droit cantonal à la modification du Code civil suisse du 11 décembre 2009 vom 29. 2. 2012 (Journal officiel 2012, S. 163), http://extranet.ju.ch/extranet/groups/public/documents/rsju_page/2loi_641.11_ia4e771e2b.hcsp (2012-07-15)

Loi réglant les droits de mutation et les droits perçus pour la constitution de gages (HÄStG-JU) vom 9 November 1978 (Recueil systématique jurassien (ohne Jahr und Seitenangabe)), zuletzt geändert durch Loi portant adaptation du droit cantonal à la modification du Code civil suisse du 11 décembre 2009 vom 29. 2. 2012 (Journal officiel 2012, S. 163), http://extranet.ju.ch/extranet/groups/public/documents/rsju_page/2loi_215.326.2.hcsp (2012-07-05)

Loi sur l'impôt de succession et de donation (LISD-JU) des Kantons Jura vom 13. Dezember 2006 (Recueil systématique jurassien (ohne Jahr und Seitenangabe)), zuletzt geändert durch Loi portant adaptation du droit cantonal à la modification du Code civil suisse du 11 décembre 2009 vom 29. 2. 2012 (Journal officiel 2012, S. 163), http://extranet.ju.ch/extranet/groups/public/documents/rsju_page/2loi_641.11_ia4e771e2b.hcsp (2012-07-15)

Gesetz über die Handänderungssteuer des Kantons Luzern (HÄStG-LU) vom 28. Juni 1983 (GS 1983, S. 151), zuletzt geändert durch Beschluss des Kantonsrats vom 9. 3. 2009 (GS 2009, S. 321), http://srl.lu.ch/frontend/versions/348 (2012-07-15)

Steuergesetz des Kantons Luzern (StG-LU) vom 22. November 1999 (GS 2000 S., 1), zuletzt geändert durch Beschluss des Kantonsrats vom 7. 11. 2011 (GS 2012, S. 117), http://srl.lu.ch/frontend/versions/716 (2012-07-15)

Loi concernant la perception de droits de mutation sur les transferts immobiliers des Kantons Neuenburg (LDMI-NE) vom 20. November 1991 (Recueil de la législation neuchâteloise XVI, S. 207), zuletzt geändert durch Loi portant adoption d'une nouvelle organisation judiciaire neuchâteloise et adaptation (première partie) de la législation cantonale à la réformede la justice fédérale vom 27. 1. 2010 (Feuille officielle 2010 Nr. 5), http://rsn.ne.ch/ajour/default.html?6350.htm (2012-07-15)

Loi instituant un impôt sur les successions et sur les donations entre vifs des Kantons Neuenburg (LSucc-NE) vom 1. Oktober 2002 (Feuille officielle 2002, Nr. 78), zuletzt geändert durch Loi portant modification de la loi sur les contributions directes (LCdir) et de la loi instituant un impôt sur les successions et sur les donations entre vifs (LSucc) vom 21. 2. 2012 (Feuille officielle 2012, Nr. 11), http://rsn.ne.ch/ajour/default.html?6330.htm (2012-07-15)

Loi sur les contributions directes des Kantons Neuenburg (LCdir-NE) vom 21. März 2000 (Feuille officielle 2000 Nr. 2), zuletzt geändert durch Loi portant modification de la loi sur les contributions directes (LCdir) et de la loi instituant un impôt sur les successions et sur les donations entre vifs (LSucc) vom 21. 2. 2012 (Feuille officielle 2012 Nr. 11), http://rsn.ne.ch/ajour/default.html?6310.htm (2012-07-15)

Gesetz über die Steuern des Kantons und der Gemeinden (Steuergesetz, StG) des Kantons Nidwalden (StG-NW) vom 22 März 2000 (ABl. 2000, S. 415, S. 1623), zuletzt geändert durch Landratsbeschluss vom 9. 6. 2010, (ABl. 2010, S. 1031, S. 1575), http://www.steuern-nw.ch/uploads/tx_sbdownloader/Steuergesetz_521.1_2.PDF (2012-07-15)

Vollzugsverordnung zum Gesetz über die Steuern des Kantons und der Gemeinden (Steuerverordnung) des Kantons Nidwalden (StVO-NW) vom 19. Dezember 2000 (ABl. 2000, S. 1807), zuletzt geändert durch Regierungsratsbeschluss vom 6. 12. 2011 (ABl. 2011, S. 1659), http://www.steuern-nw.ch/uploads/tx_sbdownloader/Steuerverordnung_521.11_2.PDF (2012-07-15)

Steuergesetz des Kantons Obwalden (StG-OW) vom 30. Oktober 1994 (Landbuch XXIII, S. 155), zuletzt geändert durch Nachtrag vom 1. 7. 2011 (ABl. 2011, Anhang: Abstimmungsvorlage vom 1. Juni 2011, S. 13 und S. 1855), http://ilz.ow.ch/gessamml/pdf/641400.pdf (2012-07-15)

Steuergesetz des Kantons St. Gallen (StG-SG) vom 9. April 1998 (nGS 33-116), zuletzt geändert durch Nachtrag vom 27. 11. 2011 (nGS 47-24), http://www.gallex.ch/gallex/8/fs811.1.html (2012-07-15)

Gesetz über die direkten Steuern des Kantons Schaffhausen (StG-SH) vom 20. März 2000 (ABl. 2000, S. 1243), zuletzt geändert durch Beschluss des Kantonsrats vom 5. 12. 2011 (ABl. 2011, S. 1669, Abl. 2012, S. 382), http://rechtsbuch.sh.ch/fileadmin/Redaktoren/Dokumente/gesetzestexte/Band_6/641.100.pdf (2012-07-15)

Gesetz über die Erbschaft- und Schenkungssteuer des Kantons Schaffhausen (ESchG-SH) vom 13. Dezember 1976 (ABl. 1977, S. 1443), zuletzt geändert durch Gesetz über die Einführung der Neugestaltung des Finanzausgleichs und der Aufgabenteilung zwischen Bund und Kantonen im Kanton Schaffhausen vom 4. 6. 2007 (ABl. 2007, S. 817, S. 1800), http://rechtsbuch.sh.ch/fileadmin/Redaktoren/Dokumente/gesetzestexte/Band_6/643.100.pdf (2012-07-05)

Gesetz über die Staats- und Gemeindesteuern (Steuergesetz) des Kantons Solothurn (StG-SO) vom 1. Dezember 1985 (GS 90, Nr. 185), zuletzt geändert durch Änderungen des Gesetzes über die Einführung des Schweizerischen Zivilgesetzbuches und weiterer Erlasse vom 24. 8. 2011 (GS 2011, Nr. 19), http://bgs.so.ch/frontend/versions/3907 (2012-07-15)

Steuergesetz des Kantons Schwyz (SteG-SZ) vom 9. Februar 2000 (GS 19-492), zuletzt geändert durch Justizverordnung vom 18. 11. 2009 (GS 22-82p), http://www.sz.ch/documents/172_200.pdf (2012-07-15)

Gesetz über die Erbschafts- und Schenkungssteuer des Kantons Thurgau (ESchG-TG) vom 15. Juni 1989 (ABl. 30/1989), zuletzt geändert durch Gesetz betreffend Änderung des Gesetzes über die Staats- und Gemeindesteuern (Steuergesetz) vom 14. September 1992 und des Gesetzes über die Erbschafts-und Schenkungssteuer vom 15. Juni 1989 vom 15. 8. 2007 (ABl. 34/2007, S. 1755), http://www.rechtsbuch.tg.ch/pdf/600/641_8e1.pdf (2012-07-05)

Gesetz über die Staats- und Gemeindesteuern (Steuergesetz) des Kantons Thurgau (StG-TG) vom 14. September 1992 (ABl. 37/1992), zuletzt geändert durch Gesetz betreffend die Änderung des Gesetzes über die Staats- und Gemeindesteuern vom 15. 5. 2011 (ABl. 47/2011, S. 2757) http://www.rechtsbuch.tg.ch/pdf/600/640_1K1 .pdf (2012-07-15)

Legge tributaria des Kantons Tessin (LT-TI) vom 21 Juni 1994 (Bollettino ufficiale delle leggi e degli atti esecutivi 1994, 345), zuletzt geändert durch Grossratsbeschluss vom 15. 12. 2011 (Bollettino ufficiale delle leggi e degli atti esecutivi 2012, 73), http://www3.ti.ch/CAN/rl/program/books/rlti/htm/280.htm (2012-07-15)

Gesetz über die direkten Steuern im Kanton Uri (StG-UR) vom 26. September 2010 (ABl. 2010, S. 1129), http://ur.lexspider.com/html/3-2211-703-20110101.htm (2012-07-15)

Loi sur les impôts directs cantonaux des Kantons Waadt (LI-VD) vom 4. Juli 2000 (Recueil annuel 2000, S. 332, zuletzt geändert durch Loi modifiant celle sur les impôts directs cantonaux vom 13. 12. 2011 (Feuille des avis officiels vom 23. 12. 2011 und vom 14. 2. 2012), http://www.rsv.vd.ch/dire-cocoon/rsv_site/doc.fo.html?base=&num_cha=64&docId=5248&Pvigueur=2012-01-01&PetatDoc=C&Padoption=2011-12-13&Pversion=25&docType=loi&page_format=A4_3&isRSV=true&isSJL=true&outformat=html&isModifiante=false&with_link=true (2012-07-15)

Loi concernant le droit de mutation sur les transferts immobiliers et l'impôt sur les successions et donations des Kantons Waadt (LMSD) vom 27. Februar 1963 (Recueil annuel 1963, S. 76), zuletzt geändert durch Loi modifiant celle du 27 février 1963 concernant le droit de mutation sur les transferts immobiliers et l'impôt sur les successions et donations vom 11. 10. 2011 (Feuille des avis officiels vom 14. 10. 2011 und vom 2. 12. 2011), http://www.rsv.vd.ch/dire-cocoon/rsv_site/doc.fo.html?docId=5036&Pcurrent_version=23&PetatDoc=vigueur&docType=loi&page_format=A4_3&isRSV=true&isSJL=true&outformat=html&isModifiante=false&with_link=true (2012-07-15)

Loi sur les impôts communaux des Kantons Waadt (LICom-VD) vom 5 Dezember 1956 (Recueil annuel 1956, S. 469), zuletzt geändert durch Loi modifiant celle du 5 décembre 1956 sur les impôts communaux vom 11. 1. 22011 (Feuille des avis officiels vom 26. 1. 2011 und vom 22. 3. 2011), http://www.rsv.vd.ch/dire-cocoon/rsv_site/doc.fo.html?docId=5388&Pcurrent_version=33&PetatDoc=vigueur&docType=loi&page_format=A4_3&isRSV=true&isSJL=true&outformat=html&isModifiante=false&with_link=true (2012-07-15)

Steuergesetz des Kantons Wallis (StG-VS) vom 10. März 1976 (GS/VS 1976, S. 203), zuletzt geändert durch Gesetzes über die zweite Etappe der Neugestaltung des Finanzausgleichs und der Aufgabenteilung zwischen Bund, Kanton und Gemeinden vom 15. 9. 2011 (ABl. Nr. 38/2011 und 52/2011), http://apps.vs.ch/legxml/site/laws_pdf.php?ID=1008&MODE=2 (2012-07-15)

Steuergesetz des Kantons Zug (StG-ZG) vom 25. Mai 2000 (GS 26, S. 755), zuletzt geändert durch Gesetz vom 27. 10. 2011 (GS 31, S. 389), http://zg.clex.ch/frontend /versions/782 (2012-07-15)

Erbschafts- und Schenkungssteuergesetz (ESchG) des Kantons Zürich (ESchG-ZH) vom 28. September 1986 (OS 49, S. 810), zuletzt geändert durch Gesetz über die Anpassung des kantonalen Rechts an das Partnerschaftsgesetz des Bundes vom 9. 7. 2007vom (OS 62, S. 429), http://www2.zhlex.zh.ch/appl/zhlex_r.nsf/0/DB090BDE17639476C12577F8004B5FB1/$file/632.1_28. 9. 86_71.pdf (2012-07-15)

Steuergesetz des Kantons Zürich (StG-ZH) vom 8. Juni 1997 (OS 54, S. 193), zuletzt geändert durch Gesetz zur Änderung des Steuergesetzes vom 4. 7. 2011 (OS 66, S. 834), http://www2.zhlex.zh.ch/appl/zhlex_r.nsf/0/0FEEC6903D1DA93AC125794 9002535FE/$file/631.1_8.6.97_75.pdf (2012-07-15)

V. Europäische Quellen

Abkommen über den Europäischen Wirtschaftsraum (EWRA) v. 2. 5. 1992, ABl. EG L 1 v. 3. 1. 1994, S. 3

Richtlinie 77/799/EWG des Rates über die gegenseitige Amtshilfe zwischen den zuständigen Behörden der Mitgliedstaaten im Bereich der direkten Steuern und Steuern auf Versicherungsprämien (Amtshilferichtlinie) v. 19. 12.1977, ABl. EG L 336 v. 27. 12. 1977, S. 15, zuletzt geändert durch Richtlinie 2006/98/EG des Rates vom 20. November 2006 zur Anpassung bestimmter Richtlinien im Bereich Steuerwesen anlässlich des Beitritts Bulgariens und Rumäniens v. 20. 12. 2006, ABl. EU L 363 v. 20. 12. 2006, S. 129

Richtlinie 88/361/EWG des Rates v. 24. 6. 1988 zur Durchführung von Artikel 67 des Vertrages (Kapitalverkehrsrichtlinie), ABl. EG L 178 v. 8. 7. 1988, S. 5

Richtlinie 2008/55/EG des Rates über die gegenseitige Unterstützung bei der Beitreibung von Forderungen in Bezug auf bestimmte Abgaben, Zölle, Steuern und sonstige Maßnahmen (Beitreibungsrichtlinie) v. 26. 5. 2008, ABl. EU L 150 v. 10. 6. 2008, S. 28

Richtlinie 90/435/EWG des Rates v. 23. Juli 1990 über das gemeinsame Steuersystem der Mutter- und Tochtergesellschaften verschiedener Mitgliedstaaten (MTRL), ABl. EU L 225 v. 20. 8. 1990, S. 6, zuletzt geändert durch Richtlinie 2006/98/EG des Rates vom 20. November 2006 zur Anpassung bestimmter Richtlinien im Bereich Steuerwesen anlässlich des Beitritts Bulgariens und Rumäniens, ABl. EU L 363 v. 20. 12. 2006, S. 129

Richtlinie 2010/24/EU des Rates über die Amtshilfe bei der Beitreibung von Forderungen in Bezug auf bestimmte Steuern, Abgaben und sonstige Maßnahmen (Beitreibungsrichtlinie) v. 16. 3. 2010, ABl. EU L 84 v. 31. 3. 2010, S. 1

Vertrag über die Arbeitsweise der Europäischen Union (AEUV) v. 25. März 1957 in der konsolidierten Fassung v. 30. 3. 2010, ABl. EU C 83 v. 30. 3. 2010, S. 47

VI. Doppelbesteuerungsabkommen

Abkommen zwischen der Bundesrepublik Deutschland und der Republik Österreich zur Vermeidung der Doppelbesteuerung auf dem Gebiet der Steuern vom Einkommen und vom Vermögen (DBA D/AT), vom 24. August 2000 (dBGBl. II 2002, S. 735)

Abkommen zwischen der Bundesrepublik Deutschland und der Schweizerischen Eidgenossenschaft zur Vermeidung der Doppelbesteuerung auf dem Gebiete der Steuern vom Einkommen und vom Vermögen (DBA D/CH), vom 11. August 1971 (dBGBl. II 1972, S. 1022), zuletzt geändert durch Revisionsprotokoll vom 12. März 2002, (dBGBl. II 2003, S. 68)

Abkommen zwischen der Bundesrepublik Deutschland und der Schweizerischen Eidgenossenschaft zur Vermeidung der Doppelbesteuerung auf dem Gebiet der Nachlaß- und Erbschaftsteuern (ErbSt-DBA D/CH), vom 30. November 1978, (dBGBl. II 1980, S. 595)

Abkommen zwischen der Republik Österreich und der Schweizerischen Eidgenossenschaft zur Vermeidung der Doppelbesteuerung auf dem Gebiet der Steuern vom Einkommen und Vermögen (DBA AT/CH) vom 30. Januar 1974, (öBGBl. Nr. 64/1975) zuletzt geändert durch Protokoll vom 3. September 2009 (öBGBl. III Nr. 27/2011)

Abkommen zwischen der Republik Österreich und dem Fürstentum Liechtenstein zur Vermeidung der Doppelbesteuerung auf dem Gebiete der Steuern vom Einkommen und vom Vermögen (DBA AT/FL), vom 5. November 1969 (öBGBl. 1971, S. 421)

Abkommen zwischen dem Fürstentum Liechtenstein und der Bundesrepublik Deutschland zur Vermeidung der Doppelbesteuerung und der Steuerverkürzung auf dem Gebiet der Steuern vom Einkommen und vom Vermögen (DBA D/FL) vom 17.Novembber 2011, (dBGBl. II 2012, S. 1462)

Bekanntmachung über das Inkrafttreten des deutsch-liechtensteinischen Abkommens zur Vermeidung der Doppelbesteuerung und der Steuerverkürzung auf dem Gebiet der Steuern vom Einkommen und vom Vermögen vom 12. Februar 2013 (dBGBl. II 2013, S. 332)

OECD-Musterabkommen 2010 zur Vermeidung der Doppelbesteuerung auf dem Gebiet der Steuern von Einkommen und vom Vermögen, Stand Juli 2010 (OECD-MA)

VII. Bilaterale Abkommen

Abkommen zwischen der Regierung der Bundesrepublik Deutschland und der Regierung des Fürstentums Liechtenstein über die Zusammenarbeit und den Informationsaustausch in Steuersachen vom 2. September 2009 (dBGBl. II 2010, S. 951-956)

Verwaltungsanweisungen

I. Deutsche Verwaltungsanweisungen

dBMF [Schreiben v. 7. 4. 1988]: Schreiben betr. Besteuerung von Schenkungen nach dem deutsch-schweizerischen Abkommen zur Vermeidung der Doppelbesteuerung auf dem Gebiet der direkten Steuern und der Erbschaftsteuer von 1931/1959 (DBA 1931/59) und dem Abkommen zur Vermeidung der Doppelbesteuerung auf dem Gebiet der Nachlaß- und Erbschaftsteuern von 1978 (DBA 1978), vom 7. April 1988, IV C 6-S 1301 Schz-25/88, DB 41 (1988), S. 938

dBMF [Betriebsstätten-Verwaltungsgrundsätze, 1999]: Schreiben betr. Grundsätze der Verwaltung für die Prüfung der Aufteilung der Einkünfte bei Betriebsstätten international tätiger Unternehmen (Betriebsstätten-Verwaltungsgrundsätze), vom 24. Dezember 1999, BStBl. I 1999, S. 1076, zuletzt geändert durch BMF, Schreiben vom 25. 8. 2009, BStBl. I 2009, S. 888

dBMF [Schreiben vom 20. 5. 2009]: Schreiben betr. Anwendung der Grundsätze des BFH-Urteils vom 17. Juli 2008 I R 77/06 (BStBl. 2009 II, S. 464) vom 20. Mai 2009, IV C 6-S 2134/07/10005, BStBl. I 2009, S. 671 f.

dBMF [Schreiben vom 18. 11. 2011]: Schreiben betr. finale Entnahme und finale Betriebsaufgabe; BFH-Urteile vom 17. Juli 2008 I R 77 /06 (BStBl. 2009 II S. 464) und vom 28. Oktober 2009 I R 99/08 (BStBl. 2011 II S. 1019), vom 18. November 2011, IV C 6-S 2134/10/10004, BStBl. I 2011, S. 1278

Erbschaftsteuer-Richtlinien 2011 (ErbStR 2011): Allgemeine Verwaltungsvorschrift zur Anwendung des Erbschaftsteuer- und Schenkungsteuerrechts vom 19. Dezember 2011, BStBl. I 2011, Sondernummer 1 S. 2

II. Österreichische Verwaltungsanweisungen

Stiftungsrichtlinien 2009, v. 16. 11. 2009, https://findok.bmf.gv.at/findok/showBlob.do;sessionid=18DA832B8BD46B994E1A845350B5D3C6?rid=34&base=GesPdf&gid=SDRLGESPDF-42974.1.X+10.10.1010+10%3A10%3A10%3A10-0 (2010-10-19)

öBMF, EAS-Auskunft betr. Liquidationsgewinne (EAS 410), v. 15. 3. 1994, https://findok.bmf.gv.at/findok/showBlob.do;jsessionid=F239FEB5539C4C83763A0FD4DF14187E?rid=40367&base=UfsBmfPdf&gid=SDEPDF-17755-1-1+18.08.2005+10%3A26%3A34%3A00-0&noSearchMask=true (2011-11-12)

öBMF, EAS Auskunft betr. Liquidation einer von Deutschen gehaltenen österreichischen GMBH (EAS 806), v. 29. 1. 1996 https://findok.bmf.gv.at/findok/showBlob.do;jsessionid=E8DCC61B176F00224867A87C55A589C5?rid=13076&base=UfsBmfPdf&gid=SDEPDF-16760-1-1+04.07.2005+09%3A55%3A49%3A00-0&noSearchMask=true (2011-11-12) *öBMF,* EAS Auskunft betr. Gewinnausschüttung an eine deutschen natürlichen Personen gehörende deutsche Holdinggesellschaft (EAS 3100), v. 25. 11. 2009, https://findok.bmf.gv.at/findok/showBlob.do;jsessionid=80987E7F401AD6A73CEE209B8ABD47A0/SDEPDF-44023.1.1%2026.11.2009%2015001800-0.SAVE?rid=30876&base=UfsBmfPdf&gid=SDEPDF-44023.1.1+26.11.2009+15%3A00%3A18%3A00-0&noSearchMask=true (2012-07-13)

III. Liechtensteinische Verwaltungsanweisungen

Steuerverwaltung Fürstentum Liechtenstein [Merkblatt PVS, 2011]: Merkblatt betreffend Privatvermögensstrukturen (PVS), vom Mai 2011, http://www.llv.li/pdf-llv-stv-jp_mb_pvs.pdf (2011-09-15)

Steuerverwaltung Fürstentum Liechtenstein [Wegleitung, 2011]: Wegleitung zur Steuererklärung 2011 für natürliche Personen, http://www.llv.li/pdf-llv-stv-ste_np_wegleitung.pdf (2012-07-17)

Steuerverwaltung Fürstentum Liechtenstein [Buchführungspflicht, 2012]: Merkblatt betreffend die Buchführungspflicht von Selbständigerwerbenden, vom Mai 2012, http://www.llv.li/pdf-llv-stv-mb_buchfuehrungspflicht_selbstaendigerwerbenden.pdf (2012-07-17)

Steuerverwaltung Fürstentum Liechtenstein [Merkblatt Stiftungen, 2012]: Merkblatt betreffend die Besteuerung von Stiftungen, stiftungsähnlichen Anstalten und besonderen Vermögenswidmungen mit Persönlichkeit sowie die Besteuerung der Begünstigungen an denselben, vom Mai 2012, http://www.llv.li/pdf-llv-stv-np_mb_besteuerung_stiftungen_beguenstigte.pdf (2012-07-17)

Rechtsprechungsverzeichnis

Gericht	Datum	Aktenzeichen	Fundstelle	Text-stelle
BayOLG	Beschluß v. 25. 10. 1972	BReg. 2 Z 56/72	NJW (26) 1973, S. 249	S. 5
BFH	Urt. v. 10. 5. 1960	I 205/59 U	BStBl. III 1960, S. 335-337	S. 92
BFH	Urt. v. 15. 5. 1964	II 177/61 U	BStBl. III 1964, S. 408-410	S. 40
BFH	Urt. v. 19. 2. 1981	IV R 116/77	BStBl. II 1981, S. 566-568	S. 17
BFH	Urt. v. 5. 11. 1992	I R 39/92	BStBl. II 1993, S. 388-391	S. 113
BFH	Urt. v. 25. 11. 1992	II R 77/90	BStBl. II 1993, S. 238-240	S. 149
BFH	Urt. v. 2. 2. 1994	I R 66/92	BStBl. II 1994, S. 727-731	S. 114
BFH	Urt. v. 14. 9. 1994	II R 78/94	BStBl. II 1995, S. 207-209	S. 98
BFH	Urt. v. 16. 2. 1996	I R 183/94	BStBl. II 1996, S. 342-345	S. 66
BFH	Urt. v. 10. 12. 1997	II R 25/94	BStBl. II 1998, S. 114-116	S. 97
BFH	Urt. v. 27. 3. 2001	I R 78/99	BStBl. II 2001, S. 449-451	S. 91
BFH	Urt. v. 5. 6. 2002	I R 6/01	DStRE 7 (2003), S. 37 f.	S. 56
BFH	Urt. v.19. 9. 2002	X R 51/98	BStBl. II 2003, S. 394-398	S. 56

Gericht	Datum	Aktenzeichen	Fundstelle	Text-stelle
BFH	Urt. v. 12. 10. 2006	II R 79/05	BStBl. II 2007, S. 409 f.	S. 52
BFH	Urt. v. 28. 6. 2007	II R 21/05	BStBl. II 2007, S. 669-672	S. 114
BFH	Urt. v. 17. 7. 2008	I R 77/06	BStBl. II 2009, S. 464-471	S. 24
BFH	Beschluss v. 8. 4. 2009	I B 223/08	BFH/NV 25 (2009), S. 1437-1439	S. 113
BFH	Urt. v. 28. 10. 2009	I R 99/08	BStBl. II 2011, S. 1019-1024	S. 24
BFH	Urt. v. 18. 11. 2009	II R 46/07 NV	BFH/NV 26 (2010), S. 898-900	S. 97
BFH	Urt. v. 30. 11. 2009	II R 06/07	BStBl. II 2010, S. 237-237	S. 149
BFH	9. 12. 2009	II R 22/08	BStBl. II 2010, S. 363 f.	S. 39
BFH	Urt. v. 3. 11. 2010	I R 98/09	BStBl. II 2011, S. 417-419	S. 99
BFH	Beschluß v. 15. 12. 2010	II R 63/09	BStBl. II 2011, S. 221-225	S. 33
BFH	Urt. v. 22. 12. 2010	I R 84/09	DStR 49 (2011), S. 755-757	S. 115
BFH	Beschluss v. 5. 10. 2011	II R 9/11	DStR 49 (2011), S. 2193-2196	S. 211
BGer	Urt. v. 11. 12. 1992	Eheleute M. gegen Kantonale Steuerverwaltung und Verwaltungsgericht des Kantons Bern (staatsrechtliche Beschwerde)	BGE 118 Ia, S. 497-503	S. 150

Gericht	Datum	Aktenzeichen	Fundstelle	Text-stelle
BGer	Urt. v. 22. 4. 2005	2A.668/2004	STR 60 (2005), S. 676-681	S. 150
EFTAGH	Urt. v. 23. 11. 2004	E-1/04 (Fokus Bank)	IStR 2005, S. 55-59	S. 21
EuGH	Urt. v. 23. 9. 2003	C-452/01 (Margarethe Ospelt und Schlössle Weißenberg Familienstiftung)	Slg. 2003, S. I-9785-9808	S. 21
EuGH	Urt. v. 11. 3. 2004	C-9/02 (Hughes de Lasteyrie du Saillant)	Slg. 2004, I-2431-I-2460	S. 21
EuGH	Urt. v. 13. 12. 2005	C-446/03 (Marks & Spencer)	Slg. 2005, I-10866-I-10886	S. 21
EuGH	Urt. v. 7. 9. 2006	C-470/04 (N)	Slg. 2006, S. I-7445-I-7470	S. 21
EuGH	Urt. v. 20. 10. 2011	C-284/09 (Kommission/Deutschland)	DStR 49(2011), S. 2038-2044	S. 101, 120, 123
EuGH	Urt. v. 19. 7. 2012	C-31/11 (Marianne Scheunemann)	http://curia.europa.eu/juris/celex.jsf?celex=62011CJ0031&lang1=de&type=TXT&ancre= (2014-08-06)	S. 33
FG Berlin-Brandenburg	Urt. v. 16. 9.2009	8 K 9250/07 (n. rkr.)	EFG 58 (2010), S. 55 f.	S. 98
FG Schleswig-Holstein	Urt. v. 7. 5. 2009	5 K 277/06	EFG 57 (2009), S. 1558-1561	S. 98
General-anwältin Trstenjak	SA v. 20. 3. 2012	C-31/11 (Marianne Scheunemann)	http://curia.europa.eu/juris/document/document.jsf?text=&docid=120622&pageIndex=0&doclang=DE&mode=lst&dir=&occ=first&part=1&cid=385911 (2012-07-17)	S. 33

Gericht	Datum	Aktenzeichen	Fundstelle	Text-stelle
RFH	Urt. v. 13. 12. 1926	V e A 141/25	RStBl. 1927, S. 101 f.	S. 39
RFH	Urt. v. 23. 1. 1930	I A 890/28	RStBl. 1930, S. 115	S. 39
RFH	Urt. v. 12. 5. 1931	I e A 164/30	RStBl. 1931, S. 539 f.	S. 39
RFH	Urt. v. 14. 12. 1938	VI 722/38	RStBl. 1939, S. 212	S. 12
StRG-AG	Urt. v. 24. 1. 2007	Stiftung F.M., 3-RV.2006.14	AGVE 2007, S. 269- 271	S. 48
VfGH	Erkenntnis v. 2. 3. 2011	G 150/10	VfGH-Sammlung Nr. 19335	S. 50
VwGH	Erkenntnis v. 6. 3. 1978	Zl. 1172/77	VwSlg. 1978, Nr. 5237/F	S. 51
VwGH	Erkenntnis v. 25. 3. 2004	2001/16/0038	http://www.ris.bka.gv.at/Dokument.wxe?Abfrage=Vwgh&Dokumentnummer=JWT_2001160038_20040325X00 (2012-07-17)	S. 51